DIE WECHSELFESTIGKEIT METALLISCHER WERKSTOFFE

IHRE BESTIMMUNG UND ANWENDUNG

VON

DR. TECHN. **WILFRIED HEROLD**
LEITER DER VERSUCHSANSTALT DER OEST. AUTOMOBILFABRIKS A. G.
VORMALS AUSTRO-FIAT IN WIEN

MIT 165 TEXTABBILDUNGEN UND 68 TABELLEN

WIEN
VERLAG VON JULIUS SPRINGER
1934

ISBN 978-3-7091-5870-8 ISBN 978-3-7091-5920-0 (eBook)
DOI 10.1007/978-3-7091-5920-0

SOFTCOVER REPRINT OF THE HARDCOVER 1ST EDITION 1934

Vorwort.

Es wird nicht viele Gebiete in der Technik geben, auf welchen wenige Jahre planvoller Forschungsarbeit eine solche Fülle neuer Begriffe und Tatsachen, sowie ein so umfangreiches Zahlenmaterial zutage gefördert haben, wie auf dem Gebiet der Schwingungsprüfung der Werkstoffe. Wenige Jahre technischer Forschungsarbeit haben genügt, um eine viel tiefer gehende und gründlichere Beurteilung der Werkstoffe zu ermöglichen, als bisher. Die Entwicklung der Technik zu ihrem heutigen Hochstand verlangt leichteste Konstruktion bei vollkommener Betriebssicherheit, also eine Ausnützung der Werkstoffe bis zu eben noch zulässigen Grenzen. Will der Konstrukteur diese Forderung erfüllen, so genügt nicht mehr eine allgemein schematische Behandlung nach den drei Belastungsfällen, es müssen vielmehr die tatsächlich auftretenden Beanspruchungen auf das genaueste erfaßt werden, wie es von der wirklichkeitsgetreuen Festigkeitsrechnung gefordert wird. Zwei Grundpfeiler sind es, auf welchen sich diese aufbaut. Die Kenntnis der Eigenschaften der Werkstoffe bei statischer und wechselnder Beanspruchung und die Kenntnis des tatsächlichen Spannungsverlaufes. Hauptsächlich mit der Klärung der ersten Frage beschäftigt sich dieses Buch, während die Bestimmung des Spannungsverlaufes nur gestreift werden konnte, um den Umfang desselben nicht zu sehr anschwellen zu lassen.

Die Arbeiten über die Schwingungsbeanspruchung der Werkstoffe sind in der technischen Weltliteratur so zerstreut, und es sind für die gleichen Werkstoffeigenschaften so verschiedene Bezeichnungen zu finden, daß es schon für den Forscher schwierig ist, sich hier zurechtzufinden. Für den in der Praxis stehenden Konstrukteur und Werkstoffprüfer ist es aber beinahe unmöglich, alle diese vereinzelten Arbeiten zu studieren, zu verarbeiten und, was das Wichtigste ist, die praktische Nutzanwendung daraus zu ziehen. Um dies zu ermöglichen, wurden in diesem Buch die wichtigsten Arbeiten nach einem systematischen Einteilungsprinzip zusammengefaßt. Es soll dem Forscher die Arbeit erleichtern und dem Praktiker die ihm notwendigen Tatsachen bringen. Nachdem es auf dem zur Verfügung stehenden Raum nicht immer möglich war, auch alle Einzelfragen mit der notwendigen Genauigkeit zu behandeln, wurde ein umfangreiches Literaturverzeichnis angegliedert, welches ein leichtes Eingehen auf die Originalarbeiten ermöglicht. Eine Schwierigkeit bot die einheitliche Bezeichnung der durch die Schwingungsprüfung geschaffenen neuen Begriffe, da diese Frage leider noch weit entfernt von einer allgemein anerkannten Lösung ist. Ich habe mich für eine Bezeichnungsweise entschieden, welche bisher vielleicht noch wenig geübt wird, die aber den Vorteil hat, daß infolge ihres systematischen Aufbaues damit alle Beanspruchungsfälle gleich gut erfaßt werden können.

Es wird mir zu einer angenehmen Pflicht, der Verwaltung und Direktion der Österreichischen Automobilfabriks A. G. vorm. Austro Fiat in Wien meinen Dank für das stete Interesse und die Unterstützung, welche sie diesen technischen Forschungsarbeiten entgegenbringen, zu erstatten. Ich danke ferner der Verlagsbuchhandlung Julius Springer für die ausgezeichnete Ausstattung des Werkes.

So übergebe ich denn mein Buch, das aus der Praxis für die Praxis geschrieben wurde, meinen engeren und weiteren Fachgenossen und hoffe, ihnen damit einen Dienst erwiesen zu haben.

Wien, im November 1933.

Dr. W. Herold.

Inhaltsverzeichnis.

Einführung.

Es ist eine Eigenschaft aller Werkstoffe, daß man ihnen nur Beanspruchungen bis zu einer bestimmten, ihnen eigenen Grenze zumuten darf; wird diese überschritten, so muß früher oder später ein Bruch erfolgen. Die Höhe dieser Beanspruchung ist bei den verschiedenen Belastungsarten verschieden, z. B. bei Zug eine andere als bei Druck, bei zügiger Beanspruchung eine andere als bei wechselnder. Ihre genaue Kenntnis ist für den Konstrukteur von grundlegender Bedeutung, ihre Ermittlung ist Aufgabe der Werkstoffprüfung.

In der Entwicklung, nicht nur der Werkstoffprüfung, sondern auch des gesamten Maschinenbaus spielt der klassische Zugversuch, welcher nur die statische Beanspruchung berücksichtigt, eine überragende Rolle, und es wurden bis vor kurzer Zeit die von der statischen grundverschiedene wechselnde Beanspruchung auf die Werte des Zugversuches bezogen. Es mußte daher der von der zügigen vollständig verschiedenen wechselnden Beanspruchungsart durch Anwendung entsprechender, meist der Erfahrung entnommener Sicherheitskoeffizienten Rechnung getragen werden.

Wohl einer der ersten, welcher diese Verhältnisse klar erkannte, war Wöhler. Angeregt durch die bei Eisenbahnachsen auftretenden merkwürdigen Brüche, welche ganz plötzlich und ohne jede Einschnürung erfolgten, trotzdem genügend „Sicherheit" gegenüber den statischen Festigkeitswerten vorhanden war, hat Wöhler in einer eigens für diesen Zweck konstruierten Prüfmaschine Werkstoffe bei schwingender Beanspruchung geprüft. Diese Versuche haben das für die damalige Zeit überraschende Ergebnis gezeitigt, daß bei der schwingenden Beanspruchung die Festigkeit der Werkstoffe eine ganz bedeutend niedrigere ist als bei statischer. Sie ergaben auch, daß es eine bestimmte, jedem Werkstoff eigentümliche Höchstbeanspruchung gibt, welche schwingend unbegrenzt lange ertragen werden kann und die ganz bedeutend niedriger als die Zugfestigkeit ist. Es wurde der neue Begriff der „Ermüdungs- oder Schwingungsfestigkeit" geschaffen. Die Ermittlung derselben erforderte aber für jeden Werkstoff monatelange Versuchsreihen und es war nicht daran zu denken, dieses nach unseren heutigen Begriffen primitive Prüfverfahren allgemein einzuführen. Außerdem wurde aber mit so ausreichenden „Sicherheiten" konstruiert und spielten die Kosten des Werkstoffes im Vergleich zu unserer heutigen Zeit eine so geringe Rolle, daß gar kein Bedarf nach einem so feinfühligen Prüfverfahren vorhanden war.

Man war aber doch bestrebt, die Resultate der Wöhlerschen Arbeiten mit den Ergebnissen des Zugversuches in irgendeiner Form in Einklang zu bringen. Da bei jeder Konstruktion ein bestimmter Sicherheitsgrad notwendig ist, mußte derselbe bei Schwingungsbeanspruchung entsprechend erhöht werden, um den großen Festigkeitsunterschied bei statischer gegenüber schwingender Beanspruchung Rechnung zu tragen. Gestützt auf die Wöhlerschen Versuche unterschied Bach drei Belastungsfälle:

Fall I. Statische Beanspruchung.
„ II. Schwingungsbeanspruchung zwischen Null und einem oberen Grenzwert (Ursprungsfestigkeit oder Schwellfestigkeit).
„ III. Schwingungsbeanspruchung zwischen einem gleich großen positiven und negativen Grenzwert (Schwingungsfestigkeit).

Auf Grund der Wöhlerschen Versuche und anderer Erwägungen fand Bach für die drei Belastungsfälle die folgenden Sicherheiten für notwendig und ausreichend:

$$S_1 : S_2 : S_3 = 1 : 2 : 3.$$

Diese Bachschen Formeln blieben bis vor kurzer Zeit der einzige Leitgedanke des Konstrukteurs für die Dimensionierung seiner Maschinen und Konstruktionen und haben lange Jahre ganz ausgezeichnete Dienste geleistet. Es gebührt daher Bach und Wöhler das große Verdienst, unseren Konstrukteuren einen leitenden Gedanken für die Bemessung ihrer Konstruktionen gegeben zu haben. In dem Maße aber, als sich die Technik immer weiter und weiter entwickelt hat, besonders durch die weitgehende Vervollkommnung des Auto- und Flugzeugbaus, wurden die Anforderungen an die Werkstoffe immer höher, die Forderung nach unbedingter Betriebsicherheit immer größer. Es mußten neue Werkstoffe, wie z. B. die hochwertigen legierten Stähle, geschaffen werden, für welche die Wöhlerschen Versuche, auf welche die Bachschen Formeln aufgebaut wurden, nicht mehr gelten. Der stetig zunehmende wirtschaftliche Konkurrenzkampf erfordert eine Ausnützung der Werkstoffe bis zur äußersten Grenze bei Wahrung vollkommener Betriebssicherheit. Die hohe Entwicklung des Flugzeugwesens ist der erfolgreichen Zusammenarbeit zwischen Konstrukteur und Werkstoffmann zu danken. Als typisches Beispiel sei erwähnt, daß der Motor, den W. Kreß im Jahre 1898 für seine ersten Flugversuche verwendete, ca. 19 kg/PS wog, während die modernen Flugmotoren ein Gewicht von unter 0,9 kg/PS haben. Mit diesem einen Beispiel ist die ganze Entwicklung der Technik und die zu ihr notwendige Vervollkommnung der Werkstoffe seit Bachs Zeiten charakterisiert.

Die weitgehende Ausnützung der Werkstoffe in unseren heutigen Konstruktionen erfordert aber eine genaueste Kontrolle und Erforschung ihrer Eigenschaften, unter Belastungsbedingungen, welche den tatsächlich auftretenden Beanspruchungen möglichst naturgetreu nachgebildet sind. Die dynamische Werkstoffprüfung ist durch die Entwicklung der Technik eine unbedingte Notwendigkeit zu ihrer weiteren Vervollkommnung geworden. Umfangreiche Versuche wurden zunächst in Amerika und seit ca. 1925 auch in Deutschland durchgeführt, um die dynamischen Werkstoffeigenschaften zu erforschen und dem Konstrukteur verläßliche Zahlenwerte zu geben, die den tatsächlichen Beanspruchungsbedingungen entsprechen und die ihn von der Unsicherheit der bisherigen „Sicherheitskoeffizienten" befreien sollen. Die rein praktischen Erfahrungen, sowie die bisherigen Ergebnisse der dynamischen Werkstoffprüfung haben gezeigt, daß die Bachschen Formeln die heutigen Verhältnisse nicht mehr ausreichend umfassen, die damit ermittelten Sicherheiten können in manchen Fällen viel zu klein, in manchen wieder viel zu groß sein. Es ist die Zeit gekommen, daß auch unsere Konstrukteure gründlich umlernen und sich den neuen Verhältnissen anpassen müssen. Bei den weitgehenden Forderungen des Leichtbaus lassen sich alle Beanspruchungen nicht mehr von den drei Belastungsfällen erfassen, es ist heute für den Konstrukteur eine viel weitgehendere und sehr gründliche Kenntnis der Werkstoffeigenschaften und besonders der „technologischen Gefahren" notwendig. Aber auch der reine Werkstattmann muß diese Gefahren und die Wichtigkeit einer entsprechenden Oberflächenbearbeitung unbedingt kennen, er muß wissen, daß eine fehlerhaft bearbeitete Oberfläche Ursache von schwerwiegenden Unfällen sein kann. Eine scharfe Drehrille am Lenkhebel eines Automobils kann die Ursache zum Bruch desselben und den weiteren Folgen sein. Ein Werkstück kann bei dem heutigen Stande unserer Technik wohl den Maßen nach zeichnungsmäßig richtig, aber trotzdem unbrauchbar sein, wenn die Oberflächenausführung nicht den Angaben der Zeichnung entspricht. Es ist dies ein weiterer Hinweis für die Konstrukteure, der entsprechenden Oberflächenbearbeitung, der bisher meist viel zu wenig Bedeutung beigelegt wurde, die größte Aufmerksamkeit zuzuwenden und in Fällen höchster Beanspruchung die Art der Oberflächenbeschaffenheit in der Zeichnung vorzuschreiben.

Zur Erläuterung sollen nur einige wenige Beispiele über die Dauerfestigkeit verschiedener Werkstoffe unter Berücksichtigung der dieselbe vermindernde Faktoren, welche unter dem Sammelnamen „technologische Gefahren" zusammengefaßt werden, gebracht werden.

1. Eine Tragfeder eines Automobiles ergab bei polierter Oberfläche mit der Biegeschwingmaschine eine Dauerfestigkeit von 40 kg/mm². Bestimmt man aber die Dauerfestigkeit unter Betriebsverhältnissen, d. h. mit der vom Walzen und Härten herrührenden Walzhaut und bei einer den Betriebsverhältnissen entsprechenden statischen Vorspannung von + 40 kg/mm², so ergibt sich nur ein Wert von ± 18 kg/mm².

2. Die Dauerbiegefestigkeit von St. C. 60 . 61 beträgt bei polierter Oberfläche ± 30 kg/mm². Versieht man den Probestab von 7,5 Durchmesser mit einer Querbohrung von 1,5 mm Durchmesser (entsprechend z. B. einer Ölbohrung bei Wellen), so sinkt die Schwingungsfestigkeit auf ± 13 kg/mm², also um 55%. Die an den Rändern der Bohrung auftretende Spannungserhöhung ist die Ursache des starken Abfallens der Schwingungsfestigkeit.

3. Bei Schrauben gewöhnlicher Ausführung betrug z. B. die Schwingungsfestigkeit bei Zug-Druck-Beanspruchung und + 12 kg/mm² statischer Vorspannung nur ± 4 bis 5 kg/mm², bezogen auf den Gewindekern, während die Dauerfestigkeit des unverletzten Werkstoffes unter denselben Verhältnissen ± 14 bis 15 kg/mm² betrug.

Diese „technologischen Gefahren", welche bei den hochvergüteten legierten Stählen bedeutend größer sind als bei den reinen Kohlenstoffstählen, werden von den Bachschen Formeln nicht berücksichtigt. Wird doch schon bei dem verhältnismäßig unempfindlichen St. C. 60 . 61 die Dauerfestigkeit durch eine Querbohrung um ca. die Hälfte vermindert, so wird dieselbe bei den viel empfindlicheren vergüteten Edelstählen um einen noch größeren Betrag herabgesetzt.

Wohl jedermann ist die außerordentliche Gefahr zu kleiner Hohlkehlen bekannt, obwohl dieser Einfluß allgemein ganz bedeutend unterschätzt wird. Soll doch nach den neuesten Versuchen der Hohlkehlenradius mindestens $^1/_5$ des Wellendurchmessers betragen, damit keine nennenswerte Verminderung der Dauerfestigkeit eintritt und es muß die Hohlkehle möglichst sorgfältig bearbeitet werden.

Diese wenigen Beispiele sollen beweisen, daß die Aufstellung allgemein gültiger „zulässiger Beanspruchungen" unmöglich ist. Durch Zusammenwirken mehrerer ungünstiger Umstände kann die ertragbare Beanspruchung ganz bedeutend herabgesetzt werden. Als Beispiel seien folgende Grenzfälle herausgegriffen:

$S_1 : S_2 : S_3 =$	$1 : 2 : 3$	nach Bach,
	$1 : 2 : 5$	bei Oberflächenverletzung nach Thum-Buchmann,
	$1 : 2 : 6{,}6$	bei Kerbwirkung nach Thum-Buchmann,
	$1 : 2 : 10$	bei Schlagwirkung nach Thum-Buchmann.

Diese wenigen Fälle mögen als Begründung genügen, daß durch die bisherige Methode der „drei Belastungsfälle" das gesamte weite Gebiet der zulässigen Beanspruchungen nicht einmal mehr annähernd erfaßt werden kann. Zu dem Rüstzeug des Konstrukteurs ist unbedingt eine vollständige Kenntnis der dynamischen Werkstoffeigenschaften, deren Verminderung durch technologische Einflüsse und das Erfassen der tatsächlich auftretenden Höchstbeanspruchungen, notwendig. Wenn auch alle diese Eigenschaften heute noch nicht restlos erforscht sind, so wurde durch die Werkstoffprüfung bereits eine so große Vorarbeit geleistet und so viele neue und grundlegende Tatsachen aufgedeckt, daß die damit geschaffenen Grundlagen von dem Konstrukteur praktisch angewendet werden können und es ihm heute schon ermöglichen, den neuen und sicherlich nicht leichten Weg zu gehen, dessen Ziel nur durch stete und uneigennützige Zusammenarbeit und Erfahrungsaustausch zwischen Konstrukteur und Werkstoffmann erreicht werden kann.

I. Die verschiedenen Beanspruchungsarten.

Die bisherige Einteilung der Beanspruchungen in statische und dynamische hat durch die Entwicklung der Werkstoffprüfung ihre Zweckmäßigkeit verloren. Faßt man den letzteren Begriff im weitesten Sinne des Wortes auf, so muß man darunter auch alle Beanspruchungen verstehen, bei welchen die Spannungen mit plötzlicher stoßartiger Geschwindigkeit bis zum Bruch in einem Zuge gesteigert werden. Man muß also mit Recht d. Kerbschlagprobe und den Schlag-Zug-Versuch ebenfalls zu den dynamischen Beanspruchungen zählen. Das Verhalten der Werkstoffe bei diesen Erprobungen ist aber ein ganz anderes als bei den ebenfalls zu den dynamischen Beanspruchungen zählenden Wechselbeanspruchungen. Man gelangt zu einer viel günstigeren Einteilung, wenn man diese nach einem Vorschlag von Thum und Buchmann auf Grund der durch sie verursachten Verformung vornimmt.

1. Die zügige Beanspruchung. Sie ist dadurch gekennzeichnet, daß die Verformung durch eine gleichgerichtete Kraft in einem Zug erfolgt. Die Beanspruchung kann dabei bis zu einem gegebenen Grenzwert sehr langsam ansteigen, wie z. B. beim Zugversuch oder der Dauerstandbeanspruchung oder sie kann auch stoßartig erfolgen, wie bei der Kerbschlagprobe. Wird die Beanspruchung entsprechend hoch gesteigert, so erfolgt ein Gewaltbruch. Der Begriff der statischen Beanspruchung wird von dieser Definition umfaßt und kann für besondere Fälle aufrecht erhalten werden.[1]

[1] Der Begriff der zügigen Beanspruchung ist neu, gibt aber die Verhältnisse recht gut wieder. Der Sonderfall der statischen Beanspruchung geht aus folgender Überlegung hervor. Beim Zerreißversuch ist die Beanspruchung eine zügige, da die Spannung, wenn auch langsam, so doch in einem

2. Die wechselnde Beanspruchung. Bei dieser pendelt die Beanspruchung zwischen zwei Grenzwerten hin und her. Ihr charakteristisches Kennzeichen ist der fortwährende Richtungswechsel der Verformungen, welchen die Werkstoffe unterworfen sind. Übersteigt die Beanspruchung eine gewisse Grenze, welche weit unter der Zugfestigkeit liegt, so tritt, oft erst nach vielen Millionen Lastwechseln, der vom Gewaltbruch vollständig verschiedene Schwingungsbruch ein.[1]

Die vielfach verwendete Bezeichnung „Dauerbeanspruchung gibt keine so genaue Beschreibung des Begriffes, da das Wesentliche derselben nicht die Dauer der Beanspruchung, sondern vielmehr der ständige Wechsel der Beanspruchungsrichtung ist. Schließlich ist eine zügige Beanspruchung, wie z. B. bei der Dauerstandfestigkeit, auch eine Dauerbeanspruchung.

Je nach der Art der Beanspruchung unterscheidet man:

1. Wechselnde Biegebeanspruchung.
2. Wechselnde Zug-Druck-Beanspruchung.
3. Wechselnde Verdrehungsbeanspruchung.

Die obige Einteilung berücksichtigt nur die Art der Kraftwirkung. Man muß aber bei jeder dieser drei Beanspruchungsgruppen noch eine Unterscheidung nach dem Verhältnis der auftretenden Schwingungsamplituden treffen, für welche in Abb. 1 eine schematische Darstellung gegeben ist:

1. Die Schwingungsbeanspruchung. Sie ist ein Sonderfall der Wechselbeanspruchung, die Last pendelt zwischen gleich großen positiven und negativen Grenzwerten hin und her. Es ist $\sigma_0 = \sigma_u$. Sie ist durch die Kurve I der Abb. 1 dargestellt.

Zug bis zum Bruch fortschreitet. Dasselbe gilt bei der Beanspruchung der Dauerstandfestigkeit. Wenn aber z. B. ein Werkstoff mit 60 kg/mm² Festigkeit nur mit 20 kg/mm² belastet wird, so ist die Beanspruchung nach dem Aufgeben einer Last zunächst eine zügige, bis ein Gleichgewicht eingetreten und der Höchstwert der Dehnung erreicht ist. Im weiteren Verlauf ist sie dann eine statische. Es geht also die zügige Beanspruchung in eine statische über. Es ist daher vorteilhafter, den Sonderfall der statischen Beanspruchung auch weiterhin beizubehalten, da die Verhältnisse damit viel klarer umschrieben werden, es sei denn, man verwendet den, den meisten Ingenieuren nicht geläufigen Begriff der Dauerstandbeanspruchung.

[1] Die Trennung in Gewalt-und Schwingungsbruch gibt die Verhältnisse auch nicht richtig wieder, da jeder Bruch nur durch eine Gewaltanwendung zustande kommen kann. Diese Bezeichnung ist der Praxis entnommen, da ein Bruch durch zügige Beanspruchung fast ausnahmslos durch eine plötzliche Überbeanspruchung, wie z. B. Stoß, erfolgt. Auch durch die Bezeichnung zügiger Bruch läßt sich das Verhältnis nicht klar umschreiben, da durch eine Wechselbeanspruchung bei hoher Überlastung und niedriger Frequenz ein Bruchbild entstehen kann, das dem Gewaltbruch sehr ähnlich ist. Es soll daher der Einfachheit halber die Trennung in Gewalt- und Schwingungsbruch beibehalten werden.

2. Die Wechselbeanspruchung (Kurve II, Abb. 1). Bei dieser pendelt die Last zwischen zwei Grenzwerten, die ihrer Größe nach verschieden sind, ihrem Vorzeichen nach verschieden sein können. Sie ist immer eine Kombination von einer statischen und einer schwingenden Beanspruchung. Erstere wird hierbei als die statische Vorspannung bezeichnet. Bedeutet σ_o die obere, σ_u die untere Beanspruchungsgrenze, so ist die statische Vorspannung σ_v durch die algebraische Summe $\sigma_v = \frac{\sigma_o + \sigma_u}{2}$ gegeben. Dieselbe ist von einer Schwingungsbeanspruchung gleich der algebraischen Differenz $\sigma_w = \frac{\sigma_o - \sigma_u}{2}$ überlagert.

Ein besonderer Fall der Wechselbeanspruchung ist das Pendeln der Last zwischen 0 und einem oberen Grenzwert. Man bezeichnet dieser Beanspruchung, welche dem Bachschen Fall 2 entspricht, als die Ursprungs- oder Schwellfestigkeit. Bei derselben ist die statische Vorspannung gleich der Schwellfestigkeit.[1]

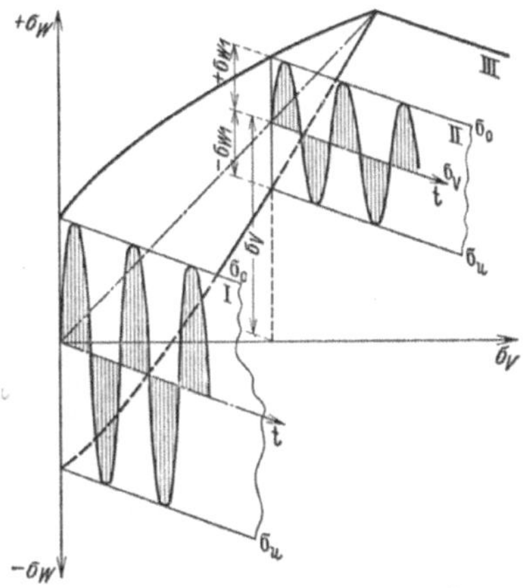

Abb. 1. Schematische Darstellung der Wechselbeanspruchung bei sinusförmigem Spannungsverlauf.

3. Eine rein statische Beanspruchung, welche von unendlich kleinen Schwingungen überlagert ist (Kurve III). Es wird vielfach als Grenzwert für die zügige Beanspruchung die Dauerstandfestigkeit (Kriechgrenze) verwendet, bei welcher schon ganz erhebliche bleibende Dehnungen auftreten. Die in den Punkten 1 bis 3 angeführten Begriffe stellen Höchstwerte der Beanspruchungen dar, bei deren Überschreitung ein Bruch eintritt und welche dem Konstrukteur als Unterlagen für seine Berechnungen dienen sollen. Es darf daher folgerichtig als Grenzwert der statischen

[1] Nach der Natur der Wechselbeanspruchung ist die Ursprungsfestigkeit ebenfalls eine Kombination aus einer statischen und einer Wechselbeanspruchung und kein besonders ausgezeichneter Beanspruchungsfall. Es ist daher nach dieser Auffassung ein besonderes Hervorheben derselben durch eine eigene Bezeichnung überflüssig und kann sogar, wie später beim Sicherheitskoeffizienten gezeigt werden wird, zu Unklarheiten führen. Es ist daher zu empfehlen, die Bezeichnung Ursprungsfestigkeit fallen zu lassen.

Die Bezeichnung Schwingungsbeanspruchung gilt nur immer für das Pendeln der Last zwischen gleich großen positiven und negativen Werten, während man die Wechselbeanspruchung im weiteren Sinn auch anwendet, um den ganzen Beanspruchungsverlauf zwischen Schwingungs- und statischer Beanspruchung zu kennzeichnen.

Beanspruchung nur jene Spannung gewählt werden, bei welcher noch keine bleibende Formänderung auftritt oder dieselbe mindest in praktisch zulässigen Grenzen bleibt. Es muß daher an Stelle der Dauerstandfestigkeit die Dauerstandfließgrenze oder 0,2%-Dauerdehngrenze verwendet werden.

Es geht bei dieser Darstellungsart die Schwingungsbeanspruchung allmählich in die statische Beanspruchung über, so daß nach unseren heutigen Begriffen die letztere nur einen Grenzfall der ersteren darstellt. Diese drei Beanspruchungsmöglichkeiten gelten für alle drei Beanspruchungsarten und es sind alle Kombinationen derselben möglich. Die Erfahrungen hierüber sind aber noch sehr gering und unzureichend.

In der Abb. 1 sind die Verhältnisse für sinusförmige Beanspruchung wiedergegeben, während bei der Stoßbeanspruchung, welche in Abb. 2 schematisch dargestellt ist, die Verhältnisse ganz andere sind. Sie ist im Gegensatz zur sinusförmigen, allmählich wachsenden Beanspruchung durch einen plötzlichen Spannungsanstieg während einer sehr kurzen Zeit gekennzeichnet. Praktisch sind alle Übergänge zwischen sinusförmiger und Stoßbeanspruchung möglich. Am genauesten wurde bisher die erstere untersucht, da sie am leichtesten in einwandfreier Form herzustellen ist. Die Erforschung der Dauerstoßbeanspruchung hat sich in den meisten Fällen auf die Bestimmung der bis zum Bruch ertragenen Schlagzahl bei konstanter Schlagenergie beschränkt. Man war lange Zeit bestrebt, auf diesem Wege das Problem zu lösen, konnte aber zu keinen befriedigenden Ergebnissen kommen. Die Arbeiten, welche sich mit der Bestimmung der Dauerstoßfestigkeit beschäftigen, d. h. mit der gerade noch dauernd ertragenen Stoßenergie, sind verhältnismäßig gering an der Zahl. Gerade unter den Betriebsbedingungen treten aber die Dauerstoßbeanspruchungen mindestens ebenso häufig wie die sinusförmigen Schwingungen auf, so daß die Kenntnis der Dauerstoßfestigkeit von größter Bedeutung ist.

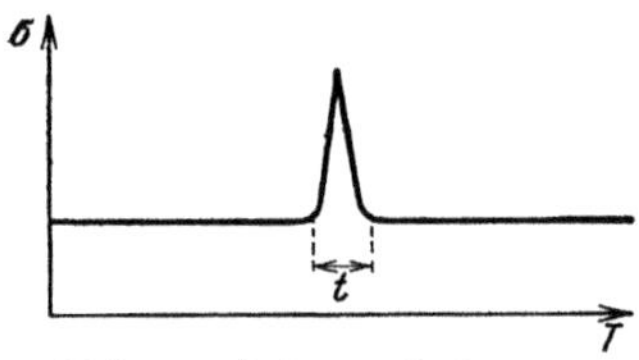

Abb. 2. Schematische Darstellung der Stoßbeanspruchung.

II. Die technologischen Gefahren.

Unter der Schwingungs- und Wechselfestigkeit versteht man im allgemeinen die höchste, eben noch dauernd ertragene Wechselbeanspruchung bei polierter Oberfläche. Wie bereits an verschiedenen Beispielen in der Einführung gezeigt wurde, kann aber die Wechselfestigkeit durch verschiedene Oberflächenbeschaffenheit, Korrosion usw. ganz bedeutend vermindert werden. Man faßt alle die Wechselfestigkeit ver-

Mindernden Faktoren unter dem Sammelnamen „Technologische Gefahren“ zusammen. Die wichtigsten von ihnen sind:

a) Die Oberflächenbeschaffenheit.

b) Die Kerbwirkung.

c) Zufällige Oberflächenverletzungen, wie Risse mit der Reißnadel, Kratzer usw.

d) Der Einfluß von Hohlkehlen und Querschnittsübergängen.

e) Der Einfluß von Bohrungen, wie Ölbohrungen, Keilstifte, Keilnuten usw.

f) Die Korrosion durch den Einfluß verschiedenartiger korrodierender Flüssigkeiten entweder vor oder während der Wechselbeanspruchung.

g) Der Einfluß der Walzhaut.

III. Die Kurzzeichen.

Für die zügige Beanspruchung werden die folgenden Kurzzeichen angewendet:

$\sigma_{0,001}$, $\sigma_{0,01}$, $\sigma_{0,03}$	Elastizitätsgrenzen.
σ_P	Proportionalitätsgrenze.
σ_F	Fließgrenze.
σ_{DF}	Dauerstandfließgrenze.
$\sigma_{0,2}$	0,2%-Dehngrenze.
$\sigma_{D\,0,2}$	0,2%-Dauerstanddehngrenze.
σ_B	Bruchfestigkeit.
σ_R	Reißfestigkeit.
σ_D	Dauerstandfestigkeit.
δ_{10}	Dehnung bei 10facher Meßlänge.
δ_5	Dehnung bei 5facher Meßlänge.
ψ	Einschnürung.

Grundsätzlich wurde für die Wechselfestigkeit bei normalen Spannungen die Bezeichnung σ, bei Schubspannung die Bezeichnung τ gewählt. Der Buchstabe k soll für den Fall der zusammengesetzten Beanspruchung (Überlagerung von Normal- und Schubspannungen) verwendet werden.[1]

[1] In dem sehr weitverzweigten Schrifttum über die Wechselbeanspruchungen sind die verschiedensten Kurzzeichen für die gleiche Eigenschaft gebräuchlich, wodurch die Übersicht äußerst erschwert, wenn nicht unmöglich gemacht wird. Ein Kurzzeichen wird nur dann brauchbar sein, wenn aus demselben nicht nur die Art der Beanspruchung, sondern auch die Bedingungen, unter welchen sie gelten, z. B. Kombination von Beanspruchungsarten, technologische Einflüsse usw., ohne weiteres und eindeutig heraus-

Maßgebend für die Beurteilung der Wechselbeanspruchungen sind die beiden Grenzwerte, zwischen denen die beanspruchende Kraft bzw. das beanspruchende Moment pulsiert. Diese Grenzwerte können beliebige positive und negative Größe besitzen.

Die Wechselbeanspruchung wird als stationär bezeichnet, wenn die Belastungsgrenzen, zwischen denen die Pendelung stattfindet, dauernd die gleichen bleiben. In der Werkstoffprüfung handelt es sich ausschließlich um diesen Fall.

Zwischen der Schwingungs- und Dauerstandbeanspruchung liegen sämtliche Fälle der Wechselbeanspruchung, die überhaupt vorkommen können. Jeder Fall wird eindeutig dadurch gekennzeichnet, daß man an erster Stelle die Amplitude der Schwingungsspannung, an zweiter Stelle die statische Vorspannung angibt. Diese Doppelspannung muß in einer Doppelzahl zum Ausdruck kommen, die übersichtlich und eindeutig die maßgebenden Werte zusammenfaßt. Es geht also die Bezeichnung vom allgemeinen Fall der Schwingungsbeanspruchung zum Sonderfall der statischen Beanspruchung. Demgemäß sind die folgenden Bezeichnungen gewählt. Hier haben sich die drei Sonderfälle von selbst heraus, so daß es unnötig ist, hierfür besondere Zeichen zu wählen.

a) *Zug-Druck-Wechselbeanspruchung.*

Die Amplitude der Schwingungsbeanspruchung wird mit σ_w, die der Vorspannung mit σ bezeichnet. Die Doppelbezeichnung in Bruchform trägt im Zähler die Schwingungsbeanspruchung $\pm \sigma_w$ und im Nenner die Vorspannung σ, also $\pm \sigma_w/\sigma$. Bei Angabe der Zahlenwerte ist zur sicheren Vermeidung von Irrtümern die Amplitude der Schwingungsbeanspruchung mit dem Vorzeichen $\pm$ zu versehen, während die Vorspannung das Zeichen $+$ erhält, falls sie auf Zug wirkt, das Vorzeichen — falls eine Druckspannung vorliegt; z. B.:

$$\sigma_w/\sigma = \pm 14/+23 \text{ kg/mm}^2,$$

d. h.: Zug-Druck-Wechselbeanspruchung mit einer Amplitude der Schwingungsspannung von ± 14 kg/mm² bei einer Zugspannung von 23 kg/mm².

Bei der Schwingungsbeanspruchung wird die Vorspannung Null; z. B.:

$$\sigma_w = \pm 44 \text{ kg/mm}^2.$$

---

gelesen werden kann. Es wurde von E. Lehr im Verein mit dem deutschen Normenausschuß DIN und dem deutschen Verband für Materialprüfung der Technik DVM ein Normenentwurf für die Kurzzeichen der Schwingungsprüfung ausgearbeitet, welcher alle diese Bedingungen erfüllt. Es werden daher nur diese Kurzzeichen verwendet und wurden dieselben auch auf alle dem Schrifttum entnommenen Werte angewendet.

Bei der Dauerstandbeanspruchung wird die Schwingungsamplitude Null; z. B.: σ oder zur vollkommen einwandfreien Festlegung

$$0/\sigma = + 52 \text{ kg/mm}^2.$$

b) *Biege-Wechselbeanspruchung.*

Die Amplitude der Biege-Wechselbeanspruchung wird mit σ_{wb}, die Vorspannung mit σ_b bezeichnet. Man erhält ganz analoge Doppelbezichnungen wie unter a) von der Form $\pm \sigma_{wb}/\sigma_b$.

c) *Verdrehungswechselbeanspruchung.*

Die Beanspruchung bei schwingender Verdrehung wird mit τ_w, die Vorspannung mit τ bezeichnet. Man erhält entsprechend a) und b) die Doppelbezeichnung von der Form $\pm \tau_w/\tau$.

d) *Sonderfall, daß Schwingungsspannung und Vorspannung verschiedenen Beanspruchungsarten angehören.*

Bei den neueren Untersuchungen kommen Fälle vor, in denen für Schwingungs- und Vorspannung verschiedene Belastungsarten gewählt sind; z. B. schwingende Biege-Beanspruchung bei einer Verdrehungsvorspannung. Man kann die gewählten Bezeichnungsweisen auch auf diese Fälle ausdehnen; z. B.:

$$\sigma_{wb}/\tau = \pm 24/14 \text{ kg/mm}^2,$$

d. h.: Wechselbeanspruchung bei einer Biege-Schwingungsspannung von $\pm$ 24 kg/mm² und einer Verdrehungsvorspannung von + 14 kg/mm².

Es erübrigt sich, für die Ursprungsfestigkeit eine besondere Bezeichnung zu wählen, da dieselbe schwingungstechnisch keinen Sonderfall darstellt. Dieser Fall ist ohne weiteres dadurch kenntlich, daß die Zahlenwerte der Schwingungsbeanspruchung und Vorspannung dieselben sind; z. B.:

$$\sigma_w/\sigma = \pm 14/14 \text{ kg/mm}^2.$$

e) *Kennzeichen der technologischen Einflüsse.*

Es ist für die Beurteilung der Wechselfestigkeit eines Werkstoffes von grundlegender Bedeutung, die Bedingungen zu kennen, unter welchen sie ermittelt wurde. Um jeden Zweifel auszuschließen, soll daher das Kurzzeichen der Wechselfestigkeit grundsätzlich noch einen hochgestellten Zeiger tragen, welcher angibt, unter welchen Bedingungen die Wechselfestigkeit gefunden wurde.

1. Sind die Proben poliert, so wird eine hochgestellte 0 als Zeiger verwendet, z. B. σ_{wb}^0 heißt Biegeschwingungsfestigkeit für polierte Proben.

2. Sind die Probestäbe geschliffen, so ist ein hochgestelltes g als Zeiger zu verwenden, z. B. τ_w^g heißt Verdrehungs-Schwingungsfestigkeit für geschliffene Proben.

3. Ist die Probe mit Normalkerb zur Ermittlung der Oberflächenempfindlichkeit versehen, so wird ein v als hochgestellter Zeiger benützt, z. B. σ_w^v heißt Zug-Druck-Schwingungsfestigkeit eines mit Normalkerb versehenen Probestabes. Es kann in diesem Zeichen auch der Kerbradius und die Kerbtiefe zum Ausdruck gebracht werden, z. B. $\tau_w^{vr = 005,\ t = 01}$ heißt Kerbfestigkeit bei Drehwechselbeanspruchung mit einem Kerbradius von 0,05 mm und einer Kerbtiefe von 0,1 mm.

4. Wird die Empfindlichkeit gegen Spannungserhöhung in der Hohlkehle untersucht, d. h. werden Prüfstäbe mit einem Bund in der Mitte verwendet, der an dem Prüfstab mit einer Hohlkehle von in der Regel 0,5 mm Radius angschlossen ist, so wird der hochgestellte Zeiger h verwendet; z. B. τ_w^h heißt Verdrehungsschwingungsfestigkeit, ermittelt an einem mit Bund versehenen Probestab. Haben die Hohlkehlen andere Radien, so sind dieselben gesondert anzuführen.

5. Wird die Wechselfestigkeit unter dem Einfluß korrodierender Flüssigkeiten bestimmt, so wird der hochgestellte Zeiger k verwendet; z. B. τ_w^k heißt Verdrehungsschwingungsfestigkeit unter dem Einfluß der Korrosion.

6. Der Einfluß der Walzhaut wird durch einen hochgestellten Zeiger w ausgedrückt; z. B. σ_{wb}^w heißt Biegeschwingungsfestigkeit unter dem Einfluß der Walzhaut.

f) *Kennziffern der technologischen Gefahren.*

Im allgemeinen versteht man unter dem technologischen Gefahrengrad den verhältnismäßigen Rückgang der Wechselfestigkeit durch den Einfluß der Oberflächenbeschaffenheit gegenüber dem Ausgangszustand, als welchen man in der Regel die Wechselfestigkeit bei polierter Oberfläche versteht. Der Gefahrengrad wird durch ein Δ und die gleichen hochgestellten Zeiger wie bei den technologischen Einflüssen gekennzeichnet. Die Kennziffern für die wichtigsten technologischen Gefahrengrade sind die folgenden:

1. Die Kerbempfindlichkeit $\Delta_{\sigma_{wb}}^v = \dfrac{\sigma_{wb}^0 - \sigma_{wb}^v}{\sigma_{wb}^0}$.

2. Die Hohlkehlenempfindlichkeit $\Delta_{\tau_w}^h = \dfrac{\tau_w^0 - \tau_w^h}{\tau_w^0}$.

3. Die Bundempfindlichkeit $\Delta_{\sigma_w}^b = \dfrac{\sigma_w^0 - \sigma_w^b}{\sigma_w^0}$.

4. Die Korrosionsempfindlichkeit $\Delta^{k}_{\sigma_w} = \frac{\sigma^0_w - \sigma^k_w}{\sigma^0_w}$.

Zur Vereinfachung der Ausdrucksweise wird noch an das Kurzzeichen der technologischen Gefahr das Kurzzeichen für die entsprechende Wechselbeanspruchung angegliedert. So bedeutet z. B. $\Delta^{v}_{\sigma_{wb}}$, die Kerbempfindlichkeit bei Wechselbiegebeanspruchung, $\Delta^{h}_{\tau w}$ die Hohlkehlenempfindlichkeit bei wechselnder Verdrehung, $\Delta^{k}_{\sigma_w}$ die Korrosionsempfindlichkeit bei Zug-Druck-Wechselbeanspruchung.

In gleicher Weise kann auch der Einfluß der technologischen Gefahr für eine andere als polierte Oberfläche als Bezugszustand ausgedrückt werden, was wieder sinngemäß durch die Anwendung der die beiden Oberflächenzustände kennzeichnenden Zeiger angedeutet wird. Es ist z. B. die Kerbempfindlichkeit bei geschliffenen Probestäben bei Biegeschwingungsbeanspruchung durch den Ausdruck $\overset{v}{\Delta}{}^{g}_{\sigma_{wb}}$ gegeben. In ähnlicher Weise lassen sich die Gefahrenfaktoren für alle in Betracht kommenden technologischen Einflüsse zum Ausdruck bringen.

g) *Kennziffern für die zulässigen Beanspruchungen.*

Die zulässige Spannung ist eine durch die technologischen Gefahren und andere in Betracht zu ziehende Momente bestimmte Größe. Sie wird als folgerichtig durch einen hochgestellten Zeiger gekennzeichnet. Als solcher sei, dem bisherigen Sprachgebrauch folgend, die Buchstaben zul. gewählt, z. B. $\sigma^{zul}_{wb}/\tau = \pm\, 14/21$ kg/mm², d. h.: Bei Biegewechselbeanspruchung, die einer Verdrehungsbeanspruchung von 21 kg/mm² überlagert ist, beträgt die zulässige Schwingungsbeanspruchung $\pm\, 14$ kg/mm².

IV. Das Spannungs-Dehnungs-Schaubild.

Wenn man einen Probestab aus einem zähen Werkstoff in der Zerreißmaschine durch eine zügige Beanspruchung zu Bruch bringt, so ist der ganze Zerreißvorgang durch mehrere charakteristische Punkte gekennzeichnet und läßt sich in mehrere Phasen zerlegen. Am besten stellt man den Zerreißvorgang in dem Spannungs-Dehnungsschaubild, welches man als das Zerreißdiagramm bezeichnet, dar. Als Ordinaten werden die Spannungen in kg/mm² und als Abszissen die zugehörigen Dehnungen in Prozenten der ursprünglichen Meßlänge aufgetragen, wie es in Abb. 3 dargestellt ist. Solange die Last nicht eine bestimmte, jedem Werkstoff eigentümliche Größe überschreitet, bleiben Spannung und Dehnung einander proportional und es geht die elastische Dehnung nach dem Entlasten des Probestabes auf Null zurück.[1] Überschreitet aber die Last eine bestimmte Grenze, so bleibt nach dem Entlasten eine bleibende Formänderung zurück, es wurde das Gebiet der elastischen Dehnung überschritten und jenes der plastischen erreicht. Jene Beanspruchung, bei welcher man mit den feinsten Meßinstrumenten (Martens Spiegelapparat) eben noch eine bleibende Dehnung nachweisen kann, wird die Elastizitätsgrenze kurz E-Grenze genannt. Nach den Festlegungen des Internationalen Kongresses für die Materialprüfung der Technik in Basel 1906 versteht man darunter jene Beanspruchung, bei welcher die bleibende Dehnung 0,001% beträgt. Diese Grenze wird durch die Genauigkeit der Meßinstrumente bedingt. Nach Untersuchungen von Ludwik (14) kann sie um mehr als 100% schwanken. In den neueren Untersuchungen werden verschiedene Werte der bleibenden Dehnung als E-Grenze verwendet, und zwar:

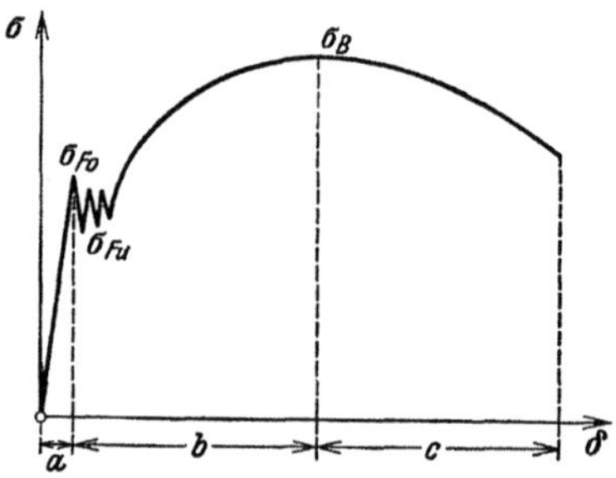

Abb. 3. Das Spannungs-Dehnungsschaubild (schematisch).

Von der staatlichen Materialprüfanstalt in Berlin-Dahlem	0,003%
Von der Eidgenössischen Materialprüfanstalt EMPA in Zürich	0,005%
Von der Versuchsanstalt der Fa. Krupp, Essen	0,03 %
Nach Vorschlag Ludwik (14)	0,01 %

Die 0,03%-Grenze ist als Elastizitätsgrenze etwas zu hoch und gibt nicht viel kleinere Werte, als die viel leichter und rascher zu bestimmende 0,2%-Dehngrenze. Es wurde daher von Ludwik die 0,01%-Grenze als Elastizitätsgrenze vorgeschlagen, da dieselbe auch bei vergüteten Stählen nicht allzu stark streut und eine zu große bleibende Formänderung ausschließt. Eine Dehnung von 0,01% entspricht bei Stahl einer Wärmeausdehnung durch eine Temperaturerhöhung von 10° C.

Man sieht also, daß die E-Grenze ein ziemlich willkürlicher, hauptsächlich durch rein praktische Gründe gegebener Wert und keine physikalisch bestimmte Größe ist.

Bei weiterem Ansteigen der Last nimmt die Dehnung plötzlich zu, wobei die Last konstant bleibt oder fällt, es ist die Fließgrenze erreicht. Nimmt während des Fließens die Belastung ab, so unterscheidet man eine

[1] Infolge der elastischen Nachwirkung muß aber der Nullwert der Dehnung nicht sofort nach dem Entlasten erreicht werden und es kann unter Umständen eine lange Zeit vergehen, bis die Dehnung wieder vollständig auf Null zurückgegangen ist.

obere und untere Fließgrenze. Stähle hoher Festigkeit sowie die meisten Nichteisenmetalle zeigen keine ausgesprochene Fließgrenze, sondern es geht die Spannungs-Dehnungskurve ganz allmählich von dem geraden in den gekrümmten Teil über. Es gilt dann nach M. Moser (2) als Fließbeginn jene Beanspruchung, bei welcher die bleibende Dehnung 0,2% beträgt.

Im weiteren Verlauf des Zerreißvorganges nimmt die Dehnung rascher als die Belastung zu, bis letztere ihren Höchstwert, welcher als die Bruchfestigkeit bezeichnet wird, erreicht. Durch das weitere Einwirken der Belastung nimmt die Beanspruchung ab, der Probestab schnürt sich ein, bis schließlich der Bruch erfolgt.

Man muß demnach dreierlei Dehnungen unterscheiden:

die elastische Dehnung .... a
„ gleichmäßige Dehnung ..... b
„ Kontraktionsdehnung c

Es wird also als Zugfestigkeit die höchste vom Stabe ertragene Beanspruchung, bezogen auf den ursprünglichen Querschnitt des Probestabes bezeichnet. Man mißt dabei nicht die Zugfestigkeit, sondern den höchsten Gleitwiderstand. Diese Darstellungsart des Dehnungs-Schaubildes gibt aber nicht die tatsächlich auftretenden Beanspruchungsverhältnisse wieder, da die Beanspruchungen auf den ursprünglichen Querschnitt bezogen sind, während sich derselbe im Verlauf des Versuches durch die Dehnung und Einschnürung vermindert.

In Abb. 4a ist das Dehnungsschaubild für einen weichen Flußstahl mit 0,05% C wiedergegeben. Trägt man als Abszisse statt der Dehnung die Querschnittsverminderung ψ auf und als Ordinate statt der Belastung die auf den verminderten Querschnitt bezogenen tatsächlichen Spannungen, so erhält man die Darstellung nach Abb. 4b. Die Höchstlast (Bruchlast) entspricht der Spannung a′ A′, dieselbe steigt aber mit zunehmender Einschnürung weiter, bis in der Stabachse, wo die Spannungen am höchsten sind, der Reißwiderstand überschritten wird und von dort der Bruch ausgeht. Diese mittlere Spannung wird als die Reißfestigkeit bezeichnet und sie ist bei zähen, stark einschnürenden Stoffen ganz bedeutend höher als die Zugfestigkeit. Es darf dieselbe aber nicht mit der Trennfestigkeit nach W. Kuntze (1) verwechselt werden, welche diejenige Bruchspannung bezeichnet, welche bei vollständiger Dehnungsbehinderung vorhanden ist.

Die Reißfestigkeit ist keine physikalisch bestimmte Größe, da sich besonders mit wachsender Einschnürung die Spannung und Dehnung immer ungleichmäßiger über den Querschnitt verteilen. Dies ist auch die Ursache, daß der Stab immer von der Achse aus einreißt. Es kann nur mittelbar aus einer höheren Reißfestigkeit auf einen höheren Reißwiderstand geschlossen werden. Häufig dürfte aber auch der Reißwiderstand durch innere Spannungen und Ausscheidungen, besonders an den Korngrenzen stark herabgesetzt werden.

Durch die Bestimmung der Reißfestigkeit ist in manchen Fällen eine viel schärfere Beurteilung der Werkstoffe möglich, da sie z. B. durch grobes Korn, Anlaß-, Beizsprödigkeit usw. erniedrigt wird, während die

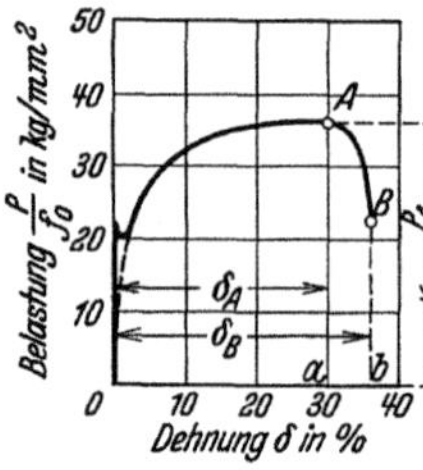

a)

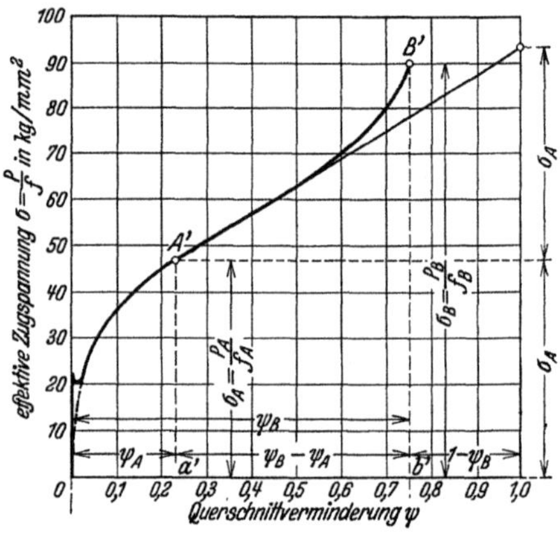

b)

Abb. 4. Das Spannungs-Dehnungsschaubild für einen weichen C-Stahl mit 0,05% C, nach Ludwik (14). a) Zugdiagramm; b) Beziehung zwischen Zugspannung und Querschnittsverminderung.

Fließgrenze und Bruchfestigkeit fast keinen Unterschied zeigen. Ihre Bestimmung ist aber ziemlich mühevoll und zeitraubend. Nach Ludwik (14) kann sie aus der Bruchfestigkeit, der gleichmäßigen Dehnung nnd der Einschnürung, also drei Werten des Zugversuches, welche von der Meßlänge unabhängig sind, nach der folgenden Formel berechnet werden:

$$\sigma_R = \sigma_B \cdot (1 + \delta_g) \cdot [2 - (1 + \delta_g) \cdot (1 - \psi_B)] \quad \begin{array}{l} \delta_g = \text{gleichmäßige Dehnung} \\ \psi_B = \text{Einschnürung} \end{array}$$

In allen Fällen, wo

$$\psi_E = 1 - (1 + \delta_g)(1 - \psi_B)$$

größer als 0,5 ist, müssen die nach obiger Formel berechneten Werte um so viel vermehrt werden, als ψ_E größer als 50% ist.

Es hat also die Reißfestigkeit den großen Vorteil, daß man mit einer einzigen Zahl sowohl die Festigkeits- als auch die Zähigkeitswerte des Werkstoffes berücksichtigt.

Die nach obiger Formel berechneten Werte der Reißfestigkeit geben allerdings nur Näherungswerte. Der Fehler beträgt nach den Untersuchungen Ludwiks etwa 6%, bei hart vergüteten Stählen etwa 9%.

V. Zur Theorie der Bruchgefahr.

Eine Bruchgefahr kann aus zwei verschiedenen Ursachen eintreten. Indirekt als Fließgefahr, wenn örtlich so große bildsame Formänderungen durch Fließen auftreten, daß dadurch das Aggregat gefährdet wird, wobei es aber zu keinem Trennungsbruch kommt und als direkter Bruch, welcher sowohl ein Gewaltbruch als auch ein Schwingungsbruch sein kann, wobei eine Materialtrennung durch Überwindung der Kohäsion erfolgt

1. Die Bruchgefahr bei zügiger Beanspruchung.

A. Die Fließgefahr.

Trotzdem das Problem der Fließgefahr weniger von praktischer als hauptsächlich von erkenntnistheoretischer Bedeutung ist, soll es hier kurz gestreift werden, da es zu den wichtigsten Problemen der Festigkeitslehre gehört.

Eine Fließgefahr besteht dann, wenn auch räumlich sehr kleine Teile einer Konstruktion so weit über die E-Grenze beansprucht werden, daß eine für den Zweck der Konstruktion unzulässig hohe, bleibende Formänderung entsteht. Die Größe der gerade noch zulässigen bleibenden Formänderung hängt von Zweck und Art der Konstruktion ab. Unter Umständen kann eine örtlich beschränkte Überbeanspruchung wegen des dadurch eintretenden Spannungsausgleiches und der Verfestigung nur günstig wirken. Anderseits gibt es wieder Fälle, wie bei Maschinen, wo überhaupt keine bleibende Formänderung eintreten darf. Wie hoch ein Material über die E-Grenze beansprucht werden darf, läßt sich einwandfrei nicht angeben, da die E-Grenze kein eindeutig festgelegter Begriff ist und über deren Größe verschiedene Auffassungen herrschen.

Die Höhe der E-Grenze hängt davon ab, wann und warum die erste bleibende Formänderung auftritt. Bei Einkristallen scheinen nach den Versuchen von Schmidt (3) schon die ersten bleibenden Formänderungen einzutreten, wenn die an den Gleitflächen wirksame Schubspannung, das ist die Komponente der Schubspannung auf die Gleitfläche in der Gleitrichtung, einen gewissen kritischen Grenzwert, die sogenannte Kritische Grenz-Schubspannung, erreicht.

Die Vorstellung, daß für die Fließgefahr in erster Linie der Schub- oder Gleitwiderstand maßgebend ist, schließt sich an die Mohrsche Theorie an. Versuche von Nadai, Lode, Roš und Eichinger über den Einfluß der mittleren Hauptspannung ergeben aber einen Unterschied von rund 15% von der Mohrschen Theorie.

Ähnliche Resultate ergeben auch die Versuche von Ludwik (12) mit Kupfer, Gelb-Tombak und Messing.

Diese Versuche wurden alle als eine Bestätigung einer schon 1904 von Huber (s. P. Forcella [2]) aufgestellten Fließbedingung gedeutet, wonach die Fließgefahr durch die Gestaltsänderungsenergie bestimmt wird. Es wird auch heute noch meist die Gestaltsänderungsenergie als maßgebend für die plastische Verformung von quasi-isotropen Körpern angesehen.

Es ist also bei Einkristallen die Schubspannung, bei Vielkristallen hingegen die Gestaltsänderungsenergie für die Fließgefahr verantwortlich.

Von Sachs wurde der Versuch gemacht, aus den Vorgängen bei der Verformung des einzelnen Kristalles einen Schluß auf die Verformungsvorgänge bei Vielkristallen abzuleiten. Ein Vergleich der Zug- und Verdrehungsbeanspruchung in den Flächen von regulären flächenzentrierten Kristallen ergab bei konstant wirkender Schubspannung für die Verdrehung eine um 15,5% höhere größte Schubspannung, als für Zug oder Druck. Es errechnet sich also fast der gleiche Unterschied, als bei Annahme einer konstant wirkenden Gestaltänderungsenergie.

Roš und Eichinger versuchen die Gestaltsänderungshypothese mit der Schubspannungshypothese zu verknüpfen, indem sie den Einfluß der mittleren Hauptspannung dadurch berücksichtigen, daß sie als Maß der Anstrengung die resultierende Verschiebung ansehen. Man versteht darunter die Resultierende aus den Verschiebungen in den Hauptschubspannungsebenen oder die Schubspannung in der Ebene der resultierenden Verschiebung.

Nach neueren Versuchen von Roš und Eichinger mit verschiedenen spröden Stoffen läßt sich eine allgemeine Theorie der Bruchgefahr, welche keine Rücksicht auf den Gefügeaufbau eines Stoffes nimmt, wegen des oft grundsätzlichen verschiedenen Verhaltens ungleich aufgebauter Stoffe überhaupt nicht aufstellen.

Es ist auch heute noch für isotrope Stoffe die Mohrsche Theorie die am besten begründete.

Für nichtisotrope Stoffe liegen die Abweichungen meistens unter 15% der Mohrschen Theorie. Da der Konstrukteur besonders bei schwingenden Beanspruchungen mit viel größeren Unsicherheiten rechnen muß, so hat die Fließgefahr für ihn verhältnismäßig wenig Bedeutung.

B. Zäher Bruch.

Wird die Beanspruchung der E-Grenze überschritten, so treten die ersten bleibenden Formänderungen auf, wenn die Kohäsion im Verhältnis zum Gleitwiderstand genügend groß ist. Der Gleitwiderstand steigt dabei mehr oder weniger, oft sogar um ein Vielfaches an und es tritt dabei Kalthärtung oder Verfestigung ein.

Warum der Gleitwiderstand mit zunehmender Gleitung wächst, ist noch nicht erklärt. Möglicherweise treten dabei Verzerrungen des Kristallgitters unter Verformung der Elektronhüllen ein. Diese Störungsherde nehmen mit zunehmender Verformung an Zahl und Größe zu und erschweren die Gleitung immer mehr ~~und mehr~~ durch Blockierung von Gleitflächen. Es sind daher immer größere Spannungen notwendig, um den Stab weiter zu verformen.

Das plötzlich einsetzende Fließen dürfte auf einer Löslichkeitsänderung und dispersen Abscheidung zurückzuführen sein. Nach dieser Auffassung befindet sich dann gewöhnlicher weicher Stahl bei Zimmertemperatur in einem Zustand beginnender Nachhärtung, die mit sinkender Temperatur weiter fortschreitet, wodurch die Kaltsprödigkeit des Ferrits verursacht wird.

Durch ein dem Kaltrecken folgendes Anlassen wird diese Nachhärtung beschleunigt, wodurch der Gleitwiderstand und somit die Fließgrenze steigt, das Eisen altert. Auch die Blaubrüchigkeit ist als Alterungs- und Nachhärtungserscheinung anzusehen.

Überschreitet schließlich die auftretende Zugspannung den Reißwiderstand, so wird ein Bruch ausgelöst.

Je mehr unter gleichen Umständen der Reißwiderstand den Gleitwiderstand überragt, desto dehnbarer wird der Stoff sein. Es sind daher dehnbare Stoffe durch einen im Verhältnis zum Gleitwiderstand hohen Reißwiderstand ausgezeichnet, während bei spröden Stoffen ein im Verhältnis zum Reißwiderstand höherer Gleitwiderstand vorhanden ist. Zwischen der Zug- und Reißfestigkeit besteht kein unmittelbarer Zusammenhang, denn man kann auch die Zugfestigkeit von dehnbaren Stoffen bestimmen, indem man die Höchstlast bis zur beginnenden Einschnürung feststellt, ohne den Stab zum Bruch zu bringen. Die Änderung der mechanischen Eigenschaften eines Werkstoffes, z. B. durch Überhitzen oder Beizen (Beizsprödigkeit), muß keine Veränderung der Zugfestigkeit zur Folge haben, während die Reißfestigkeit sehr verschieden ist.

Es wird durch die Zugfestigkeit bei einschnürenden Stoffen nur der Gleitwiderstand und nicht der Reißwiderstand gemessen, während Dehnung und Einschnürung ein Maß für das Formänderungsvermögen sind.

C. Spröder Bruch.

Zum Unterschied vom zähen Bruch erfolgt der spröde ganz plötzlich, ohne daß sich die Bruchgefahr vorher durch eine Einschnürung anzeigt. Die Ursache des spröden Bruches kann in dem mangelnden Formänderungsvermögen des Werkstoffes begründet sein (Grauguß). Es kann sich aber auch ein dehnbarer Stoff wie ein spröder verhalten. Die Ursachen hierfür sind noch wenig erforscht, es dürften aber drei Gründe hierfür in Betracht kommen. 1. Das Auftreten eines räumlichen Spannungszustandes. 2. Große spezifische Formänderungsgeschwindigkeiten. 3. Oftmals wechselnde Beanspruchung.

2. Die Bruchgefahr bei wechselnder Beanspruchung.

Trotz der vielen Forschungsarbeit, welche zur Klärung der Ursachen der Ermüdung aufgewendet wurde, ist es bisher noch nicht gelungen, eine restlos befriedigende Erklärung hierfür zu finden und die Mechanik der Ermüdung gehört heute noch zu einem der vielen ungelösten Probleme der Wechselbeanspruchung. Es wurde natürlich eine große Zahl von Versuchen unternommen, eine Theorie der Ermüdung aufzustellen. Dieselben sind aber alle auf mehr oder weniger unsicheren Hypothesen aufgebaut und können keine lückenlose und einwandfreie Erklärung hierfür geben. Ein möglicher Weg hierfür ist, die sich bei der wechselnden Beanspruchung abspielenden Vorgänge von dem ersten sichtbaren Anzeichen bis zum Bruch zu verfolgen. Diese Erscheinungen sollen unter dem Abschnitt Bruchvorgang zusammengefaßt werden. Man kommt aber dabei zu keiner befriedigenden Erklärung, da damit nur die Tatsache des Bruchvorganges festgestellt wird, über die Ursachen der Veränderung sagen diese Beobachtungen aber nichts aus. Diese Erklärungsmöglichkeiten sollen in dem Abschnitt Mechanik der Ermüdung besprochen werden.[1] Jedenfalls ist der experimentellen Forschung hier noch ein weites und dankbares Arbeitsgebiet eröffnet.

A. Der Bruchvorgang.

Es soll hier der Versuch unternommen werden, ein Bild über die Entwicklung der Ermüdungsrisse von den ersten nachweisbaren Gefügeveränderungen bis zum vollständigen Bruch zu entwerfen. Hierbei wird zunächst die Voraussetzung gemacht, daß ein vollständig fehlerfreier Werkstoff vorliege, welcher auch vollkommen frei von den kleinen unvermeidlichen Fehlern ist, wie sie durch die Erzeugung bedingt sind, und daß eine ideal glatte Oberfläche ohne alle Kerben vorhanden sei.[2]

---

[1] Die als Bruchvorgang besprochenen Erscheinungen sind streng genommen nur ein Teil der Mechanik der Ermüdung. Eine besondere Behandlung derselben erscheint aber vorteilhaft, da dieselbe mehr vom praktischen Interesse sind, während unter der Mechanik der Ermüdung mehr die theoretische Seite behandelt wird.

[2] Der Versuch, eine solche Darstellung des Bruchvorganges zu geben, ist keineswegs leicht und muß zu Widersprüchen herausfordern, da schließlich die beigegebenen mikroskopischen Bilder, welche aus einer großen Anzahl von Beobachtungen ausgewählt wurden, auch in manchen Beziehungen eine andere Deutung zulassen können. Er soll aber trotzdem unternommen

Bei der Untersuchung des Bruchvorganges muß man streng zwischen den Vorgängen bis zum beginnenden Anriß und der Fortpflanzung desselben unterscheiden. In beiden Fällen leistet die mikroskopische Untersuchung sehr wertvolle Dienste.

a) Die Vorgänge bis zum beginnenden Anriß.

Von Ewing und seinen Mitarbeitern, Rosenheyn und Humphrey wurde zuerst die Beobachtung gemacht, daß sich bei wechselnder Be-

Abb. 5. Gleitebenenbildung in einem 12%igen Manganhartstahl. 2000fach.

anspruchung knapp unter der Ermüdungsgrenze Gleitlinien ausbilden. Dieselben treten zuerst in einzelnen Kristallen und mit zunehmender Beanspruchung und Lastwechselzahl auch in den übrigen Kristallen auf. Es ist dies darauf zurückzuführen, daß die mechanischen Eigenschaften der Metalle in der Richtung ihrer verschiedenen Kristallachsen verschieden sind. Die ersten Gleitlinien treten in jenen Kristallen auf, welche sich in einer bevorzugten Lage befinden, die also den geringsten Gleitwiderstand in der Richtung der beanspruchten Kräfte aufweisen. Diese

---

werden, um einerseits ein Bild über die nach den heutigen Anschauungen größte Wahrscheinlichkeit des Bruchvorganges zu geben, anderseits um die Forschung zu neuer Arbeit anzuregen und die bestehenden Lücken auszufüllen.

Kristalle stellen also (abgesehen von Materialfehlern) die schwächsten Punkte des Werkstoffes dar. Die mechanischen Eigenschaften des quasiisotropen Vielkristalles geben einen Mittelwert der Eigenschaften der ihn zusammensetzenden Kristalle. Nach Stanton und Bairstow (1) treten diese Gleitlinien bei geringer Beanspruchung nur in der Mitte der Kristalle auf. Abb. 5 zeigt das Auftreten solcher Gleitlinien in einem 12%igen Manganhartstahl.

Bailby (2) nimmt an, daß sich bei der Gleitung an den Gleitebenen amorphe Zwischenschichten ausbilden, welche eine höhere Festigkeit als

Abb. 6. Gleitebenenbildung in einem 12%igen Manganhartstahl. 600fach.

die Grundsubstanz des Kristalles haben. Bei fortgesetzter Wechselbeanspruchung erfolgt die weitere Gleitung nicht mehr längs der schon ausgebildeten Gleitflächen, welche bereits verfestigt sind, sondern es bilden sich knapp daneben neue Gleitflächen aus, bis schließlich der ganze Kristall so von Gleitebenen durchsetzt und somit soweit verfestigt ist, daß ein weiteres Gleiten unmöglich wird. Solche, schon fast vollständig von Gleitebenen durchsetzte Kristalle zeigt Abb. 6 eines 12%igen Manganhartstahles. Es können auch, wie von Ludwik und Scheu (5) nachgewiesen und von Herold (1) bestätigt wurde, Hin- und Herschiebungen ganzer Kristallteile längs der Gleitflächen stattfinden, so daß dadurch Kornverzerrungen und Kristallabschiebungen entstehen, wie in Abb. 7 an einem Manganstahl zu sehen sind. Bei weiterer Steigerung der Beanspruchung wird in einem durch Gleitebenen vollkommen durchsetzten Kristall das Formänderungsvermögen vollkommen erschöpft, so daß sich Anrisse entlang solcher Gleitebenen ausbilden. Ewing und Humphrey nehmen daher an, daß diese Gleitebenen innere Schwächen des Kristalles darstellen. Es können aber bei weiterer Beanspruchung noch andere Erscheinungen im Gefüge auftreten, die als eine Gefügelockerung, wie sie u. a. von Ludwik (12) angenommen wird, gedeutet werden können. In dem untersuchten Manganhartstahl sind nach dem Schwingungsbruch viele Korngrenzen durch das Ätzen in einer sehr verbreiterten Form

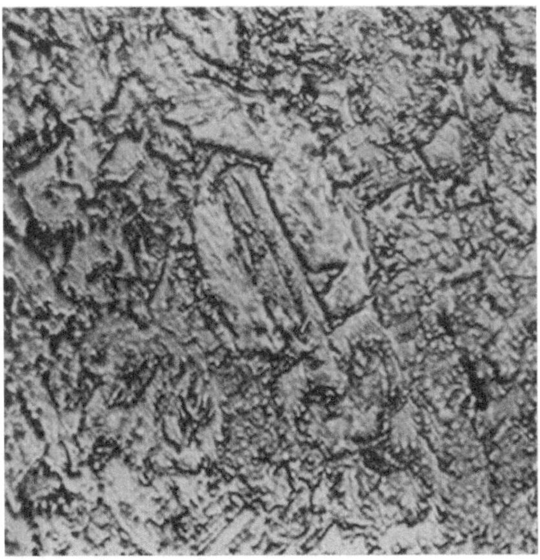

Abb. 7. Kristallabschiebungen durch Wechselbeanspruchungen. ·1700fach.

hervorgetreten, wie aus Abb. 8 sehr deutlich zu erkennen ist. Diese auffallende Verbreiterung der Korngrenzen kann als eine solche Gefügelockerung gedeutet werden.

Bengough und Rosenheyn haben zuerst angenommen, daß die Körner durch eine interkristalline Zwischensubstanz zusammengehalten werden. Bailby (2) vermutet, daß diese Zwischensubstanz aus einer amorphen Schicht von höherer Festigkeit als die Grundsubstanz besteht. Nach Rosenheyn und Ewen (1) ist diese amorphe Zwischenschicht der letzte Rest von Flüssigkeit zwischen den mikroskopisch feinen Trennflächen der Kristalle, welche nicht mehr kristallisieren kann, und welche eine unterkühlte Flüssigkeit sehr hoher Viskosität darstellt. Aus der Tatsache, daß ein feinkörniges Material immer härter ist als ein solches mit groben Korn, nehmen sie an, daß diese amorphe Zwischenschicht eine höhere Festigkeit als die Grundsubstanz haben muß. Diese Annahme wird durch die Beobachtung gestützt, daß die Schwingungsbrüche vorwiegend in den Körnern entstehen und nur selten entlang der Korngrenzen verlaufen.

Vergegenwärtigt man sich nun die Vorgänge bei der Wechselbeanspruchung nach den vorherigen Ausführungen, so kommt man zu folgendem Bild:

Ein dynamisch noch unbeanspruchter Werkstoff besteht aus den

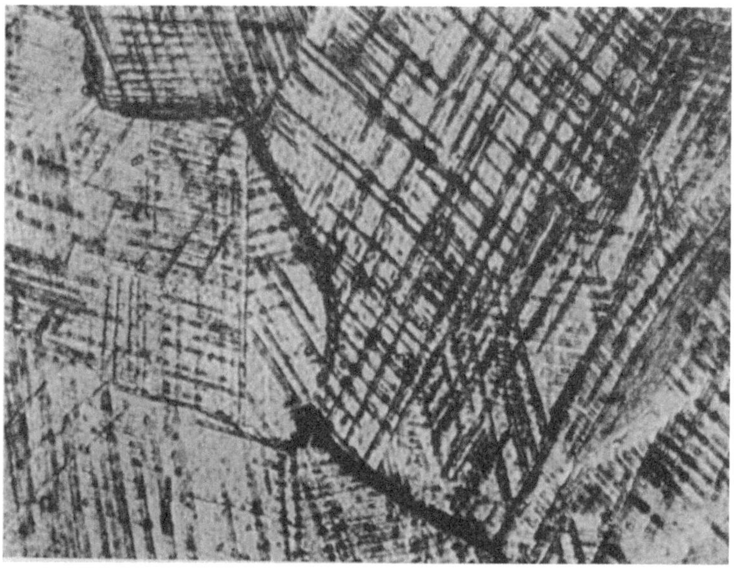

Abb. 8. Gefügelockerung in einem 12%igen Manganhartstahl durch Wechselbeanspruchungen. 1100fach.

ihn zusammensetzenden Kristallen, deren Festigkeit in der Richtung der einzelnen Kristallachsen eine verschiedene ist und der interkristallinen Zwischensubstanz von höherer Festigkeit. Es können also in demselben ganz bedeutende Festigkeitsunterschiede vorhanden sein, welche sich aber infolge ihrer geringen räumlichen Ausdehnung der Messung entziehen, so daß man dabei auf das Gebiet der Hypothese beschränkt bleibt. Durch die Wechselbeanspruchung findet infolge der Gleitebenenbildung eine Verfestigung der Kristallkörner statt, welche diejenige der Zwischensubstanz nicht erreichen oder überschreiten kann. Je nachdem, ob nun ersteres oder letzteres der Fall ist, wird eine Gefügelockerung entlang von Gleitflächen oder an den Korngrenzen stattfinden, welche schließlich zur

Ausbildung des ersten mikroskopisch nachweisbaren Ermüdungsrisses führt. Es wird also derselbe seinen Ausgang von der schwächsten, bzw. durch die Beanspruchung am meisten geschwächten Stelle des Werkstoffes nehmen.

Wir können nun unsere bisherige Annahme eines vollkommen fehlerfreien Werkstoffes fallen lassen und die bisher gewonnenen Erfahrungen auf die technischen Werkstoffe anwenden. Es ist eine durch die Art der Erzeugung gegebene und unvermeidliche Tatsache, daß dieselben mit Fehlern, wie z. B. Schlackeneinschlüssen, mikroskopisch feinen Lunkern und so weiter, behaftet sein müssen. Es kommt also als bestimmendes

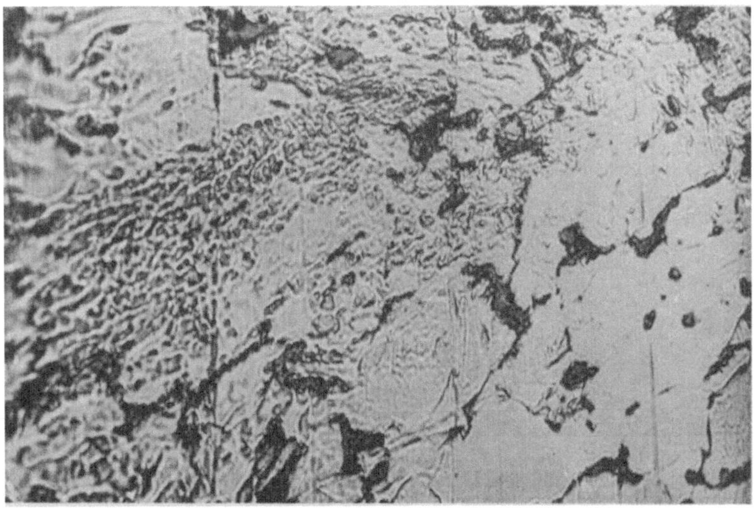

Abb. 9. Kornzerstörungen bei Stahlguß durch Wechselbeanspruchung. 500fach.

Moment für das Entstehen der Anrissen noch die außerordentlich starke Spannungserhöhung infolge der inneren Kerbwirkung dieser Fehlstellen hinzu. Dadurch aber werden die in diesem Abschnitt angestellten Betrachtungen vollkommen aufrechterhalten, es kommt lediglich ein neuer Gefahrenfaktor hinzu. In dem noch unbeanspruchten Material werden sich infolge der Spannungserhöhung durch die Kerbwirkung in den am Kerbgrunde unmittelbar benachbarten Kristallen die ersten Gleitebenen ausbilden, während in den anschließenden Kristallpartien, welche nicht mehr im Bereich der Spannungsspitze liegen, die Beanspruchung nicht zu der für die Gleitebenenbildung notwendigen Höhe ansteigt. Es werden sich also die Gleitebenen nur in einem verhältnismäßig kleinen Volumen bilden. Die dadurch bedingte Verfestigung und die Erhöhung des Verformungswiderstandes muß schließlich zur Ausbildung eines Anrisses am Kerbgrund führen. Diesbezügliche Beobachtungen wurden von Schultz und Püngel (2) sowie Müller und Leber (3) durch Ätzen von wechselbeanspruchten Proben mit dem Fryschen Ätzmittel gemacht, wodurch der Kraftlinienfluß nachgewiesen werden konnte. Auch folgende Beobachtung spricht für die Richtigkeit dieser Anschauung. An einem mit der Schenkschen Dauerbiegemaschine zu Bruch gebrachten Probestab aus Stahlguß konnten in unmittelbarer Nähe der Bruchstelle an mehreren Stellen Kornzerstörungen nachgewiesen werden, wie sie Abb. 9 zeigt. Da auch an der Bruchstelle ein solches Gefüge vorhanden war, dürften diese Kornzerstörungen das unmittelbare Stadium vor Beginn des Anrisses darstellen.

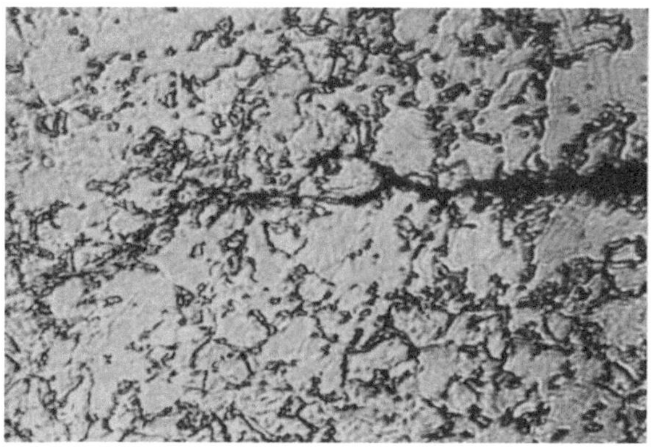

Abb. 10. Ermüdungsanriß in einem 3%igen Nickelstahl. 600fach.

Diese unvermeidlichen Fehler stellen die Schwächen des Werkstoffes dar und es dürften die Schwingungsbrüche meist ihren Ausgang von solchen Fehlstellen nehmen. Daraus darf aber nicht der Schluß gezogen werden, daß jeder Ermüdungsbruch auf einen „Materialfehler" zurückzuführen ist. Diese viel zu weitgehende Schlußfolgerung ist vollkommen zu verwerfen und würde nur zu folgenschweren Irrtümern Anlaß geben. Man muß streng zwischen Materialfehlern und den durch die Erzeugung bedingten und unvermeidlichen Fehlstellen eines einwandfreien Werkstoffes unterscheiden. Wenn trotzdem ein Bruch erfolgt, so wurde eben der Werkstoff über seine zulässige Höchstgrenze beansprucht und es darf nicht die unvermeidliche Fehlstelle, sondern nur die zu hohe Beanspruchung als die Bruchursache angesehen werden.

Natürlich gibt es auch viele Fälle, wo tatsächliche (bei normalem Werkstoff vermeidbare) Fehlstellen die Ursache des Bruches sind. Die Entscheidung hierüber ist oft nicht leicht zu treffen.

b) Die Fortpflanzung des Ermüdungsanrisses.

Hat sich ein Anriß ausgebildet, so setzt sich derselbe infolge der starken Kerbwirkung und der Schwächung des Querschnittes auch bei Beanspruchungen, welche unter der Dauerfestigkeit des gesunden Werkstoffes liegen, fort, und es muß früher oder später ein Bruch erfolgen, wobei aber eine lange Zeit von der Ausbildung des ersten Anrisses bis zum vollständigen Bruch verstreichen kann. Der Riß folgt in seinem weiteren Verlauf den inneren Schwächen des Werkstoffes, welche durch Fehl-

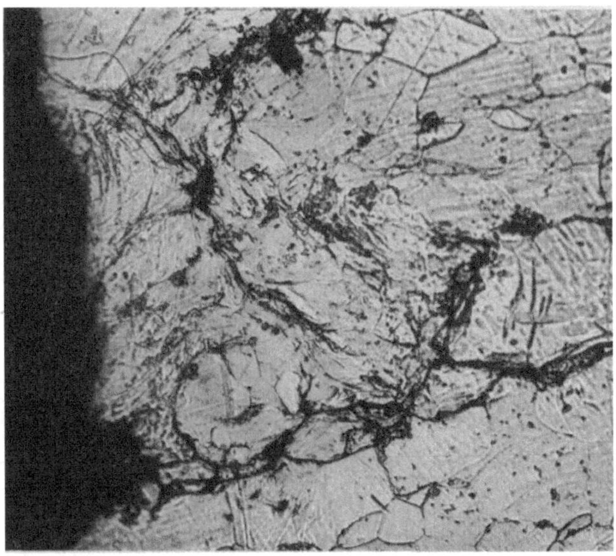

Abb. 11. Ermüdungsanriß in einer Lasche aus Flußstahl. 1300fach.

stellen, sowie Veränderungen des Gefüges bzw. der mechanischen Eigenschaften der einzelnen Kristalle durch die Dauerbeanspruchung gegeben sind. Er kann sich daher vorwiegend entlang der Korngrenzen oder durch die Körner fortpflanzen, bzw. keine von beiden Richtungen bevorzugen. Bei Stahl wurde die übereinstimmende Beobachtung gemacht, daß der Riß sowohl durch die Körner als auch entlang der Korngrenzen verläuft, ohne eine Richtung zu bevorzugen. Abb. 10 zeigt das Ende eines Ermüdungsrisses bei einem 3%igen Nickelstahl. Abb. 11 stammt von der Winkellasche eines Tankwagens, mit welcher der Kessel an dem Fahrgestell befestigt war und welche durch Ermüdung angerissen ist. Es wurde hierfür ein Werkstoff von zu geringer Festigkeit verwendet.

Im Gegensatz zu Stahl kann aber bei Nichteisenmetallen der Ermüdungsriß vorwiegend den Korngrenzen folgen, wie dies z. B. bei einer umfangreichen Untersuchung an Aluminium-Kupferlegierungen festgestellt wurde. Abb. 12 zeigt eine Legierung aus 90% Al und 10% Cu. Sie besteht in ihrer Grundmasse aus den Cu-Al-Mischkristallen, während an den Korngrenzen das die sehr spröde Verbindung $CuAl_2$ enthaltende Eutektikum abgeschieden ist. Es konnte in allen Fällen nachgewiesen werden, daß der Ermüdungsriß immer diesem spröden, an den Korngrenzen abgelagerten Gefügebestandteil folgt.

Infolge der durch die Wechselbeanspruchung verursachte gegen-

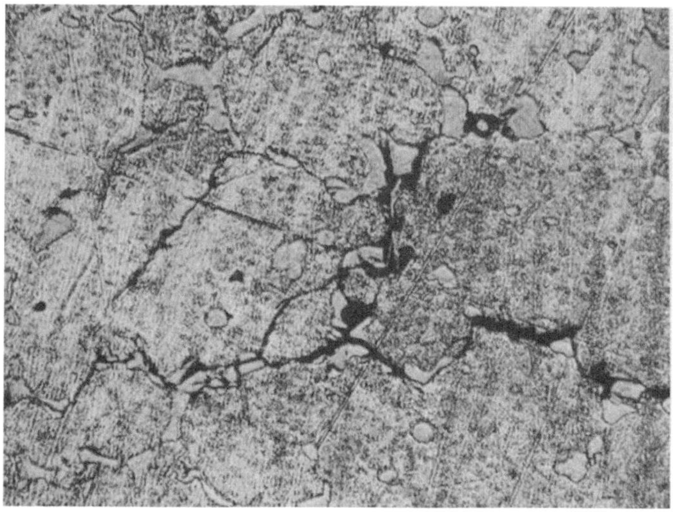

Abb. 12. Verlauf der Ermüdungsanrisse in einer Al-Cu-Legierung mit 10% Kupfer. 350fach.

seitige Bewegung der Anbruchflächen werden, wie schon von Mesnager nachgewiesen wurde, ganze Kristalltrümmer abgelöst. Wie aus Abb. 13 ersichtlich ist, bilden sich mehrere Risse aus. Die zwischen den Rissen liegenden Kristallpartien reiben die Bruchflächen glatt und erzeugen so das charakteristische Aussehen des Dauerbruches. Der Riß setzt sich so lange fort, bis schließlich der Querschnitt so weit geschwächt ist, daß die Beanspruchung ausreicht, um ein plötzliches Durchbrechen des restlichen Querschnittes zu verursachen. (Restbruch.)

c) Die Rißbildung infolge von Werkstoffehlern.

Einer der häufigsten Werkstoffehler, welcher zur Bildung von Ermüdungsrissen führt, sind die durch fehlerhafte Herstellung verursachten

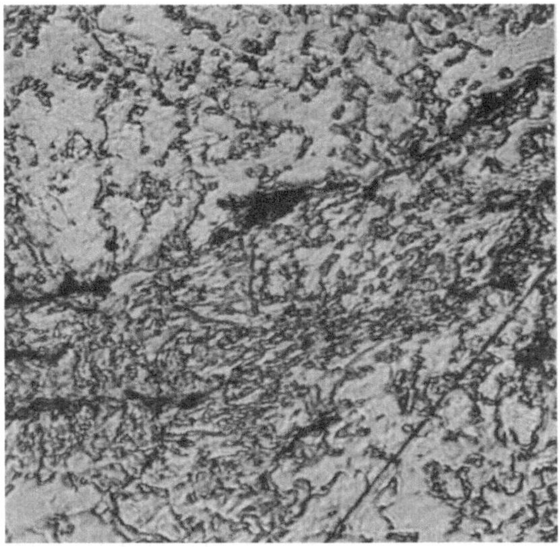

Abb. 13. Ermüdungsanriß in einem Cr-Ni-Stahl. 600fach.

äußeren und inneren Kerben. Hierfür sei folgendes praktisches Beispiel gebracht: An den Ventilfedern eines Explosionsmotors einer jahrelang bewährten Konstruktion traten plötzlich bei normaler Beanspruchung

Abb. 14. Längsschliff durch eine Ventilfeder. Überlappungen durch schlechtes Walzen aus Ursache des Ermüdungsanrisses. 700fach.

Brüche auf. Eine mikroskopische Untersuchung ergab das Vorhandensein von ausgesprochenen Walzfehlern als Ursache derselben. In der Abb. 14, welche von einem Längsschliffe stammt, ist die durch das fehlerhafte Walzen entstandene Überlappung sehr deutlich zu sehen, außerdem

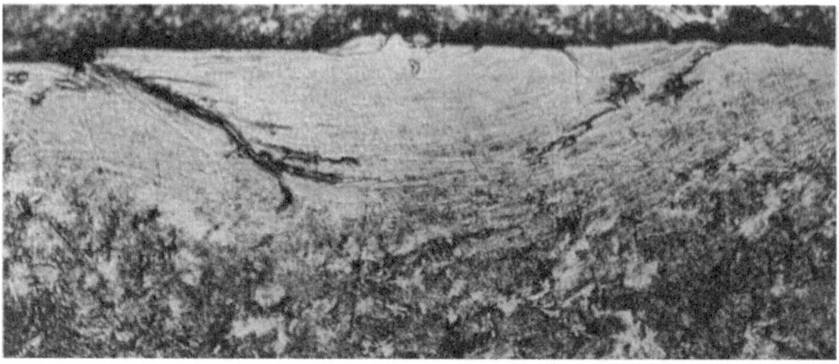

Abb. 15. Querschliff durch dieselbe Ventilfeder wie Abb. 14. 700fach.

ist das Gefüge für eine Feder aus Klaviersaitendraht viel zu grob. Abb. 15 zeigt den Querschnitt durch eine solche Fehlstelle und die starke Entkohlung der Randschicht. Es waren also an diesen Federn drei Fehler gleichzeitig nachzuweisen: Die Überlappung durch das Walzen, das grobe Korn und die starke Entkohlung der Oberfläche.

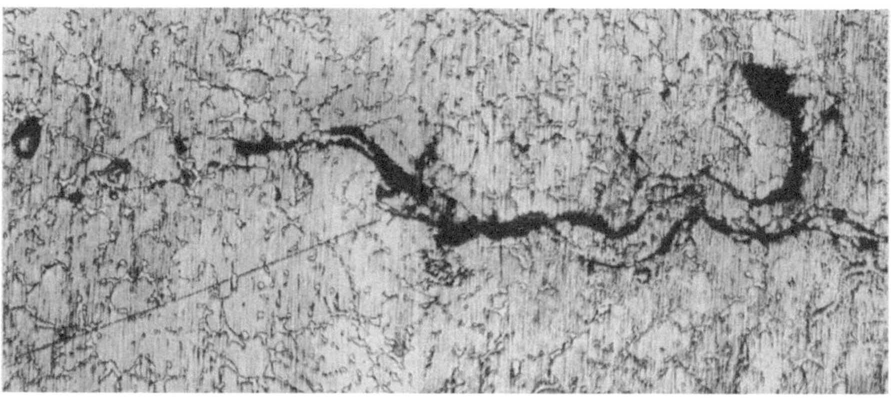

Abb. 16. Ermüdungsanriß, verursacht durch innere Fehlstellen mit einer Al-Cu-Legierung mit 10% Cu. 200fach.

Ebenso wie die äußeren, können auch die inneren Kerben die Ursache von Dauerbrüchen werden. Bei letzteren ist aber der Nachweis derselben meist nur aus dem Bruchaussehen zu erbringen, da die Fehlstelle, besonders bei nicht zu großer räumlicher Ausdehnung, in der Regel durch die Bruchausbildung weggescheuert wird und sich dann dem Nachweis entzieht. Außerdem ist die räumliche Auffindung der primären Fehlstelle nur schwer möglich.

Abb. 16 zeigt die Folgen der inneren Kerbwirkung an einem Leichtmetallkolben der vorerwähnten Al-Cu-Legierung mit 10% Cu, welcher nach einer nur 20stündigen Erprobung auf der Bremse untersucht wurde. Dabei wurde diese Fehlstelle aufgefunden. Ursprünglich waren feine Mikrolunker vorhanden, welche bereits durch Ermüdungsrisse verbunden sind und die bei einem längeren Betrieb des Kolbens natürlich zu einem vollständigen Bruch desselben geführt hätten.

Es müssen aber nicht immer nur Kerben die Ursache zu einer Rißbildung sein. Googh sowie Schmidt haben schon die Ansicht ausgesprochen, daß eine fehlerhafte Struktur, wie z. B. grobes Korn usw., ähnlich wie geometrische Kerben wirken kann. Es ist eine alte Erfahrungstatsache, daß beim Vorhandensein von grobem Korn leicht Dauerbrüche auftreten, welche bei einwandfreiem Werkstoff nicht beobachtet werden.

Es wurde z. B. bei Ventilfedern einer hochtourigen Motortype, welche bei normaler Beanspruchung nicht gebrochen sind, das in Abb. 17 gezeigte Randgefüge beobachtet. Am Rande der Feder ist infolge eines Herstellungsfehlers ein grobes Korn mit ausgeprägtem Ferritnetzwerk vorhanden. Dies bedeutet eine starke Herabsetzung der Schwingungsfestigkeit des Werkstoffes und die Brüche nehmen von den Ferritablagerungen, als den Stellen geringster Festigkeit, ihren Ausgang.

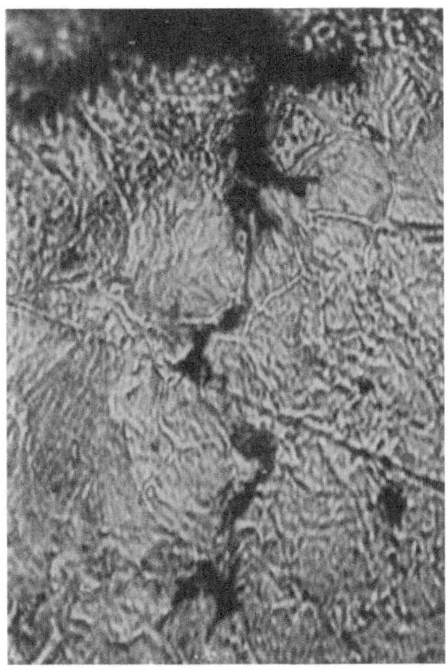

Abb. 17. Ermüdungsanriß in einer Ventilfeder, verursacht durch fehlerhaftes Randgefüge. 1400fach.

d) Das Bruchaussehen.

Es ist ein sicheres Kennzeichen des Dauerbruches, daß derselbe nicht plötzlich erfolgt, sondern von der Stelle des ersten Anrisses aus stufenweise fortschreitet, bis der endgültige Bruch eintritt. Durch die stetige Wechselbeanspruchung und die damit verbundenen Verformungen reiben die Anbruchstellen aneinander und scheuern sich glatt, zum Unterschied von Restbruch, welcher plötzlich erfolgt und der das normale Korn des Werkstoffes zeigt. Es lassen sich in fast allen Fällen aus dem Bruchaussehen die ersten Anrißstellen erkennen und man kann daraus die Art der Beanspruchung, durch welche der Bruch erfolgt ist, feststellen. Abb. 18 zeigt den Bruch einer Welle aus 3% Nickelstahl, welche auf hin- und herschwingende Biegung beansprucht war. Da der Restbruch genau in der Mitte liegt, so kann man schließen, daß eine reine Schwingungsbeanspruchung ohne gleichzeitige statische Beanspruchung vorhanden war.

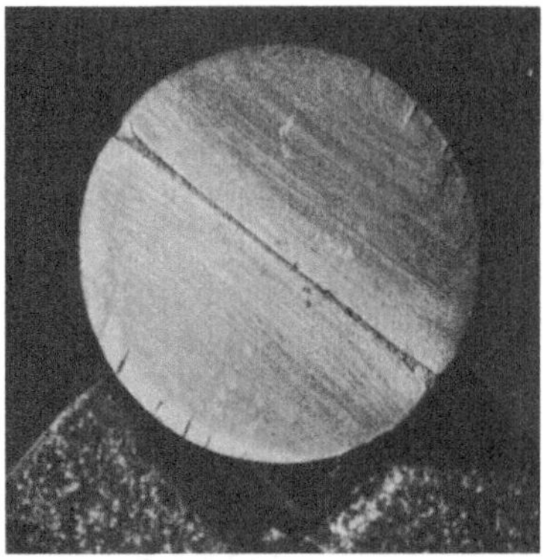

Abb. 18. Ermüdungsbruch einer Welle aus 3%igen Ni-Stahl, verursacht durch schwingende Biegung.

Abb. 19. Ermüdungsbruch einer Welle, verursacht durch rotierende Biegung.

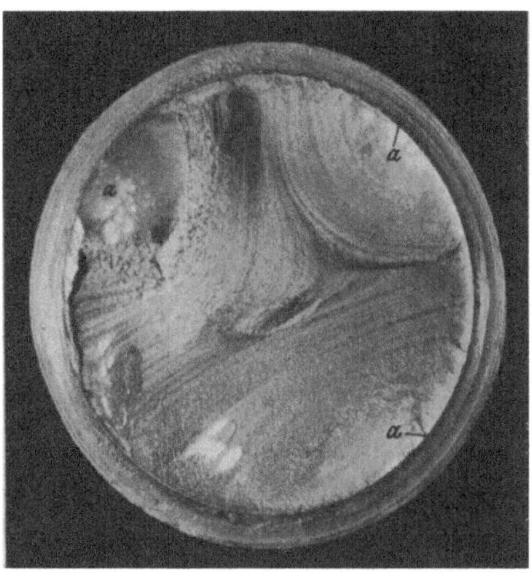

Abb. 20. Biege-Schwingungsbruch einer Differentialwelle aus VCN 35 mit drei Anbruchstellen.

Aus dem Aussehen des Restbruches lassen sich auch wichtige Schlüsse auf die Qualität des Werkstoffes ziehen. Ist derselbe sehr klein, so zeigt er ein qualitativ einwandfreies Material an. Bei der obigen Welle war tatsächlich der Werkstoff einwandfrei, die Beanspruchung der daraus hergestellten Welle aber zu hoch. Ein großer Restbruch zeigt meist fehlerhaftes Material, z. B. grobes Korn, an. Den Bruch einer Welle, welche bei umlaufender Biegung erfolgt ist, zeigt Abb. 19, bei welcher zum Unterschied von Abb. 18 der Restbruch nicht bandförmig, sondern kreisförmig ist.[1]

[1] Wie H. Oschatz (Die Gesetzmäßigkeit des Dauerbruches und Wege

Abb. 20 zeigt den Bruch einer Differentialwelle aus VCN 35. An der Welle ist ein Bund angedreht, infolge fehlerhafter und viel zu kleiner Hohlkehle ist dort ein Bruch erfolgt. Es sind deutlich drei Anbruchstellen zu unterscheiden.

Ein sehr drastisches Beispiel für das Entstehen eines Dauerbruches infolge vollständig unsachgemäßer Behandlung ist der in Abb. 21 gezeigte Wellenbruch. Auf der Welle befand sich eine Sicherungsmutter, welche wieder durch eine Schraube auf derselben fixiert war. Bei wiederholten Demontagen wurde die Welle immer an einer anderen Stelle angebohrt, so daß schließlich fünf viel zu tiefe Anbohrungen in einer Ebene

Abb. 21. Biege-Schwingungsbruch einer Differentialwelle, verursacht durch schlechte Montage. (Kerbwirkung durch zahlreiche zu tiefe Anbohrungen.)

vorhanden waren, wodurch die Welle trotz einwandfreien Werkstoffes brechen mußte. Abb. 22 bringt den Schwingungsbruch einer Kurbelwelle mit einem Anbruch vom Kurbelzapfen aus, welcher durch eine zu kleine Hohlkehle verursacht wurde.

Bei Kurbelwellen nehmen die Brüche, welche durch Biegeschwingungsbeanspruchung hervorgerufen wurden, immer ihren Ausgang von

zur Steigerung der Dauerhaltbarkeit, VDI-Verlag, Berlin 1933) durch Versuche nachgewiesen hat, liegt der Restbruch in der Mitte, wie bei Abb. 18, wenn der Bruch durch eine starke Überbeanspruchung erfolgt ist, bei einer geringen Überbeanspruchung, knapp über der Wechselfestigkeit liegt der Restbruch exzentrisch zur Bruchfläche, wie bei Abb. 19. Der Bruch nimmt immer seinen Ausgang von den Stellen der stärksten Beanspruchung, wo also die stärkste Zusammendrängung der Kraftlinien vorhanden ist und schreitet dann längs einer Normalkurve zu den Spannungslinien fort. Man kann also durch Aufnahme des Kraftlinienfeldes voraussagen, wo die Gefahr eines Dauerbruches besteht und welchen Weg der Bruchverlauf nehmen wird.

der Breitseite des Kurbelarmes, und zwar in der Regel von der Übergangsstelle des Zapfens in den Arm. Liegt ein Drehschwingungsbruch vor, so läuft derselbe spiralförmig durch den Zapfen unter einer Neigung von rd. 45° zur Zapfenachse und geht fast immer von einer Ölbohrung aus, in welcher sich auch die ersten Anrisse feststellen lassen. Durch die Drehschwingungen der Welle werden die Kurbelarme auf Biegung beansprucht; in einem solchen Falle geht der Bruch von der Schmalseite des Armes aus.

Abb. 22. Ermüdungsbruch einer Kurbelwelle durch Biegebeanspruchung.

Aus diesen wenigen Beispielen geht ebenfalls die außerordentliche Wichtigkeit von richtig ausgebildeten Hohlkehlen hervor und es kann nicht oft und nachdrücklich genug darauf hingewiesen werden, daß sowohl Konstrukteure als auch Werkstattleute der richtigen Ausbildung der Hohlkehlen ihr größtes Augenmerk zuwenden müssen.

Aus dem Aussehen des Schwingungsbruches läßt sich auch ein Schluß auf die Art der Beanspruchung, durch welche derselbe ausgelöst wurde,

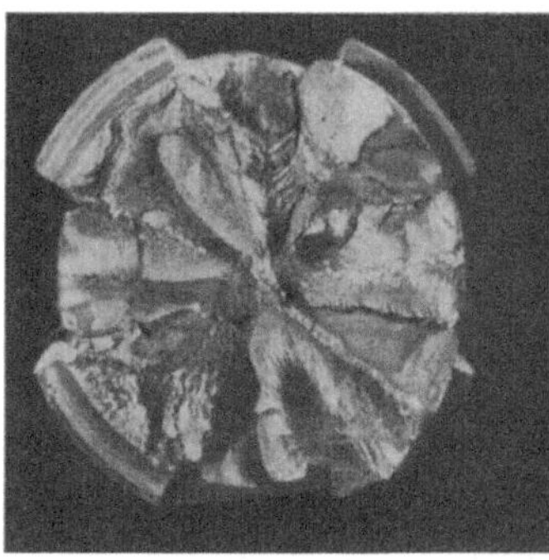

Abb. 23. Drehschwingungsbruch einer Nutenwelle.

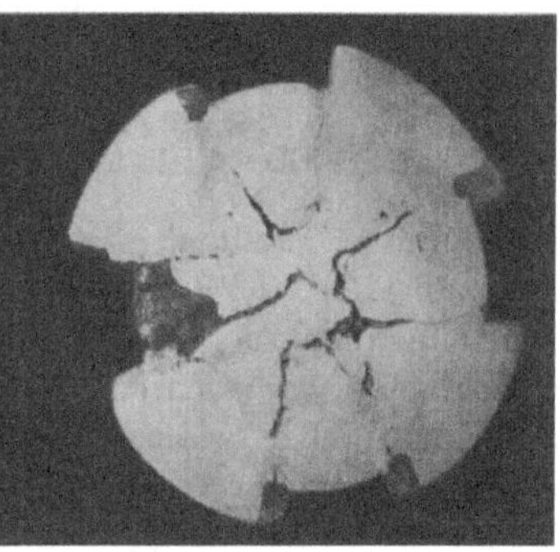

Abb. 24. Schliffbild zu Abb. 23. Verlauf der Anrisse.

ziehen. Bei Biege- oder Zug-Druckwechselbeanspruchung folgt er der Richtung der Normalkräfte, während er bei Drehwechselbeanspruchung in der Richtung der Schubkräfte verläuft. Eine Ausnahme bilden starke Oberflächenverletzungen, z. B. durch Nuten usw., durch welche der

Bruchverlauf vorgeschrieben werden kann. Abb. 23 und 24 zeigen den Bruch einer solchen Nutenwelle durch Drehschwingungsbeanspruchung. Der Anbruch geht von den scharfen Nuten aus und setzt sich, wie aus der Abb. 24 des geätzten Schliffes zu ersehen ist, bis zur Mitte der Welle fort. Bei einer schwingenden Biegebeanspruchung würde der Anriß senkrecht zur Wellenachse, ohne Anriß von den Nuten aus erfolgen. Abb. 25 zeigt den Bruch einer ähnlichen Welle mit 8 Nuten.

B. Die Mechanik der Ermüdung.

Sucht man nach einer Erklärung für die Mechanik des Bruchvorganges, so wird dadurch in erster Linie die Frage der Beziehung zwischen theoretischer Kohäsion und Festigkeit aufgeworfen, eine Beziehung, die aber noch vollkommen ungeklärt ist, da es an Methoden zur Bestimmung der theoretischen Kohäsion fehlt. Erschwert wird diese, für die theoretische Festigkeitslehre so außerordentlich wichtige Frage aber noch dadurch, daß die technischen Werkstoffe keine einheitlich definierten physikalischen Körper sind, sondern sich praktisch aus einer unendlich großen Zahl von einzelnen Körnern zusammensetzen, deren physikalische Eigenschaften in der Richtung der einzelnen Kristallachsen verschieden sind. Je kleiner diese Körner sind, desto mehr kann der von ihnen gebildete Vielkristall als isotroper oder wenigstens als quasiisotroper Körper angesehen werden. Außerdem haben die meisten der metallischen Werkstoffe keinen homogenen, sondern einen heterogenen Gefügeaufbau, sind also aus mehreren Kristallarten mit verschiedenen physikalischen Eigenschaften zusammengesetzt, so daß in diesem Fall die Eigenschaften des einzelnen Kristalles zu keinem Vergleich mit jenen des Vielkristalles herangezogen werden können.

Abb. 25. Drehschwingungsbruch einer Nutenwelle.

Eine noch vollkommen ungeklärte Rolle spielt die von vielen Forschern angenommene amorphe Korngrenzensubstanz, welche als eine unterkühlte Flüssigkeit von sehr hoher Viskosität angesehen werden muß, und deren Eigenschaften sich wesentlich von jenen der Kristalle unterscheiden. Es liegt in der Natur der Dinge, daß ein jeder technische Werkstoff auch nie vollkommen fehlerfrei sein kann und infolge seiner Erzeugung immer innere Fehlstellen aufweisen muß, die sich in ihrer Zahl und Größe unmöglich erfassen lassen, aber von bedeutendem Einfluß auf seine physikalischen Eigenschaften sind.

War es schon bei der zügigen Beanspruchung nicht möglich, eine einheitliche und alle Verhältnisse gleich gut umfassende Theorie der Bruchgefahr aufzustellen, so ist man bei der viel schwieriger zu erfassenden Wechselbeanspruchung noch viel weiter davon entfernt, die Mechanik des Ermüdungsbruches zu beherrschen. Es soll daher im nachfolgenden nur ein kurzer Überblick über die wichtigsten Theorien gegeben werden.

Nach der ältesten, heute schon verlassenen Anschauung war man infolge des verschiedenen Aussehens des Schwingungs- und Restbruches der Ansicht, daß durch die Wechselbeanspruchung eine Kristallisation des Werkstoffes verursacht wird, wodurch eine Gefügevergröberung eintritt, welche denselben spröde und brüchig macht.

Nach Griffith (1), welcher als erster eine Kerbtheorie der Ermüdung aufgestellt hat, sind die inneren Fehlstellen des Werkstoffes die Ursache der starken Erniedrigung der Wechselfestigkeit im Vergleich zur Bruchfestigkeit.

Auf Grund der neuesten Forschungen muß man annehmen, daß sich bei der Wechselbeanspruchung gleichzeitig zwei einander entgegengesetzte Vorgänge abspielen. Einerseits findet durch die ständigen, wenn auch sehr kleinen Verformungen eine weitgehende Verfestigung des Werkstoffes statt, wodurch die Wechselfestigkeit gehoben wird (hochtrainieren), gleichzeitig geht aber auch der entgegengesetzte Vorgang der Gefügelockerung vor sich. Das Auftreten eines Bruches hängt davon ab, ob der zweite oder der erste dieser Vorgänge überwiegt. Man wird also bei homogenen Stoffen im wesentlichen die Vorgänge in den einzelnen Kristallen innerhalb des Vielkristalles betrachten müssen, da für den Bruchvorgang das Verhalten der Kornsubstanz und nicht der interkristallinen Zwischensubstanz während der Beanspruchung entscheidend sein dürfte, da die Dauerbrüche vornehmlich durch die Körner verlaufen und nur in den seltensten Fällen den Korngrenzen folgen. Die Widerstandsfähigkeit der Kristallkörner ist auch bei Temperaturen, die oberhalb der Rekristallisationsschwelle gelegen sind, vielfach noch erheblich geringer als jene der zwischenkristallinen Korngrenzenverwachsungen. Bewegungen längs der Korngrenzen und zwischenkristalliner Bruch scheinen bisher nur in Einzelfällen oder aber in unmittelbarer Nähe des Schmelzpunktes gefunden worden zu sein. Es ist also das einzelne Werkstoffkorn, dessen Verhalten der Festigkeit der kristallisierten Werkstoffe ihr besonderes Gepräge verleiht.

Wie Schmidt (3) gezeigt hat, tritt eine Verschiebung ein, sobald bei den Einkristallen in gewissen Ebenen, den Gleitebenen, die Schubspannungen eine gewisse Grenze, die Grenzschubspannung überschreiten, wogegen ein Trennungsbruch erfolgt, sobald bei einer oder der anderen Ebene die Normalspannung die Kohäsion überwindet. Im Vielkristall wird ein derartiges Gleiten aber erst bei weit höherer Beanspruchung auftreten, da die einzelnen Kristallkörner sich gegenseitig stützen. Mit dem Fortschreiten der Wechselbeanspruchung findet aber die plastische Verformung infolge Blockierung der Gleitflächen nicht mehr längs der einmal ausgebildeten Gleitebenen statt, sondern es bilden sich neue aus, bis schließlich fast der ganze Kristall soweit verfestigt ist, daß er vollständig von Gleitebenen durchsetzt ist. Es nimmt also durch die Wechselbeanspruchung das Formänderungsvermögen allmählich ab, so daß nach Ludwik (6) bei der Ermüdung eine von der Verfestigung unabhängige Zerstörung des Werkstoffes stattfindet. Nach Bailby (2) wird das weitere Gleiten eines Kristalles längs einmal ausgebildeter Gleitflächen durch die Bildung einer amorphen Zwischenschichte höherer Festigkeit verhindert, wodurch eine Gleitflächenblockierung eintritt. Diese dürfte auch die Ursache sein, warum der Gleitwiderstand mit der Größe der Gleitung zunimmt. Überschreitet schließlich die dabei auftretende Zugspannung den Reißwiderstand, so wird ein Trennungsbruch ausgelöst und es werden sich bei einem von Gleitebenen vollkommen durchsetzten Kristall infolge Behinderung der Gleitung Anrisse entlang solcher Gleitflächen ausbilden. Nach Ewing und Humphrey stellen daher die Gleitebenen die inneren Schwächen des Kristalles dar.

Wie man sieht, kann man auch durch die Betrachtung der sich bei der Wechselbeanspruchung abspielenden Vorgänge im einzelnen Kristall keine befriedigende Erklärung für das Wesen des Dauerbruches finden, denn die Gleitflächenblockierung, die Veränderung des Gleitwiderstandes usw. sind als Folgeerscheinung der Wechselbeanspruchung aufzufassen, über deren Wesen aber die Veränderung im einzelnen Kristall keinen Aufschluß gibt. Man sucht daher noch tiefer in die Mechanik der sich abspielenden Vorgänge einzudringen, indem man die Vorgänge in dem einzelnen Bausteine der Kristalle, den Elementar- oder Gitterzellen, betrachtet.

Nach Ludwik (14) finden bei der Wechselbeanspruchung Verzerrungen des Kristallgitters unter Verformungen der Elektronenhüllen statt. Mit dem Fortschreiten der Verformung werden diese Störungsherde an Zahl und Größe zunehmen, wodurch die Blockierung der Gleitflächen verursacht und somit eine Gleitung immer mehr und mehr erschwert wird. Es tritt dann im weiteren Verlauf der Wechselbeanspruchung eine Gitterlockerung ein, indem einzelne Bindungen überzerrt und dadurch überanstrengt und schließlich gelöst werden. Zum Zerreißen der einzelnen

Bindungen ist natürlich eine viel geringere Kraft notwendig, als um gleichzeitig viele Bindungen zu zerreißen. Dadurch kann erklärt werden, warum bei der Wechselbeanspruchung eine im Verhältnis zum Reißwiderstand geringere Kraft genügt, um eine Ermüdung und schließlich einen Bruch herbeizuführen.

Nach Dehlinger (2) kann man als Ursache der Gleitflächenblockierung und der damit verbundenen Verfestigung eine Verhackung des Raumgitters infolge der Wechselbeanspruchung annehmen. Bei dieser Annahme müßte bei höherer Temperatur eine Rekristallisation eintreten. Tatsächlich konnte Dehlinger eine solche bei der röntgenographischen Untersuchung von wechselbeanspruchten Silber- und Kupferblechen nachweisen.

Die mit der Wechselbeanspruchung vor sich gehende Verfestigung wurde von Laute und Sachs nachgewiesen, welche bei Schwingungsversuchen mit Nickelstäben Zwischenglühungen nach einem bestimmten Teil der Bruchschwingungszahlen eingeschaltet haben, wodurch die Verfestigung aufgehoben wurde. Es hatten geglühte Stäbe eine wesentlich geringere Lebensdauer.

Die bisherigen Betrachtungen über die Veränderung der Elementarzellen durch die Wechselbeanspruchung nehmen alle ein ungestörtes Raumgitter an, während nach Smekal (2) derartige ideale Gitter gar nicht bestehen, sondern man muß streng zwischen den Idealkristallen mit vollkommen ungestörtem Gitter und den in Wirklichkeit vorkommenden Realkristallen unterscheiden. Letztere weisen Gitterstörungen, sogenannte Lockerstellen, auf. Bei Beginn der mechanischen Beanspruchung verhalten sich beide Kristalle vollkommen gleichartig und befolgen das Hoocksche Gesetz. Der Idealkristall müßte aber bei Beanspruchungen an der E-Grenze bedeutend höhere Dehnungen zulassen als der Realkristall. Durch die bildsame Verformung des Realkristalles findet aber eine Verfestigung statt und es kann die Verformung um das Mehrfache des Ausgangswertes gesteigert werden. Die Festigkeit des höchstverfestigten Realkristalles nähert sich der des Idealkristalles. Während der Idealkristall durch zahlenmäßig unveränderte Festigkeitsgrenzen gekennzeichnet ist, sind jene des Realkristalles von der vorausgegangenen Verfestigung, also von ihrer Vorbehandlung, abhängig.

Durch lichtelektrische Messungen wurde von Smekal das Vorhandensein von solchen Lockerstellen in Steinsalzkristallen nachgewiesen. Man versteht darunter Atome mit so lockergebundenen Elektronen, daß dieselben leicht aus dem Atomverband losgelöst werden können, während die Idealgitter nur aus Atomen mit festgebundenen Elektronen bestehen. Diese Lockerstellen bedeuten aber eine starke innere Kerbwirkung und es können an ihnen die Kerbspannungen die Höchstspannungen der Idealkristalle erreichen und dadurch die Zerstörung des Molekularverbande- und die Ausbildung einer neuen Lockerstelle bewirken.

Das Gleiten der Kristalle findet längs der Ebenen der geringsten Wachstumsgeschwindigkeit statt. Durch das Vorhandensein von Lockerstellen sind dieselben als die Ebenen der geringsten Kohäsion ausgezeichnet. Mit zunehmender Belastung findet daher eine weitgehende Erschütterung des Kristallbaues statt, er wird gleichsam zum Reißen vorbereitet. Entlastet man rechtzeitig, so wird der Kristall im allgemeinen wieder in seinen ungestörten Ausgangspunkt zurückkehren, es bleibt aber eine gewisse, im allgemeinen nicht erfaßbare elastische Nachwirkung zurück.

Das Gleiten findet nicht längs einzelner Gleitflächen, sondern in Zonen benachbarter Gleitflächen längs winziger Kristallbestandteile statt. Die sich gegeneinander bewegenden Kristallteile können aber nie spannungsfrei sein. Durch die Ungleichmäßigkeiten der Spannungsverteilung infolge der Lockerstellen werden mit zunehmender Abgleitung zahlreiche submikroskopische Metallteilchen aus ihrer parallelen Lage herausgedrängt, wodurch die Bewegung gehemmt und schließlich zum Stillstand gebracht wird. Auf diese Art läßt sich die Verfestigung durch Kaltverformung, die Gleitflächenblockierung, erklären.

Durch den Ausbau der Feinstrukturuntersuchung durch Röntgenstrahlen ist die Möglichkeit gegeben, die Veränderung der Gitterzellen zu beobachten. Es haben sich aber überraschenderweise derartige Veränderungen bisher nicht feststellen lassen. Es wurde nur beobachtet, daß durch die Wechselbeanspruchung ein gestörtes Gitter geordnet wird, da z. B. die stark verwaschenen Debyekreise, welche ein Zeichen des verzerrten Gitters sind, durch die Wechselbeanspruchung scharf wurden, ja es konnte sogar die Van Arkelsche Aufspaltung als Zeichen eines vollkommen geordneten Gitters nachgewiesen werden. Diese wenigen Untersuchungen können aber noch nicht als Beweis eines ungestörten Gitters oder dafür aufgefaßt werden, daß mit der Wechselbeanspruchung keine Veränderungen des Raumgitters verbunden sind. Die Zahl der Lockerstellen dürfte im Vergleich zum ungestörten Gitter so gering sein, daß sie sich durch die Röntgenuntersuchung nicht nachweisen lassen, so daß möglicherweise auch diese Untersuchung noch zu wenig feinfühlig ist, um derartige geringe Veränderungen des Raumgitters zu erkennen, da die Feinstrukturuntersuchung nur einen Mittelwert der Beugungserscheinungen gibt. Bisher wurden auch nur Proben nach einer Wechselbeanspruchung untersucht, während eine Untersuchung während der Beanspruchung viel erfolgreicher sein dürfte.

VI. Der Nachweis von Ermüdungsanrissen.

Es ist ein in der Praxis sehr häufig vorkommender Fall, daß Maschinenbestandteile, z. B. Kurbelwellen von Flugzeug- oder Rennwagenmotoren, auf etwa vorhandenen Ermüdungsanrissen geprüft werden müssen. Dieselben sind aber in ihrem ersten Entstehen so fein und schließen so dicht, daß sie meist auch mit einer guten Lupe nicht erkennbar sind. Durch eines der folgenden Verfahren können dieselben aber sicher nachgewiesen werden.

1. Moore und Kommers empfehlen, das Stück einige Zeit in Öl einzulegen, das Öl dann durch Abwischen zu entfernen und hierauf mit einer Aufschlemmung von Kreide in Alkohol zu bestreichen. Nach dem Trocknen des Alkohols klopft man mehrere Male das Stück ab, wodurch das in den Riß eingedrungene Öl an die Oberfläche gelangt und den Riß an den weißen Kreideüberzug scharf abzeichnet. Noch vorteilhafter ist es, das Stück vor dem Einlegen in Öl oder mit dem Ölbad zugleich etwas anzuwärmen und beides zusammen erkalten zu lassen.

2. Ein anderes etwas umständlicheres Verfahren gibt Rawdon an. Das Stück wird zunächst schwach magnetisiert und mit einer Mischung von feinen Eisenfeilspänen in Öl bestrichen. Durch die Störung des magnetischen Kraftlinienflusses zeichnet sich die Anrißstelle scharf ab.

3. Wohl das sicherste Verfahren, das aber nicht allgemein anwendbar ist, da es ein Überschmirgeln und Polieren der zu untersuchenden Stelle notwendig macht, ist die Ätzung mit Kupferammoniumchlorid. Ist die fragliche Stelle geschliffen, so ätzt man sie ohne weitere Behandlung mit einer Lösung von einem Teil Kupferammoniumchlorid in 12 Teilen Wasser und entfernt den Kupferüberzug durch Wegwischen mit einem Wattebausch unter fließendem Wasser. Die Rißstelle zeichnet sich scharf ab. Bei roh bearbeiteten Stücken muß man die fragliche Stelle zuerst glatt gefeilt, dann mit Schmirgelpapier Körnung 0 behandelt werden.

4. Stücke, deren Oberfläche nicht nachbehandelt oder geätzt werden darf, werden elektrolytisch entfettet, indem man sie als Anode in eine Pottaschelösung einhängt und dann mehrere Stunden, am besten über Nacht in eine Lösung von Ammoniumchlorid legt. Hierauf wird das Stück durch sorgfältiges Abwischen von der anhaftenden Lösung befreit und mehrere Stunden an der Luft liegen gelassen. An den Stellen, wo Risse vorhanden sind, tritt Rostbildung auf.

VII. Die Schwingungsfestigkeit.

Kennzeichnend für die Schwingungsbeanspruchung ist, daß die Brüche bei Beanspruchungen, welche unter der statischen Bruchlast liegen, erfolgen, daß aber zu ihrem Auftreten eine sehr oftmalige Wiederholung der Lastwechsel notwendig ist. Es wurde daher diese Erscheinung in Anlehnung an den psychologischen Begriff als „Ermüdung der Werkstoffe" bezeichnet.

Wohl einer der ersten, welcher im Jahre 1837 Ermüdungsversuche mit Förderketten durchführte, war Albert. Weiters machte dann 1864 Fairbairn (2) Dauerversuche mit Gußeisen.

1. Die Versuche von Wöhler.

Mit den ersten systematischen Versuchen über die Wechselbeanspruchung begann aber erst Wöhler im Jahre 1858. Diese Versuche blieben für die weitere Entwicklung des Maschinenbaus von grundlegender Bedeutung, denn sie bildeten die Grundlage für die zulässigen Beanspruchungen der drei Belastungsfälle Bachs. Auch Gerber, Tetmayer u. a. haben auf den Wöhlerschen Grundlagen weiter aufgebaut.

Im Prinzip wurde bei der Wöhlerschen Versuchsanordnung die Zahl der Lastwechsel ermittelt, bei welcher ein Bruch der Probe eintritt. Jene höchste Belastung, welche von der Probe 40,000.000mal schwingend ertragen wurde, ohne zu brechen, galt als die höchstzulässige Beanspruchung und wurde als die Dauerfestigkeit bezeichnet.

Auf diesem Versuchsprinzip sind noch heute die Dauerversuche unserer bereits hochentwickelten Schwingungsprüfung der Werkstoffe aufgebaut und es muß Wöhler ganz mit Recht als der Begründer derselben bezeichnet werden. Er dehnte seine Dauerversuche aber auch auf die Schwingungsprüfung bei gleichzeitiger statischer Beanspruchung aus und kam bei seinen Versuchen mit Achsstahl von 32,5 kg/mm² Festigkeit zu folgenden höchstzulässigen Beanspruchungen:

von + 11,7 bis — 11,7 kg/mm²
„ + 21,9 „ 0 „
„ + 32,2 „ + 17,5 „

Es ergeben sich daraus annähernd die Verhältniszahlen 1 : 2 : 3, auf welchen Bach seine drei Beanspruchungsfälle aufgebaut hat.

2. Der Bauschinger-Effekt.

Von Bauschinger wurde das Verhalten der Elastizitätsgrenze bei wechselnder Belastung untersucht und folgende Gesetzmäßigkeiten festgestellt:

1. Eine Zug- oder Druckbeanspruchung, welche die ursprüngliche Proportionalitätsgrenze erreicht oder wenig überschreitet, erhöht die P-Grenze.

2. Eine Überbeanspruchung über die P-Grenze hinaus im positiven Sinne erniedrigt dieselbe in der entgegengesetzten Richtung.

3. Unterwirft man den Prüfstab einer wechselnden Belastung zwischen gleich großen positiven und negativen Werten, so wird die durch die Überbeanspruchung erhöhte P-Grenze erniedrigt, die künstlich erniedrigte P-Genze dagegen erhöht. Nach einer größeren Anzahl von Kreisprozessen, die zwischen gleich großen positiven und negativen Werten stattfinden, hat sich die erhöhende bzw. erniedrigende Wirkung dahin ausgeglichen, daß die P-Grenzen in beiden Beanspruchungsrichtungen gleich geworden sind. Die so erhaltenen P-Grenzen können als die natürlichen oder wahren Elastizitätsgrenzen angesprochen werden.

4. Gibt man dem Prüfstab nach erfolgter Wechselbeanspruchung eine längere Ruhepause, so hebt sich die P-Grenze erst schnell, dann langsamer. Sie kann nach langer Ruhepause ihren ursprünglichen Wert erreichen, ja sogar übersteigen, wird aber durch heftige Erschütterungen, z. B. Hämmern, wieder auf ihren ursprünglichen Wert erniedrigt. Anlassen beschleunigt die Wirkung der Erholung.

5. Die Höhe der natürlichen P-Grenze, welche durch die Wechselbeanspruchung erzielt wurde, hängt sehr wesentlich von der Amplitude des Lastwechsels ab; nach Überschreiten einer gewissen Beanspruchung sinkt sie rasch auf geringe Beträge.

Es wurde also von Bauschinger der Begriff der natürlichen Elastizitätsgrenze geschaffen. Ein jungfräuliches, d. h. noch nicht der Wechselbeanspruchung unterworfenes Material wird erst durch die Wechselbeanspruchung in das Gleichgewicht gebracht, die dadurch erreichte natürliche Elastizitätsgrenze ist mit der Schwingungsfestigkeit identisch (Bauschinger-Effekt).

3. Die Bestimmung der Schwingungsfestigkeit.

Zur einwandfreien Bestimmung der Wechselfestigkeit müssen Dauerversuche nach dem Wöhlerschen Verfahren durchgeführt werden. Man beansprucht zu diesem Zwecke den Probestab mit einer Lastamplitude, bei welcher erfahrungsgemäß ein Dauerbruch eintritt, und setzt die Versuche mit immer kleineren Lastamplituden so lange fort, bis man schließlich eine Beanspruchung erreicht, bei welcher ein Bruch, auch bei unbeschränkt langer Wechselbeanspruchung, nicht mehr eintritt.

Unter Wechselfestigkeit versteht man die Höhe jener Lastwechselamplitude, ausgedrückt in kg/mm² Randfaserbeanspruchung, welche von dem Werkstoff unbegrenzt lange ertragen wird, ohne daß ein Bruch erfolgt, wenn sofort die volle Last auf den Probestab einwirkt. Letzteres ist von ganz wesentlicher Bedeutung. Geht man z. B. von Beanspruchungen aus, welche unter der Wechselfestigkeit liegen und steigert dieselbe langsam, indem man den Probestab bei jeder Beanspruchungsstufe mit mehreren Millionen Lastwechseln arbeiten läßt, so kann die Wechselfestigkeit um ganz bedeutende Beträge, bis zu 60%, gehoben werden. Man bezeichnet diesen Vorgang als das Hochtrainieren. Umgekehrt kann die Wechselfestigkeit ganz bedeutend sinken, wenn man den Werkstoff zuerst mit einer Lastamplitude beansprucht, welche über der Wechselfestigkeit liegt und dann mit der Beanspruchung zurückgeht.

Es ist daher die wichtigste Grundbedingung für die Bestimmung der Wechselfestigkeit, daß noch nicht vorbeanspruchte Probestäbe verwendet werden. Stäbe, welche bei einer Beanspruchungsstufe nicht gebrochen sind, dürfen daher für keinen Versuch bei höherer Beanspruchung mehr verwendet werden.

Es ist natürlich klar, daß man diese Dauerversuche nicht unbeschränkt lange Zeit ausdehnen kann, aber die Erfahrung hat hier wieder gezeigt, daß schon eine verhältnismäßig geringe Lastwechselzahl genügt, um die Schwingungsfestigkeit mit einer praktisch genügenden Genauigkeit zu bestimmen. So wurde z. B. bei Wechselbiegeversuchen mit Stahl festgestellt, daß eine Lastwechselzahl von 10 Mill. vollkommen zur Bestimmung der Schwingungsfestigkeit genügt, da durch umfangreiche Versuche festgestellt wurde, daß ein Stab, welcher 10 Mill. Lastwechsel aushält ohne zu brechen, auch mit 2 Milliarden und mehr Lastwechseln beansprucht werden kann, ohne daß ein Bruch eintritt. Die zur Bestimmung der Wechselfestigkeit unbedingt notwendige geringste Lastwechselzahl ist bei den einzelnen Werkstoffen und Beanspruchungsarten (s. diese) eine verschiedene. Sie ist bei den Nichteisenmetallen in der Regel größer als bei Stahl und schwankt je nach dem Werkstoff zwischen 10 und 200 Mill.

Das Ergebnis einer solchen Versuchsreihe wird ähnlich wie bei dem Zugversuch in einem Schaubild eingetragen, bei welchem als Ordinaten die Wechselbeanspruchungen in kg/mm² und als Abszissen die dazugehörigen Lastwechselzahlen aufgetragen werden. Es sind drei verschiedene Darstellungsmethoden gebräuchlich.

1. Man trägt beide Werte im Carthesischen Koordinatensystem auf.
2. Man trägt die Werte für σ_w im Carthesischen und die Werte für z im logarithmischen System auf.
3. Man trägt beide Werte im logarithmischen System auf.

In Abb. 26 ist die Darstellung nach 1 und 3 wiedergegeben, jene nach 2 gibt gegenüber letzterer keine Vorteile.

Die Dauerfestigkeit ist dann erreicht, wenn die Linie des σz-Schaubildes in eine horizontale Gerade übergeht, wenn also die Probe eine unendlich große (praktisch eine sehr hohe, durch die Erfahrung ermittelte) Lastwechselzahl aushält ohne zu brechen. Nach der Darstellung 1 geht die Beanspruchungskurve so allmählich in die Horizontale über, daß sich die Schwingungsfestigkeit daraus nicht einwandfrei feststellen läßt. Bei der Darstellung 3 im doppelt logarithmischen Koordinatensystem besteht die Beanspruchungskurve aber aus zwei sich schneidenden Geraden. Der Schnittpunkt derselben gibt die höchstzulässige Beanspruchung, welche eben noch dauernd ertragen werden kann, ohne daß ein Bruch erfolgt, also die Schwingungsfestigkeit an. Diese Darstellung hat auch den großen Vorteil, daß zur Bestimmung der Wechselfestigkeit eine geringere Anzahl von Probestäben notwendig ist und dieselbe aus den Versuchswerten genau durch graphische Interpolation bestimmt werden kann.

Am genauesten wurde bisher die Biegewechselfestigkeit untersucht, da sie in der Praxis auch am häufigsten vorkommen dürfte. Außerdem lassen sich die Betriebsverhältnisse bei schwingender Biegung am leichtesten und mit den einfachsten Mitteln in den Prüfmaschinen nachahmen. Es wurden auch anfangs sehr primitive Prüfmaschinen hiezu verwendet, z. B. eine fliegend eingespannte, zu einem Prüfstab ausgebildete Welle, welche an dem freien Ende durch ein Gewicht belastet wurde. Bei der größten Anzahl der Versuche wurden die Probestäbe bei rotierender Biegung untersucht. Erst in den letzten Jahren wurde die Wechselbeanspruchung mit hin- und herschwingendem Probestab eingehender untersucht. Über die Biegewechselfestigkeit bei Stoßbeanspruchung ist noch sehr wenig bekannt.

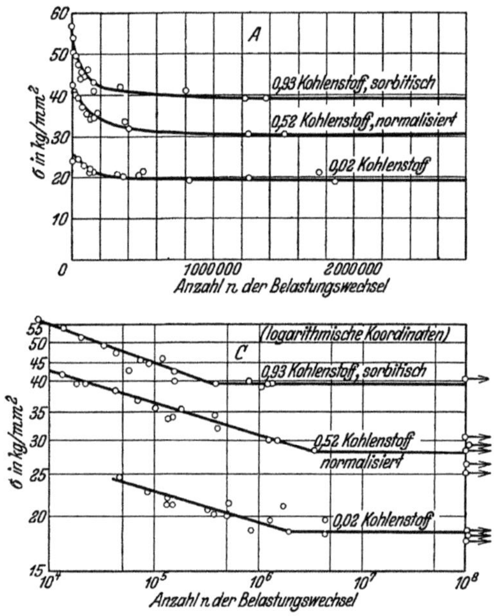

Abb. 26. Das Beanspruchungs-Lastwechselschaubild nach Wöhler.

In Deutschland wurden die Arbeiten nach Forschungen Wöhlers, insbesondere durch Martens fortgesetzt. Um die lange Dauer dieser Versuche abzukürzen, hat man sich aber bei der größten Zahl der weiteren Arbeiten darauf beschränkt, die bis zum Bruch ertragene Lastwechselzahl bei einer mehr oder weniger willkürlich gewählten, aber bei allen Versuchen gleichgehaltenen Beanspruchung festzustellen. Die Erfahrung aber hat ergeben, daß die nach diesem Verfahren erhaltenen Werte kein Maßstab für die Leistungsfähigkeit der Werkstoffe bei schwingender Beanspruchung sind, so daß man erst das Jahr 1925 als das Geburtsjahr der Schwingungsprüfung bezeichnen kann. Durch die Ausbildung der Prüfmaschinen wurde es der Versuchsanstalt jedes Werkes ermöglicht, die Bestimmung der Wechselfestigkeit eines Werkstoffes als Kontrolle durchzuführen, wie man es bei dem Zugversuch schon seit langen Jahren gewohnt war.

In Amerika wurde schon einige Jahre früher mit der systematischen Schwingungsprüfung der Werkstoffe begonnen. In erster Linie müssen hier die Untersuchungen an der Engeneering Experiment Station of the Illinois University durch H. F. Moore und seine Mitarbeiter, besonders J. B. Kommers und T. M. Jasper erwähnt werden. Ferner sind noch die Untersuchungen von Mc. Adam, Lea, Lessels und vieler anderer zu nennen, welche nicht alle einzeln angeführt werden können. In England hat sich in erster Linie H. J. Googh mit der Erforschung dieser Probleme befaßt.

Es ist natürlich bei diesen zahllosen Versuchen von wesentlicher Bedeutung, zu untersuchen, ob dieselben untereinander vergleichbare Resultate darstellen, da sie unter den verschiedensten Bedingungen durchgeführt wurden. Diese unterscheiden sich meist in der minutlichen Lastwechselzahl, also der Frequenz, und in der Beanspruchungszahl der Lastwechsel, bei welchen sie abgebrochen wurden, bei denen man also die Schwingungsfestigkeit als erreicht annahm.

Moore und Kommers fanden auf den Maschinen von Landgraf-Turner und Arnold bei $n = 150$ bis 700 eine schwache, Arnold für $n = 170$ bis 266 eine starke Abnahme der bis zum Bruch ertragenen Lastwechselzahl mit wachsender Frequenz n. Diese Unterschiede, welche mit anderen Beobachtungen nicht übereinstimmen, dürften aber durch die Eigenart der Maschine erklärt werden.

Jenkin (2) findet bis zu 2000 Lastwechseln pro Minute nur eine geringe Zunahme der Schwingungsfestigkeit mit der Frequenz, auch über 2000 Lastwechseln ist der Einfluß nur unbedeutend. Durch spätere Versuche wurde von zahlreichen Forschern festgestellt, daß innerhalb des gewöhnlichen Frequenzbereiches der Prüfmaschinen von 2000 bis 5000 Lastwechseln kein Einfluß der Frequenz auf die Höhe der Schwingungsfestigkeit besteht.

Auch Tapsel (2) fand, daß die Frequenz bei gewöhnlicher Temperatur bei rein schwingender Beanspruchung keinen wesentlichen Einfluß auf die Höhe der Wechselfestigkeit ausübt. Wesentlich wird der Einfluß aber bei höheren Temperaturen und bei gleichzeitiger statischer Vorspannung.

Man kann die Versuche zur Bestimmung der Biegewechselfestigkeit praktisch nur mit einer endlichen Anzahl von Lastwechseln durchführen. Die Versuche von Moore haben ergeben, daß für Stahl 1×10^6 Last-

Tabelle 1. Schwingungsfestigkeiten

1	2	3	4	5	6	7	8
Nr.	Werkstoff	Chemische Zusammensetzung					
		C %	Si %	Mn %	Cr %	Ni %	%
1	Schweißeisen	0,08	0,10	0,35	—	—	—
2	Nieteisen	0,10	0,12	0,50	—	—	—
3	Wellenstahl	0,05	0,08	0,40	—	—	—
4	St. 34 . 11	0,10	0,17	0,93	—	—	—
5	St. 37 . 11	0,12	0,05	0,42	—	—	—
6	St. 42 . 11	0,21	0,20	0,76	—	—	—
7	St. 48 . 11	0,34	0,21	0,71	—	—	—
8	St. 50 . 11	0,35	0,24	0,73	—	—	—
9	St. 60 . 11	0,45	0,28	1,00	—	—	—
10	St. 70 . 11	0,56	0,50	0,91	—	—	—
11	St. C. 35 . 61	0,36	0,28	0,82	—	—	—
12	St. C. 45 . 61	0,45	0,35	0,50	—	—	—
13	St. C. 60 . 61	0,60	0,33	0,46	—	—	—
14	1%-Si-Stahl	0,07	1,02	0,76	—	—	—
15	Si-Mn-Federstahl	0,57	1,10	0,99	—	—	—
16	2%-Mn-Federstahl	0,45	0,12	1,95	—	—	—
17	1,6%-Mn-Federstahl	0,47	0,23	1,60	—	—	—
18	2%-Si-Stahl	0,45	2,00	0,50	—	—	—
19	2%-Si-Federstahl	0,53	1,97	0,46	—	—	—
20	Cr-Si-Federstahl	0,45	1,00	0,50	1,00	—	—
21	Cr-Si- ,,	0,45	1,00	0,50	1,00	—	—
22	Cr-Si- ,,	0,45	1,00	0,50	1,00	—	—
23	Cr-Si- ,,	0,65	1,50	0,65	0,80	—	—
24	Cr-Va-Stahl	0,37	0,35	0,97	1,05	—	0,27 Va
25	Cr-Va- ,,	0,54	0,25	0,82	1,10	—	0,25 Va
26	Cr-Va- ,,	0,54	0,25	0,82	1,10	—	0,25 Va
27	Cr-Ni-Stahl VCN 15	0,26	0,32	0,36	0,50	1,90	—
28	,, VCN 15	0,38	0,21	0,76	0,80	1,70	—
29	,, VCN 15	0,20	0,25	0,60	1,30	1,10	—
30	,, VCN 15	0,20	0,25	0,60	1,30	1,10	—
31	,, VCN 15	0,20	0,25	0,60	1,30	1,10	—
32	,, VCN 25	0,44	0,24	0,76	0,40	2,30	—
33	,, VCN 25	0,44	0,24	0,76	0,40	2,30	—
34	,, VCN 25	0,33	0,25	0,63	1,10	2,50	—
35	,, VCN 25	0,33	0,25	0,63	1,10	2,50	—
36	,, VCN 25	0,25	0,37	0,46	0,80	2,90	—
37	,, VCN 35	0,15	0,23	0,50	0,80	3,50	—
38	,, VCN 35	0,15	0,23	0,50	0,80	3,50	—
39	,, VCN 35	0,15	0,23	0,50	0,80	3,50	—
40	,, VCN 35	0,15	0,23	0,50	0,80	3,50	—
41	,, VCN 35	0,17	0,29	0,50	1,30	3,90	—
42	Cr-Ni-Wo-Stahl	0,38	0,16	0,43	1,35	4,11	0,76 Wo
43	Cr-Ni-Wo-Stahl	0,30	0,12	0,46	1,10	4,15	1,20 Wo
44	Cr-Ni-Wo-Stahl	0,30	0,12	0,46	1,10	4,15	1,20 Wo
45	Cr-Ni-Wo-Stahl	0,38	0,16	0,43	1,35	4,11	0,76 Wo
46	Cr-Mo-Stahl	0,53	0,41	0,45	1,21	—	0,30 Mo
47	Cr-Mo-Stahl	0,30	0,37	0,56	1,32	—	0,34 Mo
48	V 2 A-Stahl	0,10	0,20	0,26	14,50	0,49	0,04 Cu
49	V 2 A-Stahl	0,10	0,20	0,26	14,50	0,49	0,04 Cu

von Stählen nach Versuchen von E. Lohr (9).

9	10	11	12	13	14	15	16	17
Zustand	Zerreißversuch			Schwingungsversuch				
	σ_F kg/mm²	σ_B kg/mm²	δ_{10} %	σ_{wb} kg/mm²	$\overset{v}{\sigma}_{wb}$ kg/mm²	$\overset{v}{\Delta}_{wb}$ %	σ_w kg/mm²	τ_w kg/mm²
weich	20	34	30	18	15	17,5	13	10
,,	25	36	26	23	20	13	15	12
blankgezogen	43	50	10	28	21	25	18	14
geglüht	25	36	25	17	14	17,5	13	10
gewalzt	26	37	23	18	—	—	13	11
geglüht	28	45	23	21	17	19	16	12
gewalzt	31	48	20	25	—	—	18	15
geglüht	34	55	20	26	20	23	20	15
,,	40	65	18	20	23	23	23	18
,,	48	23	16	34	26	23,5	25	20
vergütet	35	54,5	20	26	20	23	19	16
,,	39	65	18	30	23	23,5	22	18
,,	45	76	15	35	26	26	25	21
gewalzt	37	53	18	31	23	26	22	18
vergütet	108	126	10	60	—	—	42	34
,,	85	110	10	50	—	—	34	28
,,	121	145	8	58	—	—	39	32
,,	125	140	8	60	—	—	40	34
,,	135	150	7	64	—	—	43	35
,,	85	98	12	48	28	42	32	27
,,	105	120	10	54	—	—	36	30
,,	135	145	7	64	—	—	43	36
,,	140	160	6	76	29	62	51	39
,,	84	100	13	42	28	33,5	28	26
,,	110	135	10	52	—	—	34	29
,,	115	145	9	58	—	—	39	32
geglüht	46	63	20	34	24	29,5	23	20
gewalzt	49	75	18	36	25	30,5	24	21
vergütet	85	97	12	48	28	42	32	29
,,	101	115	10	54	29	46	36	32
,,	124	145	8	60	28	53	40	35
geglüht	47	69	20	36	26	28	24	21
gewalzt	51	73	18	40	28	30	27	24
vergütet	86	98	12	48	27	44	32	27
,,	103	120	10	56	29	48	38	34
luftgehärtet	140	165	7	65	26	60	45	38
geglüht	43	74	21	35	27	25	24	21
gewalzt	50	75	18	37	26	30	25	22
vergütet	74	93	13	44	—	—	20	25
,,	95	110	12	50	—	—	34	29
,,	115	140	9	62	28	55	42	36
gewalzt	48	71	15	34	24	29,5	23	21
vergütet	81	95	12	46	26	43,5	31	28
,,	105	120	10	56	28	50	38	34
luftgehärtet	130	160	7	64	29	55	43	37
vergütet	96	102	10	48	25	48	34	28
,,	112	130	8	58	28	52	39	35
anlief.	49	75	15	38	30	21	27	20
weich geglüht	67	28	61	24	24	0,0	17	13,5

wechsel für die Bestimmung der Schwingungsfestigkeit ausreichend sind. Es wurden Kontrollversuche bis zu 2×10^9 Lastwechsel durchgeführt, die alle das übereinstimmende Ergebnis gebracht haben, daß die Zehnmillionengrenze für die praktische Bestimmung der Wechselfestigkeit ausreichend ist. Diese Zahl wurde übrigens auch von vielen Forschern bestätigt. Aus den Versuchen von Moore, Kommers und Jasper kann man schließen, daß die geringste Lastwechselzahl zur Bestimmung der Schwingungsfestigkeit um so niedriger ist, je höher die Festigkeit der Werkstoffe ist. Rogers gibt als Kennzeichen hierfür die Härte der Werkstoffe an.

Für die Nichteisenmetalle und deren Legierungen ist diese niedrigste Lastwechselzahl noch nicht eindeutig bestimmt, in den meisten Fällen liegt sie aber bedeutend höher als 10 Millionen. Für Aluminiumlegierungen dürfte sie z. B. bei ungefähr 200 Millionen liegen.

In der Tabelle 1 sind für die wichtigsten Stähle die Schwingungsfestigkeiten bei wechselnder Biegung, Zug-Druck und Verdrehungsbeanspruchung gegeben (s. a. Tabelle 22—24).

4. Die Abkürzungsverfahren zur Bestimmung der Schwingungsfestigkeit.

Das Wöhlersche Verfahren hat den Nachteil, daß zur Durchführung desselben eine verhältnismäßig große Anzahl von Probestäben notwendig ist und die Versuche viel Zeit in Anspruch nehmen. Bei der geringen Frequenz seiner Versuchsmaschine waren mehrere Monate für eine einzige Versuchsreihe notwendig, während man heute mit der hochfrequenten Zug-Druck-Maschine von 30000 Lastwechseln in der Minute der Fa. Schenck in Darmstadt dieselbe in 24 Stunden bestimmen kann. Dieser eine Nachteil ist also durch die Entwicklung des Prüfmaschinenbaues behoben, während der zweite, die verhältnismäßig große Anzahl von Probestäben, mindestens 4 bis 5 Stück, heute noch besteht. Es wurden daher vielfach Versuche unternommen, die Schwingungsfestigkeit aus Abkürzungsverfahren zu bestimmen. Die Methoden sind im Grunde bei allen Beanspruchungsarten dieselben und sie sollen daher hier gemeinsam beschrieben werden. Die Schlüsse, welche aus den Ergebnissen des Kurzversuches auf die Schwingungsfestigkeit gezogen werden können, sind aber bei den verschiedenen Beanspruchungsarten nicht die gleichen und auch von der Natur der Werkstoffe abhängig. Dieselben werden an den entsprechenden Stellen näher behandelt werden.

Nach dem Verfahren von Popplewell wird die natürliche Elastizitätsgrenze bestimmt. Nach Bairstow (2) bestimmt man ebenfalls die natürliche Elastizitätsgrenze und läßt den Stahl nach der Überbeanspruchung, zum rascheren Einstellen derselben, auf ungefähr 100° an.

Dieses Verfahren ist in der Durchführung ziemlich einfach, erfordert aber große Sorgfalt. Trotzdem noch wenig Vergleichsversuche vorliegen, scheint es richtige Werte zu geben, es ist aber nicht bestimmt, ob man es auch bei Nichteisenmetallen anwenden kann.

Bei dem mikroskopischen Verfahren wird an einem polierten Prüfstab jene Beanspruchung bestimmt, bei welcher die ersten Gleitlinien auftreten. Dieses Verfahren erfordert sehr viel Sorgfalt und Zeit, so daß es als Abkürzungsverfahren kaum in Betracht kommt.

Das von der Firma Siemens und Halske angegebene magnetische Verfahren[1] beruht auf der Tatsache, daß sich die magnetische Leitfähigkeit von Stahl ganz bedeutend ändert, wenn die ersten Gleitlinien auftreten. Dasselbe ist für Nichteisenmetalle nicht anwendbar.

Die Kurzversuche.

Die folgenden drei Verfahren werden unter der Bezeichnung „Kurzversuch" zusammengefaßt, da dieselben durch einen einzigen Versuch durchgeführt werden können.

a) Die Temperaturkurven.

Im Jahre 1855 hatte Lord Kelvin die Beobachtung gemacht, daß sich bei Beanspruchungen unter der Elastizitätsgrenze die Temperatur ändert. Es tritt bei Zug Abkühlung und bei Druck Erwärmung auf. Bei Beanspruchungen über die Elastizitätsgrenze tritt immer Erwärmung auf.

Diesen thermischen Effekt haben Thurner, Rasch, Capp und Lawson zu einer sehr genauen Bestimmung der Elastizitätsgrenze benützt. Sie bezeichnen dieselbe als jene höchste Beanspruchung, bei welcher noch kein Temperaturanstieg festzustellen ist, bzw. keine Umkehr in der Temperaturkurve eintritt.

Auf Grund dieses thermischen Effektes arbeitete Strohmayer (3) ein Abkürzungsverfahren zur Bestimmung der Schwingungsfestigkeit aus. Er bestimmt die entwickelte Wärmemenge auf kalorimetrischem Wege, aus der Temperaturzunahme des Kühlwassers und dem Volumen des Probestabes, wobei Temperaturunterschiede von $0{,}02^0$ C gemessen wurden. Diese Grenze entspricht einer minutlichen Wärmeentwicklung von 0,6 cal. oder einem Leistungsverbrauch von 0,43 cmkg/sec. oder 0,042 Watt.

Putnam und Harsch haben einen Apparat zur Bestimmung der bei der Wechselbeanspruchung entwickelten Wärme konstruiert. Mit

[1] Patentschrift Nr. 346082. Verfahren und Einrichtung zur Bestimmung der Streckgrenze magnetischer Materialien.

einem Kupfer-Konstantan-Thermoelement und einem Spiegelgalvanometer nach D'Arsonval konnten Temperaturunterschiede von 0,003° C gemessen werden. Bei den Beanspruchungs-Temperaturkurven stellen sie zwei charakteristische Punkte fest. Einen, welcher unterhalb der Schwingungsfestigkeit liegt und einen zweiten, welcher mit derselben gleichbedeutend ist. Den ersten Knickpunkt führen sie auf geringe Materialfehler zurück. Viel wahrscheinlicher handelt es sich hier um eine geringe Dämpfung, welche durch die elastische Nachwirkung verursacht sein kann.

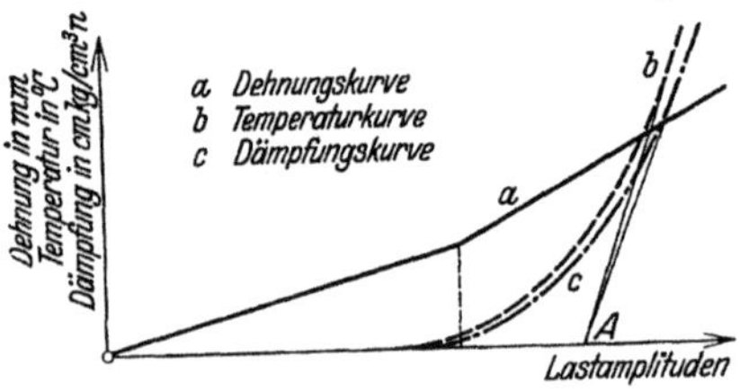

Abb. 27. Die Kurven des Kurzversuches.

Das Strohmeyersche Verfahren stellt eine sehr gut durchdachte und praktische Anordnung dar und wurde von Googh (1) noch weitgehend verbessert. Derselbe verzichtet auf die sehr genaue kalorimetrische Messung und bestimmt die Temperaturzunahme des Prüfstabes in Abhängigkeit von der Wechselamplitude, durch Verwendung eines Eisen-Konstantan Thermoelementes, welches an ein Präzisionsmillivoltmeter geschaltet ist. Von einer bestimmten Beanspruchung an, die nach Googh der Schwingungsfestigkeit entspricht, tritt eine Wärmeentwicklung auf (Abb. 27, Kurve b).

b) *Die Dehnungskurven.*

Dasselbe wurde von Smith zum ersten Male angewendet. Der Probestab wird mit einer Wechselamplitude, welche unter der Schwingungsfestigkeit liegt, beansprucht und dabei die Vorspannung im Verlaufe des Versuches geändert. Trägt man den Nullpunkt der Schwingungen in Abhängigkeit von der Vorspannung auf, so ergibt sich zunächst eine Gerade. Bei einer bestimmten Grenzbeanspruchung tritt aber plötzlich ein Gleiten der Nullpunktlage ein, die nach wenigen Sekunden zum Stillstand kommt. Bei weiterer Steigerung der Vorspannung wird die Nullpunktverschiebung so stark, daß es den Anschein hat, als ob die Fließgrenze erreicht ist. Smith bestimmt nach seinem Verfahren die Wechselfließgrenze und stellt fest, daß durch dieselbe die Schwingungsfestigkeit mit großer Genauigkeit bestimmt werden kann.

Diese Versuche können mit Vorspannung auf Zug oder Druck durchgeführt werden, das Fließen erfolgt immer in der Richtung der Vorspannung. Bei Schwingungsbeanspruchung (Vorspannung O) erfolgt es nach der Zugseite hin. Läßt man den Stab unter unveränderten Verhältnissen arbeiten, so tritt nach kurzer Zeit ein stationärer Zustand ein, welcher sich bis zum Bruch des Stabes nicht mehr ändert.

Man kann nach Smith diese Versuche auch bei Schwingungsbeanspruchung durchführen. Es prägt sich aber dabei der Knickpunkt in der Kurve so wenig scharf aus, daß man besser die Versuche mit Zug bzw. Druckvorspannung durchführt und die Schwingungsfestigkeit durch Interpolation ermittelt. Man kommt nach Smith bei diesen Versuchen mit einem einzigen Probestab aus, ohne daß ein nennenswerter Fehler entsteht. Es können also diese Fließerscheinungen nur mit sehr kleinen Formänderungen verbunden sein, da sonst eine Verfestigung des Werkstoffes durch Kalthärtung infolge des Fließens eintreten müßte. Die von Smith durchgeführten Schwingungsversuche auf einer Zug-Druck-Maschine haben eine gute Übereinstimmung mit diesem Abkürzungsverfahren ergeben.

Ganz ähnliche Versuche wurden im Jahre 1919 von Googh durchgeführt. Er arbeitet aber nicht mit Vorspannung und beobachtet daher auch nicht die Veränderung der Nullpunktlage, sondern bestimmt die Größe der schwingenden Dehnung in Abhängigkeit von der Belastung (Abb. 27, Kurve a). Dabei ergibt sich, daß das Verhältnis zwischen Spannung und schwingender Dehnung unterhalb der Schwingungsfestigkeit konstant ist, während bei Überschreiten derselben die Dehnung rascher als die Spannung wächst. Kaufmann bezeichnet diesen Knickpunkt als Schwingungsfließgrenze.[1]

Ähnliche Versuche, welche zu den gleichen Ergebnissen führten, wurden von McAdam (3) durchgeführt. Robson untersucht nach diesem Verfahren einseitig eingespannte rotierende Prüfstäbe, bei welchen die Durchbiegung mittels Mikrometer gemessen wurde. Lessels (2) fand, daß an der Ermüdungsgrenze außer einen Knick in der Dehnungskurve auch eine Seitenabweichung der Stabachse aus der Vertikalebene stattfindet.

Das Dehnungskurvenverfahren gibt meist etwas zu hohe Werte der Schwingungsfestigkeit.

c) *Die Dämpfungskurven.*

Diesem Abkürzungsverfahren liegt, wie den meisten anderen, die Annahme zugrunde, daß bei oder knapp über der Beanspruchung der Schwingungsfestigkeit die ersten bleibenden Formänderungen auftreten und daß das Vorhandensein der ersten Gleitlinien ein Zeichen für das Überschreiten der Schwingungsfestigkeit ist. Um dieses Verfahren aber

[1] Kaufmann wählt hierfür den Ausdruck Wechselfließgrenze. Da der Knickpunkt der Dehnungskurve aber bei einer Schwingungsbeanspruchung und unabhängig von einer statischen Vorspannung auftritt, also sozusagen der Schwingungsbeanspruchung zugeordnet ist, erscheint es vorteilhafter, hierfür den Ausdruck „Schwingungsfließgrenze" zu wählen, um so mehr der Begriff der Wechselfließgrenze für eine andere Erscheinung treffender am Platz ist. Es sind daher diese beiden Begriffe streng voneinander zu trennen.

vollkommen zu verstehen, ist zunächst eine Betrachtung der sich bei der Wechselbeanspruchung abspielenden inneren Vorgänge des Werkstoffes notwendig.

Im Gebiet der elastischen Beanspruchung durchläuft der Probestab bei einer Hin- und Herschwingung einen idealen Kreisprozeß, das heißt, es wird die zur elastischen Verformung verbrauchte Arbeit bei der Rückverformung bis zur vollständigen Entlastung wieder vollkommen zurückgewonnen. Tritt aber eine bleibende Verformung auf, so kann die hierzu notwendige Verformungsarbeit bei der Entlastung nicht mehr zur Gänze zurückgewonnen werden, sondern es wird ein Teil derselben durch die innere Reibung in Wärme umgewandelt. Durch Messen dieser Wärmemenge kann ein Rückschluß auf die zur plastischen Verformung des Werkstoffes notwendige Energie gezogen werden. Die Bestimmung dieses Teiles der äußeren Arbeit, welche durch innere Reibung in Wärme umgewandelt wird, ist auch das Grundprinzip der Abkürzungsverfahren durch Temperaturmessung, wobei aber eine quantitative Erfassung derselben auf Schwierigkeiten stößt. Es wird also durch die plastische Verformung der Nullpunkt der Schwingung im entgegengesetzten Sinne der Schwingungsrichtung verschoben. Zeichnet man sich die Dehnung in Abhängigkeit von der Beanspruchung auf, so ergibt sich im Verlauf einer Hin- und Herschwingung eine gerade Linie bei elastischer und eine Schleife bei plastischer Verformung. Die von dieser Hysteresisschleife eingeschlossene Fläche gibt die Hysteresisarbeit, also die bei einer Hin- und Herschwingung in Wärme umgewandelte Arbeit, an. Sie wird als Dämpfung bezeichnet.

Wird ein im elastischen Gebiet beanspruchter Körper entlastet, so verschwindet die dadurch verursachte Dehnung nicht sofort vollständig, sondern es bleibt infolge der elastischen Nachwirkung ein geringer Dehnungsrest zurück, welcher ebenfalls eine geringe Dämpfung verursachen kann und es wird die Nullage erst nach einer längeren Zeit erreicht.

Bei genauerer Betrachtung läßt sich also die Wirkung der Belastung in drei Teilwirkungen zerlegen:

1. Die rein elastische Wirkung, welche sofort mit dem Aufbringen oder dem Wegfall der Last auftritt bzw. verschwindet.
2. Die von der Zeit sehr stark abhängige elastische Nachwirkung.
3. Die bleibende Verformung. Dieselbe wird zwar von der Belastungsgeschwindigkeit wesentlich beeinflußt, ist aber von der Zeit unabhängig und erfährt nach Wegfall der Belastung keine Änderung mehr.

Sowohl die elastische — aber nur bei einer elastischen Nachwirkung — als auch plastische Verformung bewirken beim Lastwechselkreisprozeß eine Schleifenbildung im Lastdehnungsschaubild und werden als die elastische und plastische Hysteresis bezeichnet. Hinsichtlich Form und Arbeitsbedarf sind beide, abgesehen von dessen Größenordnung, gleichwertig. In ihren physikalischen Grundlagen sind die beiden Erscheinungen hingegen vollkommen verschieden.

Die Bestimmung der Hysteresisarbeit kann sowohl durch statische als auch dynamische Messungen erfolgen.

Im ersten Fall bestimmt man durch den statischen Versuch die Be- und Entlastungskurven. Dieser mühevolle und zeitraubende Weg wird meist nur zur Kontrolle schwingender Versuche angewendet.

Auf viel einfachere Art bestimmt man die Hysteresisarbeit durch Beobachtung freier Schwingungen in einem System, in welchem das zu untersuchende Material als Feder eingeschaltet ist. Durch Messen des Abklingens der freien Schwingungen, z. B. auf optischem Wege, kann man das Gesetz, nach welchem die Nachwirkung in Abhängigkeit von der Spannung verläuft, berechnen.

Die ältesten Versuche zur Ermittlung der Hysteresisarbeit erzwungener Schwingungen gehen auf Hopkinson u. Trevor zurück. Sein Verfahren ist aber umständlich in der Durchführung und erfordert große Sorgfalt.

Ziemlich gleichzeitig mit Hopkinson wurden von Bairstow (2) umfangreiche Untersuchungen der elastischen Hysteresis durch statische und dynamische Versuche durchgeführt. Nach Überschreiten einer bestimmten Grenze stieg der Inhalt der Hysteresisschleife ganz bedeutend an. Aus seinen Versuchen zog er denselben Schluß wie Mason (1), daß bei wechselnder Beanspruchung nach dem Überschreiten der Schwingungsfestigkeit eine starke Zunahme der Hysteresis eintreten müsse. Er hat aber diesen Gedanken nicht zu einem Abkürzungsverfahren ausgearbeitet.

Erwähnt müssen noch die Versuche von Dalby werden, welcher den Prüfstab in Serie mit einem Eichstab schaltet, dessen Beanspruchung in allen Fällen weit unter der E-Grenze bleiben muß, und dessen Dehnung ein Maß für die auf den Prüfstab übertragene Kraft ist. Durch ein optisches System wird die Dehnung des Eich- und Prüfstabes zu zwei aufeinander senkrechte Bewegungen umgewandelt und auf eine Mattscheibe projiziert. Bei genügend hoher Lastwechselzahl entsteht auf dem Schirm ein stehendes Bild der Hysteresisschleife. Dalby wollte auf diesem Weg die Schwingungsfestigkeit bestimmen, hat aber keine diesbezüglichen Versuche veröffentlicht.

Dieser Gedanke wurde erst im Jahre 1925 von Lehr (1) zu einem brauchbaren Abkürzungsverfahren ausgebaut. Man mißt die Dämpfung (ausgedrückt in cmkg/cm^3 . $\sim$) z. B. aus dem Leistungsverbrauch der Maschine (Biegeschwingungsmaschine von Schenk) oder nach dem Verfahren von Dalby (Drehschwingungs- und Zug-Druck-Maschine von Schenck) und trägt dieselbe in Abhängigkeit von der Wechselbeanspruchung auf (Abb. 27, Kurve c). Es ergeben sich zwei kennzeichnende Punkte des Schaubildes. Der Punkt, welcher den Beginn der Dämpfung angibt und der bezeichnend für die Schwingungsfestigkeit der dämpfungsfreien Stähle ist. Den Punkt A erhält man, wenn man eine Tangente an den aufsteigenden Ast der Dämpfungskurve legt und mit der Abszissenachse zum Schnitt bringt. Er gibt die Schwingungsfestigkeit der Werkstoffe mit starker Dämpfung an.

Die drei letztgenannten Abkürzungsverfahren werden bei den modernen Prüfmaschinen gleichzeitig mit einem Probestab durch den Kurzversuch durchgeführt, indem man die Übertemperatur, die Dehnung und Dämpfung des Probestabes in Abhängigkeit von der Wechselamplitude bestimmt und in einem Schaubild, wie es in Abb. 27 schematisch dargestellt ist, einträgt.

Die hier beschriebenen Abkürzungsverfahren sind für alle drei Beanspruchungsarten anwendbar, geben aber bei denselben und den einzelnen Werkstoffgruppen verschieden gut übereinstimmende Resultate.

Die meisten Kurzversuche wurden in den letzten Jahren mit der Biegeschwingungsmaschine mit rotierendem Prüfstab der Firma Schenck durchgeführt. Bei Ausführung des Versuches wird jede Laststufe so lange konstant gehalten, bis Gleichgewicht eingetreten ist, d. h. bis sich die Werte für Durchbiegung, Temperatur und Dämpfung nicht mehr ändern. Dieser Fall ist praktisch erreicht, wenn diese Werte durch eine Minute hindurch konstant bleiben. Nach den Untersuchungen von Lehr (1) wird bei Stählen ohne Dämpfung die Schwingungsfestigkeit durch den Punkt des beginnenden Temperatur- und Dämpfungsanstieges gekennzeichnet, während der Knickpunkt der Durchbiegungskurve meist etwas zu hohe Werte gibt. Bei Stählen mit starker Dämpfung gibt der Schnittpunkt A der an den aufsteigenden Ast der Dämpfungs- bzw. Temperaturkurve angelegten Tangente mit der Abszissenachse die Belastung der Schwingungsfestigkeit an. Bei den Nichteisenmetallen fällt die Beanspruchung der beginnenden Leistungssteigerung meist mit der Schwingungsfestigkeit zusammen.

Die Untersuchungen von Ludwik (4) über die Anwendbarkeit des Kurzversuches haben folgendes ergeben:

Bei Elektron, Duraluminium und Skleron liegen die Schwingungsfestigkeiten bei vergüteten Legierungen nahe am Beginn der Krümmung der Temperaturkurve, während der Knick der Dehnungskurve erst bei höheren Belastungen eintritt. Bei geglühtem Duraluminium ist der Krümmungsbeginn der Temperaturkurve weniger scharf ausgeprägt.

Bei Elektrolytkupfer und Gelbtombak krümmen sich die Temperatur- und Dehnungskurven schon unter der Schwingungsfestigkeit und geben daher keinen Anhaltspunkt für die Höhe derselben.

Für St. 37 und St. 48 wurde die Schwingungsfestigkeit oberhalb des Krümmungsbeginnes der Temperatur- und Dämpfungskurve gefunden, während sie bei Si-Baustahl nahe dem Beginn der Krümmung liegt.

Bei weichem Cr-Ni-Stahl liegt die Schwingungsfestigkeit oberhalb des Krümmungsbeginnes der Kurven, während sich bei hartvergüteten Stählen der Punkt der beginnenden Dämpfung wegen des flachen Verlaufes der Kurven nur sehr ungenau bestimmen läßt. Die Dehnungskurven krümmen sich meist erst bei höheren Belastungen als die Temperaturkurven.

Die Kurven der Cr-Si-Stähle verlaufen ähnlich wie jene der Cr-Ni-Stähle.

Nach den Untersuchungen Ludwiks liegt der Wert der Abkürzungsverfahren darin, daß man rasch Unterschiede innerhalb gleicher Materialgruppen, deren Verhalten beim Kurzversuch bereits bekannt ist, feststellen kann.

Von Herold (3) wurde das Verhalten von 80 legierten und unlegierten Stählen im Kurz- und Dauerversuch bestimmt, wobei geschliffene Stäbe zur Anwendung kamen. Dabei ergab sich, daß die Streuung der Werte infolge der Kerbempfindlichkeit mit steigender Festigkeit zunimmt. In Abb. 28 sind diese Streuungen für Unterschiede von 0 bis 6 kg/mm$_2$ eingetragen. Als Abszissen wurden die Bruchfestigkeiten der Stähle und als Ordinate die Häufigkeitszahlen in Prozenten eingetragen. Die beste Übereinstimmung zwischen dem Kurz- und Dauerversuch ergibt sich bei einer Bruchfestigkeit von 80 kg/mm^2. Unterhalb derselben weisen viele Stähle eine mehr oder minder starke Dämpfung auf, wodurch die Schwingungsfestigkeit über dem beginnenden Temperatur- bzw. Dämpfungsanstieg liegt. Bei den höheren Festigkeiten werden die Unterschiede wieder größer, da sich die durch das Schleifen der Stähle unvermeidliche Oberflächenverletzung in einer stärkeren Kerbempfindlichkeit ausdrückt. Die starke Zunahme der Unterschiede bei Stählen über 100 kg/mm^2 Festigkeit dürfte darin liegen, daß in diesem Festigkeitsbereich verhältnismäßig weniger Stähle untersucht wurden, wodurch die Ergebnisse durch das stärkere Heraustreten einzelner Resultate stärker beeinflußt wurden.

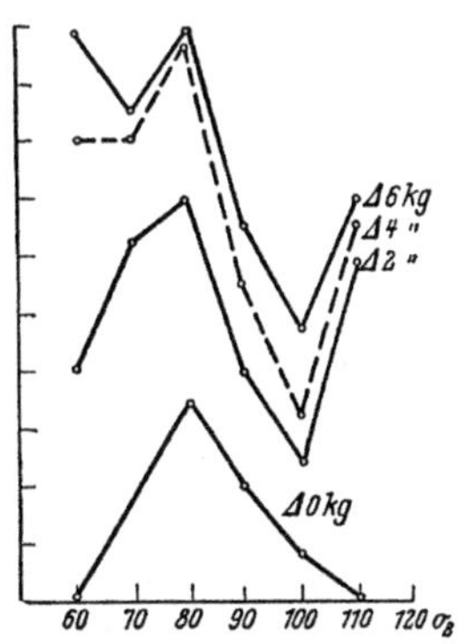

Abb. 28. Die Streuungen der durch den Kurzversuch bei Biegeschwingungsbeanspruchung von Stählen erhaltenen Werte nach Herold (3).

Aus den angeführten Versuchen ergibt sich, daß Kurzversuche die Schwingungsprüfung zwar nicht ersetzen können, sie bedeuten aber ein sehr wertvolles Hilfsmittel, da dadurch die Zahl der Dauerversuche oft ganz bedeutend abgekürzt werden kann. Ist das Verhalten eines Stoffes beim Kurz- und Dauerversuch bekannt, so kann unter Umständen aus dem Kurzversuch allein schon ein Schluß auf das Verhalten des Werkstoffes bei der Schwingungsbeanspruchung gezogen werden.

Für die Beurteilung der Qualität eines Werkstoffes kann aber dessen Verhalten beim Kurzversuch wichtige Aufschlüsse geben. Nach den bisherigen Erfahrungen wird die durch den Kurzversuch ermittelte Schwingungsfestigkeit durch die Kerbwirkung nicht beeinflußt, man bestimmt also durch denselben sozusagen die ideale Schwingungsfestigkeit eines von äußeren und inneren Verletzungen freien Werkstoffes. Ein großer Unterschied der zwischen Schwingungs- und Kurzversuch festgestellten Schwingungsfestigkeit deutet auf einen fehlerhaften Werkstoff hin, vorausgesetzt, daß die Oberfläche des Stabes vollkommen frei von Verletzungen war. Die Beurteilung der Qualität eines Werkstoffes von diesem Gesichtspunkt aus ist aber noch neu und nur auf Grund von langjährigen Erfahrungen möglich, welche bisher noch fehlen.

5. Die Beziehungen der Schwingungsfestigkeiten zu anderen Festigkeitsarten.

Wohl am genauesten wurde die Beziehung zum statischen Zugversuch untersucht, da derselbe von allen Festigkeitsproben am meisten angewendet wird und man auch gewohnt ist, die Festigkeiten eines Werkstoffes auf die Zugfestigkeit zu beziehen. Sind doch die allgemein eingeführten und jedem Konstrukteur geläufigen drei Bachschen Belastungsfälle ebenfalls auf den Werten des Zugversuches aufgebaut.

Zu der E-Grenze konnte keine Beziehung gefunden werden, da dieselbe ja auch ein mehr oder weniger willkürlich festgesetzter Wert ist und auch keine einheitliche Auffassung über die Bestimmung derselben besteht. Auch wird dieselbe durch die schwingende Beanspruchung verändert.[1] Es darf natürlich die durch den statischen Versuch bestimmte E-Grenze nicht mit der durch die Wechselbeanspruchung gehobenen natürlichen Elastizitätsgrenze verwechselt werden.

Eine Beziehung zur Proportionalitätsgrenze besteht ebenfalls nicht. Durch die Untersuchungen von Moore und Kommers (6), R. R. Moore (1), Moore und Jasper (5), Mac Adam, Lessels (4) u. a. wurde festgestellt, daß die Schwingungsfestigkeit sowohl bei Stählen als auch bei den Metallen über der Proportionalitätsgrenze liegen kann.

Auch das Verhältnis zur Fließ- und Dehngrenze schwankt im allgemeinen stark. So beträgt z. B. nach Ludwik (14) die Biegeschwingungsfestigkeit von Skleron nur $^1/_3$, bei zähhart vergütetem Cr-Ni-Stahl schon über $^1/_2$, bei St. 48 $^3/_4$, bei geglühtem Gelbtombak das 1,4fache und bei Elektrolytkupfer mehr als das doppelte der Dehngrenze.

[1] Siehe Bauschinger-Effekt.

Beziehungen der Schwingungsfestigkeit zur Bruchfestigkeit, welche für Stähle und Nichteisenmetalle gelten, konnten bisher nicht gefunden werden. Wohl wurden aber für die Stähle, für welche die weiteren Ausführungen dieses Abschnittes gelten, solche Abhängigkeiten, wenn auch meist mit großen Streubereichen, festgestellt.

Die ersten Versuche, die Biegeschwingungsfestigkeit aus der Fließ- und Bruchgrenze zu berechnen, wurden von Spangenberg, Strohmeyer (3 bis 6) sowie Moore und Seely durchgeführt. Sie ergaben aber nur die ganz oberflächliche Beziehung, daß die Schwingungsfestigkeit ganz allgemein mit der Fließ- und Bruchgrenze zunimmt. Infolge der starken Streuung konnten aber diese Werte keine weitere Bedeutung erlangen.

Im Jahre 1923 versuchte Stribeck eine allgemeine Beziehung zwischen der Fließ- und Bruchgrenze und der Biegeschwingungsfestigkeit nach der Formel

$$\sigma_{wb} = \alpha \cdot \frac{\sigma_F + \sigma_B}{2} \qquad (1)$$

abzuleiten.

In der Tabelle 2 ist eine Zusammenstellung der von den einzelnen Forschern gefundenen Umrechnungszahlen gegeben.

Tabelle 2. Die Beziehungen der Biegeschwingungsfestigkeit zu den Werten des Zugversuches nach Angaben verschiedener Forscher.

$\frac{\sigma_{wb}}{\sigma_F}$	$\frac{\sigma_{wb}}{\sigma_B}$	$\frac{2 \cdot \sigma_{wb}}{\sigma_F + \sigma_B}$	$\frac{\sigma_{wb}}{\sigma_R}$	Nach Untersuchungen von	
0,70	0,50	—	—	Moore, Kommers und Jasper	
—	0,50	—	—	Lea (2)	
—	0,45	—	—	Wilson und Haigh, McAdam (2)	
—	—	0,57	—	Stribeck, nach Versuchen von Moore und Kommers (1)	
—	—	0,57	—	Stribeck, nach Versuchen von Martens	
—	—	0,50	—	„ „ „ „ Wöhler	
—	—	0,38	—	„ „ „ „ Lasche	
0,65	0,47	0,56	—	Mailänder (1), nach Versuchen von Moore, Kommers und Jasper, McAdam	
0,69	0,51	0,56	—	Lehr (2)	
0,55	0,43	0,49	0,25	Herold (3) für legierte u. nichtlegierte Stähle	
0,75	0,41	0,51	0,27	Herold (3) f. C-Stähle	Die Werte gelten für geschliffene und nicht für polierte Probestäbe
0,58	0,44	0,50	0,24	„ für Mn-Stähle	
0,55	0,44	0,47	0,24	„ „ 3% Ni-Stähle	
0,50	0,40	0,44	—	„ „ Cr-Ni-Stähle	
0,54	0,44	0,48	0,24	„ „ VCN 15	
0,50	0,42	0,45	0,24	„ „ VCN 35	
0,62	0,49	0,55	0,23	„ „ ECN 35	
0,53	0,44	0,49	0,26	„ „ VCN 45	

Es schwanken also die Beziehungen zu den einzelnen Werten des Zugversuches in den folgenden Grenzen:

Zur Fließgrenze.................	0,50	bis	0,70.
Zur Bruchfestigkeit	0,40	„	0,51.
Zum Stribeckschen Faktor.....	0,38	„	0,70.

Dabei ist aber noch zu berücksichtigen, daß die in obiger Tabelle genannten Zahlen Mittelwerte darstellen, so daß noch viel erheblichere Streuungen vorkommen.

Von Houdremont und Mailänder wurde der Versuch unternommen, durch Anbringung eines Korrektionsgliedes zur Stribeckschen Formel die Streuungen der berechneten Werte zu verringern. Die nach der Gleichung

$$\sigma_{wb} = 0{,}28 \,.\, (\sigma_F + \sigma_B) + 5 \quad \ldots\ldots\ldots \quad (2)$$

berechneten Schwingungsfestigkeiten stimmen zwar etwas besser mit den Versuchswerten überein, geben aber immer noch so starke Unterschiede, daß eine verläßliche Berechnung der Schwingungsfestigkeit auch nach dieser Methode nicht möglich ist. In Abb. 29 sind die Beziehungen zwischen der Schwingungsfestigkeit, der Zugfestigkeit und der Fließgrenze graphisch dargestellt.

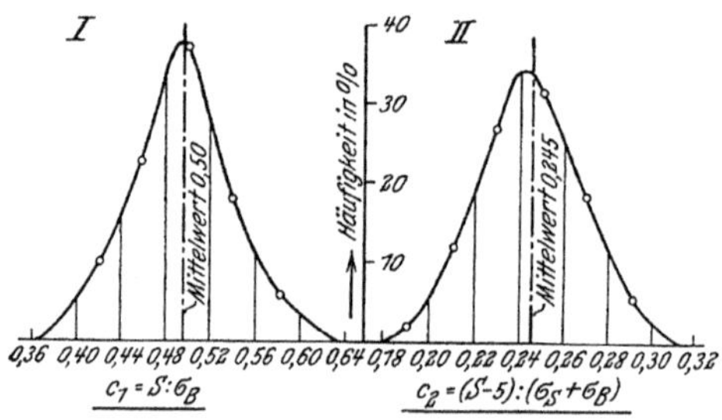

Abb. 29. Die Beziehungen der Biegeschwingungsfestigkeit zu der Zugfestigkeit und Fließgrenze nach Houdremont und Mailänder.

Es hat sich durch die weiteren Versuche ergeben, daß eine Beziehung von der allgemeinen Form

$$\sigma_{wb} = K \,.\, \sigma_B \quad \ldots \quad (3)$$

viel geringere Streuungen ergibt als bei gleichzeitiger Heranziehung der Fließgrenze. Eine solche lineare Abhängigkeit gilt aber nur für Proben mit vollkommen fehlerfrei polierter Oberfläche und bei geringer innerer Kerbwirkung. Aus den Versuchen von Lehr (9) berechnet sich:

$$\sigma_{wb} = 0{,}47\, \sigma_B \pm 24\% \quad \ldots\ldots\ldots \quad (4)$$

Die zugehörige Kurve der Mittelwerte ist in Abb. 30 dargestellt. Eine lineare Abhängigkeit ist aber nur bis zu einer Bruchfestigkeit von 95 kg/mm² vorhanden, da die Gerade bei höheren Festigkeiten in eine Kurve übergeht. Die starken Streuungen von $\pm$ 24% der Gleichung (4) kommen hauptsächlich in jenen Festigkeitsbereichen vor, in welchen keine lineare Abhängigkeit zur Bruchfestigkeit mehr vorhanden ist.

Da für diese Versuche keine polierten, sondern mit Polierschliff hergestellte Probestäbe verwendet wurden, kommt in diesen hohen Festigkeitsbereichen bereits die Kerbwirkung zur Geltung, wodurch das Abweichen von der linearen Beziehung bedingt ist. Bis zu einer Festigkeit von 95 kg/mm², wo die lineare Beziehung gilt, kommt infolge der Kerbschwelle die Kerbwirkung nicht zur Geltung und es wirken sich stärkere Verletzungen einzelner Proben nur durch stärkere Streuungen aus.

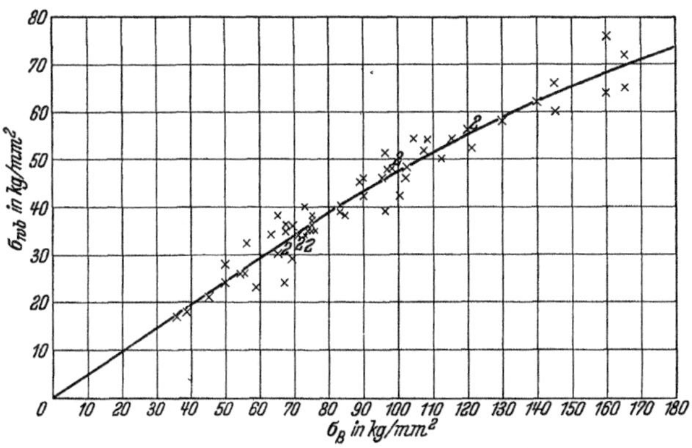

Abb. 30. Die Abhängigkeit der Biegeschwingungsfestigkeit von der Bruchfestigkeit nach Versuchen von Lehr (9).

Für die schwingende Zug-Druck-Beanspruchung bei 1500 Lastwechsel/Minute errechnet sich aus den Lehrschen Versuchen

$$\sigma_w = 0{,}33 \cdot \sigma_B \quad \ldots\ldots\ldots\ldots \quad (5)$$

und es ist bis zu rd. 100 kg/mm² eine lineare Abhängigkeit vorhanden.

Für die Drehschwingungsbeanspruchung ergibt sich:

$$\tau_w = 0{,}28 \cdot \sigma_B \quad \ldots\ldots\ldots\ldots \quad (6)$$

Bei derselben sind die Streuungen größer als bei Gleichung (4) und (5).

Von Herold (3) wurde ebenfalls eine Formel zur Berechnung der Biegeschwingungsfestigkeit aufgestellt. Es wurden aber zu diesen Versuchen keine polierten, sondern geschliffene Probestäbe verwendet, um die Schwingungsfestigkeit bei einer werkstattmäßig richtig geschliffenen Oberfläche zu bestimmen. Auch von Jünger wird die Ansicht vertreten, die Schwingungsfestigkeit bei werkstattmäßiger Bearbeitung der Oberfläche zu bestimmen, um die praktischen Arbeitsbedingungen der Werkstoffe möglichst genau nachzuahmen. Es muß dann allerdings dem Schleifen besondere Sorgfalt zugewendet werden, um Streuungen der Versuchsergebnisse durch verschiedene Bearbeitung der Oberfläche zu vermeiden. Bei diesen Versuchen wurde festgestellt, daß der Stribeck sche Faktor kein konstanter Wert ist, sondern mit zunehmender Bruchfestigkeit fällt. Diese Abnahme ist durch die mit steigender Festigkeit zunehmende Kerbempfindlichkeit der Stähle bedingt. In Abb. 31 ist die Abhängigkeit des Stribeckschen Faktors von der Bruchfestigkeit der Stähle wiedergegeben, sie stellt eine lineare Beziehung von der allgemeinen Form

$$\alpha = -\mathrm{a}\frac{\sigma_F + \sigma_B}{2} + \mathrm{b} \quad \ldots \ldots \ldots \ldots \quad (7)$$

dar. Setzt man diese Werte in die Stribecksche Formel ein, so erhält man für die Biegeschwingungsfestigkeit die Beziehung:

$$\sigma_{wb} = -\mathrm{a}\,.\left(\frac{\sigma_F + \sigma_B}{2}\right)^2 + \mathrm{b}\,.\frac{\sigma_F + \sigma_B}{2} \quad \ldots \ldots \ldots \quad (8)$$

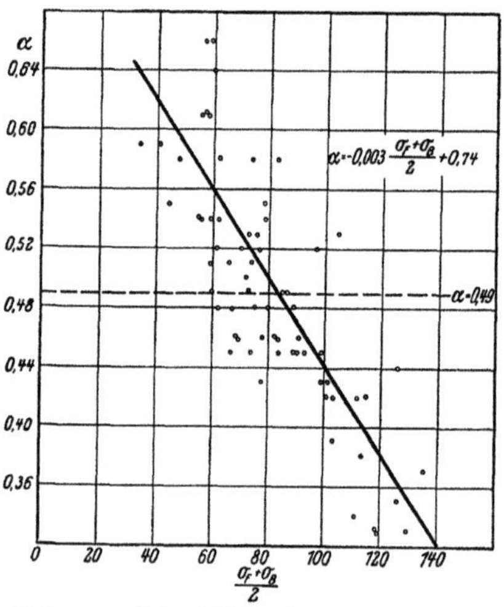

Abb. 31. Die Abhängigkeit des Stribeckschen Faktors von der Bruchfestigkeit bei geschliffenen Probestäben nach Herold (3).

In Abb. 32 sind die nach obiger Formel berechnete Parabel der Mittelwerte und die durch den Versuch gefundenen Werte der Schwingungsfestigkeit eingetragen. Die Streuungsbereiche von $\pm 10\%$ sind durch die strichlierten Linien gekennzeichnet.

Diese Formel trägt der Tatsache Rechnung, daß bei geschliffener Oberfläche die Werte der Schwingungsfestigkeit nicht in demselben Maß wie jene der Bruchfestigkeit ansteigen, da die Kerbempfindlichkeit der Stähle mit zunehmender Festigkeit steigt.

Da im praktischen Betrieb die meisten Werkstücke mit geschliffener Oberfläche verwendet werden, bringt es meist keine Vorteile, die Stähle auf zu hohe Festigkeit zu vergüten, da durch die starke Zunahme der Kerbempfindlichkeit die Schwingungsfestigkeit bei zu hohen statischen Festigkeiten wieder abnehmen kann. Es wird vielmehr für alle Stähle eine optimale Festigkeit geben, bei welchen die günstigsten Werte bei schwingender Beanspruchung erreicht werden. Für Werkstoffe mit polierter Oberfläche gilt dies natürlich nicht.

Für Biegeschwingungsbeanspruchung findet Herold (3) die folgende lineare Beziehung (Abb. 33):

$$\sigma_{wb} = 0{,}25\,.\,\sigma_R \quad \ldots \ldots \ldots \ldots \quad (9)$$

Diese Darstellung hat den Vorteil, daß bei der Verwendung der Reißfestigkeit auch die Zähigkeit der Werkstoffe beim Zugversuch berücksichtigt wird, während bei den bisher besprochenen Formeln die Schwingungsfestigkeit nur mit den statischen Festigkeitswerten verglichen wurde und die Zähigkeit dabei vollständig unberücksichtigt blieb. Diese Beziehung zur Reißfestigkeit trägt jedenfalls den tatsächlichen Verhältnissen besser Rechnung, da z. B. bei Stählen mit grobem Korn sowohl die Schwingungs- als auch die Reißfestigkeit niedriger sind als bei feinkörnigen Werkstoffen, während die statischen Festigkeitswerte fast dieselben sind (Tabelle 10). Armbruster findet bei geschliffenen Probestäben eine Abweichung von 0 bis 4,4% von obiger Formel. Dieselbe gilt aber nur für Stähle mit Ausnahme der austenitischen, nicht aber für Gußeisen, Stahlguß sowie die Nichteisenmetalle. Matthäs findet bei Kurbelwellenstahl $\frac{\sigma_{wb}}{\sigma_B} = 0{,}39$—$0{,}53$, während der Wert $\frac{\sigma_{wb}}{\sigma_R} = 0{,}29$—$0{,}32$ beträgt. Da polierte Stähle verwendet wurden, ist das Verhältnis der beiden Festigkeiten höher als bei den geschliffenen Proben. Nach den Versuchen von Ludwik (17) berechnet sich das Verhältnis von $\frac{\sigma_{wb}}{\sigma_R}$ für unlegierte Stähle zu 0,24 und für die legierten zu 0,285. Es wurden für diese Versuche geschliffene Stäbe verwendet.

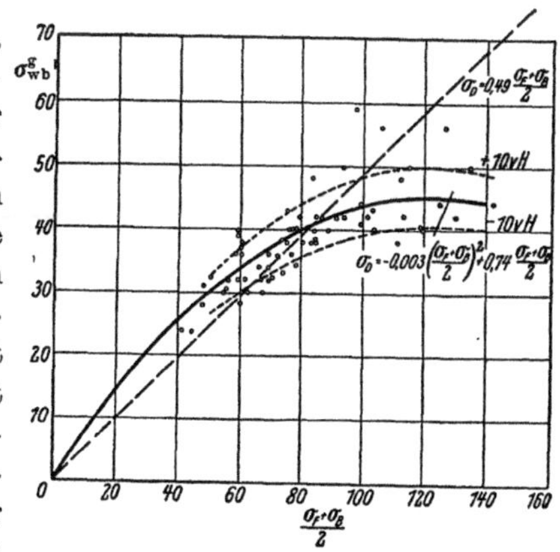

Abb. 32. Die Abhängigkeit der Biegeschwingungsfestigkeit von der Bruchfestigkeit und der Fließgrenze bei Stählen mit geschliffener Oberfläche nach Herold (3).

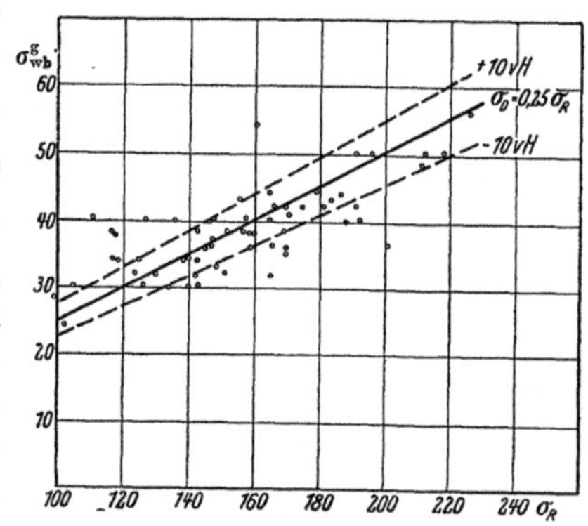

Abb. 33. Die Abhängigkeit der Biegeschwingungsfestigkeit von der Reißfestigkeit bei Stählen mit geschliffener Oberfläche nach Herold (3).

In der folgenden Tabelle 3 sind die Streuungen, welche sich bei den einzelnen Umrechnungszahlen ergeben, angeführt.

Es stimmen also die nach obigen Formeln berechneten Werte viel besser überein und geben geringere Streuungen als jene nach der Stribeckschen Formel berechneten.

Tabelle 3. Streuungen bei den einzelnen Umrechnungszahlen nach Herold (3).

Schwingungsfestigkeit, berechnet nach Formel	Streuungen		
	$\pm 10\%$	größer als	
		$+10\%$	-10%
$a \cdot \frac{\sigma_F + \sigma_B}{2}$	58	—	—
$-a \cdot \left(\frac{\sigma_F + \sigma_B}{2}\right)^2 + b\,\frac{\sigma_F + \sigma_B}{2}$	69	18	13
$-a_1 \cdot \sigma_F^2 + b_1 \cdot \sigma_F$	77	17	6
$-a_2 \cdot \sigma_B^2 + b_2 \cdot \sigma_B$	73	14	13
$0{,}25 \cdot \sigma_R$	66	18	16

In Abb. 34 sind die Häufigkeitskurven für die mittleren Streuungen der nach den einzelnen Formeln berechneten Werte für Biegeschwingungsfestigkeit wiedergegeben. Als Abszissen sind die Fehler in Prozenten und als Ordinaten die Zahl der Werte in Prozenten eingetragen.

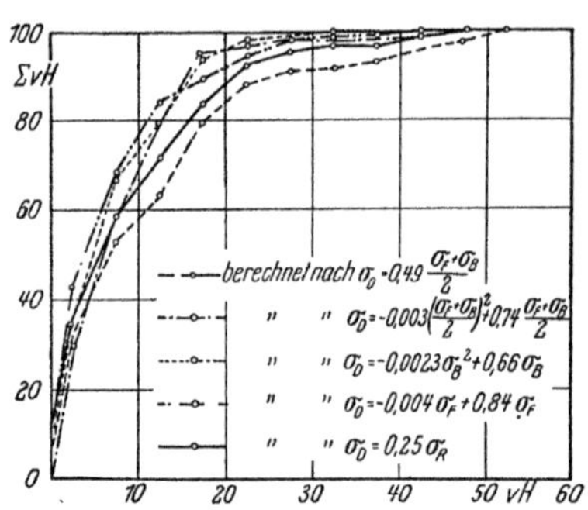

Abb. 34. Häufigkeitskurven der Streuungen der berechneten Werte der Biegeschwingungsfestigkeit nach Herold (3).

Bei allen diesen Versuchen, die Schwingungsfestigkeit aus den Werten des Zugversuches zu berechnen, wurde von der Annahme ausgegangen, daß dieselbe nur von den statischen Festigkeitswerten abhängt und die Zusammensetzung des Werkstoffes dabei keine Bedeutung hat. Es wurden nun nach demselben Verfahren die Mittelwertslinien der Schwingungsfestigkeit für die einzelnen Stahlgruppen bestimmt und es ergaben sich die in Tabelle 4 angegebenen Umrechnungsformeln.

Die zu obiger Tabelle gehörigen Kurven sind in Abb. 35 wiedergegeben.[1] Es ergeben sich ganz bedeutende Unterschiede zwischen den einzelnen Legierungsgruppen, die

[1] Da diese Kurven Mittelwerte darstellen, können natürlich die Werte einer Stahlgruppe in jene einer anderen hineinstreuen. Für Stahl VCN 15

aber mit der Wertung der Stähle, welche aus langjähriger praktischer Erfahrung abgeleitet wurde, gut übereinstimmen. Es scheint also doch nicht nur die statische Festigkeit allein maßgebend für die Höhe der Schwingungsfestigkeit zu sein. Die Ursache für das Verhalten der einzelnen Stahlgruppen dürfte wieder in der verschiedenen Kerbempfindlichkeit liegen. Die C-Stähle mit der geringsten Kerbempfindlichkeit zeigen den kleinsten Abfall der Schwingungsfestigkeit mit zunehmender Bruchfestigkeit, während bei den sehr kerbempfindlichen Cr-Ni-Stählen dieser Abfall ganz bedeutend ist, und bei hoher Bruchfestigkeit die Schwingungsfestigkeit nicht nur verhältnismäßig, sondern auch der Größe nach kleiner sein kann, als bei niedrigerer Bruchfestigkeit.

Tabelle 4. Umrechnungsgleichungen für verschiedene Stahlgruppen nach Herold (3).

Stahlsorte	Biegeschwingungsfestigkeit kg/mm²	$\frac{A}{\sigma_B}$	Streuungen vom Mittelwert in %	Anmerkung
1. C-Stähle	$-0{,}0048 \cdot \sigma_B^2 + 0{,}7 \cdot \sigma_B$	—	—	nach Versuchen von Moore und Kommers
2. C-Stähle	$-0{,}003 \cdot \sigma_B^2 + 0{,}9 \cdot \sigma_B$	—	—	nach Versuchen von Herold
3. 3%-Ni-Stähle.	$-0{,}0077 \cdot \sigma_B^2 + 1{,}04 \cdot \sigma_B$	0,49	+ 2,1	
4. Cr-Stähle	$-0{,}0043 \cdot \sigma_B^2 + 0{,}88 \cdot \sigma_B$	0,47	— 2,1	„
5. VCN 15	$0{,}44 \cdot \sigma_B$	—	—	„
6. VCN 35	$-0{,}0036 \cdot \sigma_B^2 + 0{,}77 \cdot \sigma_B$	0,55	+ 14,6	„
7. ECN 35	$-0{,}0035 \cdot \sigma_B^2 + 0{,}78 \cdot \sigma_B$	0,46	— 4,2	„
8. VCN 45	$0{,}0040 \cdot \sigma_B^2 + 0{,}86 \cdot \sigma_B$	0,44	— 8,3	„
9. Mn-Stähle....	$0{,}002 \cdot \sigma_B^2 + 0{,}60 \cdot \sigma_B$	0,45	— 6,7	„
	Mittelwert:	0,48	—	

Zu ganz interessanten Ergebnissen kommt man, wenn man die Beanspruchung der beginnenden Dämpfung bzw. des Temperaturanstieges mit der Bruchfestigkeit vergleicht. Der in der 3. Spalte der Tabelle 4 angegebene Faktor $\frac{A}{\sigma_B}$ schwankt um den Mittelwert von 0,48 nur in verhältnismäßig geringen Grenzen, wenn man von dem einen herausge-

hat die Zahl der Versuche nicht ausgereicht, um die Mittelwertskurve zu berechnen und es wurde daher für den untersuchten Bereich von 80 bis 90 kg/mm² Festigkeit eine lineare Beziehung angenommen. Eine Extrapolation dieser Werte ist aber unzulässig.

fallenen Wert von + 14,6% absieht. Wahrscheinlich stellt dieser Punkt bei den dämpfungsfreien Stählen die Schwingungsfestigkeit des vollständig unverletzten Werkstoffes dar. Da die Beanspruchung der beginnenden Dämpfung nach den bisherigen Versuchen als unabhängig von der Kerbwirkung gefunden wurde, so kann unter obiger Voraussetzung daraus ein Verfahren zur Bestimmung der inneren Kerbwirkung abgeleitet werden. Man ermittelt zu diesem Zweck die Beanspruchung der beginnenden Dämpfung und die Schwingungsfestigkeit bei einwandfrei polierter Oberfläche, um die äußere Kerbwirkung auszuschalten. Der

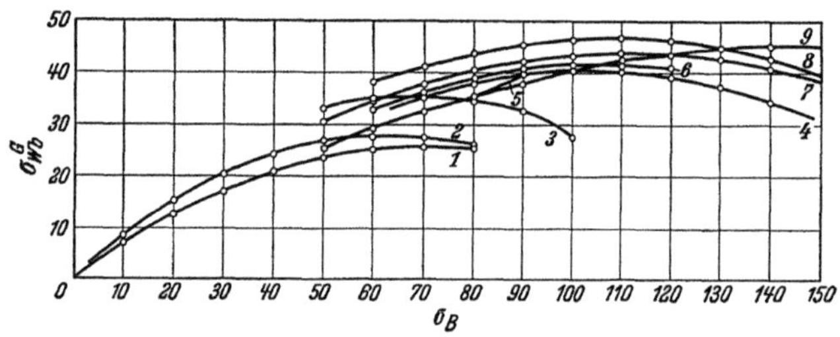

Abb. 35. Mittelwertskurven der Biegeschwingungsfestigkeiten von Stählen mit geschliffener Oberfläche nach Herold (3). Die Bezeichnung ist dieselbe wie in Tabelle 4.

Unterschied in den gefundenen Werten gibt einen Maßstab für die innere Kerbwirkung an. Versuche in dieser Richtung wurden allerdings noch nicht durchgeführt, immerhin wäre dadurch eine Möglichkeit gegeben, die innere Kerbwirkung, welche sonst nicht erfaßt werden kann, zu bestimmen.

Ein weiterer Versuch zur Berechnung der Schwingungsfestigkeit aus den Werten des Zugversuches, welcher in Tabelle 5 angeführt ist, wurde noch von Jünger, durchgeführt. Die Versuche wurden auf einer MAN-Biegeschwingungsmaschine mit Flachstäben bei hin- und hergehender Biegung durchgeführt. Jünger leitet aus seinen Versuchen die folgende Formel ab:

$$\sigma_{wb} = 0{,}2 \cdot (\sigma_F + \sigma_B + \psi) \quad \text{. . . . . (10)}$$

Die nach dieser Formel berechneten Werte der Schwingungsfestigkeit stimmen mit den gefundenen Werten verhältnismäßig recht gut überein. Die Formel ist aber physikalisch gar nicht begründet und auf rein empirischem Wege abgeleitet.

Alle in diesem Abschnitt besprochenen Formeln zur Berechnung der Schwingungsfestigkeit aus den Werten des Zugversuches streuen verhältnismäßig sehr stark. Eine Hauptursache hierfür dürfte darin zu suchen sein, daß bei einem großen Teil dieser Versuche der Einfluß der Oberflächenbeschaffenheit viel zu wenig berücksichtigt wurde, so daß also diese Streuungen zu einem großen Teil auf die Kerbwirkung zurückzuführen wären. Bei vollständig einwandfreier Beschaffenheit der Oberfläche dürfte es jedenfalls möglich sein, genauere Beziehungen zu den Werten des Zugversuches zu erhalten.

Wegen dieser starken Streuungen wäre es auch vollkommen verfehlt, die berechneten Schwingungsfestigkeiten als Grundlage für die Rechnungen des Konstrukteurs zu verwenden, es müssen hierfür vielmehr, so lange diese Beziehungen nicht entsprechend genau erfaßt werden können, immer die versuchsmäßig festgestellten Werte verwendet werden. Diese Formeln können aber für eine oberflächliche Orientierung über die Höhe der Schwingungsfestigkeit recht gute Dienste leisten.

Tabelle 5. Die Beziehungen der Biegeschwingungsfestigkeit zu den statischen Festigkeitswerten nach Versuchen von Jünger mit der MAN-Maschine.

Nr.	Werkstoff	Statische Festigkeitswerte σ_F kg/mm²	σ_B kg/mm²	ψ %	Biegeschwingungsfestigkeit kg/mm²	Fehler in %
1.	StC 34 . 11, geschmiedet	26,9	39,2	62,0	25,0	+ 2
3.	Kesselblech M 2	35,5	49,5	48,0	27,2	— 3
4.	StC 35 . 61, geschmiedet	32,6	51,0	48,0	27,4	0
5.	SM-Sonderstahl, geschmiedet	32,6	50,0	58,0	29,5	— 5
6.	SM-Sonderstahl, gewalzt	34,2	58,0	55,0	29,5	+ 0
7.	Kerbzäher Stahl 1	37,0	54,7	61,0	30,1	+ 8
8.	Kerbzäher Stahl 2	37,2	59,6	54,0	32,5	— 7
9.	Kerbzäher Stahl 3	41,6	68,1	54,0	35,2	— 7
10.	StC 60 . 61, geschmiedet	41,4	74,2	30,0	31,5	— 8
11.	StC 60 . 61, vergütet	52,7	87,0	47,0	41,0	— 9
12.	Sonderstahl, vergütet. 0,3% C, 2,6% Si, 0,7% Cr	51,0	68,5	67,0	37,5	0
13.	VCN 15, schlecht vergütet	48,3	69,7	62,0	35,3	+ 2
14.	VCN 15, gut vergütet	56,4	74,2	62,0	40,3	— 4
15.	Mn-Si-Stahl, zäh vergütet	57,0	94,0	47,0	38,0	+ 4
16.	Mn-Si-Stahl, zähhart vergütet	66,5	103,0	45,0	44,0	— 3
17.	Hochwertiges Gußeisen. 2,9% C, 1,2% Si, 0,95% Mn, 0,23% P	34,5	34,5	0,0	13,5	+ 2

Für die Beurteilung der Werkstoffqualität geben die berechneten Schwingungsfestigkeiten aber gute Anhaltspunkte, da diese Formeln als Mittelwerte aus einer großen Zahl von Versuchen abgeleitet wurden. Liegt nun die versuchsmäßig gefundene Schwingungsfestigkeit eines Werkstoffes weit unter der berechneten, so ist der Werkstoff, falls der

Versuch einwandfrei durchgeführt wurde, fehlerhaft und daher von der Verwendung auszuscheiden. In einem solchen Falle ist der Versuch zu wiederholen, wobei besonderes Gewicht auf eine einwandfreie Oberflächenbeschaffenheit zu legen ist.

Die Frage, ob für ein und denselben Werkstoff bei gleicher Oberflächenbeschaffenheit eine konstante Beziehung zur Zugfestigkeit besteht, dürfte mit ziemlicher Sicherheit bejaht werden können, wobei allerdings die verhältnismäßige Abnahme der Schwingungsfestigkeit mit steigender Bruchfestigkeit, besonders bei geschliffener Oberfläche berücksichtigt werden muß. Die Formeln lassen sich aber ohne weiteres dazu verwenden, um bei geringeren Unterschieden in der Bruchfestigkeit die entsprechenden Werte der Schwingungsfestigkeit zu berechnen. Ist z. B. die Schwingungsfestigkeit bei 80 kg/mm² Bruchfestigkeit bekannt, so kann daraus ohne wesentlichen Fehler die Schwingungsfestigkeit für eine Bruchfestigkeit von 70 oder 90 kg/mm² berechnet werden.

Versuche, eine Beziehung zwischen der Schwingungsfestigkeit und der Zähigkeit der Werkstoffe zu finden, haben kein Ergebnis gebracht, und es konnte auch kein nur annähernder Zusammenhang zwischen der Schwingungsfestigkeit mit der Dehnung, Einschnürung oder Kerbzähigkeit gefunden werden.

6. Die Beziehungen der Schwingungsfestigkeiten untereinander.

Genau so wie man versucht hat, eine Beziehung zwischen der Schwingungsfestigkeit und den Werten des statischen Zugversuches zu finden, hat man zahlreiche Versuche durchgeführt, um eine Beziehung zwischen den Schwingungsfestigkeiten untereinander aufzufinden. Die vielen älteren Versuche dürfen hierfür nicht in Betracht gezogen werden, da sie unter den verschiedensten Verhältnissen durchgeführt wurden und kaum untereinander vergleichbare Resultate ergeben. Es sollen daher nur neuere Arbeiten herangezogen werden.

Ludwik (16) berichtet über Biegeschwingungsversuche mit der Schenckschen Maschine und Dauerschlagversuchen, welche mit dem Kruppschen Dauerschlagwerk durchgeführt wurden (Tabelle 6).

Es lassen sich aus diesen Versuchen keine Beziehungen zwischen Biegeschwingungs- und Dauerschlagbiegefestigkeit ableiten. Das vollkommen verschiedene Verhalten der Werkstoffe bei diesen beiden Beanspruchungsarten dürfte auch darauf zurückzuführen sein, daß das elastische Arbeitsvermögen, welches im Biegeschwingungsversuch keine Rolle spielt, bei der Dauerschlagprobe von großem Einfluß sein kann. Je größer die Arbeit ist, die der Werkstoff elastisch aufzunehmen mag, um so kleiner wird bei gegebener Schlagenergie die Restarbeit sein,

Tabelle 6. Vergleichende Dauerbiege-, Schlagdauerbiege- und Kerbschlagversuche nach Ludwik (16).

Werkstoff	σ^0_{wb} kg/mm²	σ^v_{wb} r = 0,05 mm t = 0,1 ,, kg/mm²	Δ^v_{wb} %	Schlagzahl bei A = 2,8 cmkg t = r = 1 mm	Kerbzähigkeit in mkg/cm²
Elektron AZM, weich	11	10	9	15180	1,6
Duraluminium 681 b, geglüht	12	8	33	10200	2,2
,, 681 b, veredelt	14	14	0	526560	3,1
Skleron, vergütet, hart	16	11	31	74610	1,7
Elektrolytkupfer, geglüht	9	7	22	11130	14,5[1]
Gelbtombak, Ms 70, geglüht	14	14	0	47330	18,6[1]
,, Ms 70, 10% gereckt	16	16	0	207040	13,8
Schweißstahl	19	15	21	59780	15,3[1]
Sonderweichstahl, geglüht	17	16	6	34250	21,3[1]
St. C. 37, weich	19	15	21	55010	13,5[1]
St. C. 37, gealtert	20	16	20	122980	2,0
St. C. 37, veredelt	31	29	7	über 200000	2,9
St. C. 48, weich	27	18	33	246720	11,1
Si-Stahl, weich	31	21	32	208130	17,3[1]
Cr-Cu-Stahl, weich	28	30	29	145920	20,0[1]
Ni-Stahl, geglüht	37	33	11	578440	12,6
Cr-Ni-Stahl, weich	36	13	17	394380	10,1
,, zäh vergütet	47	35	26	650400	7,1
,, zähhart vergütet	54	30	45	422620	5,1
V 2 A-Stahl	24	24	0	163140	23,1
Werkzeugstahl A, unlegiert, weich	22	17	23	90540	2,1
,, B, ,, ,,	28	21	25	154540	2,5
,, C, ,, ,,	34	23	32	211010	3,3

die schließlich den Dauerbruch auslöst. Da die elastische Biegearbeit mit dem Quadrat der erreichten Spannungen und verkehrt proportional dem E-Modul zunimmt, so können Stoffe mit kleinen E-Modulen eine verhältnismäßig hohe Widerstandsfähigkeit gegen wiederholte Stoßbeanspruchungen zeigen. Bei gekerbten Stäben wird die Schlagzahl auch wesentlich von der Größe des die Schlagarbeit aufnehmenden Stoffvolumens abhängen.

Die Beziehung der Biegeschwingungsfestigkeit zur Dauerschlagfestigkeit wurde von McAdam (12) untersucht (Tabelle 7).

Die Biegeschwingungsfestigkeit wurde für 100 Millionen, die Dauerschlagfestigkeit für 10 Millionen Lastwechsel bestimmt. Die Streuungen

[1] Probe wurde nicht durchschlagen.

vom Mittelwert schwanken zwischen + 28 und — 17%, also in so erheblichen Grenzen, daß sich keine konstante Beziehung ergibt.

Tabelle 7. Die Beziehungen der Biegeschwingungsfestigkeit zur Dauerschlagfestigkeit nach Versuchen von McAdam (12).

1	2	3	4	5	6
Werkstoff	Charpy-probe mkg/cm²	Dauer-schlag-festigkeit cmkg	Dauer biege-festigkeit kg/mm²	Verhältnis 4/3	Differenz vom Mittelwert in %
Cr-Mo-Stahl .	8,5	1,38	57,2	41,4	+ 28,0
	12,7	1,04	33,3	32,0	+ 2,6
Ni-Mo-Stahl .	9,4	1,38	39,9	29,0	— 12,4
	6,5	1,18	32,6	27,6	— 17,0
Cr-Va-Stahl .	6,4	1,45	46,9	30,5	— 7,5
Si-Mn-Stahl .	7,7	1,35	43,4	32,1	— 2,3
C-Stahl	12,8	0,67	22,1	33,0	+ 3,2
			Mittelwert:	32,8	

Am genauesten dürfte wohl das Verhältnis der Schwingungsfestigkeiten bei wechselnder Biegung und Verdrehung untersucht worden sein. Im Schrifttum sind darüber die folgenden Werte zu finden:

0,49 bis 0,60 nach Moore und Jasper (4);
0,38 „ 0,84 „ McAdam (16);
0,44 „ 0,71 „ McAdam (13);
0,48 „ 0,75 „ Föppl; Becker und Heydenkampf;
0,56 „ Googh (4);
0,66 „ Matthäs für Kurbelwellenstahl;
0,52 „ Moore und Kommers (1);
0,55 „ 0,72 „ Herold (4).

Diese von den verschiedenen Forschern gefundenen Werte schwanken derart stark und weisen so starke Streuungen auf, daß sie keine praktisch verwendbaren Zahlen darstellen und es lassen sich mit ihnen nicht einmal Näherungswerte berechnen.

Sehr eingehende Versuche zur Ermittlung des Verhältnisses von $\frac{\tau_w^0}{\sigma_{wb}^0}$ wurden von R. Scheu (12) durchgeführt (Tabelle 8).

Aus diesen Versuchen ergibt sich ein konstantes Verhältnis der beiden Schwingungsfestigkeiten, und zwar:

$$\frac{\tau_w^0}{\sigma_{wb}^0} = 0{,}575 \pm 6\,\% \quad \text{(11)}$$

Tabelle 8. Verhältnis der Schwingungsfestigkeiten bei wechselnder Biegung und Verdrehung nach Versuchen von R. Scheu (2).

Werkstoff		Zustand	Schwingungsfestigkeit		Verhältniszahlen	
Art	Bezeichnung		bei Biegung kg/mm^2	bei Verdrehung kg/mm^2	$\frac{\tau_w^0}{\sigma_{wb}^0}$	Abweichung vom Mittelwert in %
Elektron	AZM	weich	11,0	6,5	0,591	+ 2,8
Duraluminium	681 B	geglüht	12,0	6,5	0,542	— 5,7
„	681 B	vergütet	14,0	8,0	0,572	— 0,5
Skleron	—	verg. (hart)	13,0	7,5	0,577	+ 0,3
Elektrolytkupfer	E-Cu	geglüht	9,0	5,0	0,556	— 3,3
Gelbtombak	Ms 70	„	15,0	8,5	0,567	— 1,4
Bronze	—	geschm.	11,0	6,0	0,546	— 5,2
Baustahl 37	St. 37	weich	18,5	10,5	0,567	— 1,4
„ 48	St. 48	„	26,0	15,0	0,577	+ 0,3
Si-Baustahl	—	„	31,0	18,5	0,597	+ 3,8
Werkzeugstahl	St. C. 75	geglüht	42,0	25,0	0,595	+ 3,5
„	St. C. 115	„	31,0	19,0	0,613	+ 6,4
Cr-Ni-Stahl	VCN 35	zähh. verg.	53,0	30,5	0,575	0,0
Nichtrostender Stahl	V 2 A	weich	24,0	13,5	0,563	— 2,1
Gußeisen	Ge 12	—	7,0	6,5	0,929	+ 61,6
Sondergußeisen	Ge 24	—	14,0	13,0	0,929	+ 61,6

Es ist also das Verhältnis der Schwingungsfestigkeiten bei Verdrehung zu jener bei Biegung dasselbe wie das Verhältnis der Fließgrenzen bei Verdrehung und bei Biegung beim statischen Versuch.

Aus den Versuchen von Lehr (9) ergibt sich in guter Übereinstimmung mit obigen Werten:

$$\frac{\tau_w^0}{\sigma_{wb}^0} = 0{,}59 \pm 14\,\% . \qquad (12)$$

Zwischen den Festigkeiten bei schwingender Biegung und Zug-Druck-Beanspruchung bei einer minutlichen Frequenz von 1000 Lastwechsel ergibt sich nach Lehr (9):

$$\frac{\sigma_w^0}{\sigma_{wb}^0} = 0{,}70 \begin{smallmatrix} +11 \\ -7 \end{smallmatrix}\,\% . \qquad (13)$$

7. Die Abhängigkeit der Schwingungsfestigkeit von der Herstellung und Vorbehandlung der Werkstoffe.

Wie alle anderen mechanischen Eigenschaften sind auch die Schwingungsfestigkeiten von der Herstellung, thermischen und mechanischen Vorbehandlung der Werkstoffe abhängig, und es wird in den folgenden Abschnitten eine Zusammenstellung der wichtigsten, die Schwingungsfestigkeit beeinflussenden Faktoren gegeben.

A. Der Einfluß von Ruhepausen.

Der Einfluß von Ruhepausen auf die Höhe der Schwingungsfestigkeit wurde noch nicht untersucht. Wohl liegen aber diesbezügliche Versuche über den Einfluß derselben auf die Dauerschlagzahl vor.

Reynolds und Smith fanden, daß eine Pause von einigen Tagen ohne Einfluß auf die Schlagzahl ist, während eine solche von mehreren Monaten eine bedeutende Änderung der Schlagzahl verursachen kann. Nach Eden, Rose und Cunnugham ist eine Ruhepause von mehreren Stunden ohne Einfluß auf die Bruchschlagzahl.

Zur Überprüfung dieser Frage wurden Versuche von Schultz und Püngel (1) auf dem Kruppschen Dauerschlagwerk durchgeführt. Es wurden Proben mit Spitzkerb verwendet, welche mit 2 und 25 Schlag pro Umdrehung beansprucht wurden. Bei 25 Schlag pro Umfang tritt eine Erhöhung der Schlagzahl von rd. 70% ein, wenn die Erholungszeit größer als einen Tag ist. Ruhepausen unter einem Tag haben nur einen geringen Einfluß auf die Lebensdauer.

Die mit 2 Schlag pro Umfang beanspruchten Proben verhalten sich aber anders. Bis zu einem Tag Pause trat zunächst eine geringe Verminderung der Schlagzahl auf, worauf bei längeren Pausen eine geringe Erhöhung derselben, welche zwischen 4 und 28% schwankte, eintrat.

Eine andere Versuchsreihe wurde von Schultz und Püngel (2) mit einem Flußstahl mit 0,11% C, 0,24% Si, 0,40% Mn, 0,02% P und 0,035% S durchgeführt. Ruhepausen von mindestens einem Tag, welche nach $^1/_5$ bzw. $^1/_2$ der gesamten Schlagzahl eingeschaltet wurden, gaben eine Erhöhung der bis zum Bruch ertragenen Schlagzahlen. Eine mit der Erholungszeit zunehmende Erhöhung der Schlagzahl konnte bis zu einer Pausenzeit von 14 Tagen festgestellt werden. Eine Verlängerung derselben über 14 Tage scheint von keinem Einfluß auf die Bruchschlagzahl zu sein.

B. Der Einfluß des Herstellungsverfahrens.

Der Einfluß des Herstellungsverfahrens auf die Höhe der Schwingungsfestigkeit ist noch sehr wenig untersucht, so daß man sich über die zahlenmäßige Größe desselben kaum ein richtiges Bild machen kann. Es ist eine vielfach verbreitete Meinung, daß dem Herstellungsverfahren keine Bedeutung über die Höhe der Schwingungsfestigkeit zukommt, was aber, wie aus dem Nachfolgenden hervorgeht, nicht zutreffen dürfte. Es ist natürlich klar, daß die technologischen Einflüsse, wie z. B. die Kerbwirkung, durch die Herstellungsverfahren nicht beeinflußt werden können, da sie ja ihre Ursache in der Spannungserhöhung am Kerbgrund haben, welche durch die Herstellung nicht beeinflußt werden kann.

Freemann, Dowdell und Berry untersuchten den Einfluß des Gießverfahrens auf die mechanischen Eigenschaften von Schienenstahl. Es wurden aus dem 60 und 100 tons basischen Martinofen Blöcke mit verlorenem Kopf mit Gathman-Kokillen und solche mit dem in Amerika allgemein geübten (standart) Guß hergestellt. Von jeder Schmelze wurden beide Blöcke gegossen und für die Ermüdungsversuche immer 6 Proben aus dem Kopf der Schienen entnommen. Die Versuche wurden auf einer Biegeschwingungsmaschine von H. F. Moore durchgeführt. Die Schienen aus gewöhnlichem Guß ergaben eine Schwingungsfestigkeit von 32,5 bis 38 kg/mm², jene aus Gathman-Kokillen eine solche von 33,5 bis 41,5 kg/mm². Es liegt also die Schwingungsfestigkeit der letzteren höher. Die Werte streuen allerdings ziemlich stark. Das Verhältnis zur Zugfestigkeit schwankt zwischen 0,35 bis 0,46, also um rd. 31%.

Es wurden auch Versuche über die Abhängigkeit der Schwingungsfestigkeit von der Lage der Proben im Schienenquerschnitt durchgeführt. Die Höchstwerte ergab der Steg, infolge der besseren Durcharbeitung des Materiales und des feineren Kornes, die niedrigsten der Kopf. Durch Hochtrainieren konnte die Schwingungsfestigkeit um 7 kg/mm² oder rd. 20% gesteigert werden.

Nach Intosh und Cockrell wird die Schwingungsfestigkeit durch Phosphor um 0,06 kg/mm² je 0,01% P erhöht. Bis zu einem Gehalt von 0,125% P konnte keine Veränderung des Gefüges durch den hohen Phosphorgehalt festgestellt werden.

Herold (6) untersucht die Schwingungsfestigkeit von VCN 35 von 9 verschiedenen Stahlwerken auf der Schenckschen Biegeschwingungsmaschine mit rotierendem Prüfstab bei Verwendung von geschliffenen Probestäben. Um eine einwandfreie Vergleichsbasis zu haben, mußten alle Werte der Schwingungsfestigkeit auf dieselbe Bruchfestigkeit von 80 kg/mm² mittels des Faktors $\frac{\sigma_{wb}}{\sigma_B}$ aus den versuchsmäßig gewonnenen Werten umgerechnet werden. Die Versuche sind in Tabelle 9 angeführt.

Aus den für eine Bruchfestigkeit von 80 kg/mm² gerechneten Werten der Schwingungsfestigkeit $\sigma_{wb\,80}$ ist zu ersehen, daß dieselbe bei Proben gleicher Lieferwerke nur in sehr geringen Grenzen von höchstens 4% schwankt, also innerhalb der Versuchsfehler liegt. Es ergibt sich aber bei den einzelnen, verschiedenen Lieferwerken entstammenden Versuchsreihen ein Unterschied der Schwingungsfestigkeit von + 18,6 und — 10,8% gegenüber dem gefundenen Mittelwert von 35,0 kg/mm².

Tabelle 9. Einfluß des Herstellungsverfahrens von VCN 35 auf die Biegeschwingungsfestigkeit nach Versuchen von Herold (6).

Lieferwerk	σ_B kg/mm²	σ^g_{wb} kg/mm²	$\frac{\sigma^g_{wb}}{\sigma_B}$	$\sigma^g_{wb\,80}$ kg/mm²	Unterschied vom Mittelwert in %
A.	91,0	38,0	0,41	32,8	— 6,3
	102,0	42,0	0,41	32,8	— 6,3
B.	87,6	34,0	0,39	31,2	— 10,8
	92,9	38,0	0,40	32,0	— 8,6
C.	82,8	42,0	0,51	41,0	+ 17,0
	84,0	44,0	0,52	41,5	+ 18,6
D.	89,0	38,0	0,43	34,5	— 1,4
	85,0	38,0	0,45	36,0	+ 2,9
	97,5	42,0	0,43	34,5	— 1,4
E.	87,3	42,0	0,48	38,4	+ 9,8
	91,0	42,0	0,46	36,8	+ 5,2
F.	92,5	36,0	0,39	31,3	— 10,6
G.	93,5	40,0	0,43	34,5	— 1,4
H.	78,5	32,0	0,41	32,8	+ 6,3
I.	96,0	42,0	0,44	35,2	+ 2,3
	88,0	40,0	0,45	36,0	+ 2,9
		Mittelwert:		35,0	

Diese starken Unterschiede bei einem genormten Werkstoff können ihre Ursache nur in verschiedenen Erzeugungsverfahren der einzelnen Werke haben. Dieser Einfluß des Herstellungsverfahrens auf die Höhe der Schwingungsfestigkeit wurde noch nicht untersucht, mindestens sind im Schrifttum keine diesbezüglichen eindeutigen Angaben zu finden. Eine genaue Untersuchung der hier obwaltenden Verhältnisse wäre aber dringend geboten, da man von Werkstoffen gleicher Markenbezeichnung und gleichen statischen Festigkeitseigenschaften, deren Qualität durch die Norm gewährleistet wird, auch eine gleiche Schwingungsfestigkeit voraussetzen muß.

Von Einfluß auf die Schwingungsfestigkeit ist auch der Reinheitsgrad der Werkstoffe. Für diesen läßt sich allerdings keine eindeutige Erklärung geben, da man darunter die Summe aller schädlichen Verunreinigungen versteht. Dieselben können entweder chemisch gebunden und bei geringen Mengen als feste Lösung vorhanden sein, wobei aber wieder eine Seigerung derselben auftreten kann. Anderseits können dieselben auch als Schlacken abgeschieden sein und dadurch eine innere Kerbwirkung verursachen. Es überdecken sich diese Begriffe daher, und es war bis jetzt nicht möglich, dieselben auseinanderzuhalten und den Einfluß jedes einzelnen auf die Höhe der Schwingungsfestigkeit zu untersuchen. Außerdem sind die Verunreinigungen relative Begriffe. Während z. B. Phosphor bei der statischen Beanspruchung des Stahles sehr schädlich wirkt, so daß man trachten muß, seinen Gehalt so stark als möglich herunterzudrücken, wird die Schwingungsfestigkeit der Stähle durch steigenden Phosphorgehalt erhöht. Versuche über den Einfluß des Reinheitsgrades auf die Schwingungsfestigkeit wurden daher nur in sehr geringer Zahl und in vollkommen unzureichendem Maß durchgeführt.

Moore und Kommers (2) führen z. B. die Streuungen der Versuchswerte auf Seigerungen zurück. Nach Martens wird die Fließgrenze und der Widerstand gegen Wechselbeanspruchung durch Seigerungen herabgedrückt.

Von Schultz und Püngel (1) wurden Dauerschlagversuche mit Thomaschargen von verschieden hohem P-Gehalt auf dem Kruppschen Dauerschlagwerk durchgeführt. Mit zunehmendem P-Gehalt nahmen sowohl bei Rund- als auch bei Spitzkerb die Dauerschlagzahlen ab. Proben, welche vom Kopf des Blockes entnommen wurden, ertrugen weniger Schläge als die seigerungsfreien Proben vom Fuß des Blockes. Im Gegensatz hinzu stehen die Versuche von Intosh und Cockrell, welche eine Zunahme der Dauerbiegefestigkeit des Stahles mit steigendem P-Gehalt feststellten.

Aus diesen Versuchen geht hervor, daß es jedenfalls nicht genügt, den Reinheitsgrad eines Werkstoffes nur nach den durch die Analyse festgestellten Gehalt an Verunreinigungen zu beurteilen, sondern daß auch die Art und Weise, in welcher diese Verunreinigungen in dem Werkstoff enthalten sind, von Einfluß auf die Höhe der Wechselfestigkeit ist. Bei Stahl dürfte jedenfalls ein Unterschied bestehen, ob der Phosphor als Eisenphosphid in fester Lösung vorhanden oder in Form von Schlacke abgeschieden ist.

Einen großen Einfluß auf die Höhe der Wechselfestigkeit hat auch die Ausbildung des Gefüges und es wird meist darauf viel zu wenig Rücksicht genommen. Die durch die Schwingungsversuche festgestellten Zahlen beziehen sich immer auf normales Gefüge, d. h. einen einwandfreien und richtig wärmebehandelten Werkstoff. Es kann aber die Schwingungsfestigkeit durch fehlerhafte Wärmebehandlung, insbesondere durch grobes Korn, ganz bedeutend vermindert werden.

Nach den Untersuchungen von Osmond und Fremont, Richards und Stead, Rogers (3), Eden, Rose und Cunnugham, Moore und Kommers (1), Müller und Leber (3), Müller (1), Harsch u. a. wird die Schwingungsfestigkeit durch grobes Korn erniedrigt, besonders wenn grobes Ferritnetzwerk vorhanden ist. Denselben Einfluß hat nach

Kothny sowie Moore und Kommers (1) die Gußstruktur. Im Stahl treten die Gleitlinien hauptsächlich im Ferrit auf und der Bruch verläuft nach den Untersuchungen von Rogers (1 bis 3) Stanton und Bairstow (1, 2) und Gießen durch den Ferrit. Es verläuft also der Bruch bei grobkörnigem Material zum Unterschied vom feinkörnigen Werkstoff häufig entlang der Korngrenzen.

Müller und Leber (3) haben festgestellt, daß auch die Schlagbiegefestigkeit mit zunehmender Korngröße abnimmt. Schultz und Püngel (2) führten Dauerschlagversuche mit einem 0,39%-C-Stahl durch und stellten dabei aber nur die bis zum Bruch ertragene Schlagzahl fest. Die Grobkörnigkeit wurde durch kritische Reckung sowie durch Glühen erreicht und die Korngröße dadurch bis zum 20fachen der Vergleichsproben gesteigert. Sie erhielten aber von den übrigen Forschern abweichende Ergebnisse, da grobkörniges Material sogar etwas höhere Schlagzahlen hatte als feinkörniges. Bei weiteren Versuchen mit unlegierten Stählen mit 0,21 und 0,38% C, bei welchen die Korngröße ohne vorherige Reckung durch Glühen allein auf den dreifachen Betrag gebracht wurde, ergaben sich nur geringe Unterschiede in den Schlagzahlen.

Der Einfluß der Ausscheidungsform des Perlits und der Korngröße wurde von Herold an vier verschiedenen C-Stählen mit der Schenckschen Biegeschwingmaschine mit geschliffenen Probestäben untersucht. Die Proben wurden auf körnigen und lamellaren Perlit sowie auf grobes Korn geglüht. Die erhaltenen Werte sind in Tabelle 10 angegeben.

Tabelle 10. Einfluß der Ausscheidungsform des Perlits und der Korngröße auf die Höhe der Biegeschwingungsfestigkeit nach Herold.

Werkstoff	σ_B kg/mm²	σ_R kg/mm²	σ_{wb}^g kg/mm²	$\frac{\sigma_{wb}^g}{\sigma_B}$	$\frac{\sigma_{wb}^g}{\sigma_R}$	
0,35%-C-Stahl . .	58,5	110,5	30,0	0,51	0,28	Perlit, körnig
	60,6	106,2	—	—	—	„ lamellar
	61,6	91,3	24,0	0,39	0,26	grobkörnig
0,35%-C-Stahl . .	53,8	97,6	22,0	0,41	0,23	Perlit, körnig
	61,5	105,9	24,0	0,39	0,23	„ lamellar
	59,9	94,6	22,0	0,37	0,23	grobkörnig
0,4%-C-Stahl . . .	56,5	84,2	22,0	0,39	0,26	Perlit, körnig
	71,0	83,0	24,0	0,34	0,29	„ lamellar
0,9%-C-Stahl . . .	71,3	97,0	26,0	0,36	0,27	Perlit, körnig
	77,8	87,3	28,0	0,36	0,23	„ lamellar
	94,4	98,1	28,0	0,30	0,28	grobkörnig

Die Bruchfestigkeit ist bei körnigem Perlit am niedrigsten, steigt bei lamellarem Perlit an und hat die höchsten Werte bei grobem Korn.

Tabelle 11. Der Einfluß der Faserrichtung auf die Schwingungsfestigkeit.

Werkstoff	Faserrichtung	Zustand	σ_F kg/mm²	σ_B kg/mm²	ϑ_{10} %	ψ %	σ_W kg/mm²	Δ %	Beanspruchungsart	Anmerkung
Schmiedeeisen....	Längs	Anlieferung	—	32,0	—	29,3	11,2	31	Zug-Druck	Moore und Jasper (5)
	Quer		—	24,2	—	5,1	7,7			
0,37%-C-Stahl ...	Längs	Anlieferung	—	51,0	—	51,0	17,5	20	Zug-Druck	Moore und Jasper (5)
	Quer		—	50,0	—	43,9	14,0			
SM-Stahl	Längs	—	—	—	—	—	24,1	22	Biegung	Jünger (1, 2)
	Quer		—	—	—	—	18,9			
St. C. 35 . 61	Längs	—	—	—	—	—	25,4	11		
	Quer		—	—	—	—	22,5			
Ni-Stahl	Längs	—	—	—	—	—	37,8	27		
	Quer		—	—	—	—	28,0			
Duraluminium ...	Längs	veredelt	25,5	39,5	13,5	27,4	14,3	7,8		
	Quer		26,1	31,1	3,5	8,3	13,2			
VCN 35	Längs	vergütet	91,6	99,8	13,4	52,5	23,0	4	Verdrehung	Herold
	Quer		90,0	99,0	—	39,5	22,1			
	Längs		—	117 a	—	—	29,3	16		
	Längs b		—	—	—	—	27,1			
	Quer		—	—	—	—	24,5			
	Quer b		—	—	—	—	22,4			

a Aus Kugeldruckhärte berechnet.
b Kerbschwingungsfestigkeit r = 0,05 mm.
t = 0,1 „

Bei der aus dem Wert des Zugversuches berechneten Reißfestigkeit ist der Verlauf ein umgekehrter. Die Schwingungsfestigkeit ist bei lamellarem Perlit höher als bei körnigem. Ein entscheidender Einfluß der Korngröße auf die Höhe der Schwingungsfestigkeit konnte aber nicht festgestellt werden, da dieselbe bei grobem Korn sowohl unter als auch über der Schwingungsfestigkeit bei feinem Korn liegt.

Es ist also der Einfluß der Korngröße auf die Höhe der Schwingungsfestigkeit noch nicht einwandfrei geklärt. Nach der rein praktischen Erfahrung kann aber grobes Korn Anlaß zu Schwingungsbrüchen geben, besonders wenn ein ausgesprochenes Ferritnetzwerk vorhanden ist. Solche, durch grobes Korn verursachte Schwingungsbrüche lassen sich in der Regel schon aus dem Bruchaussehen erkennen, da der Restbruch im Verhältnis zum Schwingungsbruch sehr groß ist.

Die Lage der Faserrichtung gegenüber der Kraftrichtung ist ebenfalls von Einfluß auf die Höhe der Schwingungsfestigkeit. Die höchsten Werte wurden bei Längsfaser, die niedrigsten bei Querfaser erhalten, und es kann der Unterschied der Schwingungsfestigkeit zwischen Längs- und Querfaser bis zu 30% betragen. In Tabelle 11 sind einige Versuchsergebnisse angeführt.

Tabelle 12. Wärmebehandlung der Stähle nach Müller.

Bezeichnung	Wärmebehandlung
0,2%-C-Stahl	A. Durch 15 Min. auf 870° erwärmt, in Öl gehärtet, nach 15 Min. erwärmen auf 790° wieder in Öl gehärtet. 30 Min. auf 650° erwärmt und an der Luft abgekühlt.
	B. Nach 15 Min. langem Glühen bei 870° in Wasser gehärtet, dann 15 Min. bei 790° geglüht und in Wasser gehärtet, schließlich 30 Min. bei 750° geglüht und in Luft abgekühlt.
	C. Nach 15 Min. langem Glühen bei 870° in Öl gehärtet, dann 15 Min. bei 790° geglüht und in Wasser gehärtet und nach 30 Min. langem Glühen bei 650° an der Luft abgekühlt.
0,02%-C-Stahl. Armco-Eisen ...	E. 15 Min. bei 870° geglüht und in Öl gehärtet, dann 15 Min. bei 790° geglüht und wieder in Öl gehärtet.
	F. 15 Min. bei 870° geglüht und in Öl gehärtet, 15 Min. bei 790° geglüht und wieder in Öl gehärtet und nach 30 Min. langem Glühen bei 650° an der Luft abkühlen gelassen.
	G. Nach 15 Min. langem Glühen bei 790° in Öl gehärtet.
	H. Nach dem Einsetzen im Ofen abgekühlt.

C. Der Einfluß der Oberflächenhärtung.

Da bei der Oberflächenhärtung die Oberfläche des Werkstoffes eine bedeutend höhere Festigkeit gegenüber dem Kern besitzt, für die Schwingungsfestigkeit aber die an der äußersten Randfaser auftretenden Beanspruchungen maßgebend sind, so ist zu erwarten, daß die Schwingungsfestigkeit bei wechselnder Biegung und Verdrehung bei der Oberflächenhärtung höher als die des Kernmateriales ist. Bei der Zug-Druck-Beanspruchung kann sich infolge der gleichmäßigen Verteilung der Beanspruchung über den ganzen Querschnitt die Oberflächenhärtung nicht so günstig auswirken, da bei einer Beanspruchung in der Höhe der Schwingungsfestigkeit der Oberflächenschichte jene des Kernmateriales bereits überschritten ist und sich Anrisse vom Kern aus bilden müssen.

Tabelle 13. Biegeschwingungsfestigkeiten von im Einsatz gehärteten Stählen nach Müller. (Die Wärmebehandlung der Stähle ist in Tabelle 12 angeführt.)

Werkstoff	Tiefe der Einsatzschichte in mm	Tiefe der Einsatzschichte in Prozenten des Durchmessers	Wärmebehandlung	Schwingungsfestigkeit kg/mm²	Zunahme der Schwingungsfestigkeit gegenüber dem unbehandelten Werkstoff in %
0,20%-C-Stahl . .	0,0	0,0	Anlieferungszustand	23,1	0
	1,5	20	C	31,5	36
	1,5	20	B	33,6	45
	1,5	20	A	38,5	67
0,02%-C-Stahl (Armco-Eisen)	0,0	0,0	Anlieferungszustand	18,2	0
	0,4	5	F	25,9	42
	0,4	5	E	30,8	69
	0,84	8,3	H	18,9	4
	0,84	8,3	G	39,2	115
	0,84	8,3	E	39,9	120
	1,90	25	F	35	92
	1,90	25	E	47,6	162

Ältere Untersuchungen beschäftigen sich mit der Feststellung der Abhängigkeit der Dauerschlagzahl von der Einsatztiefe. Schultz und Püngel (1) konnten die von Rittershausen und Fischer (2) festgestellte Beobachtung bestätigen, daß die Dauerschlagzahl mit der Einsatztiefe steigt, und zwar bei Rundkerb mehr als bei Spitzkerb.

Moore und Jasper (5) berichten über Biegungsschwingungsversuche von Müller mit im Einsatz gehärteten und nachträglich wärmebehandelten Stählen. Der 0,2%-C-Stahl wurde 3 Stunden im Gasofen bei 900 bis 960° C eingesetzt, das Armco-Eisen wurde im Elektroofen bei 900° C 2, 2,5 und 3,5 Stunden eingesetzt. Die Art der Wärmebehandlung nach dem Einsetzen ist in der Tabelle 12, die Ergebnisse der Biegeschwingungsversuche in Tabelle 13 ersichtlich.

Die Schwingungsfestigkeit nimmt sowohl bei den nach dem Einsetzen gehärteten als auch bei den geglühten Proben mit zunehmender Einsatztiefe zu, steigt aber nicht linear mit derselben an.

Moore und Alleman (1) untersuchten gleichfalls zementierten und geeignet wärmebehandelten Stahl. Sie kamen ebenfalls zu dem Ergebnis, daß die Schwingungsfestigkeit mit der Einsatztiefe zunimmt. Die Zunahme ist bei gehärteten Proben größer, als wenn dieselben nach dem Einsetzen im Ofen abgekühlt werden.

Über die Biegeschwingungsfestigkeit nitrierter Stähle berichten Hengstenberg und Mailänder. Für ihre Versuche haben sie die folgenden Stahlproben verwendet:

Tabelle 14. Zusammensetzung und Wärmebehandlung der nitrierten Stähle nach Hengstenberg und Mailänder.

Bezeichnung	C %	Si %	Mn %	Cr %	Al %	Ni %	Mo %	Behandlung
FP 15	0,3	0,43	0,41	1,43	1,12	—	—	920° Öl, 650° Luft. Geh.
FP 13	0,52	0,14	0,27	1,74	1,28	—	—	900° „ 650° „ „
FP 13 A ..	0,52	0,14	0,27	1,74	1,28	—	—	880° „ 670° „ „
FPK 13 ..	0,32	0,22	0,72	1,24	0,93	—	0,34	840° Wasser, 640° Luft. Geh.
FPE 23 ..	0,42	0,19	0,38	1,68	1,23	2,65	—	870° Öl, 660° Luft. Geh.
FK 345...	0,15	0,25	0,40	0,85	—	—	0,41	930° „ 650° „ „

Die Schwingungsprüfungen wurden im nitrierten und nichtnitrierten Zustand mit polierten Probestäben bei 5 Millionen Lastwechsel mit der Schenckschen Maschine durchgeführt (Tabelle 15). Die Proben wurden vor dem Nitrieren vollkommen fertiggestellt und nach dem Nitrieren keinerlei Behandlung derselben mehr vorgenommen.

Durch das Nitrieren nimmt ähnlich wie bei der Einsatzhärtung die Schwingungsfestigkeit zu. Der Anbruch erfolgt aber nicht wie bei den nichtnitrierten Proben, von der Oberfläche aus, sondern er setzt stets unterhalb des sichtbaren Teiles der Nitrierschichte ein. Er geht von der schwächsten Stelle aus, wo das Verhältnis von Beanspruchung und Widerstandsfähigkeit am größten ist. Aus dem Bruchverlauf ergibt

Tabelle 15. Schwingungsfestigkeiten von nitrierten Stählen nach Hengstenberg und Mailänder. Die chemische Zusammensetzung und Wärmebehandlung der Stähle ist in Tabelle 14 angegeben.

Bezeichnung	σ_F kg/mm²	σ_B kg/mm²	δ_5 %	ψ %	σ^0_{wb} kg/mm²	Schwingungsfestigkeit am Bruchausgangspunkt kg/mm²
FP 15 ...... a)	65	81,4	21,5	67	42	—
	65	80,1	22,9	86		
b)	64	80,8	22,4	67	40—41	—
	61	79,2	22,7	65		
c)	67	83,1	x	26	55	44
	x	83,5	x	24		
FP 13 ...... a)	80	97,6	14,8	50	50—51	—
	81	94,6	11,3	54		
b)	85	100,2	13,1	44	52	—
	86	105,9	15,6	50		
c)	x	107,5	x	9	67	53
	x	109,6	x	6		
FP 13 A .... a)	75	93,1	21,0	60	46—47	—
	74	92,4	20,3	60		
b)	74	92,3	18,7	59	—	—
	72	91,9	19,7	60		
c)	80	94,4	x	11	59	48
	72	92,1	x	18		
FPK 13..... a)	75	92,3	14,3	54	48—49	—
	74	90,5	16,5	56		
b)	70	90,3	18,6	55	—	—
	77	93,9	16,0	57		
c)	82	103,1	7,3	11	62—63	49
	78	99,7	7,1	7		
FPE 23..... a)	97	110,2	18,3	53	55	—
	94	108,9	16,4	54		
b)	114	124,8	16,9	44	—	—
	112	122,8	15,7	45		
c)	x	119,0	0,0	0	68	58
	x	118,8	0,0	2		
FK 345..... a)	70	79,8	20,0	72	43	—
	68	76,9	21,1	72		
b)	67	78,5	21,4	72	46—47	—
	67	76,9	20,4	73		
c)	x	75,5	0,0	0	67—68	47
	x	74,9	0,0	0		

a) Vergütet.
b) Vergütet und 48 Stunden bei 500° C geglüht.
c) ,, ,, 48 ,, ,, 500° C nitriert.
x Werte waren nicht feststellbar.

sich, daß die Schwingungsfestigkeit der nitrierten Schichte an der Oberfläche noch nicht erreicht ist, wenn dies im äußersten Teile des Kernes trotz seiner niedrigeren Beanspruchung bereits der Fall ist. Vermindert man die in Spalte 6 der Tabelle 16 angegebenen Schwingungsfestigkeiten im Verhältnis von D/d, wobei D den Probendurchmesser und d den Durchmesser der Anbruchstelle bedeutet, so erhält man die in Spalte 7 angegebenen Werte, welche sich nur wenig von der Schwingungsfestigkeit des Kernmateriales unterscheiden.

Die aus der Beanspruchung der Oberfläche erhaltene scheinbare Schwingungsfestigkeit hängt außer vom Stahl auch von der Dicke der Nitrierschichte und der Größe der Proben ab. Je geringer die Dicke der nitrierten Schichte im Verhältnis zum Durchmesser der Proben ist, desto mehr nähert sich die Schwingungsfestigkeit des nitrierten Stückes derjenigen des nichtnitrierten Stahles.

Da der Anbruch nicht von der Oberfläche ausgeht, müssen nitrierte Proben wenig kerbempfindlich sein, was auch durch Versuche bestätigt wurde. Bei Proben, welche nach dem Nitrieren gekerbt wurden und bei welchen die Kerbtiefe geringer als die Dicke der nitrierten Schichte war, ging der Anbruch von einer nichtverletzten Stelle der Probestäbe aus.

Fuller (1) fand übereinstimmend mit obigen Versuchen, daß im Dampfstrom bei 150 bis 160° C nitrierte Stähle eine auffallend hohe Biegeschwingungsfestigkeit aufwiesen.

D. Der Einfluß der Wärmebehandlung und Kaltbearbeitung.

Im allgemeinen nimmt die Schwingungsfestigkeit mit zunehmender Bruchfestigkeit zu, sie wird also durch das Vergüten des Stahles auf höhere Festigkeiten gehoben. Wie aus Abb. 30 ersichtlich, steigt die Schwingungsfestigkeit zunächst linear mit der Bruchfestigkeit an, um erst bei höheren Festigkeiten langsamer als dieselbe anzusteigen. Dieses Abweichen von der linearen Beziehung hängt damit zusammen, daß sich eine vollständig fehlerfreie Probenoberfläche nur sehr schwer herstellen läßt und auch jeder Werkstoff mehr oder weniger starke innere Verletzungen aufweist. Bei den niedrigen Festigkeiten kommt die Kerbwirkung geringer Oberflächenverletzungen nicht zur Geltung, da sie durch die dynamische Zähigkeit des Werkstoffes überwunden wird. Wird aber eine für jeden Werkstoff eigentümliche Grenze, die Kerbschwelle, überschritten, so kommt die Kerbwirkung zur Geltung und es tritt dann eine Abweichung von der linearen Beziehung zur Bruchfestigkeit ein. Werden Probestäbe mit geschliffener Oberfläche verwendet, so ist die Oberflächenverletzung durch das Schleifen so stark, daß keine geradlinige Beziehung zwischen der Schwingungs- und Bruchfestigkeit vorhanden ist und es läßt sich dieselbe daher nicht mehr durch eine Gerade, wohl aber durch eine Parabel darstellen. Diese kann bei hohen Bruchfestigkeiten wieder abfallen, so daß die Schwingungsfestigkeit mit zunehmender Bruchfestigkeit sinkt. Es wird daher für die Stähle, welche im geschliffenen Zustand verwendet werden, einen günstigsten Festigkeitsbereich geben, in welchem sie die höchsten Werte für die Schwingungsfestigkeit aufweisen. Für wechselnde Biegungsbeanspruchung lassen sich diese Festigkeitsbereiche aus der Abb. 35 ableiten und sind in der folgenden Tabelle 16 zusammengestellt. Es ist daher nicht zu empfehlen, schwingend beanspruchte Maschinenelemente, welche mit geschliffener Oberfläche verwendet werden, über die in Tabelle 16 angeführte Festigkeitswerte zu vergüten, sofern nicht andere zwingende Gründe dafür maßgebend sind.

Durch eine fehlerhafte Wärmebehandlung, insbesondere durch grobes Korn, wird die Schwingungsfestigkeit erniedrigt.

Durch Kaltbearbeitung wird nach Czochralsky und Henkel die Schwingungsfestigkeit von Aluminium, Kupfer und Stahl erhöht. Sie nimmt aber in einem viel geringeren Verhältnis als die Bruchfestigkeit zu. Nach Ludwik (14) wird bei Elektrolytkupfer und Gelbtombak durch eine 10%ige Vorreckung die Schwingungsfestigkeit um rd. 15%, die Dehngrenze aber um rd. 120% erhöht. Nach den Untersuchungen von McAdam, Abb. 36, nimmt die Schwingungsfestigkeit kalt deformierter Ni-Cu-Legierungen bis zu einer Steigerung der Bruchfestigkeit um 40% linear mit derselben zu, um bei höheren Reckgraden nur mehr ganz wenig anzusteigen.

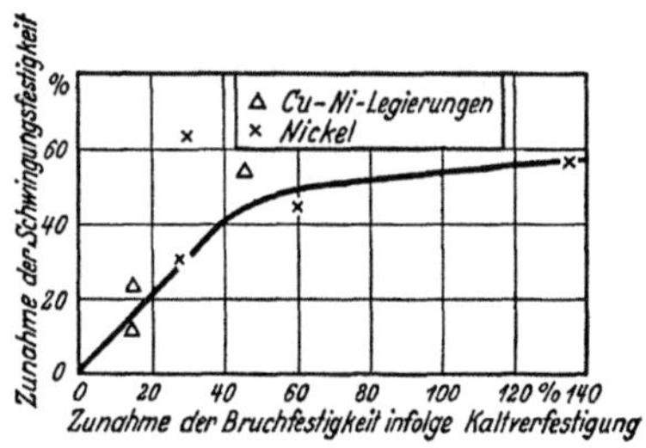

Abb. 36. Einfluß der Kaltbearbeitung auf die Schwingungsfestigkeit von Ni- und Cu-Ni-Legierungen nach McAdam.

Tabelle 16. Festigkeitsbereiche für verschiedene Stähle, bei welchen dieselben die besten Werte der Biegeschwingungsfestigkeit bei geschliffener Oberfläche aufweisen, nach Herold.

Stahlart	Bruchfestigkeit kg/mm²	Biegeschwingungsfestigkeit kg/mm²
C-Stahl	50— 70	28
3%-Ni-Stahl	60— 80	35
Cr-Stahl	90—120	41
VCN 35	100—120	43
ECN 35	100—120	44
VCN 45	100—130	46
Mn-Stähle (Federstähle)	140—160	44

8. Die Veränderungen der mechanischen Eigenschaften durch die Wechselbeanspruchung.

Da bei der Wechselbeanspruchung ein mehr oder weniger starkes Gleiten der Werkstoffe längs Gleitlinien stattfindet, ist dadurch auch eine der Kalthärtung ähnliche Veränderung ihrer Eigenschaften sowohl bei zügiger als auch bei wechselnder Beanspruchung bedingt. Der Nachweis dieser Änderungen läßt sich am besten bei pulsierender Zug-Druck-Beanspruchung erbringen, da bei derselben die Anstrengungen über den ganzen Querschnitt die gleichen sind. Bei wechselnder Biegung oder Verdrehung ist die stärkste Beanspruchung in den Randfasern vorhanden und nimmt gegen die Mitte zu bis auf Null ab. Der Einfluß der durch die Wechselbeanspruchung veränderten Eigenschaften der Randfasern ist in diesem Falle verhältnismäßig so gering, daß er bei den statischen Erprobungen, welche ja einen Mittelwert der Festigkeitseigenschaften über den ganzen Querschnitt ergeben, nur weniger zum Ausdruck kommt. Wohl äußert sich dieser Einfluß aber in einer Änderung der Schwingungsfestigkeit, da für dieselbe in erster Linie die Widerstandsfähigkeit der äußersten Randfasern maßgebend ist.

A. Die Änderung der Eigenschaften bei zügiger Beanspruchung.

Es sollen hier in erster Linie die Werte des statischen Zugversuches behandelt werden. Eine Veränderung der Elastizitätsgrenze durch die Wechselbeanspruchung wurde schon von Bauschinger nachgewiesen.

Durch die Schwingungsbeanspruchung wird im allgemeinen die Fließ- und Bruchgrenze gehoben, während die Dehnung und Einschnürung abnehmen. Es wird also die Festigkeit erhöht, während die Zähigkeit fällt. Die Festigkeitseigenschaften der Werkstoffe werden durch die Schwingungsbeanspruchung in ganz ähnlicher Weise wie durch die Kaltbearbeitung verändert. Versuche von Moore und Jasper (5) sind in Tabelle 17 angeführt.

Zu ganz ähnlichen Ergebnissen kommen Memmler und Laute, welche ihre Versuche auf der hochfrequenten Zug-Druck-Maschine von Schenck mit 30000 Lastwechsel pro Minute ausführten (Tabelle 18). Die Versuchsdurchführung war von jener von Moore und Jasper insoferne verschieden, als sie die Probestäbe einerseits mit hohen Lastwechselzahlen unter und anderseits mit geringen Lastwechselzahlen über die Schwingungsfestigkeit beanspruchten und für jeden Fall die Veränderung der statischen Eigenschaften feststellen. Auch hier ergibt sich eine Zunahme der Festigkeits- und Abnahme der Zähigkeitseigenschaften der Werkstoffe. Bei langer Beanspruchung unter der Schwingungsfestigkeit ist

Tabelle 17. Änderung der Werkstoffeigenschaften bei zügiger Beanspruchung durch eine wechselnde Zug-Druck-Beanspruchung bei oder nahe der Schwingungsfestigkeit durch 10 Mill. Lastwechsel, nach Versuchen von Moore und Jasper (5).

Werkstoff	Wärmebehandlung	Schwingungsfestigkeit	Werte vor der Wechselbeanspruchung		Werte nach der Wechselbeanspruchung		Änderung der Werte durch die Wechselbeanspruchung	
		σ^0_{wb} %	σ_B kg/mm²	ψ %	σ_B kg/mm²	ψ %	σ_B %	ψ %
0,37%-C-Stahl	Normalisiert	14,8	50,1	53,5	59,8	40,2	+ 18,7	— 24,8
0,37% C,	Anlieferung[1]	14,0	50,0	43,9	58,5	23,3	+ 16,3	— 47,0
0,58% Mn,	Anlieferung	17,5	51,0	51,0	62,0	47,3	+ 21,5	— 7,3
0,17% Si,	Sorbitisch	23,0	73,0	41,5	75,0	40,1	+ 4,4	— 3,4
0,032% P,								
0,035% S								
0,39%-C-Stahl	Sorbitisch	25,2	80,5	39,6	82,0	44,0	+ 1,6	— 11,1
0,39% C, 0,38%								
Mn, 0,25% Si,								
0,017% P								
0,045% S								
3,5%-Cr-Ni-St.	Vergütet	26,5	78,0	60,2	81,0	55,8	+ 3,9	— 7,3
0,41% C, 0,75%	„	39,5	82,0	60,1	86,0	62,1	+ 4,9	+ 3,3
Mn, 0,25% Si,	„	35,2	71,0	52,2	73,0	48,9	+ 2,3	— 6,3
0,02% P, 0,02%								
S, 3,41% Ni,								
0,18% Cr								
0,49%-C-Stahl	Normalisiert	14,0	64,0	39,5	73,5	29,2	+ 15,3	— 26,0
0,49% C, 0,46%								
Mn, 0,12% Si,								
0,017% P,								
0,029% S								
Schmiedeeisen	Anlieferung[1]	7,7	24,2	5,1	23,3	7,0	— 3,2	+ 37,2
0,45% C, 0,24%	Anlieferung	11,2	32,0	29,3	36,5	31,6	+ 10,9	+ 7,9
Mn, 0,23% Si,								
0,046% P,								
0,017% S								

diese Veränderung aber viel geringer als bei einer kurzen Beanspruchung über derselben.

Ein eigenartiges Verhalten zeigt dabei die obere Fließgrenze. Die Veränderung derselben durch verschieden hohe Wechselbeanspruchung

[1] Querprobe.

ist für einen 0,05%-C-Stahl in Abb. 37 wiedergegeben. Bei einem schwingend nicht vorbeanspruchten Werkstoff (Fall a) findet ein starker Abfall der oberen zur unteren Fließgrenze statt. Derselbe ist aber, wie Kurve b zeigt, bei langer und niedriger wechselnder Vorbeanspruchung bedeutend geringer, um bei einer höheren Beanspruchung, knapp unter der Schwingungsfestigkeit (Fall c) vollständig zu verschwinden. Bei einer noch höheren Wechselbeanspruchung über der Schwingungsfestigkeit wird die obere Fließgrenze schon nach verhältnismäßig wenig Lastwechseln vollständig zerstört. Die Verfestigung des Werkstoffes geht aber vollkommen unabhängig von dem Abbau der oberen Fließgrenze vor sich.

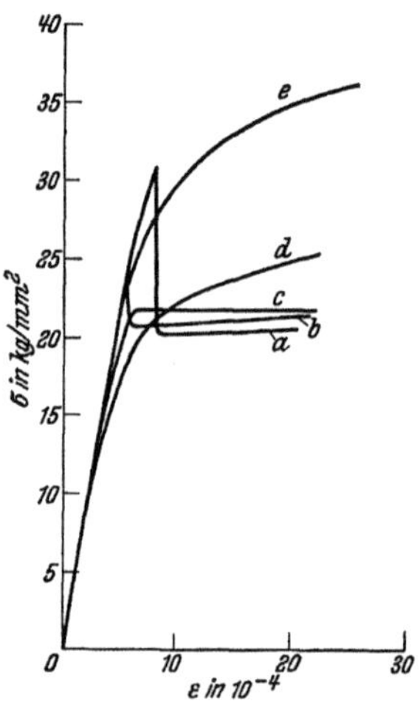

Abb. 37. Die Veränderung der oberen Fließgrenze durch Schwingungsbeanspruchung nach Memmler und Laute.

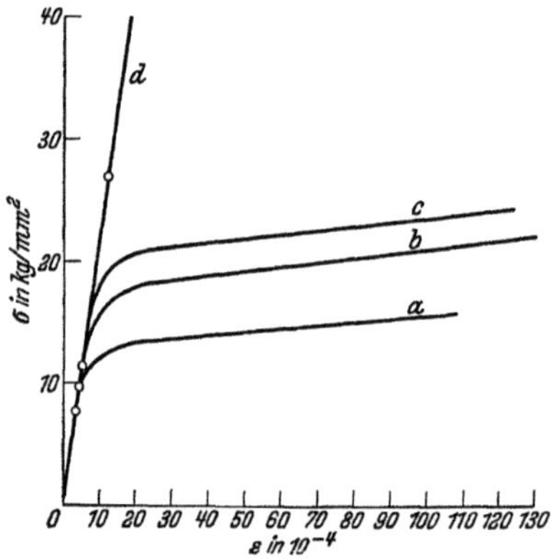

Abb. 38. Die Veränderungen der Festigkeitseigenschaften von Nickel bei zügiger Beanspruchung durch Zug-Druckwechselbeanspruchung nach Memmler und Laute.

Ähnlich wie bei Stahl werden auch die statischen Eigenschaften der Nichteisenmetalle durch die Wechselbeanspruchung verändert. Abb. 38 zeigt die Veränderung dieser Werte in Abhängigkeit von der Lastwechselamplitude für geglühtes Nickel und Abb. 39 für geglühtes Handelskupfer. Die Bezeichnung der Kurven ist dieselbe wie in Abb. 37.

In den letzten drei Abbildungen ist nur der Beginn der Spannungs-Dehnungsschaubilder dargestellt. Die starken, durch die Wechselspannung verursachten Unterschiede der Spannungs-Dehnungslinien verschwinden aber in der Nähe der Bruchfestigkeit. Waren die Werkstoffe von vornherein statisch verfestigt, so lassen sich auch im Anfangsverlauf der Spannungs-Dehnungslinien keine Unterschiede durch die Schwingungsbeanspruchung erkennen, wie die gestrichelte Kurve d der Abb. 39 zeigt.

Czochralsky und Henkel untersuchten die Veränderungen der statischen Eigenschaften der Werkstoffe durch schwingende Vorbeanspruchung auf der Schenckschen Dauerbiegemaschine. Bei geglühtem Aluminium wird die Bruchfestigkeit durch die Wechselbeanspruchung nicht beeinflußt, während alle übrigen Eigenschaften sich proportional dem Grad derselben ändern. Schon bei der geringen Beanspruchung von 1 kg/mm² und einer Lastwechselzahl von nur 0,1 Millionen kann ein deutlicher Einfluß auf alle untersuchten Konstanten mit Ausnahme der Bruchfestigkeit festgestellt werden. Bei einer Beanspruchung von 5 kg/mm² steigen diese Konstanten bereits auf den doppelten Betrag an. Da diese Beanspruchungen meist über der Schwingungsfestigkeit lagen, so konnten die Wechselzahlen nur selten auf einige 100000 ohne Bruch gesteigert werden. Bei hartem Aluminium wurde ein ähnlicher Einfluß der Wechselbeanspruchung auf die statischen Eigenschaften nicht festgestellt, außerdem streuen die Werte ziemlich stark.

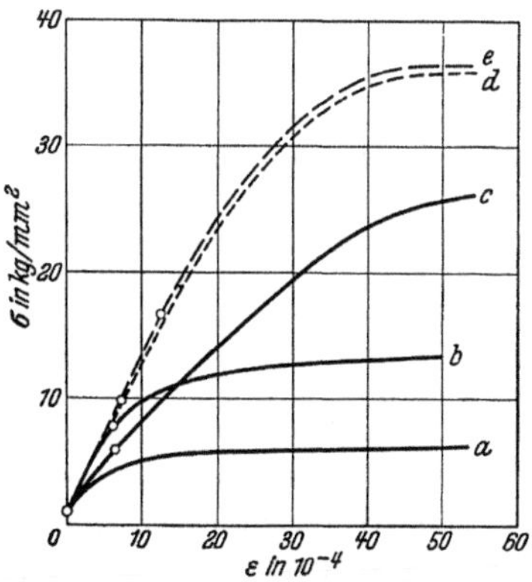

Abb. 39. Die Veränderungen der Eigenschaften von Handelskupfer bei zügiger Beanspruchung durch Zug-Druckwechselbeanspruchung nach Memmler und Laute.

Viel stärker ist der Einfluß der Schwingungsbeanspruchung auf die statischen Werte von Kupfer. Die 0,01-, 0,02- und 0,2-Grenze steigt bei den weich geglühten Stäben um mehr als das doppelte an, und die Dehnung zeigt einen deutlichen Abfall. Entgegen den bei Aluminium erhaltenen Ergebnissen steigt die Bruchfestigkeit wenig aber deutlich an. Bei hartgezogenem Kupfer sind diese Veränderungen nur in ganz bedeutend geringerem Ausmaße vorhanden.

Bei Stahl lassen sich diese Eigenschaftsänderungen nicht in so bedeutendem Maß wie bei den Nichteisenmetallen feststellen und es dürfte dies mit der verhältnismäßig hohen Streckgrenze in Verbindung stehen. Erst bei Spannungen über $\pm$ 16 kg/mm² tritt eine deutliche Verschiebung der statischen Festigkeitswerte ein. Bei hartem Stahl liegen diese Verfestigungen offenbar innerhalb der Streuungsgrenzen und kommen daher nicht zum Ausdruck.

Bei allen diesen Beanspruchungen war die Zahl der Lastwechsel verhältnismäßig gering und es lagen die Beanspruchungen meist weit über der Schwingungsfestigkeit.

B. Die Veränderung der Eigenschaften bei Wechselbeanspruchung.

Die schwingende Vorbeanspruchung eines Werkstoffes ist für die Höhe der Wechselfestigkeit von viel größerer Bedeutung als für die Veränderung seiner statischen Eigenschaften, und es kann dieselbe je nach der Art der Vorbeanspruchung um ganz bedeutende Beträge erhöht oder erniedrigt werden. Man definiert daher auch die Wechselfestigkeit als jene höchste Wechselbeanspruchung, welche von einem Werkstoff unbegrenzt lange Zeit ertragen werden kann, wenn derselbe von Beginn des Versuches an mit der vollen Schwingungsamplitude beansprucht wird.

Schon im Jahre 1910 wurde von Smith die Vermutung ausgesprochen, daß die Wechselfestigkeit keine festliegende Grenze sei, sondern von der Art der Vorbeanspruchung abhängt. Durch spätere Versuche von Jenkins, McAdam (2), Lea (1). Moore und Kommers (1) Moore und Jasper (6) u. a. wurde nachgewiesen, daß die Schwingungsfestigkeit durch Wechselbeanspruchung unterhalb derselben gehoben werden kann.

In den folgenden Tabellen 18 und 19 sind einige neuere Versuche wiedergegeben.

Nach Moore und Jasper (5) kann die Schwingungsfestigkeit durch Beanspruchungen mit sehr hohen Lastwechselzahlen, welche sehr nahe bei der Schwingungsfestigkeit liegen, bis zu 30% gesteigert werden. Bedeutend geringere Erhöhungen erzielten Memmler und Laute (Tabelle 18). Allerdings waren die Wechselzahlen im Vergleich zu jenen von Moore und Jasper sehr gering.

Durch eine, wenn auch nur vorübergehende wechselnde Überbeanspruchung kann die Schwingungsfestigkeit um ganz bedeutende Beträge vermindert werden, wie in Übereinstimmung aus den Versuchen von Moore und Kommers (1) (Tabelle 19), Moore und Jasper sowie Memmler und Laute (Tabelle 18) hervorgeht.

Eine geringe und kurze Überbeanspruchung ändert die Schwingungsfestigkeit meist nicht, da sich der Werkstoff wieder erholen kann. Man nimmt an, daß dabei eine Blockierung von Gleitflächen entsteht und daß sie nach dem Zurückgehen der Beanspruchung auf oder unter die Schwingungsfestigkeit auch bei fortdauernder Beanspruchung keine neuen Gleitflächen mehr bilden können. Dieselben werden erst dann auftreten, wenn die erste Vorbeanspruchung wieder erreicht bzw. überschritten wurde. Es scheint daher von wesentlicher Bedeutung zu sein, ob der Werkstoff nach der Überbeanspruchung Zeit hat sich zu erholen, da die Abnahme der Schwingungsfestigkeit bei sofortiger Prüfung nach der Überbeanspruchung eine bedeutend größere ist, als wenn die Proben

Tabelle 18. Die Veränderungen der mechanischen Eigenschaften der Werkstoffe durch Wechselbeanspruchung nach Versuchen von Memmler und Laute auf der hochfrequenten Zug-Druck-Maschine von Schenck.

Werkstoff	Zustand	Ohne Schwingungs-vorbeanspruchung					Mit Schwingungsvorbeanspruchung									
							lang niedrig					kurz hoch				
		σ_F kg/mm²	σ_B kg/mm²	ϑ_{10} %	ψ %	σ_w^0 kg/mm²	σ_F kg/mm²	σ_B kg/mm²	ϑ_{10} %	ψ %	σ_w^0 kg/mm²	σ_F kg/mm²	σ_B kg/mm²	ϑ_{10} %	ψ %	σ_w kg/mm²
0,05%-C-Stahl	Anlieferung	17,7	34,0	32	76	26,1	16,6	35,1	30	77	28,2	24,0	37,7	19	76	20,7
0,05%-C-Stahl	geglüht	30,7	37,4	36	79	27,1	21,7	37,7	33	78	29,2	34,2	40,4	13	77	—
0,09% C-; 0,86%-Si-Stahl	Anlieferung	38,4	51,1	30	71	38,0	—	—	—	—	40,5	—	—	—	—	39,2
Cr-Ni-Stahl	vergütet	127,5	150,0	8	50	69,3	—	—	—	—	70,7	—	—	—	—	—
Cr-Ni-Stahl	geglüht	—	—	—	—	—	—	—	—	—	66,4	—	—	—	—	—
Nickel	,,	13,6	53,3	41	73	16,9	21,0	53,3	41	73	19,6	—	—	—	—	—
Nickel	,,	—	—	—	—	—	—	—	—	—	21,1	—	—	—	—	—
Handelskupfer, Stange 1 .	Anlieferung	33,3	34,5	7	69	11,8	35,2	37,1	2	55	12,0	—	—	—	—	—
,, ,, 2 .	,,	25,5	26,3	10	85	9,0	—	—	—	—	10,0	—	—	—	—	—
,, ,, 1 .	geglüht	8,7	22,4	47	74	9,5	—	—	—	—	—	13,0	25,1	35	70	—
,, ,, 2 .	,,	3,3	22,9	49	69	7,9	12,5	25,4	45	62	—	—	—	—	—	—
Lautal	Anlieferung	20,5	38,0	26	44	14,7	20,4	38,6	30	44	14,5	—	—	—	—	—
Skleron	,,	30,7	46,4	15	21	15,0	—	—	—	—	—	—	—	—	—	—
Skleron	verletzt	—	—	—	—	—	—	—	—	—	13,6	—	—	—	—	—
Elektron	Anlieferung	23,0	36,7	8	11	12,3	25,0	34,9	7,4	11	12,3	27,2	38,3	8	11	—

zuerst 110 Stunden bei 100° angelassen, bzw. nach dreimonatlichen Lagern geprüft wurden. Ein neuerliches Polieren der Proben nach der Überbeanspruchung scheint von keinem wesentlichen Einfluß zu sein.

Tabelle 19. Änderung der Schwingungsfestigkeit von Stahl durch eine vorherige Wechselbeanspruchung über der Schwingungsfestigkeit nach Versuchen von Moore und Kommers (1).

Material	Schwingungsfestigkeit, kg/mm²	Überbeanspruchung in %	Lastwechsel	Abnahme der Schwingungsfestigkeit in %
0,49%-C-Stahl, sorbitisch	35,0	10	5000	0
		20	5000	0
		29	1000	0
		38	1000	0
		35	1000	4
		29	5000	11
1,2%-C-Stahl, sorbitisch	35,0	20	5000	12—14
		20	1000	12—14

Dieses Verhalten der Werkstoffe bei vorübergehenden Überbeanspruchungen gibt eine gute Erklärung für das Auftreten von Schwingungsbrüchen bei Maschinenteilen nach sehr langer Betriebszeit. Solche Brüche treten oft nach Laufzeiten auf, bei welchen die 10-Millionen-Grenze schon bedeutend überschritten ist, z. B. bei Kurbelwellen von Explosionsmotoren, wo also der Werkstoff durch die lange Beanspruchung schon bis zu einem gewissen Grad verfestigt sein sollte. Dem ist entgegenzuhalten, daß die Betriebsbeanspruchungen in der Regel weit unter der Schwingungsfestigkeit liegen, daß aber vorübergehende Überbeanspruchungen oft möglich sind. Durch ein wiederholtes Auftreten derselben kann ein Werkstoff in seinen Eigenschaften bei wechselnder Beanspruchung so geschwächt werden, daß schließlich Schwingungsbrüche auch bei Anstrengungen, welche unter der Wechselfestigkeit liegen, auftreten können.

Eine viel stärkere Erhöhung der Schwingungsfestigkeit kann man erreichen, wenn man den Werkstoff zunächst durch viele Millionen Lastwechseln unter derselben beansprucht und dann, ohne die Wechselbeanspruchung zu unterbrechen, die Lastwechselamplitude um einen geringen Betrag steigert, z. B. 1 kg/mm² und bei jeder Beanspruchungsstufe mehrere Millionen Lastwechsel einwirken läßt. Man bezeichnet dieses Verfahren als Hochtrainieren.

Es ist daher von grundlegender Bedeutung, daß bei der Durchführung von Schwingungsversuchen nach dem Wöhlerschen Verfahren Probestäbe, welche bereits unter der Schwingungsfestigkeit beansprucht waren, nicht weiter verwendet werden, da sonst zu hohe Werte für dieselbe gefunden werden können. Man darf also bei Durchführung dieser Versuche nicht mit Beanspruchungen, welche unter der Schwingungsfestigkeit liegen, beginnen und die Lastwechselamplituden so lange steigern, bis ein Bruch eintritt.

Für die Ursache des Hochtrainierens gibt es noch keine einwandfreie Erklärung. Vielfach wird angenommen, daß dadurch die inneren Spannungen des Werkstoffes ausgelöst werden und dadurch dessen Wechselfestigkeit gehoben wird. Viel wahrscheinlicher ist, daß durch die langsame Steigerung der Belastung, sowie die Beanspruchung mit einer hohen Wechselzahl bei jeder Laststufe, eine Verfestigung des Werkstoffes durch Kalthärten möglich ist, so daß sich derselbe durch die langsame Steigerung der Beanspruchung anpassen kann. Dagegen spricht aber wieder die wiederholt gemachte Beobachtung, daß nach sehr kurzer Zeit ein Bruch eintritt, wenn die Schwingungsfestigkeit bereits durch Hochtrainieren überschritten wurde und die Beanspruchung nach einer kurzen Unterbrechung derselben mit der letzten Lastwechselamplitude fortgesetzt wird.

In Tabelle 20 ist ein Hochtrainierversuch mit der Schenckschen Biegeschwingungsmaschine für einen austenitischen Cr-Ni-Stahl wiedergegeben.

Tabelle 20. Hochtrainierversuch nach Herold mit einem austenitischen Cr-Ni-Wo-Stahl. Zusammensetzung: 0,34% C, 1,06% Si, 0,52% Mn, 10,91% Ni, 11,96% Cr, 2% Wo. Festigkeitseigenschaften: 42,6 kg/mm² Streckgrenze, 82,0 kg/mm² Zugfestigkeit, 44,5% Dehnung (l = 10 d), 44% Einschnürung, 30,0 kg/mm² Biegeschwingungsfestigkeit.

Schwingungsbeanspruchung in kg/mm²	Lastwechselzahl pro Laststufe n . 10^{-6}	Gesamtlastwechselzahl n . 10^{-6}
26	3,515	3,515
28	12,494	16,010
30	7,875	23,885
32	5,605	29,490
33	6,115	35,605
35	0,230	35,835
36	5,490	41,325
38	11,840	53,145
40	5,886	59,061
42	1,845	50,896 (gebrochen)

Es konnte also durch das Hochtrainieren die Schwingungsfestigkeit von 30 auf 40 kg/mm², d. i. um 33%, gesteigert werden.

Ein sehr interessanter Hochtrainierversuch wurde von Lehr auf der hochfrequenten Schenckschen Zug-Druck-Maschine durchgeführt. Die Einzelheiten sind in Tabelle 21 angegeben.

Tabelle 21. Hochtrainierversuch nach Lehr mit einem Werkzeugstahl mit 0,9% C mit lamellarem Perlit. Festigkeitswerte: 24,8 kg/mm² Fließgrenze, 71,0 kg/mm² Bruchgrenze, 4% Dehnung (l = 10 d), 16,8% Einschnürung. Biegeschwingungsfestigkeit mit der Schenck-Maschine 24 kg/mm². Schwingungsfestigkeit mit der hochfrequenten Zug-Druck-Maschine von Schenck 22,0 kg/mm².

Schwingungsbeanspruchung in kg/mm²	Lastwechselzahl pro Laststufe $n \cdot 10^{-6}$	Gesamtlastwechselzahl $n \cdot 10^{-6}$
22,0	165	165
23,0	117	282
24,3	172	454
25,0	92	546
26,4	85	631
28,0	115	746
29,3	100	846
31,0	108	954
32,8	86	1040
34,0	34	1083
35,8	43	1126
37,3	6,7	1132,7 (gebrochen)

Durch die langsame Steigerung der Wechselbeanspruchung während einer Gesamtlastwechselzahl von 1132 Millionen wurde die Schwingungsfestigkeit von 22 auf 35,8 kg/mm², also um 63%, gehoben. Der Probestab wurde dabei durch rd. 5 Wochen ununterbrochen mit 30000 Lastwechsel pro Minute beansprucht. Infolge der erheblichen Dämpfungswärme mußte durch einen kräftigen Ölstrom gekühlt werden.[1]

9. Die Dämpfung.

Beansprucht man einen Werkstoff zwischen zwei gleich großen, nur durch ihr Vorzeichen verschiedenen Grenzwerten, z. B. zwischen Zug und Druck, so beschreibt der Beanspruchungsverlauf, solange das Hoocksche Gesetz befolgt wird, einen Kreisprozeß, da die beim Belasten aufgewendete Energie durch das Entlasten wieder vollständig zurückgewonnen wird. Die Dehnung in Abhängigkeit von der Beanspruchung wird durch eine gerade Linie dargestellt (Abb. 40, Kurve 1). Wird die Beanspruchung aber bis in das Gebiet der plastischen Formänderung gesteigert, so wird beim Entlasten weniger Arbeit zurückgewonnen als bei der Belastung aufgewendet wurde. Der Differenzbetrag wird für die

[1] Über die durch diese ununterbrochene Beanspruchung über der Schwingungsfestigkeit verursachte Veränderung des Kleingefüges siehe Seite 195.

plastische Formänderung verbraucht, wobei Arbeit durch innere Reibung in Wärme umgewandelt wird, welche als Maß für den Arbeitsverbrauch verwendet werden kann. Es wird dabei der Nullpunkt (der spannungslose Zustand) um einen bestimmten Betrag verschoben. Nimmt man die vollständige Be- und Entlastungskurve wieder zwischen zwei nur durch das Vorzeichen verschiedenen Grenzwerten auf, so erhält man als Spannungsverlauf nicht mehr eine Gerade, sondern eine Schleife (Abb. 40, Kurve 2 bis 4). Je größer die plastische Verformung ist, desto länger und breiter wird diese Schleife. Die von ihr eingeschlossene Fläche ist ein Maß für die in Wärme umgewandelte Arbeit. Da durch diesen Arbeitsverbrauch freie Schwingungen gedämpft werden und dadurch abklingen, bezeichnet man diese Erscheinung als Dämpfung oder mechanische Hysterese.

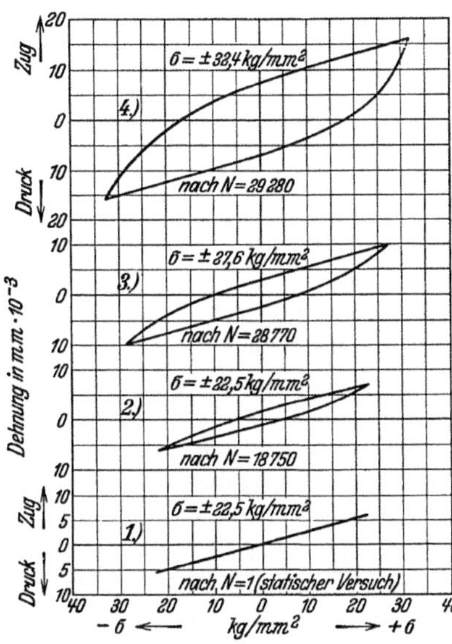

Abb. 40. Hysteresiskurven nach Bairstov.

Es kann sich aber eine Hysteresisschleife auch bei elastischer Verformung ausbilden, wenn eine starke elastische Nachwirkung vorhanden ist. Man muß daher zwischen der elastischen und plastischen Hysteresis unterscheiden (siehe Abschnitt VII, 4, Seite 51). Während die plastische Hysteresis durch bleibende Verformungen verursacht wird, dürfte der Grund der elastischen Hysteresis nach den Anschauungen von Bennewitz auf molekularer Wechselwirkung zurückzuführen sein. Auch die von Smekal (2) angenommenen Lockerstellen des Raumgitters können zur Erklärung dieser Erscheinung herangezogen werden.[1]

Die ersten Dämpfungsversuche wurden von Hopkinson, ferner von Mason sowie Bairstow durchgeführt. Rowett fand bei Drehschwingungsversuchen bei einer Frequenz von 4000/min. nur einen Unterschied im Inhalt der Hysteresisschleife von 5% gegenüber niedrigen Lastwechselzahlen. Becker und Föppl fanden die Dämpfung zwischen Null und 5000 Lastwechsel/min. unabhängig von der Verformungsgeschwindigkeit. Kortum untersucht die Abhängigkeit der Dämpfung

[1] Siehe S. 38.

von der Frequenz nach dem Ausschwingverfahren von Föppl und Pertz. (Siehe Föppl, Becker und Heydekampf, sowie Pertz.) Bei Stahl und Kupfer konnte dabei für Frequenzen von 50 bis 100 Herz keine Änderung der Dämpfung festgestellt werden. Dagegen zeigen Messing, Duraluminium und Elektron bei hohen Frequenzen eine geringere Dämpfung. Hopkinson und Williams, welche die elastische Hysteresis bei einem 0,18%-C-Stahl durch Temperaturmessung bestimmen, finden einen Unterschied der Hysteresis von rd. 30% zwischen 7200 und sehr geringen Lastwechselzahlen pro Minute. In den letzten Jahren wurde die Dämpfung sehr eingehend von O. Föppl und seinen Mitarbeitern untersucht.

Die Höhe der Dämpfung ist abhängig von der Größe der Verformung. Bei Zug-Druck-Beanspruchung ist sowohl die Verformung als auch die Dämpfung über den ganzen Querschnitt gleich. Anders hingegen bei wechselnder Biegungs- oder Verdrehungsbeanspruchung. Hier ist an der Randfaser die stärkste Verformung und somit die stärkste Dämpfung vorhanden, und es nehmen beide gegen die Mitte des Probestabes zu ab. Man unterscheidet daher nach O. Föppl die Randdämpfung, welche in der äußeren Randfaser auftritt, die verhältnismäßige Dämpfung, bei welcher dieselbe ins Verhältnis zur Formänderung in der äußersten Randfaser gesetzt wird und die mittlere Dämpfung, bei welcher die Dämpfungsfähigkeit als Mittelwert über den gesamten Querschnitt angenommen wird. Ist durch die Wechselbeanspruchung bereits ein Anriß erfolgt, so reiben die Anbruchflächen aneinander, wodurch eine lokal begrenzte starke Temperaturerhöhung des Probestabes, also eine scheinbare Dämpfung, verursacht wird.

Die Dämpfung ist eine Formänderungsarbeit und wird in Zentimeterkilogramm pro Kubikzentimeter Material und Schwingung ausgedrückt ($\mathrm{cmkg/cm^3} \cdot \sim$).

Lehr (1) führt als Maß für die Dämpfung einen Leistungsfaktor ein, welcher von der Beanspruchungsart und der Form des Probestabes unabhängig ist und der nach einem Vorbild der Elektrotechnik aus dem Quotienten von Wattarbeit durch wattlose Arbeit gegeben ist. Es ist also die Güteziffer der Hysteresisverluste:

$$H = A_w / A_0.$$

Dabei bedeutet:

A_w Die in Zentimeterkilogramm oder Watt ausgedrückte Arbeit, welche während eines Lastwechselprozesses geleistet werden muß, um die Hysteresisverluste zu decken.

A_0 Die elastische Formänderungsarbeit in Zentimeterkilogramm oder Watt, welche geleistet werden muß, wenn die Spannung von der negativen zur positiven Spannungsamplitude übergeht. Sie ist eine wattlose Arbeit, da sie im negativen Sinne wirkt und wieder zurückgewonnen werden kann, wenn der Spannungswechsel in der zweiten Hälfte des Lastwechsels wieder umgekehrt erfolgt.

Die wattlose Arbeit läßt sich nach den Regeln der Elastizitätstheorie leicht errechnen. Sie gibt an, welcher Bruchteil der rein elastischen Formänderungsarbeit bei jedem Arbeitsgang in Reibungsarbeit umgesetzt wird. Sie wird für die verschiedenen Beanspruchungen nach den folgenden Gleichungen berechnet:

1. Für schwingende Zug-Druck-Beanspruchung bei gleichmäßiger Beanspruchung des gesamten Querschnittes. $A_0 = \frac{1}{4} \cdot \frac{\sigma^2}{E} \cdot V.$

2. Beanspruchung eines rotierenden Prüfstabes durch ein ruhendes Biegemoment. $A_0 = \frac{1}{8} \cdot \frac{\sigma^2}{E} \cdot V.$

σ bedeutet die Beanspruchung in der äußersten Randfaser.

3. Biegebeanspruchung eines einseitig eingespannten Prüfstabes von rechteckigem Querschnitt durch eine an dem freien Ende angreifende sinusförmige veränderliche Kraft. $A_0 = \frac{1}{24} \cdot \frac{\sigma^2}{E} \cdot V.$

σ bedeutet die Randfaserbeanspruchung im gefährlichen Querschnitt.

4. Schwingende Verdrehungsbeanspruchung. $A_0 = \frac{1}{4} \cdot \frac{\tau^2}{G} \cdot V.$

Dabei bedeutet τ die Amplitude der Verdrehungsbeanspruchung, G den Gleitmodul des Werkstoffes und V das arbeitende Volumen.

Die Bestimmung der Dämpfung erfolgt durch statische Versuche oder bei schwingender Beanspruchung durch Temperaturmessung, aus der Messung des Leistungsverbrauches der Maschine, durch Messung der Hysteresisschleife nach dem Verfahren von Dalby oder nach dem Ausschwingverfahren.[1]

Die Werkstoffdämpfung ist keine konstante Größe, sondern von der Vorbehandlung der Werkstoffe abhängig. Von Herold (2) wurde darauf hingewiesen, daß die Dämpfung bei wechselnder Beanspruchung knapp an oder unter der Schwingungsfestigkeit mit der Lastwechselzahl abnimmt und daß man beim Hochtrainieren in Beanspruchungsgebiete kommt, in welchen der Werkstoff nach dem Vorversuch eine sehr bedeutende Dämpfung aufweisen müßte, während tatsächlich die Dämpfung sehr gering oder sogar Null ist. Lehr (5) fand bei einem C-Stahl, bei welchem die Temperatur bei Beanspruchung bei der Schwingungsfestigkeit bis auf 200° C anstieg, daß dieselbe bei dauernder Beanspruchung wieder auf rd. 80° fiel. Nach Memmler und Laute ist bei Zug-Druck-Beanspruchung die Dämpfung nicht nur von Werkstoff zu Werk-

[1] Über die Bestimmungsmethoden der Dämpfung siehe O. Föppl, E. Becker und G. v. Heydekampf.

stoff verschieden, sondern schwankt auch bei gleichem Werkstoff sehr stark.

Die Dämpfung nimmt mit steigender Festigkeit ab. Die größten Werte weisen C-Stähle und die geglühten Stähle auf, während auf höhere Festigkeit vergütete Stähle in der Regel nur eine sehr geringe oder gar keine Dämpfung haben. Sehr eingehend wurde die Abhängigkeit der Dämpfung von der Vorbeanspruchung durch Ludwik (16) untersucht,

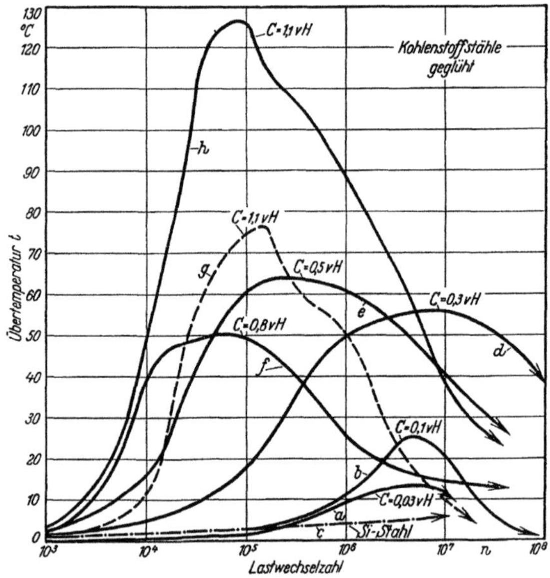

Abb. 41. Änderungen der Übertemperatur mit der Lastwechselzahl bei wechselnder Biegung und bei Beanspruchungen in der Höhe der Schwingungsfestigkeit nach Ludwik und Scheu (6). a) Sonderweicheisen; b) Stahl St. 37; c) Si-Baustahl; d) Stahl St. 70; e) Stahl St. 80; f) Stahl St. 90; g) Werkzeugstahl mit 1,1% C und körnigem Perlit; h) Werkzeugstahl mit 1,1% C und lamellarem Perlit.

welcher die Änderung der Temperatur mit der Lastwechselzahl bei geglühten C-Stählen für Biegeschwingungsbeanspruchung untersucht hat. Diese Versuche sind in Abb. 41 angeführt. Die Dämpfung steigt im allgemeinen mit der Lastwechselzahl zunächst stark an, um nach dem Überschreiten eines Maximums wieder zu fallen.[1] Zwischen dem Höchst-

[1] Diese Erscheinung wurde auch von Moore und Kommers (2) beobachtet und als „heat bursts“ bezeichnet, aber nicht näher untersucht. Hankins hat nachgewiesen, daß, wenn eine solche Probe ein zweites Mal mit derselben Schwingungsamplitude beansprucht wird, dieser plötzliche Temperaturanstieg nicht mehr eintritt.

und Endwert der Dämpfung konnte kein Zusammenhang gefunden werden. Die Versuche ergaben aber, daß der Grenzwert der Dämpfung bei 10 Millionen Lastwechsel noch nicht erreicht ist und daß dieselbe selbst nach 100 Millionen Lastwechseln noch weiter fällt.

Ganz dieselben Beobachtungen haben Ludwik und Scheu (6) bei Drehschwingungsversuchen mit der Schenckschen Maschine gemacht. Die aus den Hysteresisschleifen gefundenen mittleren Dämpfungen sind in Abb. 42 dargestellt. Auch bei der wechselnden Verdrehungsbeanspruchung steigt die Dämpfung meist zu Beginn des Versuches stark an, um bei Fortdauer der Beanspruchung wieder abzufallen und es konnte auch hier keine Beziehung zwischen dem Höchstwert und dem Grenzwert der Dämpfung gefunden werden. Bei diesen Versuchen wurde auch die Veränderung der Übertemperatur des Probestabes mit der Lastwechselzahl beobachtet und es verlaufen diese Kurven ganz gleichsinnig mit jenen der Dämpfung, so daß die Veränderung der Stabtemperatur einen brauchbaren Maßstab für die Veränderung der Dämpfung mit der Lastwechselzahl darstellt. Durch eine Unterbrechung des Versuches wird die vor derselben vorhandene Dämpfung bei der Wiederbeanspruchung mit derselben Lastamplitude nicht sofort, sondern erst allmählich wieder erreicht. Wie stark die Dämpfung durch eine nur geringe Erhöhung der Spannung ansteigen kann, zeigt Abb. 43 für einen austenitischen V 2 A-Stahl. Bei der Beanspruchung von $\pm$ 13 kg/mm² betrug die Dämpfung 0,2 cm . kg/cm³ . ~. Bei der Beanspruchung an der Wechselfestigkeit von $\pm$ 13,5 kg/mm² stieg die Dämpfung auf 3,5 cmkg/cm³ . ~. Die Dämpfung nahm also durch eine Steigerung der Beanspruchung von 4% um 1650% zu.

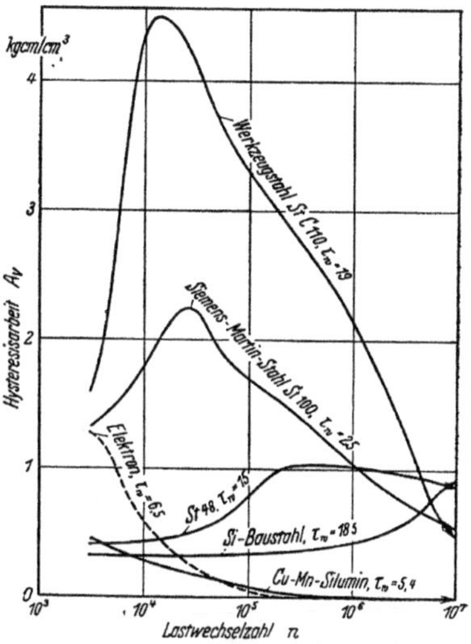

Abb. 42. Änderungen der aus der Hysteresisschleife bestimmten mittleren Dämpfung eines mit wechselnder Verdrehung in der Höhe der Schwingungsfestigkeit beanspruchten Probestabes mit der Lastwechselzahl nach Ludwik und Scheu (6).

Um den Temperatureinfluß auszuschalten, wurden von Ludwik und Scheu (6) auch Versuche durchgeführt, bei welchen die Stabtemperatur durch Kühlung auf 10° gehalten wurde. Diese Versuche sind in Abb. 44 dargestellt. Durch die Kühlung wird nicht nur die Veränderlichkeit der Dämpfung, sondern auch deren Größe bedeutend herabgesetzt. Es ist also bei Nichtkühlung des Probestabes die durch die innere Reibung verursachte starke Erwärmung die Ursache der starken Veränderlichkeit der Dämpfung, denn durch die mit steigender Temperatur meist sinkende Schubgrenze wird bei gleichbleibender Beanspruchung eine größere plastische Verformung und somit eine höhere Dämpfung bewirkt. Es sollen daher Dämpfungsmessungen immer bei konstanter Temperatur durchgeführt werden, obwohl auch bei diesen Versuchen wie aus Abb. 44 hervorgeht, sich die Dämpfung mit der Lastwechselzahl, wenn auch nicht so stark wie bei den Versuchen ohne Kühlung, ändert. Es darf also die Dämpfungsfähigkeit eines Werkstoffes nicht als eine Werkstoffkonstante angesehen werden, und sie läßt sich auch nicht durch eine einzige Zahl kennzeichnen.[1]

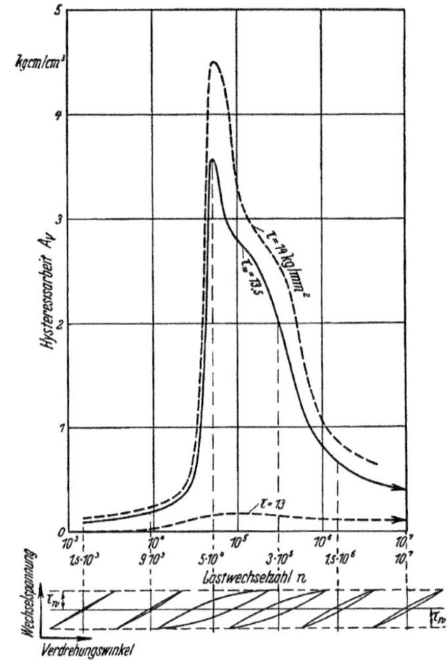

Abb. 43. Änderung der mittleren Dämpfung mit der Lastwechselzahl nach **Ludwik** und **Scheu** (6).

Es läßt sich auch aus diesem Grunde kein Zusammenhang zwischen der Dämpfung und anderen Werkstoffeigenschaften feststellen. Vielfach wurde ein solcher Zusammenhang zwischen der Dämpfungsfähigkeit und der Kerbempfindlichkeit angenommen. Dynamisch zähe Werkstoffe, also solche mit starker Dämpfung, sollen weniger kerbempfindlich sein, jedoch ist noch sehr fraglich, ob ein solcher Zusammenhang zwischen der Kerbempfindlichkeit und der Dämpfungs-

[1] Es wurde auch die Ansicht ausgesprochen, daß die Schwingungsfestigkeit nicht als Werkstoffkonstante anzusehen sei, da dieselbe mit der Lastwechselzahl veränderlich und auch von der Oberflächenbeschaffenheit abhängig ist. Zwischen der Abhängigkeit der Schwingungsfestigkeit und der Dämpfungsfähigkeit von der Lastwechselzahl besteht aber ein prinzipieller Unterschied, da erstere bei Beanspruchungen in der Höhe der Schwingungsfestigkeit durch Verfestigung zunimmt, während letzter bei großer Lastwechselzahl fällt. Eine Werkstoffeigenschaft, welche aber im Verlauf der Dauerbeanspruchung ganz oder zum Teil verschwindet, kann nicht als eine Werkstoffkonstante angesehen werden.

fähigkeit wirklich besteht. Ob der Dämpfungsfähigkeit eine praktische Bedeutung zukommt, ist sehr fraglich. Es wird auch die Ansicht vertreten, daß durch die Hysteresisarbeit Schwingungen, wie sie z. B. beim Durchfahren von Resonanzgebieten auftreten, gedämpft und dadurch Überbeanspruchungen vermieden werden können. Dem ist aber entgegenzuhalten, daß bei verschiedenen Maschinenelementen gefährliche Querschnitte, wie z. B. durch Hohlkehlen, in welchen die höchsten Beanspruchungen auftreten, konstruktiv oft nicht zu vermeiden sind und daß das an diesen Stellen zur Arbeit herangezogene Stoffvolumen so gering ist, daß die dadurch verursachte Dämpfung keinen Einfluß auf die Schwingungen des ganzen Stückes haben kann.

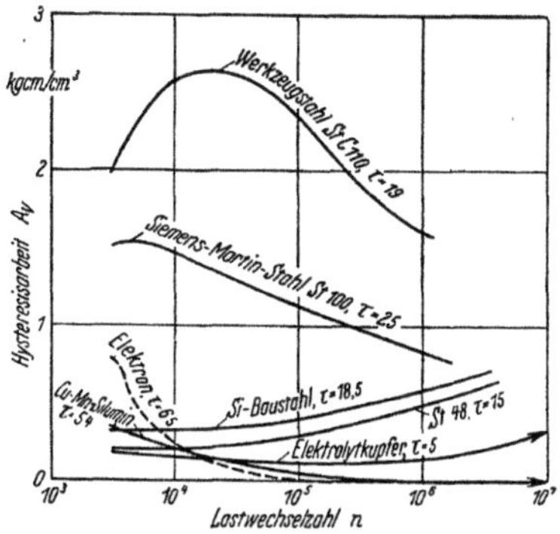

Abb. 44. Änderung der mittleren Dämpfung mit der Lastwechselzahl bei Wasserkühlung nach Ludwik und Scheu (6).

10. Die Kerbwirkung.

Die Kerbwirkung ist für den Maschinenbau von allgemeiner Bedeutung und es können durch dieselbe die Werkstoffeigenschaften ganz bedeutend verändert werden.[1] Sie ist außer von der Natur des Werkstoffes von der Beanspruchungsart abhängig, sie ist z. B. bei zügiger Beanspruchung eine andere als bei wechselnder und gerade bei letzterer ist sie von einer außerordentlich schädigenden Wirkung und ihre Berücksichtigung bei Konstruktion und Herstellung ist daher von größter Bedeutung und Wichtigkeit.

A. Bei zügiger Beanspruchung.

Die Wirkung von Kerben äußert sich auf den Spannungsverlauf in zweierlei Weise. Einmal wird die Beanspruchung im Kerbquerschnitt im Verhältnis der Widerstandsmomente des gekerbten und des vollen Stabes erhöht, das andere Mal bildet sich durch die Störung des Spannungsverlaufes am Kerbgrunde eine Spannungsspitze aus, welche ein Vielfaches

[1] Es ist eigentlich, streng genommen, nicht richtig, daß durch die Kerbwirkung die Eigenschaften der Werkstoffe verändert werden, sondern es wird die auf den Querschnitt des ganzen Stückes bezogene zulässige Grenzspannung infolge der durch die Kerben bedingten Spannungserhöhung schon bei scheinbar niedrigeren Beanspruchungen erreicht. Es wäre daher richtiger, statt Kerbfestigkeit nach einem Vorschlag von Möllendorf den Ausdruck „Gestaltfestigkeit" zu verwenden. Da sich aber der Ausdruck Kerbfestigkeit allgemein eingebürgert hat, soll derselbe beibehalten werden.

der mittleren oder Nennspannung ausmachen kann. Bezeichnet man mit σ_m die durch den Ausdruck P/F oder M/W errechnete mittlere Beanspruchung im Kerbquerschnitt und mit σ_{max} die im Kerbquerschnitt auftretende höchste Beanspruchung, so ist der Kerbfaktor

$$\alpha_K = \frac{\sigma_{max}}{\sigma_m} \quad \ldots\ldots\ldots\ldots\ldots \quad (14)$$

Er gibt an, auf das Wievielfache die mittlere Spannung durch die Kerbwirkung gesteigert wird.[1]

Zeichnet man die nach den verschiedenen Näherungsformeln berechneten Werte für die Spannungserhöhung in Abhängigkeit von dem

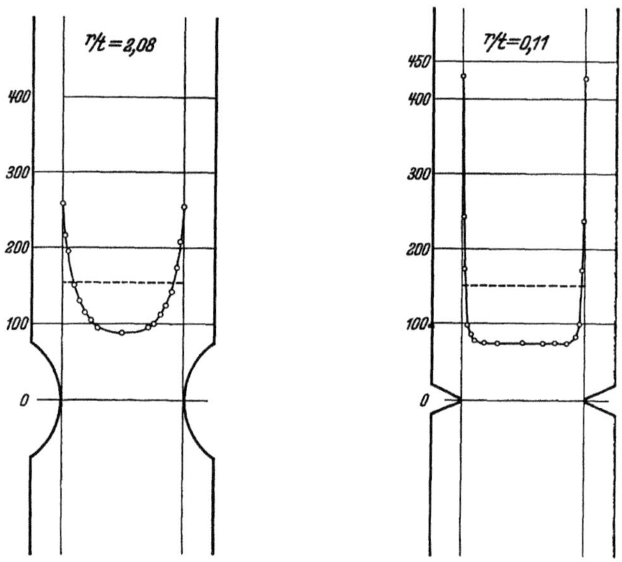

Abb. 45 u. 46. Spannungsverlauf im engsten Querschnitt von Zugstäben nach Armbruster.

Verhältnis r/t auf, wobei r den Kerbradius und t die Kerbtiefe bedeutet, so ergibt sich eine schlechte Übereinstimmung untereinander und mit

[1] Auf die rechnerische Behandlung der Kerbwirkung kann hier nicht näher eingegangen werden (s. Leon 1 bis 9, Leon und Willheim 1 bis 4. Leon und Zidlicky). Leon ermittelt für die Halbkreiskerbe im unendlich ausgedehnten Zugstab aus der strengen Lösung für das kreisförmige Loch, daß $\alpha_K = 200\%$ beträgt. L. Föppl (3) findet für Torsionswellen mit einer Bohrung senkrecht zur Wellenachse, daß die größte Spannung am Rande der Bohrung unter einem Winkel von 45° zur Wellenachse auftritt, wobei $\alpha_K = 300\%$, bezogen auf die Schubspannung, ist.

Den Spannungsverlauf bei verschiedenen Torsionswellen mit veränderlichem Querschnitt untersucht Sonntag mit Hilfe der Airischen Spannungs-

den experimentell bestimmten Werten. Diese Näherungsrechnungen geben also die Verhältnisse nicht richtig wieder und es ist die Erfassung der wirklich auftretenden Spannungen nur auf experimentellem Wege möglich.

In den Abb. 45 bis 49 sind für einige von **Armbruster** untersuchte Stäbe die in den einzelnen Punkten der untersuchten Querschnitte auftretenden größten Schubspannungen τ_{max} als Ordinaten über dem Quer-

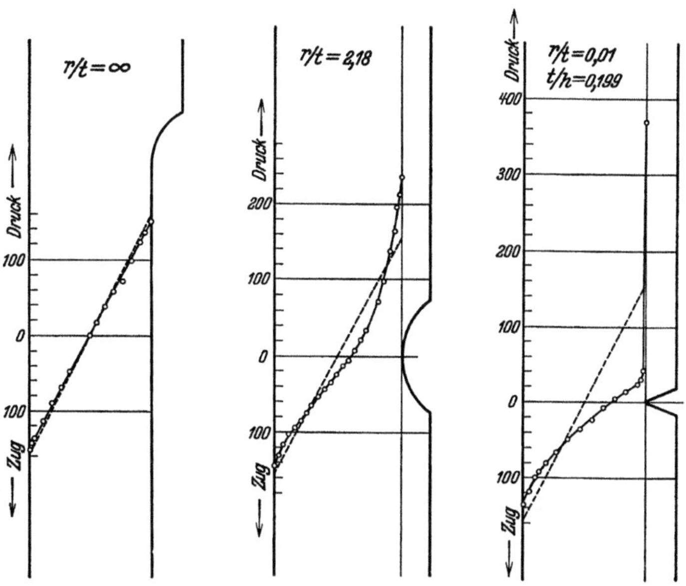

Abb. 47 bis 49. Spannungsverlauf an Biegestäben nach **Armbruster**. Die tatsächlichen Spannungen sind voll ausgezogen, während der lineare Spannungsverlauf im Vergleich strichliert eingetragen ist.

schnitt aufgetragen. Charakteristisch für die Kerbwirkung ist der scharfe Anstieg der Spannungen in der Nähe des Kerbgrundes. Je schärfer die Kerbe ist, desto stärker steigt die Spannungskurve an.

---

funktion und gibt für die Praxis wichtige Forschungsergebnisse bekannt. Die von ihm gefundenen Näherungslösungen stimmen mit den Feinmessungen gut überein, welche er mit dem von K. **Huber** angegebenen Schubmesser durchgeführt hat.

Nach **Willers**, welcher mehrere Fälle von Kerbwirkung rechnerisch behandelt hat, soll nicht nur bei scharf abgegrenzten Wellen, sondern auch bei kegeligem Übergang an der Übergangsstelle eine unendlich große Spannung auftreten. Es wäre demnach bei abgesetzten Wellen ein abgerundeter Übergang viel vorteilhafter als ein kegeliger.

Zusammenstellungen über verschiedene Kerbfaktoren bringen u. a. **Berg** und **Thum** und **Buchmann**.

In den Abb. 50 bis 52 ist der Verlauf der Randspannungen für je eine Kerbe bei Biegung, Zug und für Hohlkehlenübergang gegeben. Die Kerbwirkung ist auf einen verhältnismäßig kleinen Raum beschränkt und nimmt mit wachsendem Abstand vom engsten Querschnitt rasch ab. Da in den untersuchten Belastungsfällen der Rand frei von äußeren Kräften ist, ist die am Rand gemessene Spannung gleich der halben,

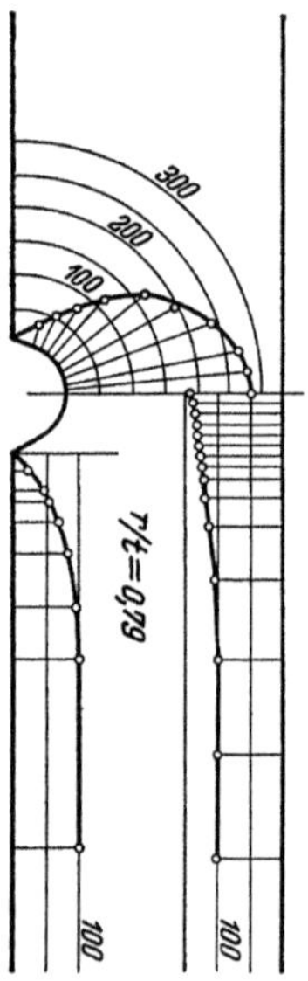

Abb. 50. Verlauf der Randspannungen an gekerbten Stäben bei Biegung nach Armbruster.

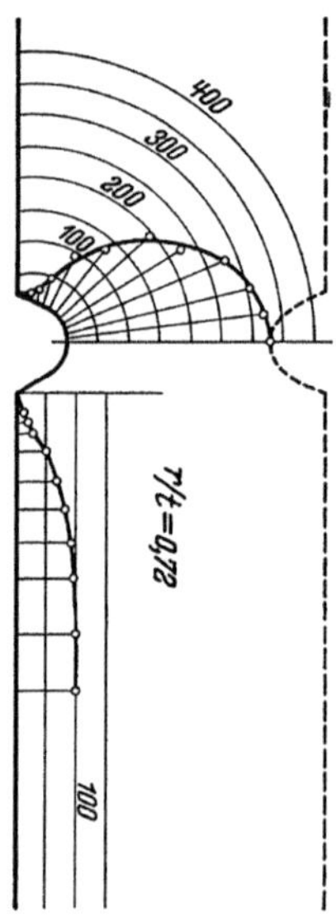

Abb. 51. Verlauf der Randspannungen an gekerbten Zugstäben nach Armbruster.

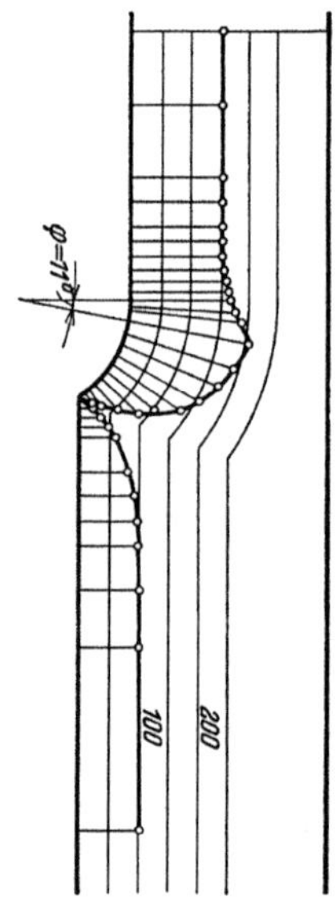

Abb. 52. Verlauf der Randspannungen in einer Hohlkehle bei Biegung nach Armbruster.

am Meßpunkt herrschenden Normalspannung. Da die Spannung in Prozenten der mittleren Beanspruchung aufgetragen ist, ergibt sich für die Schub- und Normalspannung dieselbe verhältnismäßige Spannungserhöhung. Es wurde in diesen Abbildungen die jeweilige Spannung als Ordinate über dem betreffenden Meßpunkt aufgetragen.

Die Größe des Kerbfaktors α_K ist sowohl vom Radius am Kerbgrunde r als auch von der Kerbtiefe t und der Höhe des Probestabes h abhängig. Die Kerbbreite, welche für verschiedene Kerbradien für t = konst. veränderlich ist, hat hingegen keinen Einfluß. Es empfiehlt sich daher, die Abhängigkeit des Kerbfaktors vom Verhältnis t/h aufzuzeichnen, wie es für r = 0,05 mm nach den Untersuchungen von

Armbruster in Abb. 53 dargestellt ist. Es ergibt sich ein annähernd linearer Anstieg der Spannung mit wachsender Tiefe.[1]

Um die vollständig andere Abhängigkeit der Spannungserhöhung vom Kerbradius gegenüber jenem von der Tiefe zu zeigen, wurde in Abb. 54 die Spannungserhöhung am gekerbten Biegestab in Abhängigkeit von t/r gezeichnet. Der Vergleich der beiden letzten Abbildungen zeigt, daß der Kerbfaktor α_K nicht nur vom Verhältnisse von t/r, sondern auch von jenem von t/h abhängig ist, wobei die Höhe des Probestabes von wesentlichem Einfluß auf die Spannungserhöhung ist. Es können daher Nähe-

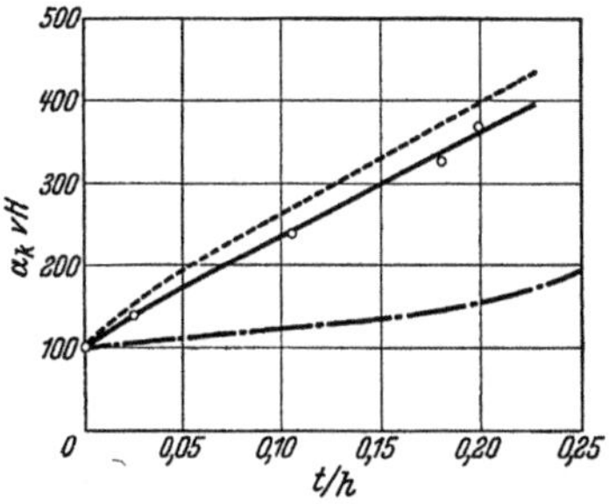

Abb. 53. Die Abhängigkeit des Kerbfaktors α_K von t/h für r = = konst. = 0,05 mm bei Biegebeanspruchung nach Armbruster.
——— gemessene Werte
- - - - um 10% höhere Werte.
-·-·-· Spannungserhöhung infolge Querschnittsschwächung

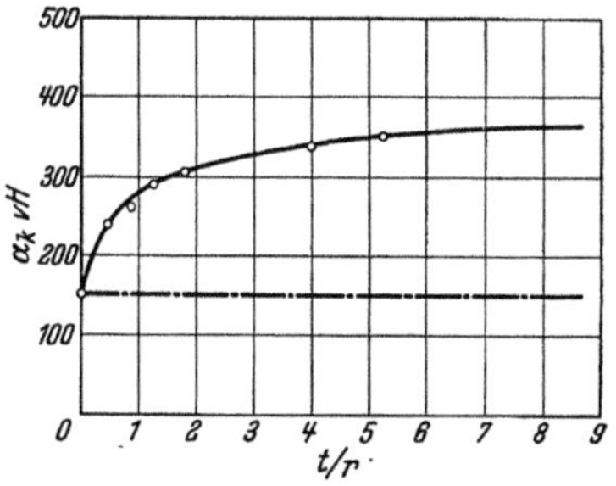

Abb. 54. Die Abhängigkeit des Kerbfktors α_h von t/r für t = konst. bei Biegebeanspruchung nach Armbruster.
——— gemessene Werte.
-·-·-· Spannungserhöhung infolge Querschnittsschwächung.

rungsformeln, welche einen unendlich breiten Stab zur Voraussetzung haben, keine genauen Werte für endliche Stabbreiten geben.

Die von G. Fischer durch Feindehnungsmessung gefundene Abhängigkeit des Kerbfaktors von der Kerbform ist in den Abb. 55 bis 57 dargestellt. Die räumlichen Beziehungen zwischen Kerbradius, Kerbtiefe und Kerbfaktor zeigt Abb. 58.

[1] Bei der Herstellung sehr scharfer Kerben in Glas, welches für diese spannungsoptischen Untersuchungen verwendet wurde, läßt sich nicht vermeiden, daß an den Kanten kleine Splitter abspringen, wodurch sich eine geringe Ungenauigkeit ergibt, da sich der Rand der Kerben nicht mit der erforderlichen Genauigkeit zur Kompensation einstellen läßt. Eine ganz geringe Entfernung vom äußeren Rande ergibt aber schon erheblich niedrigere Spannungen. Um diesen Meßfehler auszugleichen, wurde in der Abb. 53 eine zweite strichlierte Linie mit um 10% höheren Spannungen, als den gemessenen Werten entspricht, gezeichnet. Die tatsächlichen Werte dürften zwischen beiden Linien liegen.

Abb. 59 bringt schließlich noch die Abhängigkeit des Kerbfaktors von t/h für konstantes r/h und von r/h für konstantes t/h nach Messungen mit dem Gummimodell von Berg.

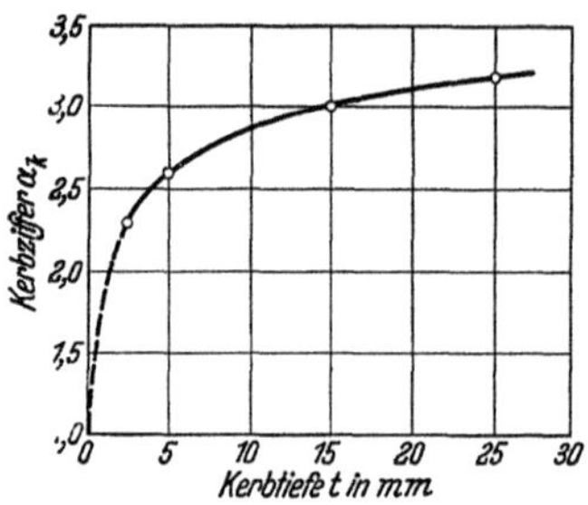

Abb. 55. Die Abhängigkeit des Kerbfaktors α_K von der Kerbtiefe für r = konst. = 2,5 mm und einer Stabhöhe von 110,2 mm nach G. Fischer.

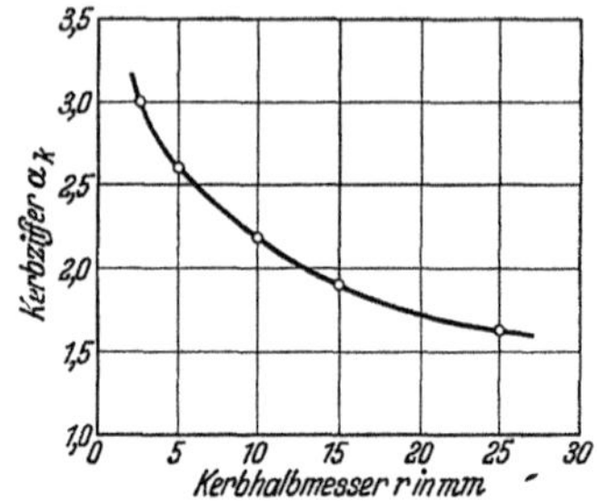

Abb. 56. Die Abhängigkeit des Kerbfaktors α_K von dem Kerbhalbmesser r bei einer Kerbtiefe von t = 15 mm und einer Probestabhöhe von 110 mm nach G. Fischer.

Vergleicht man die spannungsoptischen Messungen von Armbruster mit den Feindehnungsmessungen von Fischer und mit den von Berg mit seinem Gummimodell erhaltenen Werten, so ergibt sich zwischen diesen drei, nach verschiedenen Meßmethoden erhaltenen Versuchsreihen keine befriedigende Übereinstimmung. Es kann also die Kerbfrage in ihren Grundlagen noch nicht als geklärt gelten. Sicher ist eine Abhängigkeit des Kerbfaktors von den Größen r, t und h und es ist nur naheliegend, eine Berechnung desselben aus diesen drei Größen zu versuchen. Derartige Näherungsformeln wurden u. a. von Griffith (2) und Inglis (s. G. Fischer) aufgestellt, während Armbruster eine Näheorungsformel für halbelliptische Kerben unter Voraussetzung einer unendlichen Breite abgeleitet hat.

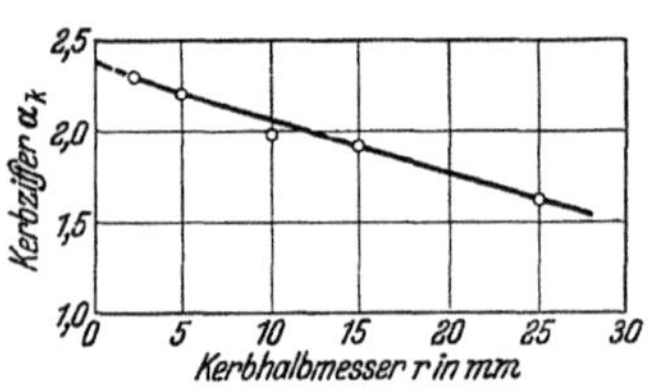

Abb. 57. Die Abhängigkeit des Kerbfaktors α_K vom Kerbhalbmesser r für halbzylindrische Kerben, wobei r = t ist und einer Probestabhöhe von 110,2 mm nach G. Fischer.

Aus den Bergschen Versuchen kann man folgende Näherungsformeln ableiten:

$$\alpha_K = b \cdot \frac{h}{r} \qquad (15)$$

$$b = \frac{\frac{t}{h} - 0{\cdot}008}{1{\cdot}7} \qquad (16)$$

$$\alpha_K = \frac{t - 0{\cdot}008 \, . \, h}{1{\cdot}7 \, . \, r} \quad (17)$$

Diese Formel gibt die mit dem Gummimodell gefundenen Werte verhältnismäßig recht gut wieder, bleibt aber in ihrer Anwendung auf dieses beschränkt, da diese Modellversuche mit den anderen Messungen nicht genügend übereinstimmen.[1] Wenn aber eine Bestimmung des Kerbfaktors aus diesen drei Größen möglich ist, dann muß derselbe für gleiche Werte von t/h und t/r gleich sein, d. h., es müßte ein Ähnlichkeitsgesetz der Kerbwirkung gelten und es müßte der Kerbfaktor für geometrisch ähnliche Probestäbe gleich sein. Dadurch würde aber die Behandlung des Kerbproblemes ganz bedeutend vereinfacht werden. Die Möglichkeit eines solchen Ähnlichkeitsgesetzes ist wahrscheinlich, dasselbe darf aber, solange nicht ausreichende und übereinstimmende Versuche vorliegen, nicht als erwiesen gelten.

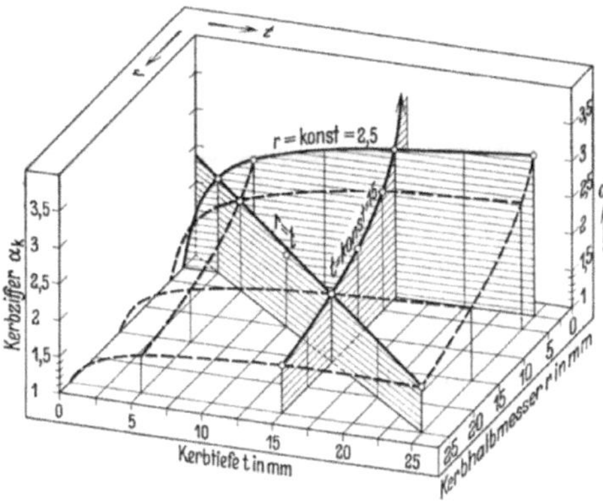

Abb. 58. Die Abhängigkeit des Kerbfaktors α_K von der Kerbtiefe t und dem Kerbhalbmesser r nach G. Fischer in räumlicher Darstellung.

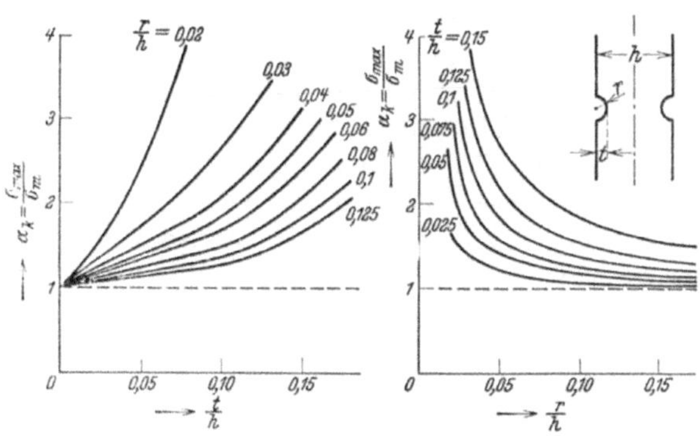

Abb. 59. Der Kerbfaktor α_K in Abhängigkeit von der Kerbtiefe t und dem Kerbhalbmesser r nach Modellversuchen von Berg.

Aus dem Verlauf dieser Spannungsbilder läßt sich das verschiedene

[1] Diese Formel wurde nur abgeleitet, um zu untersuchen, ob sich der Kerbfaktor der sehr ausführlichen Bergschen Versuche durch r, t und h

Verhalten der Werkstoffe unter dem Einfluß der Kerbwirkung bei zügiger Beanspruchung erklären. Einem zähen und verfestigungsfähigen Werkstoff wird eine Spitzkerbe weniger gefährlich sein als eine flache Kerbe, denn der Werkstoff wird durch die Spannungsspitze am Kerbgrund sehr bald über die Fließgrenze beansprucht, wodurch sich die Spannungen ausgleichen. Dabei wird gleichzeitig der Kerbradius vergrößert und es tritt eine Verfestigung am Kerbgrund ein, wodurch die Kerbgefahr vermindert wird. Bei einer flachen Kerbe ist die Spannungserhöhung aber bedeutend geringer und wird unter Umständen die Fließgrenze gar nicht erreichen, die spannungserhöhende Wirkung der Kerbe erstreckt sich aber viel tiefer in das Stabinnere hinein. Es wird also bei zügiger Beanspruchung der Werkstoff bei einer flachen Kerbe zu einem viel größeren Teil unter einer erhöhten Beanspruchung stehen als bei einer scharfen. Ganz anders liegen die Verhältnisse bei der zügigen Beanspruchung eines spröden Werkstoffes, wo nur die auftretenden Höchstspannungen für die Bruchgefahr maßgebend sind, da ein Fließen am Kerbgrund gar nicht oder nur in sehr beschränktem Maße eintreten kann. Bei der Wechselbeanspruchung wird die Bruchgefahr außer von der Spannungsspitze noch durch die Gleit- bzw. Formänderungseigenschaften der Werkstoffe bestimmt, die räumliche Ausdehnung der Spannungsspitze ist dagegen ohne Einfluß.

Die am Kerbgrund auftretenden Höchstspannungen sind zwar vom größtem Interesse, ihre Kenntnis allein läßt aber noch keine praktischen Schlüsse auf das tatsächliche Verhalten der Werkstoffe bei zügiger und wechselnder Beanspruchung zu, da die Auswirkung der Spannungserhöhung noch von der Zähigkeit des Werkstoffes und der Art der Beanspruchung abhängig ist. Über die tatsächliche Auswirkung der statischen Kerbwirkung kann daher wieder nur der Versuch Aufschluß geben.

Zerreißversuche mit gekerbten Proben wurden zuerst von Bach u. Baumann und später von Flößner durchgeführt. Dabei wurde übereinstimmend festgestellt, daß die Änderung der Festigkeit infolge der Kerbwirkung immer kleiner ist, als nach der berechneten Spannungserhöhung zu schließen wäre. Zu demselben Ergebnis kommt auch Wawerka (1).

Die von der Elastizitätstheorie geforderte, bzw. durch eine der Meßmethoden bestimmte Spannungserhöhung am Kerbgrund kann nur so lange eintreten, als die Fließgrenze dadurch noch nicht überschritten wird. Wie aus Abb. 60 hervorgeht, trägt ein gekerbter Stab aus weichem Flußstahl viel mehr als ein nicht gekerbter gleichen Durchmessers, und zwar um so mehr, je schärfer die Kerbung ist. Durch einen Sägeschnitt

darstellen läßt, wobei aber nur der Ansatz der Gleichung von Wichtigkeit ist, während sich der absolute Wert der Konstanten ändern kann.

konnte die Festigkeit des Flußstahles von 40 auf fast 65 kg/mm², d. i. um rd. 63%, erhöht werden. Bei einem vergüteten Cr-Ni-Stahl stieg die Festigkeit von rd. 70 auf fast 140 kg/mm² an, sie wurde also durch die scharfe Kerbe auf fast den doppelten Betrag erhöht.

Da bei gekerbten Stäben aus spröden Stoffen ein Spannungsausgleich durch Fließen am Kerbgrund nicht oder nur unvollkommen eintreten kann, so sollte bei diesen die Zerreißfestigkeit infolge der Kerbwirkung geringer sein. Bei Gußeisen tritt tatsächlich mit steigender Kerbwirkung eine Abnahme der Bruchfestigkeit ein. Peterson hat Versuche an glatten und gekerbten Gipsstäben durchgeführt und aus der Festigkeitsver-

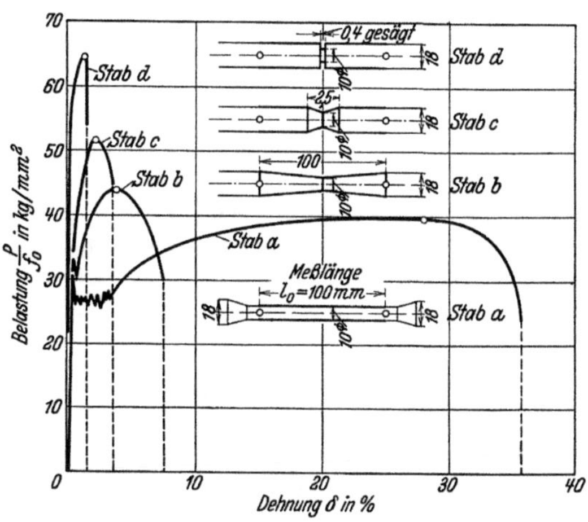

Abb. 60. Zugversuche mit eingekerbten Rundstäben aus Flußeisen nach Ludwik (14).

minderung einen Schluß auf die Spannungserhöhung gezogen. Dabei ergab sich, daß die von ihm gefundenen Werte den Spannungsverlauf im allgemeinen richtig wiedergeben, aber doch bedeutend geringer, als die aus photoelastischen Messungen abgeleiteten Werte waren.

Es können aber auch zähe Stoffe durch das Auftreten räumlicher Spannungszustände und den Einfluß der Formänderungsgeschwindigkeit eine große Kerbsprödigkeit zeigen.

Dieser räumliche Spannungszustand kommt dadurch zustande, daß die der Kerbe zunächst liegenden, viel weniger beanspruchten Stoffteile versteifend wirken. Je stärker diese Versteifung ist, desto mehr wird sich der Spannungszustand dem der allseitigen Zugbeanspruchung nähern. Überschreitet die Zugspannung die Kohäsion und hat dabei die Schubspannung die Schubgrenze wesentlich überschritten, so wird ein Trennungsbruch vor dem Eintreten einer starken Verformung ausgelöst. Dadurch erscheint der Werkstoff spröde, wenn er auch im Zugversuch eine große Dehnung zeigt.

Bestimmend für die Kerbwirkung ist auch die Formänderungsgeschwindigkeit (Gleitgeschwindigkeit). Dieser Einfluß äußert sich darin, daß der Gleitwiderstand mit wachsender Gleitgeschwindigkeit zunimmt.

B. Bei wechselnder Beanspruchung.

Die Kerbwirkung bei wechselnder Beanspruchung ist von jener bei statischer insofern verschieden, als bei derselben nie eine Erhöhung der Schwingungsfestigkeit, sondern im Gegenteil immer eine mehr oder minder starke Abnahme derselben eintritt und es kommt bei der Schwingungsbeanspruchung in erster Linie auf die am Kerbgrund auftretende Höchstspannung und nicht auf die räumliche Ausdehnung der Spannungserhöhung an. Die Spannungsspitze allein ist aber für die Kerbwirkung auch nicht entscheidend, da sonst alle Werkstoffe bei gleicher Kerbform und Herstellung dieselbe Kerbempfindlichkeit aufweisen müßten. Es scheint dabei auch das Formänderungsvermögen und der Formänderungswiderstand sowie die Gleitfähigkeit und der Gleitwiderstand eine bis heute allerdings noch gar nicht erforschte Rolle zu spielen.

Wir wollen in der Folge den Begriff der Kerbwirkung in seiner allgemeinsten und weitesten Form anwenden und darunter jede Verminderung der Wechselfestigkeit infolge Kerbwirkung verstehen. Diese Kerbwirkung kann in einer Oberflächenverletzung, wie zufällige Risse und Kratzer, in künstlich hergestellten Kerben, Hohlkehlen, Bohrungen und so weiter bestehen. Auch die Wirkung verschiedener Oberflächenbearbeitung, wie Schruppen oder Schleifen, der Einfluß der Walzhaut und so weiter ist nur ein Teilgebiet der Kerbwirkung.

Man faßt alle Beeinflussungen der Wechselfestigkeit, welche durch eine Beschädigung der Oberfläche verursacht sind, unter dem Begriff der „äußeren Kerbwirkung“ zusammen, während man unter der „inneren Kerbwirkung“ den Einfluß von Werkstoffehlern, wie Schlackeneinschlüssen und Seigerungen, der Gefügeausbildung, z. B. durch grobes Ferritnetzwerk usw., versteht. So vielseitig die Problemstellung auf diesem Gebiet auch sein kann, die Wirkung äußert sich immer in einer mehr oder minder starken Verminderung der Wechselfestigkeit und es ist bisher noch nicht gelungen, deren Ursachen zu erforschen. Die Kenntnis der Kerbwirkung ist daher von allgemeinster theoretischer und besonders von praktischer Bedeutung, da ja ihr der wichtigste Einfluß auf die Leistungsfähigkeit der Werkstoffe zukommt. Sie muß schon im Konstruktionsbureau berücksichtigt werden, aber auch von der Werkstätte muß der richtigen Oberflächenbearbeitung eine ganz besondere

Sorgfalt zugewendet werden. Es sollen im folgenden die durch die verschiedenen Oberflächenverletzungen bedingten Verminderungen der Wechselfestigkeit getrennt behandelt werden.

a) Die Kerbempfindlichkeit.

Man versteht darunter die Verminderung der Wechselfestigkeit durch Kerben. Sie wird in Prozenten der Wechselfestigkeit bei unverletzter Oberfläche angegeben. Da die Kerbempfindlichkeit außer von dem Werkstoff von der Kerbform und selbst bei gleicher Kerbe von der Herstellungsart derselben abhängig ist, so ist zur eindeutigen Festlegung des Begriffes der Kerbempfindlichkeit immer die Kerbform und Herstellungsart derselben anzugeben.

Die Kerbempfindlichkeit ist z. B. bei Biegeschwingungsbeanspruchung durch den Ausdruck gegeben:

$$\varDelta^{\mathrm{v}}_{\mathrm{wb}} = \frac{\sigma^{0}_{\mathrm{wb}} - \sigma^{\mathrm{v}}_{\mathrm{wb}}}{\sigma^{0}_{\mathrm{wb}}}$$

Was die Ausführungsform der Kerben anbelangt, so haben die Versuche von R. Moore, Ludwik (14) und Scheu (2) ergeben, daß die umlaufende, in sich geschlossene Kerbe eine stärkere Wirkung als ein Gewinde gleicher Form hat. Es wird daher im allgemeinen die erstere Kerbform angewendet, da sie auch den Vorteil der leichten und regelmäßigen Herstellung hat.

Am genauesten wurde die Kerbwirkung bei Biegewechselbeanspruchung untersucht. In den Tabellen 22 bis 24 sind die Versuche von P. Ludwik wiedergegeben. Auffallend bei den Nichteisenmetallen ist, daß Aluminium, Gelbtombak, Schmiedebronze und Silumin gar keine Kerbempfindlichkeit zeigen. Duraluminium hat im geglühten Zustand eine Kerbempfindlichkeit von 33%. Durch Vergüten steigt die $\sigma_{0\cdot001}$-Grenze um rd. 240%, die $\sigma_{0\cdot2}$-Grenze um 103%, die Bruchfestigkeit um 65%, während die Schwingungsfestigkeit nur um 17% zunimmt. Die Kerbempfindlichkeit des vergüteten Duraluminiums ist hingegen Null.

Bei den Stählen ist bemerkenswert, daß nichtrostender Stahl nicht kerbempfindlich ist, die gleiche Kerbunempfindlichkeit zeigen auch Gußeisen und Stahlguß. Beim Gußeisen dürfte die Ursache hierfür in der außerordentlich starken inneren Kerbwirkung durch die Graphiteinschlüsse liegen. Da es unmöglich ist, künstliche Kerben von derselben Schärfe herzustellen, können die äußeren Kerben infolge der viel stärkeren inneren Verletzungen nicht zur Geltung kommen. Bei dem untersuchten Stahlguß dürfte die Ursache der Kerbempfindlichkeit ebenfalls in Verunreinigungen und den porösen Stellen liegen, so daß also auch hier die innere Kerbwirkung gegenüber der äußeren überwiegt.

Tabelle 22—24. Vergleichende Zug-, Härte-, Dauerbiege-,

Werkstoff			Elastizitätsgrenzen		
Art	Bezeichnung	Zustand	$\sigma_{0,001}$	$\sigma_{0,003}$	$\sigma_{0,03}$
			kg/mm²		
I. Mit Nichteisenmetallen					
Aluminium	Al 99	geglüht	2,2	3,0	4,5
Legal	—	ausgehärtet und kalt gezogen	10,6	14,8	20,1
Lautal	VLW 14	ausgehärtet (normal)	14,9	15,8	18,4
Duralumin	681 B	geglüht	4,9	8,1	9,6
Duralumin	681 B	ausgehärtet	16,7	18,5	21,6
Scleron	VLW 23	ausgehärtet (hart)	11,5	23,9	41,0
KS-Seewasser	VLW 61	preßhart	14,9	16,7	19,6
Elektron	AZM	weich	5,7	7,4	11,7
Elektrolytkupfer	E-Cu	geglüht	—	—	3,4
Gelbtombak	Ms 70	,,	9,0	10,1	11,0
Gelbtombak	Ms 70	10 % kalt gereckt	9,8	14,3	24,1
Schmiedemessing	Ms 60	geglüht	7,7	9,2	11,2
Schmiedebronze A	—	gewalzt	7,9	12,3	31,3
Schmiedebronze B	SPA	geschmiedet	10,5	12,6	19,2
Silumin A[1]	—	gegossen	2,0	2,6	4,1
Silumin B[2]	S	,,	3,1	3,8	5,9
Cu-Mn-Silumin	CMS	,,	2,7	3,6	5,6

[1] Aus einer Rundstange herausgearbeitet (Fe = 0,55 %). [2] Besonders für diese

II. Mit unlegierten Stählen und Gußeisen					
Schweißstahl	—	weich	13,9	20,9	25,1
Sonderweicheisen	WW 2	geglüht	17,9	19,1	19,2
Baustahl 37	St 37	weich	19,5	22,6	22,5
Baustahl 37	St 37	gealtert	32,8	34,9	35,0
Baustahl 37	St 37	ausgehärtet[1]	17,5	29,8	38,6
Baustahl 48	St 48	weich	24,2	34,8	34,9
Siemens-Martin-Stahl	St 70	geglüht	30,4	41,8	42,2
Siemens-Martin-Stahl	St 85	weich	7,6	18,6	44,4
Siemens-Martin-Stahl	St 100	geglüht	18,6	31,3	51,0
Werkzeugstahl	StC 110	mit lamellarem Perlit	15,9	29,6	36,3
Werkzeugstahl	StC 110	mit körnigem Perlit	13,1	23,9	33,6
Gußeisen	Ge 12	—	3,9	4,3	8,9
Sondergußeisen	Ge 24	—	4,7	7,2	20,5
Stahlguß[2]		—	10,1	19,1	28,8

[1] 14 Tage nach Wasserhärtung von 700° C. [2] Mit porösen Stellen.

III. Mit legierten Stählen.					
Si-Baustahl	—	weich	19,1	33,8	35,7
Cr-Cu-Baustahl	—	,,	8,2	14,1	33,6
Cr-Si-Stahl	ZCS	,,	14,7	21,0	34,4
Cr-Si-Stahl	ZCS	zäh-vergütet	18,3	36,0	59,8
Cr-Si-Stahl	ZCS	hart-vergütet	31,5	78,9	84,4
Cr-Va-Stahl	CV	weich	21,2	32,5	36,3
Cr-Va-Stahl	CV	hart-vergütet	37,9	62,0	68,7
Ni-Stahl	5 Nm	geglüht	20,5	24,6	37,7
Ni-Stahl	5 Nm	zäh-vergütet	72,0	74,6	74,7
Cr-Ni-Stahl	VCN 35	weich	16,9	22,6	34,5
Cr-Ni-Stahl	VCN 35	zäh-vergütet	12,1	22,2	65,8
Cr-Ni-Stahl	VCN 35	hart-vergütet	64,8	85,8	95,4
Cr-Ni-Wo-Stahl	EFD 70	geglüht	30,4	45,8	70,8
Cr-Ni-Wo-Stahl	EFD 70	vergütet	23,1	40,6	73,8
Cr-Ni-Wo-Stahl	EFD 70	luftgehärtet	59,6	74,1	116,6
Ventilstahl	WF 100	—	10,0	13,2	23,3
Nichtrostender Stahl	V 2 AW	weich	12,9	16,2	22,4

Kerb- und Korrosionsdauerversuche nach Ludwik (17).

Dehngrenze	Zugfestigkeit	Reißfestigkeit	Bruchdehnung	Einschnürung	Härte		Schwingungsfestigkeit		
					Kugeldruck	Kegeldruck	poliert	gekerbt	korrod.
$\sigma_{0,2}$	σ_B	σ_R	δ_B	ψ_B	H_B	H_{90^0}	σ_{wb}^0	σ_{wb}^V	σ_{wb}^K
kg/mm²			%		kg/mm²		kg/mm²		
5,5	9,8	23,2	23,4	73,7	32	42	6,0	6,0	3,0
22,7	25,6	38,2	11,1	48,2	83	92	11,0	7,0	4,5
21,8	39,5	58,9	27,2	40,6	106	149	15,0	9,0	6,5
11,9	27,1	36,1	16,0	30,0	75	90	12,0	8,0	7,0
24,2	40,8	56,1	18,0	27,7	112	160	14,0	13,5	7,0
47,1	57,2	67,4	13,5	15,1	147	198	16,0	11,0	6,0
20,2	22,2	30,5	7,4	33,7	59	73	11,0	8,0	4,5
13,6	31,3	40,5	12,1	23,6	66	87	11,0	10,0	3,5
4,4	22,4	54,5	50,9	69,4	48	71	9,0	7,0	8,0
11,2	34,2	102,4	56,3	73,8	77	115	14,0	14,0	14,0
24,9	37,4	102,4	43,5	71,2	103	134	16,0	16,0	—
12,0	40,0	101,5	48,4	69,3	84	133	17,5	15,0	12,0
43,7	61,6	83,8	24,6	27,8	159	223	11,0	11,0	11,0
25,3	56,8	87,3	25,5	35,6	140	214	12,5	12,5	12,5
7,2	12,4	12,7	1,0	2,3	54	69	4,0	4,0	4,0
8,4	19,6	21,5	8,6	10,6	63	76	6,0	6,0	4,5
8,9	19,5	20,5	3,1	4,9	63	77	6,0	6,0	5,0

Versuche gegossene Probestäbe.

24,2	34,3	90,3	38,5	75,1	98	128	19,0	15,0	—
19,7	31,1	90,8	38,0	79,8	89	119	17,0	16,0	11,0
22,6	35,0	84,6	34,2	72,6	98	122	19,0	15,0	—
35,2	39,0	88,6	23,2	69,5	125	152	20,0	16,0	—
41,3	55,7	102,2	14,0	60,7	193	270	31,0	29,0	14,0
35,1	53,9	107,6	26,6	60,4	163	198	27,0	18,0	13,0
43,0	69,3	115,9	22,7	51,5	210	256	30,0	20,0	—
45,8	84,8	132,5	17,5	45,5	245	308	34,0	23,0	—
53,3	99,8	137,6	13,4	37,1	282	346	42,0	27,0	13,0
38,8	80,4	101,3	13,7	25,7	249	301	31,0	22,0	—
33,8	58,4	90,2	23,3	43,1	185	232	22,0	17,0	—
11,3	11,6	11,6	—	—	162	188	7,0	7,0	4,5
—	24,8	24,8	—	—	272	323	14,0	14,0	7,5
31,3	31,8	33,2	1,0	4,0	197	250	9,5	9,5	6,5

36,2	52,4	113,4	29,5	67,3	150	188	31,0	21,0	—
34,1	48,6	113,9	30,9	72,5	148	190	28,0	20,0	13,0
36,5	69,4	131,4	20,3	59,0	213	259	31,0	27,0	—
61,5	76,2	138,0	18,8	59,2	241	295	36,0	30,0	—
86,6	109,0	162,6	12,0	47,0	333	403	50,0	32,0	—
39,5	60,3	129,7	24,0	68,8	207	264	29,0	22,0	—
72,6	83,4	153,1	11,0	63,2	294	330	53,0	30,0	—
41,6	60,9	106,9	24,9	59,2	189	229	37,0	33,0	—
74,3	79,7	150,1	15,1	67,0	255	298	46,0	27,0	12,0
40,1	73,5	122,2	22,8	59,9	213	270	36,0	30,0	11,0
71,7	84,9	146,0	17,8	61,4	263	309	47,0	35,0	—
98,4	108,0	161,8	11,9	54,6	333	373	54,0	30,0	11,0
82,1	103,4	180,3	13,7	63,8	298	360	52,0	30,0	—
88,1	102,0	196,0	11,0	63,8	383	442	63,0	32,0	—
130,4	161,5	245,0	7,0	56,2	457	540	69,0	32,0	12,0
34,9	83,6	125,4	26,6	38,0	246	346	32,0	30,0	—
28,2	67,6	186,5	61,5	70,9	166	235	24,0	24,0	11,0

Die Leichtmetallegierungen haben nach den Untersuchungen von Reuleaux die in Tabelle 25 angegebenen Kerbempfindlichkeiten. Das von ihm untersuchte Duraluminium dürfte, nach der hohen Kerbempfindlichkeit zu schließen, jedenfalls nicht vergütet gewesen sein.

Tabelle 25. Kerbbiegeschwingungsfestigkeiten der Leichtmetalle nach Reuleaux.

Werkstoff	Fließgrenze kg/mm²	Bruchgrenze kg/mm²	Biegeschwingungsfestigkeit kg/mm²	Kerbempfindlichkeit
Duraluminium 681 B	26	42	13—15	0,25
Lautal, Blech und Schmiedestücke	23	40	13—15	0,25
Lautalprofile	21	36	12—14	0,25
Lautal 14 B	26	45	15—16	0,25
Lautal 14 B-Profile	23	38	13—15	0,25

Die Kerbempfindlichkeit bei hochfrequenter Zug-Druck-Beanspruchung bei 30.000 Lastwechsel/Min. wurde von Memmler und Laute untersucht und sind die Versuchsergebnisse in Tabelle 26 angeführt. Die Kerben bestanden aus zwei je 0,03 mm tiefen Querrillen, welche in einem Abstand von 15 mm voneinander angebracht waren. Da die Angaben über den Abrundungsradius am Kerbgrund fehlen, lassen sich aus diesen Versuchen keine Vergleiche zwischen der Kerbempfindlichkeit bei schwingender Biegung und Zug-Druck-Beanspruchung anstellen.

Tabelle 26. Kerbempfindlichkeit bei schwingender Zug-Druck-Beanspruchung nach Versuchen von Memmler und Laute mit der hochfrequenten Zug-Druck-Maschine von Schenck.

Werkstoff	Zustand	Statische Werte				Dauerversuchswerte		
		σ_F kg/mm²	σ_B kg/mm²	φ %	ψ %	σ_w^0 kg/mm²	σ_w^v kg/mm²	$\Delta_{\sigma w}^v$ %
0,79%-C-Stahl ...	Anlieferung	—	75,6	17	39	37,5	31,0	17,3
0,27%-C-Stahl ...	,,	34,9	52,7	29	70	34,7	26,7	23,0
0,05%-C-Stahl ...	geglüht	23,5	37,4	36	79	27,1	19,1	29,5
0,09%-C-, 0,86%-Si-Stahl	Anlieferung	36,2	51,1	30,2	71	38,0	34,0	10,5
Cr-Ni-Stahl	vergütet	127,5	150,0	8	50	69,3	54,5	21,7
Skleron	Anlieferung	30,7	46,4	15	21	15,0	12,5	16,7

Die Kernempfindlichkeit bei Drehschwingungsbeanspruchung wurde von Lehr (9), Scheu (2), Ludwik (17) und Herold (4) untersucht.

Aus den Untersuchungen über die Kerbempfindlichkeit der Stähle geht hervor, daß dieselbe auch bei ein und demselben Werkstoff keine

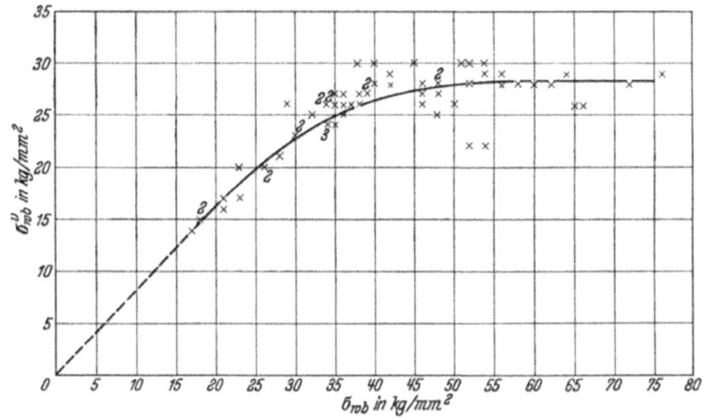

Abb. 61. Die Beziehungen der Schwingungsfestigkeit bei polierter und gekerbter Oberfläche nach Versuchen von Lehr (9).

einheitliche Größe ist, sondern bei vollkommen gleicher Form und Herstellung der Kerbe mit steigender Festigkeit zunimmt. In Abb. 61, in welcher die Beziehung zwischen der Biegeschwingungsfestigkeit bei polierter und verletzter Oberfläche aus den Lehrschen Versuchen abgeleitet ist, steigt die Kerbwechselfestigkeit bis zu einer Schwingungsfestigkeit von 50 kg/mm² an, um dann annähernd gleich zu bleiben. Zu ganz ähnlichen Ergebnissen kommt auch Mailänder, dessen Versuche in Abb. 62 dargestellt sind.

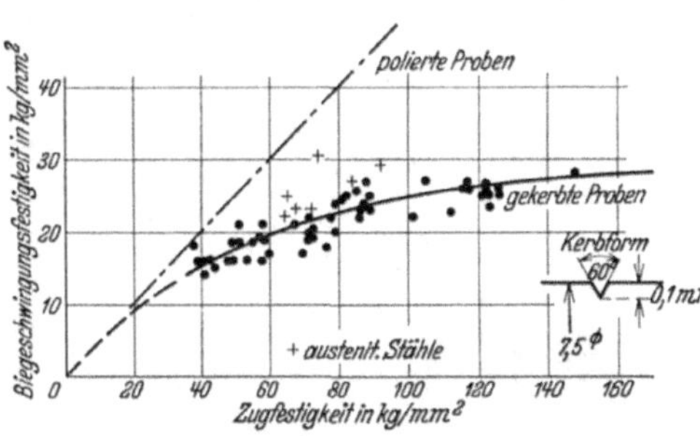

Abb. 62. Der Verlauf der Biegeschwingungsfestigkeit polierter und gekerbter Proben in Abhängigkeit von der Bruchfestigkeit nach Mailänder (3).

Die Kerbempfindlichkeit nimmt mit steigender Bruchfestigkeit nicht linear zu, sondern steigt rascher als diese an. Wäre die Kerbempfindlichkeit bei der Wechselbeanspruchung nur vom Kerbfaktor α_K abhängig, so müßte dieselbe für alle Werkstoffe, bei gleicher Kerbform und Herstellung gleich sein. Man muß daher annehmen, daß die Kerbempfindlichkeit auch von der Natur des Werkstoffes abhängig ist. Man kann sich diese Abhängigkeit erklären, wenn man annimmt, daß bei einem zähen Werkstoff eine Verfestigung desselben am Kerbgrund durch die Wechselspannungen möglich ist, wodurch die Kerbempfindlichkeit vermindert wird. Je geringer die Zähigkeit der Werkstoffe ist, desto weniger kann der Kerbgrund durch die Wechselbeanspruchung verfestigt werden und desto größer muß daher die Kerbempfindlichkeit sein, wobei sie aber auf keinen Fall den durch den Kerbfaktor gegebenen Wert überschreiten kann. Tatsächlich ist die versuchsmäßig gefundene Kerbwirkung immer geringer als nach dem Kerbfaktor zu erwarten ist. Näheres darüber findet sich bei Thum und Buchmann. Mailänder (3) hat aus den Versuchen der Kruppschen Versuchsanstalt in Essen die in Abb. 63 wiedergegebene Abhängigkeit zwischen der Kerbempfindlichkeit und der Bruchfestigkeit gefunden. Eine Ausnahme bilden die austenitischen Stähle, welche aus der Reihe herausfallen.

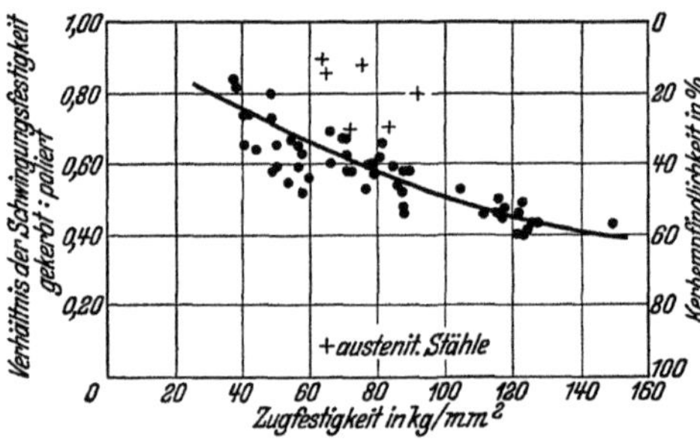

Abb. 63. Die Abhängigkeit der Kerbempfindlichkeit bei Biegeschwingungsbeanspruchung von der Bruchfestigkeit nach Mailänder (3).

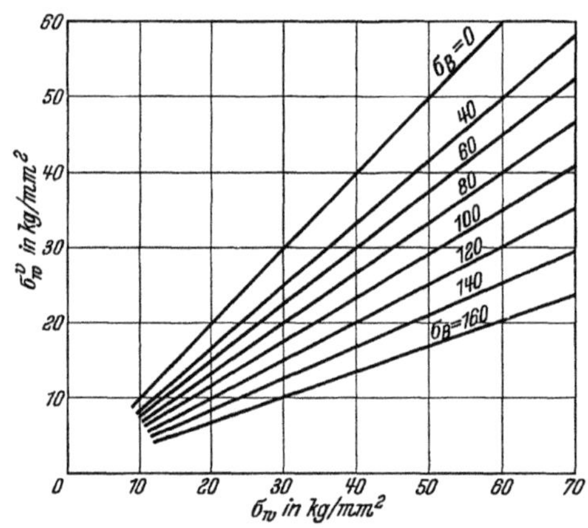

Abb. 64. Die Abhängigkeit der Biegeschwingungsfestigkeit gekerbter von jener ungekerbter Proben, bei konstanter Bruchfestigkeit nach Versuchen von Lehr (9).

Eine zahlenmäßige Beziehung zwischen der Kerbschwingungsfestigkeit und der Bruchfestigkeit wurde von Herold abgeleitet. Aus den Versuchen von Lehr (9) ergibt sich für schwingende Biegebeanspruchung:

$$\frac{\Delta^{\mathrm{v}}_{\mathrm{wb}}}{\sigma_{\mathrm{B}}} = \frac{\sigma^{0}_{\mathrm{wb}} - \sigma^{\mathrm{v}}_{\mathrm{wb}}}{\sigma^{0}_{\mathrm{wb}} \cdot \sigma_{\mathrm{B}}} = \mathrm{K} = 0{\cdot}0041\,;\ \sigma^{\mathrm{v}}_{\mathrm{wb}} = \sigma^{0}_{\mathrm{wb}} - 0{\cdot}0041\,\sigma^{0}_{\mathrm{wb}} \cdot \sigma_{\mathrm{B}} \quad . \quad . \quad (18)$$

Die Konstante K ist von der Form und Herstellungsart der Kerben abhängig. Ihr numerischer Wert ist daher für Versuche mit anderen Kerbformen nicht anwendbar.

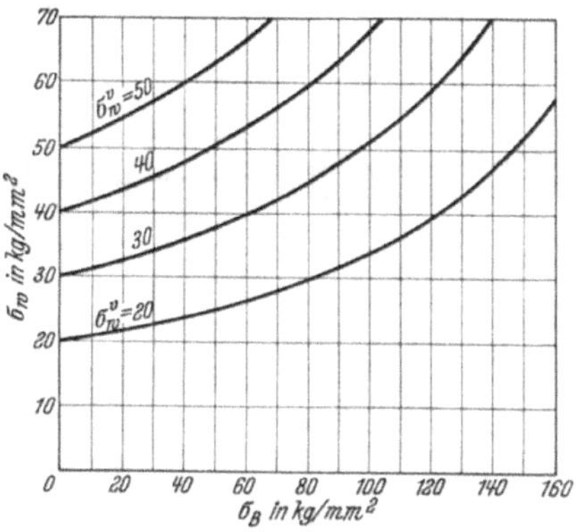

Abb. 65. Die Abhängigkeit der Biegeschwingungsfestigkeit von der Bruchfestigkeit bei konstanter Kerbschwingungsfestigkeit nach Versuchen von Lehr (9).

Aus dieser Gleichung ergibt sich:

1. Bei konstanter Bruchfestigkeit nimmt die Schwingungsfestigkeit der gekerbten Proben mit jener der ungekerbten zu. Abb. 64.

2. Bei konstanter Schwingungsfestigkeit nimmt jene der gekerbten Proben mit steigender Bruchfestigkeit linear ab.

3. Bei konstanter Schwingungsfestigkeit der gekerbten Proben nimmt jene der ungekerbten mit steigender Bruchfestigkeit nach einer Parabel zu. Abb. 65.

Eine räumliche Darstellung der Abhängigkeit der Kerbschwingungsfestigkeit von der Bruch- und Schwingungsfestigkeit ist in Abb. 66 gegeben.

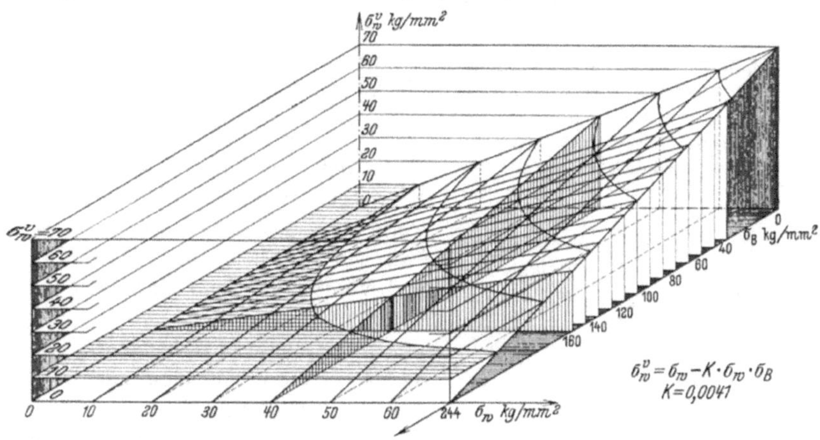

Abb. 66. Die Regelfläche der Kerbschwingungsfestigkeit in Abhängigkeit von der Bruch- und Schwingungsfestigkeit in räumlicher Darstellung nach Herold, abgeleitet aus Versuchen von Lehr (9).

Diese Formel gibt eine verhältnismäßig gute Übereinstimmung zwischen den gefundenen und berechneten Werten. Es kann natürlich, wie bei allen diesen Beziehungen, nicht der Zweck sein, die Schwingungsprüfung der gekerbten Proben zu ersetzen, sie kann aber als erste Orientierung über die beiläufige Höhe der Kerbschwingungsfestigkeit gute Dienste leisten. In der Abb. 67 sind die Häufigkeitskurven der bei Berechnung der Kerbschwingungsfestigkeit auftretenden Fehler gegeben. In 50% aller Fälle liegt der Fehler zwischen 0 und 5%, bei 33% zwischen 5 und 10%, eine vollständige Übereinstimmung mit den versuchsmäßig gefundenen Werten ist nur bei 2,5% aller Fälle vorhanden. Der Fehler ist also bei 85,5% der untersuchten Fälle kleiner als 10%.

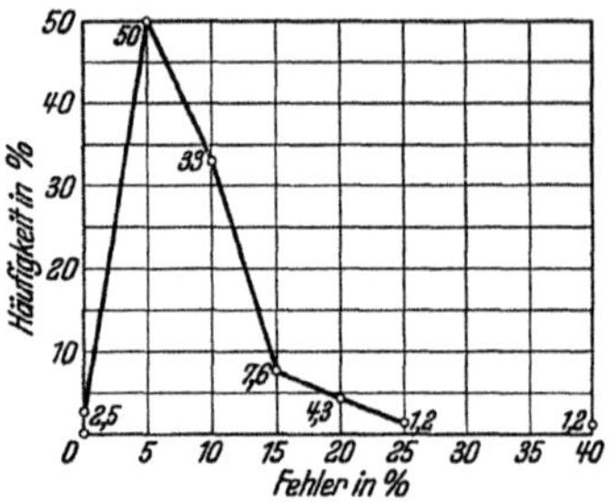

Abb. 67. Die Häufigkeitskurven der bei der Berechnung der Kerbschwingungsfestigkeit aus der Schwingungs- und Bruchfestigkeit nach der Formel von Herold auftretenden Fehlern.

Berücksichtigt man die, wenn auch stark streuende Beziehung zwischen der Schwingungs- und Bruchfestigkeit (Gleichung 4, S. 58), so erhält man:

$$\sigma_{wb}^{v} = 0{,}47 \cdot \sigma_B - 0{,}0019 \cdot \sigma_B^2 \quad . \quad (19)$$

Es ergibt sich also zwischen der Kerbschwingungsfestigkeit und der Bruchfestigkeit eine zahlenmäßige Beziehung von demselben Aufbau, wie sie bereits früher auf anderem Weg (S. 62) und unabhängig hievon abgeleitet wurde.

Zwischen der schwingenden Biegungs- und Verdrehungsbeanspruchung findet Scheu (2), dessen Versuchswerte in Tabelle 8 angegeben sind, die konstante Beziehung:

$$\Delta_{\tau w}^{v} = 0{,}575 \cdot \Delta_{\sigma wb}^{v} \quad . \quad . \quad (20)$$

Es ergibt sich also zwischen der Schwingungsfestigkeit bei Biegung und Verdrehung dasselbe Verhältnis, wie zwischen den Fließgrenzen bei Biegung und Verdrehung beim statischen Versuch.

Unter Berücksichtigung der Formel 4, S. 58 erhält man mit Bezug auf die Bruchfestigkeit:

$$\tau_{w}^{v} = 0{,}273 \cdot \sigma_B - 0{,}00064 \cdot \sigma_B^2 \, . (21)$$

Tabelle 27. Einfluß der Kerbtiefe auf die Schwingungsfestigkeit von hart vergütetem VCN 35 nach Ludwik. (17)

Tiefe der Kerbe in mm	Biege-schwingungs-festigkeit kg/mm²
0,1	32,0
0,2	30,0
0,4	23,0
0,8	20,0

b) *Der Einfluß der Kerbform und Herstellung.*

Über den Einfluß der Kerbtiefe auf die Höhe der Schwingungsfestigkeit eines Cr-Ni-Stahles VCN 35 liegen Versuche von Ludwik (17) vor, die in Tabelle 27 wiedergegeben sind.

Es ergibt sich aus ihnen eine starke Abnahme der Schwingungsfestigkeit mit zunehmender Kerbtiefe.

Bei der bisherigen Bestimmung des Kerbfaktors bei schwingender Beanspruchung wurde zwar die Kerbform und Tiefe, aber nicht die Höhe h des Probestabes berücksichtigt. Bei der allerdings grundverschiedenen statischen Beanspruchung spielt aber die Stabdicke eine wesentliche Rolle. Bei der Schwingungsbeanspruchung ist allerdings anzunehmen, daß für die Kerbwirkung nur die Höhe der Spannungsspitze maßgebend ist. Es müßte dann die Kerbempfindlichkeit verschieden starker Probestäbe aus dem gleichen Werkstoff von der Stärke der Stäbe unabhängig sein. Über diesbezügliche Versuche, welche diese Annahme bestätigen, sind aber im Schrifttum keine eindeutigen Angaben vorhanden und es wäre für die praktische Anwendung der Kerbempfindlichkeit von größter Wichtigkeit, solche Versuche durchzuführen.

Sehr eingehend wurde der Einfluß der Kerbtiefe von Kaufmann untersucht. Er verwendet keine gedrehten Kerben, da die Versuche mit denselben nach seinen Erfahrungen immer ungleichmäßig ausfallen. Gleichmäßige Ergebnisse wurden mit geschliffenen Kerben erzielt, welche mit einer Gummischleifscheibe, Körnung 80/100, hergestellt wurden. Die von Kaufmann gefundene Abhängigkeit der Kerbbiegeschwingungsfestigkeit von der Kerbtiefe im logarithmischen Koordinatensystem der Abb. 68 ergibt eine einfache geradlinige Beziehung zwischen beiden Werten. Wenn man diese Linien über den Untersuchungsbereich hinaus verlängert und mit einer Parallelen durch die Schwingungsfließgrenze (siehe S. 51) zum Schnitt bringt, so ergeben die Schnittpunkte mit den dazugehörigen σ_w-Werten den Schwellwert der Kerbtiefe an. Es ist dies jener Grenzwert der Kerbtiefe, für Kerben der benützten Form und Herstellung, welcher die Schwingungsfestigkeit des verwendeten Querschnittes noch nicht herabsetzt, da die Kerbwirkung des Schwellwertes noch durch die dynamische Zähigkeit des Werkstoffes aufgehoben wird. Dieser Schwellwert beträgt für den sehr kerbempfindlichen Cr-Ni-Stahl EF 62 ungefähr $^1/_8$ jenes des viel zäheren geglühten C-Stahles A 7. Unter den C-Stählen nimmt die Kerbempfindlichkeit mit dem C-Gehalt zu.

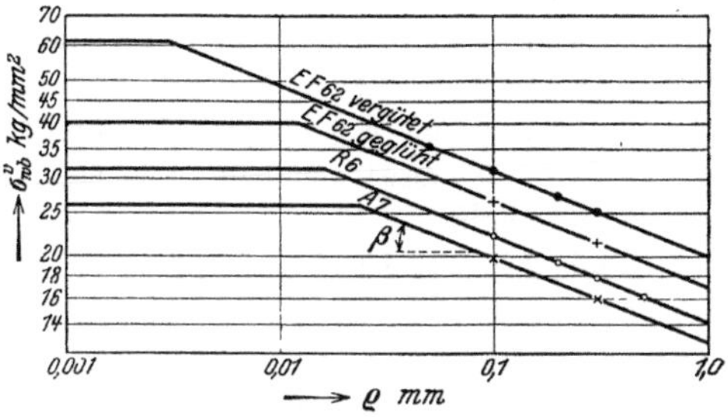

Abb. 68. Die Abhängigkeit der Kerbschwingungsfestigkeit von Stahl von der Kerbtiefe im logarithmischen Maßsystem nach Kaufmann.

Neben der Kerbtiefe ist die Schwingungsfestigkeit aber noch vom Kerbradius abhängig, und zwar fällt dieselbe mit abnehmendem Kerbradius, wie aus den Versuchen von Moore und Kommers (2) der folgenden Tabelle 28 zu sehen ist.

Tabelle 28. Die Abhängigkeit der Kerbschwingungsfestigkeit eines 0,49%-C-Stahles bei rotierender Biegung und einem Probestabdurchmesser von 10,2 mm bei einer Kerbtiefe von 3,2 mm, vom Kerbradius nach Moore und Kommers (2).

Kerbradius in mm	Schwingungsfestigkeit	
	in kg/mm²	in %
250	33,7	100
25,4	33,2	99
6,3	31,0	92
Scharfkerb mit einem Kerbwinkel von 90°	13,0	39

Die für einen 0,49%-C-Stahl auffallend hohe Kerbempfindlichkeit von 61% dürfte zum Teil durch die gegenüber den anderen im Schrifttum angegebenen Versuchen unverhältnismäßig hohe Kerbtiefe von 3,2 mm hervorgerufen sein.

Kaufmann bezieht die Kerbempfindlichkeit nicht auf die Schwingungsfestigkeit im polierten Zustand, da dieselbe an und für sich schon von den unvermeidlichen äußeren und inneren Verletzungen abhängig ist, sondern auf die Schwingungsfließgrenze, welche seiner Ansicht nach die Schwingungsfestigkeit für den idealen, vollkommen unverletzten Werkstoff angibt.

Nach Abb. 68 ist das Verhältnis der Kerbfestigkeit zweier Stähle für jede Kerbtiefe, die größer als der Schwellwert des zäheren Werkstoffes ist, konstant. Man kann daher die Kerbschwingungsfestigkeit für eine Kerbtiefe bestimmen und daraus die Werte für andere Kerbtiefen durch Umrechnung mit einem für alle Stähle gleichen Faktor berechnen.

Für die Höhe der Kerbschwingungsfestigkeit ist aber bei einem gegebenen Werkstoff nicht nur, wie meist fälschlich angenommen wird, die geometrische Form der Verletzung allein maßgebend, sondern es spielt auch die Art der Herstellung dieser Verletzung eine maßgebende Rolle. Geometrisch gleiche Verletzungen können die Schwingungsfestigkeit eines und desselben Werkstoffes um ganz verschiedene Beträge vermindern, ja in Ausnahmsfällen sogar erhöhen. Eingehende diesbezügliche Untersuchungen wurden von Armbruster durchgeführt, bei welchen die Schwingungsfestigkeit an Proben mit Verletzungen gleicher Form und Tiefe, welche durch Einschlagen, Fräsen und Schleifen hergestellt wurde, bestimmt wurde. So wurde z. B. die auf den geschwächten Querschnitt bezogene Schwingungsfestigkeit der drei untersuchten

C-Stähle durch einen Körnereindruck nicht verändert, während sie durch eine Spitzbohrung von gleicher Form und Tiefe um 21 bis 35% herabgesetzt wurde.

Durch die V-förmige, nicht umlaufende Kerbe wurde die Schwingungsfestigkeit der Stähle um die in Tabelle 29 angegebenen Beträge in Prozenten vermindert.

Für die V-förmige, ringsumlaufende Kerbe wurden die folgenden Änderungen der Schwingungsfestigkeit in Prozenten gefunden:

Stahl	N	V	E
Eingepreßt	+ 9,4	+ 4,5	+ 7,8
Eingedreht	— 31,3	— 31,7	— 33,3

Bei diesen Versuchen ist ganz besonders die Erhöhung der (auf den geschwächten Querschnitt bezogenen) Schwingungsfestigkeit durch das Einpressen der Rillen auffallend. Die Ursache hierfür dürfte, wie aus den metallographischen Versuchen hervorgeht, wohl zum Teil in der starken Kornverfeinerung am Kerbgrund, hauptsächlich jedoch in der Kaltbearbeitung und Glättung des Kerbgrundes durch das Einpressen der Rillen liegen. Bei der Herstellung von Schrauben mit gerolltem Gewinde wird diese Erscheinung schon lange, aber wahrscheinlich unbewußt, verwertet.

Tabelle 29. Veränderungen der Biegeschwingungsfestigkeit von C-Stählen durch V-förmige Kerben gleicher Form und verschiedener Herstellungsart nach Armbruster.

Herstellung der Verletzung	Verminderung der Schwingungsfestigkeit in Prozenten bei C-Stahl		
	N	V	E
Eingeschlagen	10,9	12,4	7,4
Eingefräst	37,8	35,6	50,5
Eingeschliffen	40,8	42,7	56,1

Stark ausgerundete Kerben, nach Art des Schlageindruckes mit einer Hammerfinne, ergeben eingeschlagen eine Verminderung der Schwingungsfestigkeit von 0 bis 9%, eingefräst 0 bis 15% und eingeschliffen eine solche von 17 bis 21%. Es zeigt sich also auch hier wieder, daß durch das Einschleifen der Kerben die Oberfläche am stärksten verletzt wird.

c) Der Normalkerb.

Wie aus obigen Ausführungen zu ersehen ist, wurden zur Bestimmung der Kerbwirkung von den verschiedenen Forschern verschiedenartige Kerbformen und -tiefen verwendet. Es geht aber aus den Untersuchungen deutlich hervor, daß für die Größe der Kerbwirkung außer der geometrischen Form der Verletzung auch die Art ihrer Herstellung von ganz wesentlichem Einfluß ist, welcher bisher viel zu wenig beachtet wurde. Dies dürfte darin begründet sein, daß, abgesehen von dem bis jetzt nicht erfaßbaren Einfluß des Gleit- und Formänderungswiderstandes, in erster Linie die am Kerbgrund auftretende Höchstspannung für die Bruchgefahr maßgebend ist. Die am Kerbgrund auftretende Spannungsspitze hängt aber wieder von der Oberflächenbeschaffenheit desselben ab. Diese Annahme wird durch das günstige Verhalten von eingepreßten Oberflächenverletzungen gestützt, bei welchen nicht nur die Oberfläche geglättet, sondern gleichzeitig verdichtet wird. Dadurch wird eine der Zugbeanspruchung entgegengesetzt gerichtete Druckvorspannung erzeugt, wodurch die durch eine Zugbeanspruchung verursachte Spannungsspitze am Kerbgrund vermindert wird.

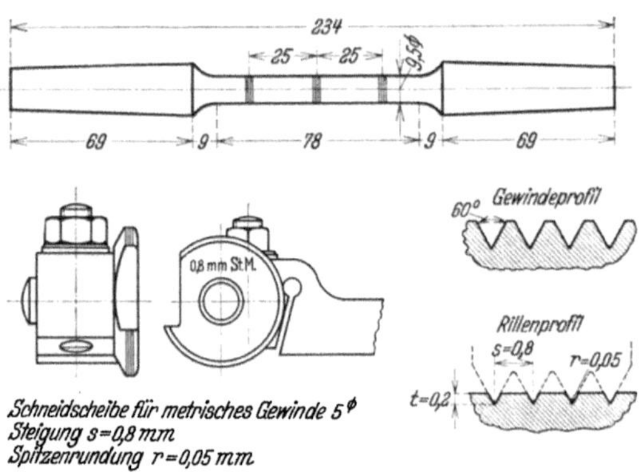

Abb. 69. Der Normalkerb nach Ludwik (14).

Es ist natürlich für zukünftige Untersuchungen von ausschlaggebender Bedeutung und Wichtigkeit, daß dieselben mit Verletzungen von gleicher Form und Herstellung durchgeführt werden, um untereinander vergleichbare Resultate zu ergeben. Dabei ist es vielleicht nicht einmal so wichtig, jene Kerbform anzuwenden, welche die stärkste Verletzung verursacht, als sich auf eine einheitliche Form und Herstellungsart festzulegen, deren Anfertigung aber keine Schwierigkeiten bereitet.

Lehr verwendet für seine Versuche eine ringförmige umlaufende Kerbe mit einem Radius am Kerbgrund von 0,05 mm und einer Kerbtiefe von 0,1 mm. Sie wird mit einem Drehstahl in die Probe eingedreht.

Der Ludwiksche Normalkerb (14) ist dem Lehrschen ähnlich, er wird durch Eindrehen mit einer Schneidscheibe für metrisches Gewinde für 5 mm Durchmesser, einer Steigung von 0,8 mm, einem Kerbradius von 0,05 mm und einer Kerbtiefe von 0,2 mm hergestellt. Die Kerbform und die Herstellung derselben ist in Abb. 69 ersichtlich. Die Verwendung einer Gewindeschneidscheibe hat den Vorteil der leichten Herstellung der Kerben, da das Kerbprofil durch das Nachschleifen der Scheibe nicht verändert wird.

Sowohl Lehr als auch Ludwik verwenden umlaufende, in sich geschlossene Kerben und bringen mehrere Verletzungen in einem Abstand von rd. 2 bis 4 mm an.

Von Kaufmann und von Armbruster wird als Normalkerb eine geschliffene Spitzkerbe mit einem Öffnungswinkel von 60^0 vorgeschlagen, welcher sich nach ihrer Erfahrung bei einiger Sorgfalt sowohl bei weichen als auch bei harten Werkstoffen mit der gleichen Genauigkeit herstellen läßt. Als Schleifscheibe wird eine gummigebundene Scheibe feinster Körnung verwendet (Norton 60/100 bzw. 80/100). Diese eingeschliffenen Kerben verursachen infolge der Verletzung des Kerbgrundes durch feinste Schleifrisse eine größere Kerbempfindlichkeit als die gedrehten. Armbruster schlägt eine Kerbtiefe von 0,2 mm und einen Kerbradius von 0,02 mm vor, während nach Kaufmann die Kerbtiefe 0,3 mm bei einer Breite von 0,6 mm betragen soll. Der Kerbradius wird der natürlichen Abrundung der Schleifscheibe überlassen.

Die Frage, welche von den beiden Herstellungsarten die vorteilhaftere ist, läßt sich heute wohl kaum entscheiden, da über die Verwendung von geschliffenen Kerben noch die Erfahrungen auf breiter Basis fehlen, welche bei den gedrehten bereits vorhanden sind. Sicher läßt sich der Abrundungsradius einer Schneidscheibe viel leichter konstant halten als jener der Schleifscheibe, da dieser stark von der natürlichen Abnützung abhängig ist, welche ein häufiges Abziehen mit dem Diamanten notwendig macht, wodurch natürlich Unregelmäßigkeiten im Abrundungsradius verursacht werden, während derselbe beim Nachschleifen der Schneidscheibe nicht verändert wird.

d) Die Oberflächenempfindlichkeit.

Die Oberflächenempfindlichkeit stellt nur einen begrenzten Teil der Kerbempfindlichkeit dar, sie soll aber trotzdem getrennt behandelt werden, da man darunter den außerordentlich wichtigen Einfluß der Beschaffenheit der Oberfläche durch die Bearbeitung (wie Schruppen, Schlichten, Feilen usw.) sowie der zufälligen Verletzungen (wie Kratzer, Reißnadelrisse usw.) auf die Schwingungsfestigkeit versteht.

H. F. Moore und J. P. Kommers (2) bringen nach den Versuchen von Thomas die in der Tabelle 30 angegebenen prozentuellen Verminderungen der Schwingungsfestigkeiten von Stahl durch verschiedene Bearbeitung.

Nach Mailänder (2) hat bei Stählen hoher Bruchfestigkeit die Qualität des Polierens der Oberfläche einen sehr bedeutenden Einfluß auf die

Höhe der Schwingungsfestigkeit und es können sich daraus Unterschiede bis zu 20% ergeben. Bei weichen Stählen ist dieser Einfluß nur unbedeutend.

Tabelle 30. Oberflächenempfindlichkeit von C-Stahl nach Versuchen von W. N. Thomas nach Moore und Kommers (2).

Oberflächenbearbeitung	Größte Verminderung der Schwingungsfestigkeit gegenüber jener bei polierter Oberfläche in Prozenten
Gedreht	12
Grob gefeilt	18—20
Mit der Schlichtfeile bearbeitet	14
„ „ Staubfeile „	7,5
„ Schmirgel Nr. 3 „	6
„ „ „ 1 „	4
„ „ „ 0 „	2—3
„ feinem Karborundum bearbeitet	2—3
„ zufälligen Kratzern	16

Ludwik (16) untersucht den Einfluß der Oberflächenbearbeitung bei Stählen verschiedener Festigkeit und findet die in Tabelle 31 angegebenen Werte.

Tabelle 31. Einfluß der Oberflächenbearbeitung und Kerbwirkung auf die Biegeschwingungsfestigkeit von Stählen nach Versuchen von Ludwik (16).

Oberflächenbearbeitung	Schwingungsfestigkeit für St 48 weich		Schwingungsfestigkeit für Cr-Ni-Stahl zähhart vergütet	
	kg/mm²	%	kg/mm²	%
Poliert mit Schmirgel 00	27	100	52	100
Gekerbt	18	67	26	50
Grob gedreht	23	85	34	65
Hohlkehle poliert r = 2 mm	24	89	43	83
„ „ r = 0,5 mm	17	63	24	46
Festigkeitswerte:				
0,2%-Grenze	35,1 kg/mm²		85,3 kg/mm²	
Bruchgrenze	53,9 „		90,2 „	
Dehnung	26,6%		13,0%	
Einschnürung	60,4%		56,7%	

Auch aus diesen Versuchen geht klar hervor, daß der Einfluß der Oberflächenbearbeitung bei verschiedenen Stählen ein verschiedener ist und mit steigender Bruchfestigkeit zunimmt, was auch durch die Versuche von Armbruster bestätigt wurde. Eine etwas andere Darstellung der Oberflächenempfindlichkeit gibt Lehr (9), welcher dieselbe in Prozenten der Kerbempfindlichkeit ausdrückt. Es ergibt sich daraus die in Tabelle 32 angegebene Bewertung.

Tabelle 32. Zusammenstellung des Gefahrengrades der hauptsächlichsten Oberflächenverletzungen und Bearbeitungsarten, ausgedrückt in Prozenten der Oberflächenempfindlichkeit bei Verletzung mit Spitzkerbe für r = 0,05 mm und t = 0,1 mm nach Lehr (9).

Schleifen mit Polierschliff	0 —0,1
Schlichten mit dem Breitstahl	0,15—0,25
Schleifen mit dem Schruppschliff	0,5 —0,6
Schruppen	0,4 —0,5
Walzhaut oder Oxydhaut	0,8 —1,2
Zufällige Schrammen und Risse je nach Schärfe u. Tiefe	0,6 —1,0
Meißelhieb	0,3 —0,5
Schlag mit dem Hammer	0,0 —0,1

Wie stark der Einfluß des Schleifens auf die Biegeschwingungsfestigkeit von Stählen von verschiedener Festigkeit sein kann, geht aus Versuchen von Herold (3) hervor. Der Faktor $\frac{\sigma_{wb}}{\sigma_B}$ steigt linear mit zunehmender Bruchfestigkeit, wie in Abb. 31 dargestellt ist, stark an. Es bedeutet also das Schleifen schon eine so starke Oberflächenverletzung, daß seine Wirkung in einer bedeutenden Verminderung der Schwingungsfestigkeit zum Ausdruck kommt. Die Mittelwerte der Schwingungsfestigkeiten in Abhängigkeit von der Bruchfestigkeit verlaufen, wie in den Abb. 32 und 35 gezeigt wurde, nicht linear, sondern sind Parabeln. Das heißt mit anderen Worten, daß die Schwingungsfestigkeit geschliffener Stähle, je nach der Feinheit des Schliffes, immer langsamer mit der Bruchfestigkeit ansteigt und nach Überschreiten eines Höchstwertes mit weiterer Zunahme derselben wieder abfallen kann. Daraus ist für die praktische Verwendung der Stähle der wichtige Schluß zu ziehen, daß ein Vergüten auf sehr hohe statische Festigkeitswerte nicht immer günstig sein muß, wenn die Oberfläche des Werkstückes nicht poliert und vor zufälligen Beschädigungen geschützt wird (Seite 81).

Einen qualitativen Nachweis für den Einfluß der Oberflächenbearbeitung durch verschiedene Schleifen haben Czochralsky und Henkel erbracht. Von zwei geglühten Kupferstäben wurde der eine in Form einer einfachen, der andere in Form von zwei gegenläufigen Spiralen geschliffen. Die bei der Ermüdung auftretenden Anrisse ließen deutlich dasselbe Bild erkennen und folgten den ganz feinen Schleifrissen. Bei einem anderen Stab, welcher quer zur Stabachse geschliffen wurde, traten auch hier Anrisse in der Schleifrichtung auf.

Der Einfluß der Oberflächenbeschaffenheit bei hin- und hergehender Biegung wurde von Jünger mit der MAN-Biegeschwingmaschine untersucht. Die Versuchsergebnisse sind in Tabelle 33 und 34 angeführt.

Tabelle 33. Einfluß der Oberflächenbeschaffenheit auf die Biegeschwingungsfestigkeit nach Versuchen von Jünger mit der MAN-Biegeschwingmaschine.

Oberflächenzustand der Probestäbe	St. C. 35,61 mit 52,5 kg/mm² Festigkeit		Cr-Ni-Stahl mit 68 kg/mm² Festigkeit	
	Biegeschwingungsfestigkeit kg/mm²	Oberflächenempfindlichkeit %	Biegeschwingungsfestigkeit kg/mm²	Oberflächenempfindlichkeit %
Poliert	24,0	5,5	37,0	—
Längsgeschliffen	25,4	—	37,5	—
„ gehobelt (Schlichtspan)	23,3	8,0	31,4	15,0
Quergehobelt (Schlichtspan)	24,4	3,5	25,0	32,0
„ (Schruppspan)	20,7	18,0	—	—
Korrodiert (geschliffene Stäbe), 100 Stunden in verd. Salzsäure	18,6	27,0	30,0	19,0
Reißnadelrisse (0,15—0,2 mm tief)	25,6	0,0	35,0	5,0

Jünger macht auch vergleichende Versuche über die Oberflächenempfindlichkeit von Flach- und Rundstäben und findet, daß dieselbe bei letzteren bei hin- und hergehender Biegung etwas höher als bei ersteren ist.

Vielfach werden Maschinenbestandteile auch ohne jeder Oberflächenbearbeitung mit der daran haftenden Walz- oder Schmiedehaut verwendet. Es muß aber dabei der außerordentlich schädliche Einfluß derselben berücksichtigt werden. Diesbezügliche, auf der Schenckschen Biegeschwingmaschine mit hin- und hergehender Biegung durchgeführte Untersuchungen von Lehr (9) sind in Tabelle 35 angeführt.

Man ersieht daraus, wie schädlich die Walzhaut ist. Dieser Einfluß kommt bei den weichen C-Stählen nicht so stark zum Ausdruck wie bei den legierten und vergüteten Stählen mit der hohen Kerbempfindlichkeit. Die Verminderung der Schwingungsfestigkeit durch die Walzhaut kann bis zu 60% betragen, ist also viel stärker als die Wirkung künstlicher Kerben.

Diese außerordentlich schädliche Wirkung der Walzhaut ist zum

Tabelle 34. Einfluß eines Schlichtspanes in der Querrichtung auf die Biegeschwingungsfestigkeit verschiedener Stähle nach Versuchen von Jünger mit der MAN-Biegeschwingmaschine.

Werkstoff	Wärmebehandlung	Biegeschwingungsfestigkeit Probestäbe Längsgeschliffen kg/mm²	Biegeschwingungsfestigkeit Probestäbe Quergehobelt kg/mm²	Oberflächenempfindlichkeit %
St. C. 35,61	normalisiert	25,4	24,5	3,5
Kerbzäher Stahl	,,	32,0	28,0	12,0
SM-Sonderstahl	,,	30,5	26,3	14,0
Schmiedestück aus St. C. 35,61	norm. u. gegl.	29,4	25,6	13,0
St. C. 45,61	,,	31,0	28,5	8,0
Gezogener Automatenstahl KW	—	34,3	27,4	20,0
Gezogener Automatenstahl Nr. 1258, gelb	—	35,6	29,0	18,5
Gezogener Automatenstahl Nr. 2461, rot	—	34,0	28,8	15,0
Kurbelwelle aus Ni-Stahl	norm. u. gegl.	37,7	24,0	37,0
Rundstange aus VCN 15	zäh vergütet	36,6	25,3	31,0
Cr-Ni-Sonderstahl	,, ,,	37,5	25,0	32,0
Rundstange aus Cr-Mo-Stahl, normalisiert und geglüht	nadelig norm.	37,2	20,2	46,0
	körnig norm.	37,2	28,0	26,0
	geglüht	36,0	24,4	32,0
Cr-Mo-Stahl	zähhart vergütet	48,0	28,0	42,0
VCN 45	,, ,,	40,8	23,6	42,0
Schraube aus Cr-Ni-Stahl	vergütet	47,2	32,8	31,0

Teil durch die Kerbwirkung der durch das Walzen entstandenen feinen Haarrisse an der Oberfläche des Werkstückes begründet. Einen noch größeren Einfluß dürfte aber die Entkohlung der Oberfläche haben, da hierdurch die Schwingungsfestigkeit der am stärksten beanspruchten Randfasern herabgesetzt wird. Hankins und Becker[1] fanden, daß bei Federn, deren Oberfläche durch die Wärmebehandlung merklich entkohlt war, die Schwingungsfestigkeit bei Zug-Druck-Beanspruchung von 16 auf 27 kg/mm² erhöht wurde, wenn mindestens 1,5 mm vom Rand abgearbeitet wurde. Außerdem wurde zur Vermeidung einer Entkohlung ein C-Stahl im Vakuumofen erwärmt. Dabei zeigte sich aber, daß ein Vakuum von 0,1 mm Hg nicht genügt, sondern es mußte die Wärmebehandlung in einer vollkommen neutralen, noch besser kohlenstoffhaltigen Atmosphäre durchgeführt werden. Proben eines Si-Mn-Stahles, die auf diese Art in Graphitpulver eingebettet behandelt

[1] Siehe auch Ref. Erk.

Tabelle 35. Biegeschwingungsfestigkeiten von Stählen mit und ohne Walzhaut nach Versuchen von Lehr (9) mit der Schenckschen Biegeschwingmaschine für Flachstäbe.

Werkstoff	Zustand	Bruchfestigkeit kg/mm²	Vorspannung kg/mm²	Biegeschwingungsfestigkeit kg/mm²	Oberfläche
0,08%-C-Stahl	gewalzt	41,0	0,0	16,0	Walzhaut
St. 37 . 11	„	37,0	0,0	15,0	„
St. 48 . 11	„	48,0	0,0	20,0	„
Si-Stahl	„	53,0	0,0	23,0	„
Cu-Mn-Stahl	„	57,0	0,0	27,0	„
Cr-Cu-Stahl	„	51,0	0,0	26,0	„
ECN 35	vergütet	110,0	40,0	17,0	„
„	„	110,0	40,0	42,0	geschliffen
Cr-Va-Stahl	„	132,0	40,0	23,0	Walzhaut
„	luftgehärtet	132,0	40,0	21,5	„
„	vergütet	132,0	40,0	18,5	„
„	„	143,0	40,0	20,0	„
Federstahl	„	110,0	40,0	18,0	„
„	„	110,0	50,0	14,0	„
„	„	110,0	40,0	16,0	„
Mn-Stahl	„	145,0	40,0	24,0	„
„	„	132,0	40,0	21,0	„
„	„	120,0	40,0	21,5	„
„	„	143,0	40,0	17,5	„
„	„	130,0	40,0	16,0	„
„	„	110,0	0,0	50,0	poliert
„	„	110,0	0,0	23,0	Walzhaut
„	„	145,0	0,0	58,0	poliert
„	„	145,0	0,0	25,0	Walzhaut
Cr-Va-Stahl	„	130,0	40,0	21,5	„
Cr-Va-Federstahl ..	„	115,0	40,0	25,0	„
„ ..	„	132,0	40,0	17,5	„
„ ..	„	125,0	40,0	14,0	„
„ ..	„	120,0	40,0	28,0	geschliffen
Mn-Federstahl	„	147,0	40,0	48,5	„
„	„	132,0	40,0	19,0	Walzhaut
„	„	141,0	40,0	18,5	„
2%-Si-Stahl	„	140,0	0,0	60,0	poliert
„	„	140,0	0,0	26,0	Walzhaut
Cr-Si-Stahl	„	120,0	0,0	54,0	poliert
„	„	120,0	0,0	25,0	Walzhaut
VCN 35...........	„	93,0	0,0	44,0	poliert
„ 35...........	„	93,0	0,0	23,0	Walzhaut
„ 35...........	„	110,0	0,0	50,0	poliert
„ 35...........	„	110,0	0,0	24,0	Walzhaut

wurden, zeigen ohne mechanische Nachbearbeitung eine ebenso große Festigkeit wie die nicht wärmebehandelten und polierten Proben.

Aber auch die Gußhaut kann von ebenso schädlichem Einfluß wie die Walzhaut sein. Bei der statischen Beanspruchung von Aluminiumlegierungen bedeutet die Gußhaut infolge ihrer größeren Härte eine Verminderung der Bruchgefahr. Bei der Biegeschwingungsbeanspruchung findet hingegen Armbruster eine Verminderung der Schwingungsfestigkeit von 7 bis 22, im Mittel 12% durch dieselbe. Die Ursache hierfür dürfte nicht nur in den feinen Anrissen der Gußhaut liegen, sondern zum großen Teil auch durch die Tonerdeeinschlüsse verursacht sein, welche sich an der Oberfläche bilden und eine sehr scharfe Kerbwirkung zur Folge haben. Da der Aluminiumguß größtenteils mit unbearbeiteter Oberfläche verwendet wird, muß die starke Festigkeitsverminderung durch die Gußhaut berücksichtigt werden.

Bei Grauguß wird hingegen die Schwingungsfestigkeit durch die Gußhaut erhöht. So fand Bartels die Schwingungsfestigkeit von Grauguß mit Gußhaut mit 20 kg/mm², wurde die Gußhaut hingegen abgearbeitet, so betrug dieselbe nur mehr 7,5 kg/mm², also um 62% weniger. Wie aus den Gefügeuntersuchungen hervorgeht, kann diese starke Erhöhung der Schwingungsfestigkeit nicht der Bildung einer oberflächlichen Silikatschichte zugeschrieben werden. Der Graphit in der Gußhaut ist nicht lamellar, sondern feineutektoidisch verteilt und es weist dieselbe ein perlitisches Gefüge auf, wodurch die innere Kerbwirkung vermindert wird.

e) Die Bundempfindlichkeit.

Von sehr bedeutendem Einfluß auf die Schwingungsfestigkeit ist auch die Ausbildung der Hohlkehlen bei Querschnittsübergängen und man bezeichnet denselben als die Hohlkehlen- oder Bundempfindlichkeit. Prüftechnisch führt man diese Versuche in der Regel so durch, daß man einen Probestab, welcher in der Mitte mit einem Bund vom doppelten Durchmesser des Stabes versehen ist, verwendet, wobei die Hohlkehlen

Tabelle 36. Einfluß der Hohlkehlen auf die Biegeschwingungsfestigkeit nach Werkstoffhandbuch Stahl und Eisen.

Übergang von 20 auf 7 mm Durchmesser mit einem Abrundungsradius von mm	D/r	Biegeschwingungsfestigkeit in Prozenten
250	0,08	100
25	0,8	95
6	3,3	90
Rd. 0	∞	75
Scharfeckig	∞	50

beim Übergang des Bundes zur Welle mit verschiedenen Abrundungsradien hergestellt werden.

Im Werkstoffhandbuch Stahl und Eisen des Vereines deutscher Eisenhüttenleute wird folgender Einfluß (Tabelle 36) von Hohlkehlen auf die Schwingungsfestigkeit angegeben.

Um den Einfluß der verschiedenen Querschnittsübergänge auf die Schwingungsfestigkeit und die Abhängigkeit dieser Werte von der statischen Festigkeit festzustellen, wurde vom Verein deutscher Eisenhüttenleute eine große Versuchsserie in Gemeinschaftsarbeit durchgeführt. Die Zusammensetzung der Stähle ist in Tabelle 37 angegeben.

Tabelle 37. Chemische Zusammensetzung der untersuchten Stähle zur Bestimmung der Bundempfindlichkeit nach Versuchen vom Verein deutscher Eisenhüttenleute.

Bezeichnung	Chemische Zusammensetzung in Prozenten								
	C	Si	Mn	P	S	Cu	Ni	Cr	Mo
A 1. C-Stahl	0,18	0,07	0,23	0,01	0,003	—	—	—	—
A 2. „	0,13	0,28	0,62	0,03	0,06	0,14	—	—	—
A 3. „	0,28	0,02	0,52	0,068	0,054	—	0,005	—	—
B 1. Cr-Cu-Stahl	0,19	0,01	0,75	0,029	0,020	1,02	—	0,64	—
B 2. „	0,18	0,40	0,65	0,028	0,021	0,35	—	0,85	—
B 3. Mn-Cu-Stahl ...	0,20	0,29	1,30	0,026	0,022	0,25	—	—	—
B 4. Mn-Cu-Si-Stahl.	0,14	0,88	1,06	0,05	0,05	0,42	—	—	—
B 5. Mn-Cu-Mo-Stahl	0,17	0,40	1,25	0,017	0,025	—	—	—	0,15
C. Si-Federnstahl ...	0,45	1,74	0,63	0,036	0,038	0,12	0,14	0,04	—
D. Ni-Cr-Stahl......	0,29	0,26	0,63	0,001	0,02	—	3,50	0,68	—

Die Abhängigkeit der Schwingungsfestigkeit von Stäben mit Bund von der Größe des Abrundungsradius und der Festigkeit ist in Abb. 70 und 71 graphisch dargestellt. Es sind im Verhältnis zum Wellendurchmesser sehr große Hohlkehlenradien notwendig, um den Einfluß der Hohlkehlen auszuschalten. Lehr (9) schließt aus seinen Untersuchungen, daß ϱ mindestens D/5 sein soll, um eine starke Herabsetzung der Schwingungsfestigkeit zu vermeiden, wobei ϱ den Hohlkehlenradius und D den Durchmesser der Welle bedeutet. Aber auch die Schwingungsfestigkeit von Stäben mit Bund ist, wie aus der Versuchsreihe des Vereines deutscher Eisenhüttenleute hervorgeht, von der Schwingungsfestigkeit und somit auch von der statischen Festigkeit der Werkstoffe abhängig (Abb. 71). Bei 1 mm Abrundungsradius steigt die Hohlkehlenempfindlichkeit annähernd linear mit der Schwingungsfestigkeit an, während bei 3 mm Durchmesser der Einfluß der Hohlkehlen bedeutend geringer ist. Beim kleinen Radius beträgt z. B. die prozentuelle Abnahme der Schwingungsfestigkeit gegenüber dem polierten Zustand rund 25%, während er beim großen Radius noch unter 10% liegt. Scheu (2) findet zwischen der

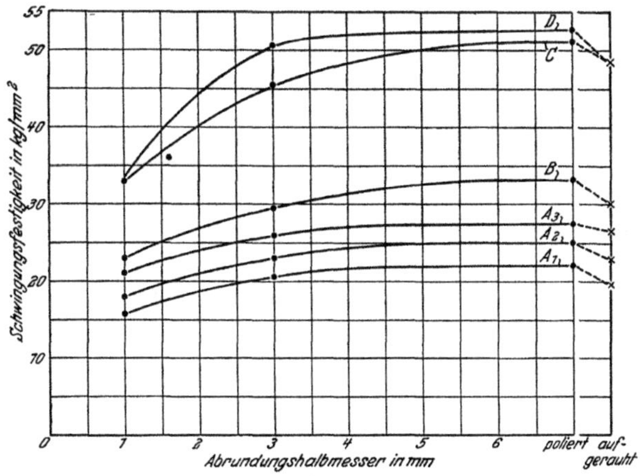

Abb. 70. Die Beeinflussung der Biegeschwingungsfestigkeit von Stäben mit Bund durch die Größe des Abrundungshalbmessers nach Versuchen des Vereines deutscher Eisenhüttenleute (nach Schneider). Die Zusammensetzung der Stähle ist in Tabelle 37 gegeben.

Schwingungsfestigkeit von Stäben mit Bund bei Biege- und Verdrehungsbeanspruchung die Beziehung:

$$\Delta^{b}_{\tau w} = 0{,}575 \, . \, \Delta^{b}_{\sigma wb}.$$

f) Die Lochempfindlichkeit.

Bohrungen quer zur Stabachse kommen in Konstruktionselementen als Ölbohrungen, Löcher zur Aufnahme von Sicherungsstiften usw. häufig vor, wobei man sich bei ihrer Anwendung wohl in den wenigsten Fällen Rechenschaft über die dadurch verursachte starke Verminderun der Schwingungsfestigkeit gibt. Aus den verhältnismäßig wenigen Versuchen mit gebohrten Prüfstäben geht hervor, daß Bohrungen quer zur Stabachse zu den stärksten Verletzungen der Oberfläche gehören und

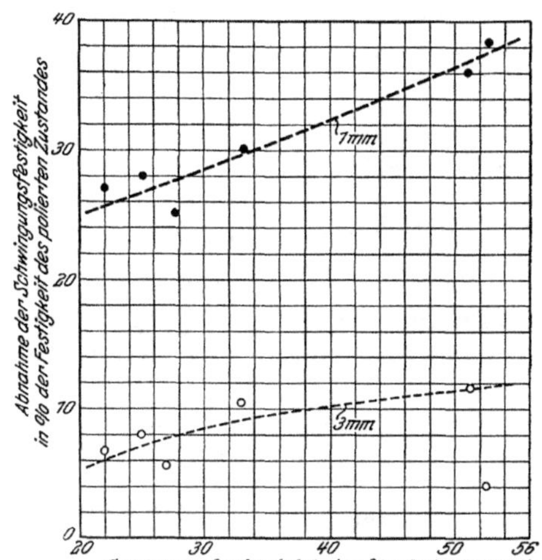

Abb. 71. Der Einfluß der Bruchfestigkeit auf die Schwingungsfestigkeit von Stäben mit Bund bei einem Hohlkehlenhalbmesser von 1 und 3 mm nach Versuchen des Vereines deutscher Eisenhüttenleute (nach Schneider).

eine Verminderung der Schwingungsfestigkeit bis zu 60% verursachen können. In Tabelle 38 sind Versuche von Moore und Jasper (4) über den Einfluß von Bohrungen quer zur Stabachse auf die Höhe der Schwingungsfestigkeit angeführt.

Tabelle 38. Der Einfluß von Querbohrungen auf die Höhe der Schwingungsfestigkeit nach Versuchen von Moore und Jasper (4).

Werkstoff	Zustand	Biegeschwingungsfestigkeit in kg/mm²				Lochempfindlichkeit in % bei	
		Rundstäben mit rotierender Biegung		Flachstäben		Rundstäben	Flachstäben
		ohne Bohrung	mit Bohrung	ohne Bohrung	mit Bohrung		
0,02%-C-Stahl	—	18,2	9,1	16,8	14,0	50	16,6
0,37%-C-Stahl	norm.	23,0	—	22,0	18,9	—	14,1
0,49%-C-Stahl	,,	23,0	—	20,3	18,2	—	9,2
0,49%-C-Stahl	sorb.	33,5	18,2	—	—	45	—
0,52%-C-Stahl	norm.	39,0	—	23,8	22,3	—	6,3
0,52%-C-Stahl	trost.	49,0	25,1	—	—	48,5	—
1,20%-C-Stahl	norm.	35,0	—	29,5	29,0	—	1,7
3,5%-Ni-Stahl	gegl.	37,8	—	34,3	27,2	—	20,7
3,5%-Ni-Stahl	verg.	44,7	—	35,7	34,3	—	8,9

Nach diesen Versuchen scheint die Lochempfindlichkeit bei Rundstäben und rotierender Biegung viel größer zu sein als bei Flachstäben und hin- und hergehender Schwingebeanspruchung.

Tabelle 39. Lochempfindlichkeit von geglühten Stäben nach Schultze.

Stahl	Lochempfindlichkeit in %
St. 37 . 11	36
St. 60 . 11	45
St. 70 . 11	45
3%-Ni-Stahl	46
St. 52, Unionbaustahl	35

Schultze findet hingegen bei Flachbiegeproben mit hin- und hergehender Schwingungsbeanspruchung bedeutend höhere Werte für die Lochempfindlichkeit. Die Proben hatten einen Querschnitt von 30×12 mm² und eine Querbohrung von 12,5 mm mit abgeschrägten Rändern. Die Werte für die geglühten Stähle sind in Tabelle 39 angeführt.

Für die Drehschwingungsbeanspruchung mit der Schenckschen Maschine und Probestäbe von 12,5 mm ⌀, die mit einer Querbohrung von 1,5 mm ⌀ versehen waren, fand Herold für einen Mn-Stahl mit 0,48% C, 1,04% Mn, 0,27% Si und 0,29% Cr, welcher auf 58,7 kg Fließgrenze, 82,8 kg/mm² Festigkeit, 12,2% Dehnung und 72% Einschnürung vergütet war, die Drehschwingungsfestigkeit im unverletzten Zustand mit 24,5 kg/mm² und bei den gelochten Proben mit 12,7 kg/mm² (bezogen auf den vollen Querschnitt). Die Verminderung der Schwingungsfestigkeit beträgt also 48,5%.

Versuche mit schwingender Zugbeanspruchung mit dem Amslerschen Pulsator bei einem Verhältnis von $\frac{\sigma_u}{\sigma_0} = 0{,}25$ wurden von Graf (3) durchgeführt. Der verwendete C-Stahl hatte 33 kg/mm² Fließgrenze bei einer Festigkeit von 51,9 kg/mm². Diese Versuche ergaben folgende Werte:

	σ_w / σ_v		
a) für vollständig bearbeitete Stäbe	± 14,7/24,8 kg/mm²	100%	
b) an 2 Flächen bearbeitet und an den anderen mit Walzhaut	± 10,7/17,8 „	73%	100%
c) Stäbe wie b, aber mit einer Querbohrung von 5 mm Durchmesser	± 8,4/14,0 „	57%	78%

Die Verminderung der Wechselfestigkeit durch die Bohrung beträgt also 22%.

Die folgende Zusammenstellung zeigt den Einfluß einer Querbohrung bei zwei verschiedenen Stählen mit Walzhaut und wechselnder Zugbeanspruchung, wobei σ_u rd. 100 kg/cm² betrug.

	St. 37	St. 52
Fließgrenze	30,65	36,85 kg/mm²
Zugfestigkeit	41,90	57,05 „
Wechselfestigkeit mit Walzhaut, F = 6,6 × 1 cm²	± 14,9/15,9 bis ± 15,9/16,9	± 14,8/15,8 „
Wechselfestigkeit mit Walzhaut und einer Bohrung von 23 mm ⌀ F = 8,9 × 1—2,3 = = 6,6 cm²	± 8,6/9,6	± 8,8/9,8 „
Lochempfindlichkeit ...	42,0	40,0 %

Die Schwingungsfestigkeit gelochter Proben hängt aber nicht nur von der Größe des Loches, sondern auch von der Bearbeitung des Lochrandes und der Lochwand ab. Nach Versuchen von Barner betrug die Wechselfestigkeit eines Flußstahles von 59 kg/mm² Festigkeit bei wechselnder Zugbeanspruchung ± 15,6/26 kg/mm² beim Vollstab. Bei gelochten

Stäben mit fein bearbeiteter Lochwand betrug sie $\pm$ 11,3/18,7 kg/mm² und sank durch grobe Bearbeitung der Lochwand auf $\pm$ 9,5/15,6 kg/mm². Es ist die Wechselfestigkeit durch grobe Bearbeitung der Lochwand um 17% gegenüber jener bei Feinbearbeitung gesunken.

Zu ganz ähnlichen Ergebnissen über den Einfluß der Bearbeitung gebohrter Proben auf die Höhe der Schwingungsfestigkeit kommt Armbruster bei seinen Versuchen mit der Schenckschen Biegemaschine. Die Probestäbe hatten 10 mm Durchmesser und waren mit einer Querbohrung von 1,5 mm versehen. Der Rand derselben wurde durch Schlagen mit einem Körner verfestigt. Die Hohlstäbe hatten eine achsiale Bohrung von 5 mm. Die Versuche sind in Tabelle 40 angeführt.

Tabelle 40. Der Einfluß von Querbohrungen auf die Biegeschwingungsfestigkeit von Stahl nach Versuchen von Armbruster.

Werkstoff	σ_F kg/mm²	σ_B kg/mm²	ϑ %	ψ %	Bearbeitung der Lochwand	σ_{wb} kg/mm²	σ_{wb}^{b} kg/mm²	%	Δ_{wb}^{b} %
C-Stahl	31,5	54,2	23,9	56,2	ungebohrt	16,0	—	—	0
0,28% C, 0,39% Mn, 0,33% Si					Bohrung nicht bearbeitet	—	11,5	100	28,1
					Rand verfestigt durch Schlagen	—	13,5	118	15,6
					Hohlstab mit Bohrung	—	12,1	105	24,4
C-Stahl	35,0	53,0	22,8	67,5	ungebohrt	17,5	—	—	0
0,27% C, 0,34% Mn					Bohrung nicht bearbeitet	—	13,4	100	23,4
					Rand verfestigt durch Schlagen	—	16,4	122	6,3
Cr-Ni-Stahl ...	80,5	92,6	15,8	64,0	ungebohrt	29,5	—	—	0
					Bohrung nicht bearbeitet	—	17,8	100	39
					Rand verfestigt durch Reiben	—	18,4	103	37,7
					Rand verfestigt durch Schlagen	—	20,0	113	32,2
					Hohlstab mit Bohrung	—	16,2	88	45,0

In der Abb. 103 ist noch eine übersichtliche Zusammenstellung über den Einfluß der Oberflächenbeschaffenheit und der Formgebung auf die Biegeschwingungsfestigkeit von Stählen in Abhängigkeit von der Bruchfestigkeit gegeben.

g) Die Korrosionsempfindlichkeit.

Die ersten Korrosionsermüdungsversuche wurden im Jahre 1917 von Haigh (6) mit Messing durchgeführt und ergaben die überraschende Tatsache, daß die Wechselfestigkeit desselben durch den gleichzeitig korrodierenden Einfluß von Flüssigkeiten ganz bedeutend herabgesetzt wird. In der weiteren Folge wurde der Einfluß der Korrosion auf die Wechselfestigkeit sehr eingehend an der U. S. Naval Experiment Station durch Mc Adam (1,9—22) untersucht.

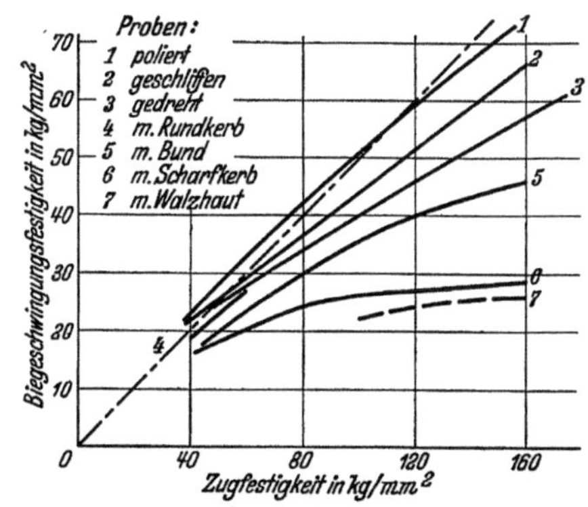

Abb. 72. Der Einfluß der Oberflächenbeschaffenheit und der Formgebung auf die Biegeschwingungsfestigkeit von Stählen in Abhängigkeit von der Bruchfestigkeit nach Mailänder (4).

Bei der Korrosionswechselbeanspruchung ist der Werkstoff gleichzeitig zweierlei Einflüssen ausgesetzt. Der Korrosion und der Schwingungsbeanspruchung. McAdam sucht beide Teile getrennt zu erfassen, indem er zunächst die Probe ohne mechanische Beanspruchung der Korrosion unterwirft (spannungslose Korrosion) und dann die Wechselfestigkeit derselben in Luft bestimmt, wobei die Probe während der Beanspruchung keiner Korrosion mehr ausgesetzt wird. In einem zweiten Versuch wird die Probe bei Spannungskorrosion untersucht, d. h. sie wird während der Schwingungsbeanspruchung gleichzeitig dem korrodierenden Einfluß einer Flüssigkeit ausgesetzt. Dabei ergibt sich immer, daß die Spannungskorrosion die Schwingungsfestigkeit bedeutend stärker herabsetzt als die spannungslose Korrosion.

McAdam hat auch Proben mit dynamischer Vorkorrosion durchgeführt, bei welchen dieselben bei Beanspruchungen unter der Korrosionsschwingungsfestigkeit verschieden lange Zeit der Korrosion ausgesetzt wurden, worauf die Schwingungsfestigkeit in Luft, unter Ausschluß weiterer Korrosion, bestimmt wurde. Die so erhaltenen Werte lagen immer zwischen jenen bei spannungsloser und bei Spannungskorrosion.

Man muß also bei der Korrosionswechselbeanspruchung die beiden folgenden Stufen unterscheiden:

1. Die Korrosionsstufe, bei welcher die Probe im spannungslosen Zustand korrodiert und dann der Wechselbeanspruchung ausgesetzt wird.

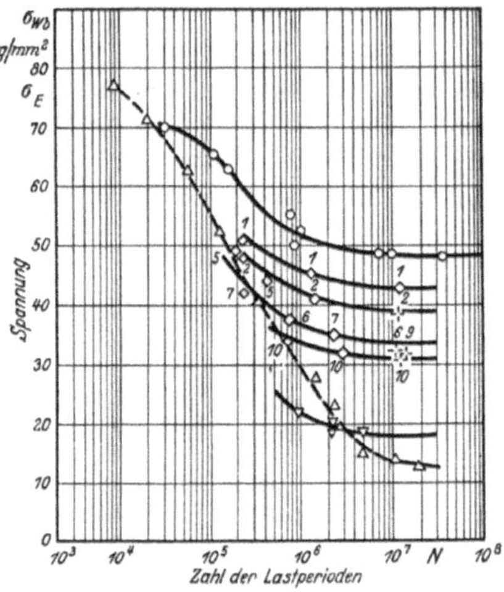

Abb. 73. Der Verlauf der Wechselbeanspruchung eines Cr-Va-Stahles mit 100 kg/mm² Bruchfestigkeit bei Korrosion mit Leitungswasser nach McAdam.
O Wechselbeanspruchung in Luft.
◇ Nach spannungsloser Vorkorrosion. Die beigefügten Zahlen geben die Korrosionszeiten in Tagen an.
▽ Bei dynamischer Vorkorrosion.
△ Bei Korrosionswechselbeanspruchung.

2. Die Korrosionsermüdungsstufe, bei welcher die Schwingungsfestigkeit bei Spannungskorrosion bestimmt wird.

Abb. 73 zeigt als Beispiel das Verhalten eines Cr-Va-Stahles mit 110 kg/mm² Festigkeit bei den verschiedenen Korrosionsbeanspruchungen. Läßt man den Stahl zunächst spannungslos korrodieren, so wird die Schwingungsfestigkeit um so geringer, je länger die Korrosion andauert. Aus dem Abstand der einzelnen Kurven kann man erkennen, daß die Korrosionswirkung nach etwa 6 Tagen stark nachläßt. Läßt man die Proben bei wechselnder Beanspruchung unter der Korrosionswechselfestigkeit vorkorrodieren, so wird die Schwingungsfestigkeit dadurch stärker als bei spannungsloser Korrosion herabgedrückt. Das Ergebnis der Spannungskorrosion, durch welche die Schwingungsfestigkeit am stärksten vermindert wird, ist durch die strichlierte Linie angedeutet.

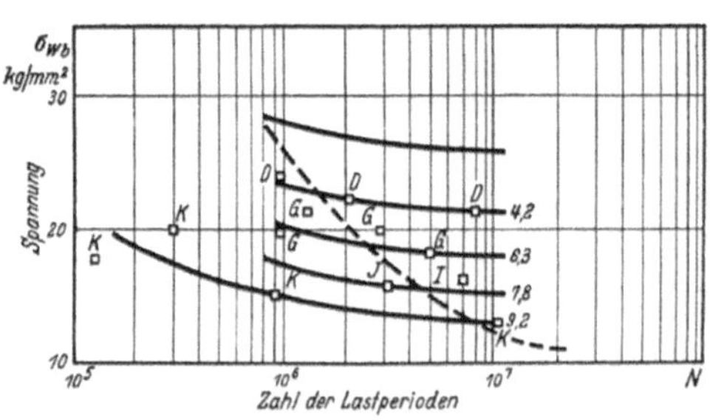

Abb. 74. Der Verlauf der Wechselbeanspruchung eines 0,29% C-Stahles bei Korrosion mit Leitungswasser nach McAdam.

Ein weiteres Beispiel für die unterschiedliche Wirkung der verschiedenen Korrosionsbeanspruchungen ist in Abb. 74 für einen 0,29%-C-Stahl gegeben. Die voll ausgezogenen Linien wurden bei Schwingungsbeanspruchung in Luft erhalten, während die strichlierte Linie den Verlauf der Schwingungsbeanspruchung bei gleichzeitiger Korrosion darstellt. Die Spannungsamplituden bei der dynamischen Vorkorrosion betrugen in den Fällen:

D	4,2 kg/mm²
G	6,3 „
I	7,8 „
J	8,5 „
K	9,2 „

Bei gleichmäßig gesteigerter Wechselbeanspruchung unter Vorkorrosion nimmt die Schwingungsfestigkeit nicht linear ab. In Abb. 75 sind die Schwingungsfestigkeiten für verschiedene Werkstoffe als Funktion der Vorkorrosion dargestellt. Die Zusammensetzung der Werkstoffe ist in Tabelle 41 gegeben. Aus den Kurvenanfangspunkten ist im Vergleich zu den Schwingungsfestigkeiten der Werkstoffe in Luft (ohne Vorkorrosion) zu ersehen, daß die spannungslose Vorkorrosion schon eine ganz bedeutende Herabsetzung der Schwingungsfestigkeit bewirkt. Bei den C-Va-Stählen A, B, C der Ta-

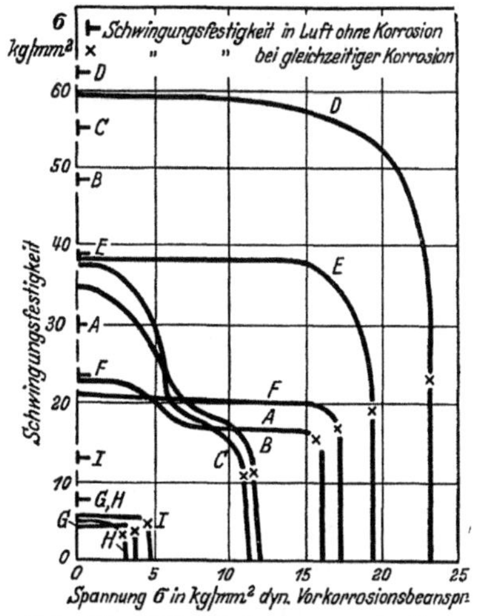

Abb. 75. Die Schwingungsfestigkeit verschiedener Werkstoffe in Abhängigkeit von der Spannungskorrosion bei Beanspruchungen unter der Wechselfestigkeit nach McAdam. Die Zusammensetzung der Werkstoffeist in Zahlentafel 41 gegeben.

Tabelle 41. Chemische Zusammensetzung für die Korrosionsversuche von McAdam verwendeten Stähle. (Zu Abb. 75.)

Bezeichnung	Werkstoff	Zustand	C %	Cr %	Ni %	Va %	Si %	Mn %	A %	Cu %
A.	Va-Stahl . . .	gehärtet	0,46	0,88	—	0,14	—	—	—	—
B.	Va-Stahl . . .	vergütet	0,46	0,88	—	0,14	—	—	—	—
C.	Va-Stahl . . .	„	0,46	0,88	—	0,14	—	—	—	—
D.	Rostfreier Stahl	„	0,38	14,5	0,23	—	—	—	—	—
E.	Cr-Ni-Stahl.	—	0,45	8,05	20,68	—	10,1	—	—	—
F.	Al-Bronze . .	—	—	—	—	—	—	—	7,49	88,67
G.	Aluminium .	hart	—	—	—	—	—	—	99,49	—
H.	Mn-Aluminium	„	—	—	—	—	—	1,33	97,97	—
I.	Duraluminium	—	—	—	—	—	—	—	—	—

belle 41 nimmt mit steigender Vorkorrosion die dadurch verursachte Kerbwirkung zunächst langsam und dann plötzlich zu, um in weiterem Verlauf bis zur Höhe der Korrosionsschwingungsfestigkeit wieder langsamer anzusteigen.

McAdam kommt bei seinen Versuchen zu folgenden zusammenfassenden Ergebnissen:

Die spannungslose Korrosion. 1. Bei allen Stählen nimmt die Schwingungsfestigkeit bei spannungsloser Korrosion zunächst sehr stark und mit zunehmender Korrosionszeit schwächer ab, bis schließlich ein konstanter Wert für dieselbe erreicht wird. Bei den Kohlenstoff- und legierten Stählen nimmt die Schwingungsfestigkeit bis zu 100 Tagen stark ab, während bei den Nickelstählen eine Abnahme derselben bis zu 150 Tagen festgestellt werden kann. Eine weitere Abnahme durch eine sehr lang andauernde, spannungslose Korrosion, wie sie bei der Spannungskorrosion festgestellt wurde, konnte nicht beobachtet werden. So wurde z. B. bei Cr-Ni-Stählen die Schwingungsfestigkeit durch eine Verlängerung der spannungslosen Korrosionszeit auf 180 Tage nicht weiter unter ihren Mindestwert erniedrigt.

2. Bei den untersuchten rostsicheren Legierungen, wie rostsicherer Stahl, Monelmetall und Nickel, nahmen die Schwingungsfestigkeiten bei geringen Korrosionszeiten zunächst langsam, mit Zunahme derselben aber immer rascher ab. Selbst nach einer Korrosionszeit nach 30 Tagen konnte noch kein konstanter Wert für die Schwingungsfestigkeit erzielt werden. Es haben sich also die untersuchten rostsicheren Werkstoffe unter den gegebenen Bedingungen nicht als rostbeständig erwiesen.

3. Die Aluminiumlegierungen zeigen bei spannungsloser Korrosion ein ganz ähnliches Verhalten wie die legierten und nichtlegierten Stähle.

Die Spannungskorrosion. 1. Bei den C-Stählen nähert sich die Beanspruchungs- und Lastwechselkurve einer Geraden, so daß man daraus auf eine Korrosionsschwingungsfestigkeit schließen kann, um so mehr als auch ein Hochtrainieren derselben unterhalb der Korrosionsschwingungsfestigkeit möglich ist.

2. Bei den rostfreien Stählen verläuft das Beanspruchungsdiagramm zwischen 10 und 50 Millionen Lastwechsel horizontal, täuscht also eine Korrosionsschwingungsfestigkeit vor. Auch in diesem Beanspruchungsbereich ist ein Hochtrainieren möglich. Dehnt man aber die Versuche auf größere Lastwechselzahlen aus, so nimmt die Korrosionsschwingungsfestigkeit wieder ab und beträgt bei rd. 500 Millionen Lastwechseln nur mehr ungefähr die Hälfte jener bei 50 Millionen. Es haben sich also auch bei der Spannungskorrosion die rostfreien Stähle als nicht rostbeständig erwiesen.

3. Bei den Nichteisenmetallen liegen die Verhältnisse ganz ähnlich wie bei den rostfreien Stählen. Es wird zunächst ein konstanter Wert

für die Korrosionsschwingungsfestigkeit erreicht, welcher mit Zunahme der Lastwechselzahl wieder sinkt und bei rd. 800 Millionen Lastwechsel nur mehr ungefähr die Hälfte jenes bei 50 Millionen beträgt.

In der Abb. 76 sind die Schwingungsfestigkeiten verschiedener Stähle in Luft und bei Korrosion mit Leitungswasser nach den Versuchen von McAdam gegeben. Es muß als wichtigstes Ergebnis derselben hervorgehoben werden, daß die Korrosionsschwingungsfestigkeit der Stähle fast unabhängig von ihrer Zusammensetzung und ihrer mechanischen und thermischen Vorbehandlung ist. Die Korrosion setzt die Schwingungsfestigkeit in bedeutend höherem Maß als irgendeine andere Oberflächenverletzung herab und sie muß daher als die stärkste Schädigung eines Werkstoffes bezeichnet werden. Während gekerbte Stäbe mit steigender Zugfestigkeit noch eine Erhöhung der Schwingungsfestigkeit zeigen, ist dieselbe bei Korrosionswirkung nur mehr sehr unbedeutend. Die Schwingungsfestigkeit der Stähle bei Korrosion mit Leitungswasser liegt bei niedrigen Festigkeiten nur wenig unter jenen mit einer Festigkeit von 100 kg/mm². Eine Erklärung hierfür dürfte in den starken Anfressungen der Oberfläche zu suchen sein, da eine Verfestigung am Kerbgrund durch die andauernde Korrosionswirkung nicht möglich ist. Diese Korrosionsschäden dringen nach den Untersnchungen McAdams an den Korngrenzen vor, während Ludwik (17) beobachtet, daß die Brüche auch bei Korrosionswirkung hauptsächlich durch die Körner gehen.

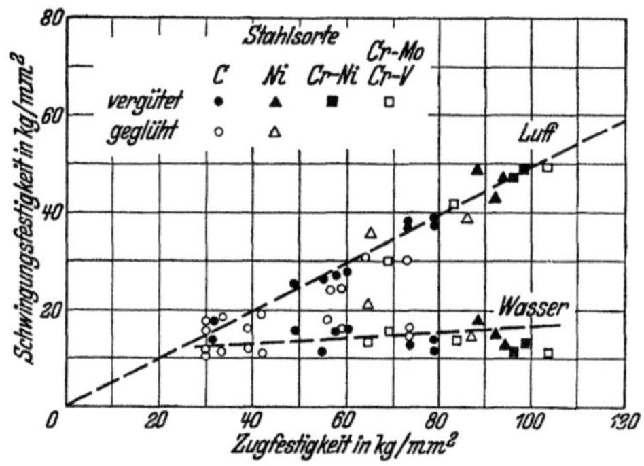

Abb. 76. Die Schwingungsfestigkeit verschiedener Stähle in Luft und bei Korrosion mit Leitungswasser in Abhängigkeit von der Bruchfestigkeit (Mailänder nach Versuchen von McAdam).

Die Korrosionsschwingungsfestigkeit dürfte auch unabhängig vom Querschnitt der Proben sein, mindestens konnte von McAdam bei Probendurchmessern von 12, 45 und 60 mm keine Unterschiede derselben festgestellt werden.

Einen großen Einfluß auf die Korrosionsschwingungsfestigkeit hat die Zusammensetzung des Korrosionsmittels und es hat sich ein unmittelbarer Zusammenhang zwischen dem unter den Versuchsbedingungen ermittelten Potentialunterschied der verschiedenen Werkstoffe gegenüber Salzwasser und der Korrosionsschwingungsfestigkeit ergeben. Diese

Beziehung ist in Abb. 77 dargestellt. Bei Meerwasser ist die Korrosion bedeutend größer als bei Leitungswasser. Abb. 78 zeigt das Beanspruchungs-Lastwechseldiagramm für wechselnde Biegung nach den Versuchen von Ludwik (17) für ein hart vergütetes VCN 35 bei Korrosion mit Leitungs- und Meerwasser.[1]

Es geht daraus in Übereinstimmung mit den Versuchen McAdams hervor, daß eine 10 Millionengrenze für die Bestimmung der Korrosions-

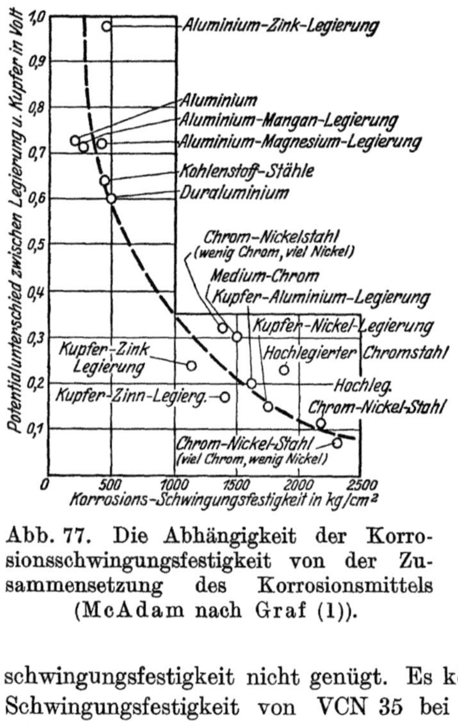

Abb. 77. Die Abhängigkeit der Korrosionsschwingungsfestigkeit von der Zusammensetzung des Korrosionsmittels (McAdam nach Graf (1)).

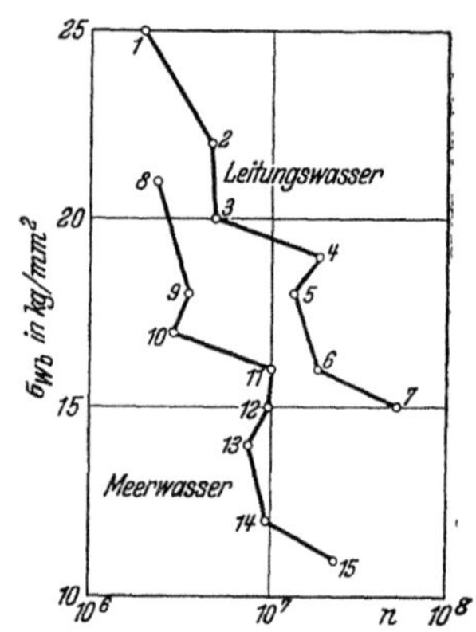

Abb. 78. Der Verlauf der Korrosionswechselbeanspruchung für einen hart vergüteten Stahl VCN 35 bei schwingender Biegung und Korrosion mit Leitung und Meerwasser nach Ludwik (17).

schwingungsfestigkeit nicht genügt. Es könnte z. B. nach Abb. 78 die Schwingungsfestigkeit von VCN 35 bei Meerwasserkorrosion sowohl mit 11 als auch mit 16 kg/mm² angenommen werden. Es ist daher fraglich, ob bei einer starken Korrosionswirkung überhaupt eine untere Beanspruchungsgrenze besteht, welche beliebig oft ertragen werden kann. So finden z. B. Ludwik und Krystof bei der Korrosionsermüdung eines Cr-Ni-Stahles noch nach $500 \cdot 10^6$ Lastwechsel die in

[1] Für diese Versuche wurde Meerwasser von Triest mit folgenden Salzgehalten in Grammen pro Liter verwendet: 28,5 g (NaCl + KCl), 2,9 g $MgCl_2$, 2,5 g $MgSO_4$ und 1,0 g $CaSO_4$. Das von dem Verein deutscher Eisenhüttenleute für statische Korrosionsversuche empfohlene künstliche Meerwasser (St. u. E. 50, 1923, S. 1286) mit 29,6 g NaCl, 3,6 g $MgCl_2$, 2,4 g $MgSO_4$ und 1,3 g $CaSO_4$ pro Liter ergab in seiner Korrosionswirkung keine Unterschiede gegenüber dem natürlichen Meerwasser.

Abb. 79 dargestellten Anrisse. Es sollte daher den Werten der Korrosionsschwingungsfestigkeit immer beigefügt werden, für welche Lastwechselzahl dieselben bestimmt wurden.

In der Zahlentafel 42 sind einige Versuchsergebnisse von Lehr (9) angeführt, welche mit der Schenckschen Biegeschwingmaschine mit 10 Millionen Lastwechsel bestimmt wurden. Weitere Korrosionsschwingungsversuche wurden in Deutschland in der letzten Zeit von Kühnel (2), Schultz und Buchholtz und von Jünger durchgeführt.

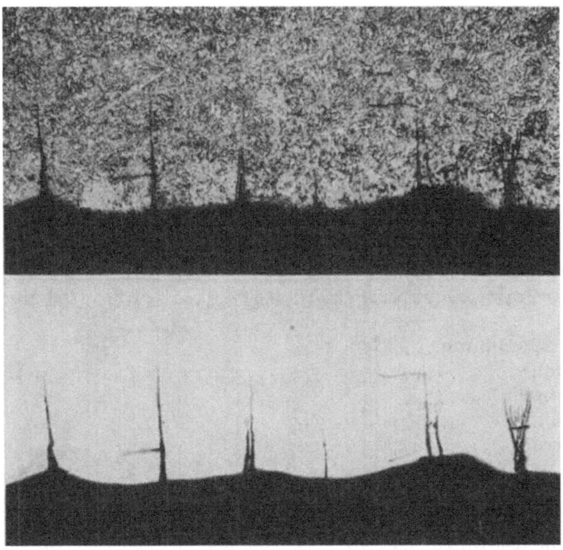

Abb. 79. Anrisse nach $500 \cdot 10^6$ Lastwechsel bei einer Biegewechselbeanspruchung von 13 kg/mm² und der Korrosion mit Leitungswasser bei einem hart vergüteten Cr-Ni-Stahl mit 108 kg/mm² Bruchfestigkeit nach Ludwik und Krystof.

Bei der außerordentlich schädlichen Wirkung der Korrosion ist natürlich die Frage des Korrosionsschutzes von größter praktischer Bedeutung. Durch eine Änderung der chemischen Zusammensetzung der Werkstoffe dürfte nach unserer heutigen Erfahrung kaum etwas erreicht werden können, da auch z. B. die rostsicheren Stähle eine ganz bedeutende Korrosionsempfindlichkeit aufweisen. So fand z. B. Ludwik (17) für einen rostsicheren Stahl eine Korrosionsschwingungsfestigkeit von nur 11 kg/mm², während dieselbe nach McAdam je nach der Wärmebehandlung 19 bis 25 kg/mm² beträgt. Schultz und Buchholtz haben einen günstigen Einfluß eines Cu-Gehaltes bei St. Si festgestellt, wodurch die Korrosionsschwingungsfestigkeit von 17 auf

Tabelle 42. Einfluß der Korrosion auf die

Nr.	Werkstoff	Chemische Zusammensetzung %					Zustand
		C	Si	Mn	Cr		
1	2	3	4	5	6	7	8
1	Masch.-Stahl St. 3411[1].	0,10	0,17	0,93	—		geglüht
2	„ St. 6011[1].	0,45	0,28	1,00	—		„
3	„ St. C. 35[1]	0,36	0,28	0,82	—		vergütet
4	Cr-Va-Stahl[1]	0,37	0,35	0,97	1,05	0,27 Va	gewalzt
5	Cr-Va-Stahl[1]	0,37	0,35	0,97	1,05	0,27 Va	vergütet
6	Cr-Va-Stahl[1]	0,54	0,25	0,82	1,1	0,25 Va	„
7	Cr-Va-Stahl[1]	0,54	0,25	0,82	1,1	0,25 Va	„
8	Cr-Ni-Stahl VCN 15[1]	0,20	0,25	0,60	1,3	1,1 Ni	„
9	Cr-Ni-Stahl VCN 35[1]	0,15	0,23	0,50	0,8	3,5 Ni	gewalzt
10	Cr-Ni-Stahl VCN 35[1]	0,15	0,23	0,50	0,8	3,5 Ni	vergütet
11	Nickelstahl 5%[1]	0,13	0,32	0,42	0,07	5,2 Ni	geglüht
12	Nickelstahl 5%[1]	0,13	0,32	0,42	0,07	5,2 Ni	gewalzt
13	Nickelstahl 5%[1]	0,42	0,12	0,70	—	3,6 Ni	vergütet
14	Cr-Mo-Stahl[1]	0,53	0,41	0,45	1,21	0,3 Mo	gewalzt
15	Cr-Mo-Stahl[1]	0,53	0,41	0,45	1,21	0,3 Mo	vergütet
16	Rein-Aluminium[2]						geglüht
17	Skleron[2]						hart verg.
18	Duralumin[2]						geglüht
19	Duralumin[2]						vergütet
20	Elektron[2]						geglüht
21	Elektrolyt-Kupfer[1]						„
22	Messing Ms 70[2]						„
23	Schmiede-Bronze[2]						gewalzt
24	Nickel-Bronze[2]						geglüht
25	Kupfer, hart[2]						hart gez.

[1] Frischwasser. [2] Seewasser.

21 kg/mm², bei einer Schwingungsfestigkeit von 30 kg/mm² gehoben werden konnte.

Speller, McCorkle und Mumma fanden, daß die Korrosionsempfindlichkeit beim Benetzen mit Wasser, durch neutralisierende Zusätze zu demselben so weit vermindert werden kann, daß sich kein Unterschied mit der Schwingungsfestigkeit im unbenetzten Zustand ergibt. Nach Ludwik und Scheu (6) verursacht ein Benetzen des Probestabes mit Shellcut (1 : 10) keine Korrosionsermüdung.

Nach den bisherigen, sehr spärlichen Untersuchungen über den Korrosionsschutz dürften sich am besten gewisse galvanische Metallüberzüge sowie Farbanstriche bewährt haben. So konnte z. B. McAdam durch einen galvanischen Kadmiumüberzug die Korrosionsschwingungs-

Schwingungsbeanspruchung nach Lehr (9).

Zerreißversuch			Schwingungsfestigkeit kg/mm²						
σ_B	σ_F	$\delta\%$	σ_{wb}	σ^v_{wb}	Δ^v_{wb}	σ_w	τ_w	σ^k_{wb}	Δ^k_{wb}
9	10	11	12	13	14	15	16	17	18
36	25	25	17	14	17,5	13	10	11	35
65	40	18	30	23	23	23	18	15	50
54,5	35	20	26	20	23	19	16	12	54
65	47	15	38	27	29	27	24	17	55
100	84	13	42	28	34	28	26	15	64
135	110	10	52	24	54	34	29	12	77
145	115	9	58	25	57	39	32	12	79
97	85	12	48	28	42	32	29	12	75
75	50	18	37	26	30	25	22	17	54
93	74	13	44	23	48	30	25	16	63
67	51	16	35	24	31,5	24	22	21	40
84	65	14	38	26	31,5	26	24	15	60
112	97	11	50	26	48	35	30	19	61
71	49	15	34	24	29,5	23	21	17	50
102	96	10	48	25	48	34	28	16	66
9,8	5,5	24	5	4,5	10		3	3	40
57	48	13	13	11	15,4		7,5	6	54
27	12	18	12	10	16,5		6,5	6,5	46
40	23	15	14	13	7,2		8	7	50
29	13	18	11	10	9,1		6,5	3,5	68
22	6,5	50	9	7,5	16,7		4,5	8	11
34	11	45	15	14	6,7		8,5	14	6,6
57	43	21	13	12	7,7		7,5	12	7,7
49	25	36	18	16	11		10	16	11
35	29	17	12	10	16,7		5	11	8,3

festigkeit eines vergüteten Vanadinstahles verdoppeln. Zinküberzüge sollen sich nach anderen Untersuchungen weniger gut bewährt haben. Nach Thum und Ochs wird die Korrosionsempfindlichkeit durch Oberflächendrücken vermindert. Auffallend ist ein Versuchsergebnis von Kühnel (2), wodurch die Korrosionsempfindlichkeit eines C-Stahles mit 81 bis 85 kg/mm² Festigkeit durch einen Mennigeanstrich von 61% auf 0 herabgedrückt werden konnte. Nitrierte Stähle sind nach den Untersuchungen von Mailänder (4) nicht kerbempfindlich.

Aus diesen wenigen Angaben geht hervor, daß die so wichtige Frage des Korrosionsschutzes bei schwingender Beanspruchung fast noch gar nicht erforscht ist. Bei der außerordentlich schädigenden Wirkung der Korrosion sollten aber diese Versuche möglichst bald durchgeführt werden.

h) Der gleichzeitige Einfluß mehrerer aber verschiedener Oberflächenverletzungen auf die Schwingungsfestigkeit.

Bei der Untersuchung der Kerbwirkung wurde fast ausschließlich immer nur der Einfluß einer Oberflächenverletzung auf die Schwingungsfestigkeit bestimmt. Es ist natürlich praktisch von großer Bedeutung, die gleichzeitige Wirkung mehrerer, aber verschiedenartiger Oberflächenverletzungen zu kennen, da in der Praxis in den meisten Fällen mehr als eine Verletzungsart, wie z. B. Hohlkehlen, Gewinde, Keilnuten, Ölbohrungen usw., vorkommen werden. Für die Beurteilung der Beanspruchbarkeit solcher Maschinenteile wird jedenfalls maßgebend sein, ob diese Verletzungen räumlich so weit voneinander entfernt sind, daß ihre gegenseitige Beeinflussung nicht mehr möglich ist. In diesem Falle dürfte die stärkste Verletzung maßgebend für die Beanspruchbarkeit sein.

Tabelle 43. Die Wirkung mehrerer, aber verschiedenartiger Oberflächenverletzungen auf die Drehschwingungsfestigkeit eines Mn-Stahles nach Versuchen von Herold.

1	2	3	4	5	6
	Drehschwingungsfestigkeit				
Oberfläche	gefunden kg/mm²	in %	berechnet kg/mm²	Differenz 2—4 kg/mm²	Differenz 2—4 in %
Geschliffen	24,5	100	—	—	—
V	17,3	70,6	—	—	—
O	12,7	51,8	—	—	—
K	13,3	54,2	—	—	—
O V ||O||	12,7	51,8	8,9	3,8	42,7
O V |⌽|	12,0	49,0	8,9	3,1	34,8
O K	7,9	32,2	6,9	1,0	15,4
V K	11,6	47,3	9,4	2,2	23,4
O V K |⌽|	7,5	31,6	4,8	2,7	56,2

V Oberflächenverletzung durch Kerb, |O|| neben der Bohrung.
„ „ „ |⌽| durch die Bohrung.
O „ „ Loch von 1,5 mm ∅.
K „ „ Korrosion mit Leitungswasser.

Die Verhältnisse liegen aber anders, wenn die gleiche Stelle mehrfach verletzt ist, z. B. wenn ein Kerb durch eine Bohrung geht, eine verletzte Stelle gleichzeitig der Korrosion ausgesetzt ist oder wenn die Verletzungen so nahe aneinander liegen, daß sie sich in ihren Wirkungen gegenseitig beeinflussen. Über die Wirkung solcher mehrfacher Verletzungen liegen bisher nur vereinzelte Versuche vor. Für die rechnungsmäßige Behandlung nimmt man in solchen Fällen an, daß die Vermindetung der Schwingungsfestigkeit bei mehrfachen Verletzungen dem Produkt der einzelnen Empfindlichkeiten gleich ist. Zur Nachprüfung dieser Annahme wurden von Herold Versuche auf der Schenckschen Drehschwingungsmaschine mit einem Mn-Stahl mit 0,84% C, 1,04% Mn, 0,27% Si und 0,29% Cr durchgeführt. Der Stahl war auf folgende Festigkeitswerte vergütet: 58,7 kg/mm² Fließgrenze, 82,8 kg/mm² Bruchgrenze, 12,2% Dehnung (L = 10 d), 72,0% Einschnürung. Ausgehend von der Drehschwingungsfestigkeit geschliffener Stäbe mit 12,5 mm ⌀ wurde der Einfluß eines Kerbes mit r = 0,05 mm und t = 0,1 mm, einer Querbohrung von 1,5 mm Durchmesser und der Korrosion mit Leitungswasser bestimmt.

Ferner wurde die Einwirkung von je zwei und schließlich von allen drei Oberflächenverletzungen untersucht. Das Ergebnis ist in Tabelle 43 enthalten.

In der Spalte 4 wurden die Schwingungsfestigkeiten aus dem Produkt der Empfindlichkeiten der einzelnen Verletzungen berechnet. Im Vergleich zu den gefundenen Werten der Spalte 2 ergibt sich, daß die berechneten Werte um 15 bis 56% niedriger, als die durch den Versuch gefundenen sind. Die Korrosionsversuche wurden allerdings nach einer Beanspruchung von 15 Millionen Lastwechsel abgebrochen.

Weitere derartige Versuche sind für die praktische Anwendung der Schwingungsfestigkeit von der größten Bedeutung.

C. Die Maßnahmen zur Verminderung der Kerbwirkung.

Wie aus den früheren Abschnitten hervorgeht, ist die Kerbgefahr in erster Linie durch die am Kerbgrund auftretende Spannungsspitze verursacht und alle bisherigen Versuche zur Verminderung der Kerbgefahr haben das Bestreben, diese Spannungsspitze durch geeignete Maßnahmen herabzudrücken. Diese können z. B. in einer Vergrößerung des Kerbradius der feinsten, durch die Bearbeitung, wie Schleifen usw., entstandenen Risse, in der Aufbringung einer der Beanspruchung entgegengesetzt gerichteten inneren Vorspannung, oder in Zusatzkerben, welche die Hauptkerben entlasten, bestehen. Alle diese Maßnahmen haben bisher kaum eine bewußte praktische Anwendung gefunden. Es sollen aber trotzdem die im Schrifttum bekannt gewordenen Wege zur Verminderung der Kerbgefahr besprochen werden, da dieselben für den praktischen Maschinenbau von großer Bedeutung sind und es sich heute noch nicht voraussehen läßt, welche von diesen Maßnahmen einer praktischen Anwendung fähig sein werden. Es wird auch die Art der anzuwendenden Gegenmaßnahmen bei den verschiedenen Industriezweigen eine verschiedene sein.

a) Die Verminderung der Kerbgefahr durch Ätzen.

Kändler und Schultz gehen von der Beobachtung aus, daß die Wirkung eines Ätzmittels mehr in die Breite als in die Tiefe geht, und bestimmen den Einfluß dieser Erscheinung auf die Kerbwirkung durch Versuche mit einem Kruppschen Dauerschlagwerk. Die Versuche mit einem 0,09%-C-Stahl ergaben eine Zunahme der Schlagzahl von 22,7% nach zehnstündigem Ätzen in konz. Salzsäure, eine solche von 112% nach zehnstündigem Ätzen in konz. Salpetersäure. Letztere Ätzung ergab eine vollständige Ausrundung der Spitzkerben, der Probestab wurde dabei aber schon so stark angegriffen, daß dieser Ätzung keine praktische Bedeutung zukommt. Der Einfluß der Ätzdauer mit konz. Salzsäure auf gedrehte und polierte Proben ist in Abb. 80 dargestellt. Auffallend ist, daß nach dem Ätzen die Dauerschlagzahlen der gedrehten Proben höher sind als jene der polierten.

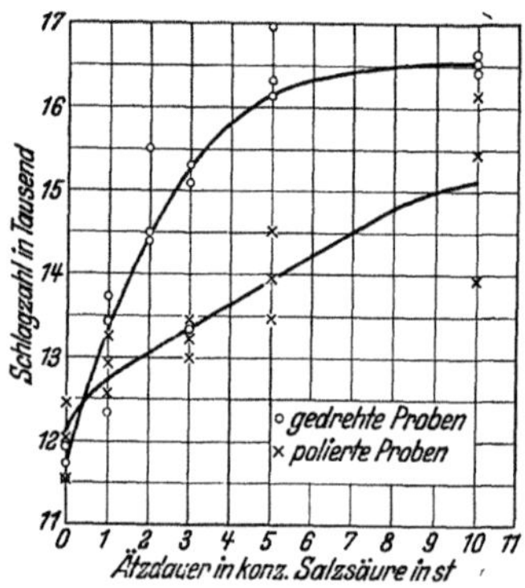

Abb. 80. Einfluß der Ätzdauer auf die Dauerschlagzahl bei Salzsäureätzung nach Kändler u. Schultz.

Ob diese Methode des Ätzens einer praktischen Anwendung fähig ist, muß dahingestellt bleiben. Es ist dabei zu bedenken, daß durch das Ätzen Korrosionserscheinungen auftreten können, welche viel gefährlicher als die Kerben werden können, ferner, daß bei kaltgereckten Werkstoffen sich häufig die Reckspannungen durch das Ätzen auslösen und Spannungsrisse entstehen. Außerdem besteht noch die Gefahr der Beizsprödigkeit, deren Wirkung auf die Schwingungsfestigkeit noch nicht bekannt ist.

b) Die Wirkung künstlich aufgebrachter und der Beanspruchung entgegengesetzt gerichteter innerer Werkstoffspannung.

Bei der Schwingungsbeanspruchung wird der Bruch durch die wechselnde Zugbeanspruchung verursacht. Wenn es nun gelingt, auf irgendeine Weise eine Druckvorspannung in der äußeren Faser des Kerbgrundes zu erzeugen, so müßte dadurch eine wesentliche Verminderung der Kerbwirkung möglich sein, da von der Zugbeanspruchung zuerst die entgegengesetzt gerichtete Druckvorspannung überwunden werden muß, bevor eine Zugspannung überhaupt auftreten kann. Es muß daher eine viel höhere Zugbeanspruchung möglich sein, bevor jene Maximalspannungsspitze an der Randfaser des Kerbgrundes erreicht wird, bei welcher ein Dauerbruch eintritt.

Thum (3), welcher diese Möglichkeit untersucht hat, geht von der zylindrisch gekerbten Welle aus. Man kann ein Eigenspannungssystem mit einer Druckvorspannung am Kerbgrunde erreichen, wenn man die Probe einer so starken Reckung unterzieht, daß am Kerbgrund die Fließgrenze überschritten wird, während die von der Kerbe entfernten Stoffteile noch im elastischen Gebiet beansprucht bleiben. Dies hat zur Folge, daß nach dem Aufhören der Zugbelastung, durch Zusammenziehung

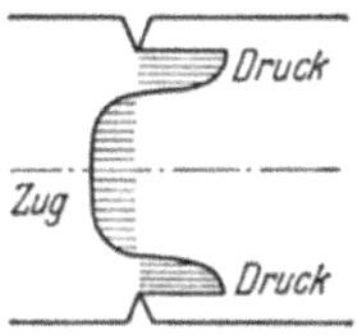

Abb. 81. Verteilung der Spannungen des Eigenspannungssystems im Kerbquerschnitt nach Thum (3).

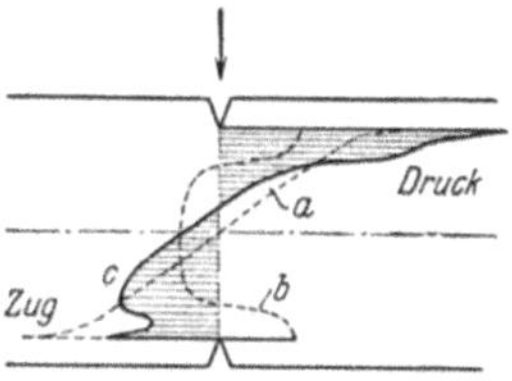

Abb. 82. Die aus den Biege- und Eigenspannungen resultierende Spannung nach Thum (3).

des nur elastisch verformten Stabinneren, das ringförmig stark verformte Volumen am Kerbgrunde, wie in Abb. 81 schematisch dargestellt ist, unter Druckvorspannung steht. Es ergibt sich dann bei der Biegebeanspruchung ein resultierendes Spannungsbild nach Abb. 82. Der erhöhten Druckbeanspruchung an der oberen Faser kommt keine besondere Bedeutung zu, da die Ursprungsfestigkeit bei Druck höher liegt als bei Zug. Wenn man den Stab umgekehrt, statt mit einer Druck- mit einer Zugvorspannung versieht, so erhält man das umgekehrte Eigenspannungssystem. Es ist dann an der Außenfaser eine Zug- und an der Innenfaser eine Druckvorspannung vorhanden und es muß sich in diesem Falle eine bedeutende Abnahme der Schwingungsfestigkeit ergeben. Diese Überlegung wurde von Oschatz (siehe Thum [3]) durch Versuche mit einem weichen Flußstahl bestätigt (Tabelle 44).

Tabelle 44. Schwingungsfestigkeit gekerbter, mit einer künstlichen Vorspannung versehener Proben aus weichem Flußstahl nach Versuchen von Oschatz.

Zustand der Probe	Biegeschwingungsfestigkeit kg/mm²	Änderung der Biegeschwingungsfestigkeit in Prozenten, bezogen auf jene der gekerbten Probe
Poliert	27,4	+ 75
Gekerbt und poliert	15,6	± 0
„ „ gereckt	17,5	+ 12
„ „ gestaucht	unter 9	unter — 42

Man sieht aus diesen Versuchen, daß die Schwingungsfestigkeit der gekerbten Proben durch eine der Beanspruchung entgegengesetzt gerichtete Druckvorspannung um 12% erhöht, durch eine gleichgerichtete Zugvorspannung aber um mehr als 42% vermindert wird.

Bei einer untersuchten Querbohrung, durch welche die Schwingungsfestigkeit auf 48% vermindert wurde, konnte durch eine plastische Verformung der Lochrandzone dieselbe auf 63% jener des polierten Stabes gehoben werden.

Bei diesen Versuchen wurde der Einfluß des Alterns, welcher bei der Kaltverformung eines so weichen Stahles eintreten muß, nicht berücksichtigt. Es ist auch noch nicht erwiesen, ob diese künstlich aufgezwungene Vorspannung dauernd erhalten bleibt oder im Verlauf sehr hoher Lastwechselzahlen nicht ganz oder teilweise wieder verlorengeht.

Diese Art der Verminderung der Kerbgefahr dürfte in dieser Form nur einer beschränkten Anwendung fähig sein, da wohl bei den wenigsten Konstruktionselementen der Querschnitt so gleichmäßig sein dürfte, um dieses Verfahren anwenden zu können. Es ergibt sich aber daraus eine Erklärung für die günstige Wirkung des von O. Föppl (13) schon 1926 erstmalig angewendeten Oberflächendrückens. Dasselbe besteht darin, daß die Oberfläche der Werkstücke sowie auch von Kerben oder Hohlkehlen durch Kaltwalzen unter Druck verdichtet wird. Dadurch findet nicht nur eine Glättung der Oberfläche und somit eine Verminderung der Kerbgefahr statt, sondern es wird durch das Verdichten auch eine Druckvorspannung der äußersten Randfaser erzeugt, wodurch die Kerbgefahr ebenfalls vermindert wird.

Die günstige Wirkung des Oberflächendrückens wurde durch die Versuche von Armbruster bestätigt (S. 116). Besonders auffallend ist der Unterschied zwischen den eingepreßten und eingedrehten Rillen. Es muß daher mit Recht erwartet werden, daß Schrauben mit gerolltem Gewinde eine höhere Schwingungsfestigkeit aufweisen als solche mit gedrehtem.

c) *Die Entlastungskerbe.*

Thum und Berg (2) haben erstmalig gezeigt, daß man die Beanspruchungsspitze einer Kerbe auch dadurch heruntersetzen kann, daß man beiderseitig derselben zusätzliche Kerben als Entlastungskerben anbringt. Die Wirkung derselben soll in Abb. 83 in einer schematischen Darstellung für den Fall eines an beiden Enden frei gelagerten Biegestabes, welcher in der Mitte durch eine stoßweise Kraft beansprucht wird, erklärt werden. Im Angriffspunkt der Kraft befindet sich die Bohrung d. Der Spannungsverlauf wird durch die strichlierte Linie gekennzeichnet. Die starke örtliche Spannungsanhäufung, welche immer mit einer Verdichtung und starken Umlenkung der Kraftlinien verbunden ist, kann man vermindern, wenn man beiderseits der gefährlichen Bohrung eine weitere Bohrung vom Durchmesser de anbringt. Der Spannungsverlauf, welcher durch die voll ausgezogene Linie angedeutet ist, wird dadurch günstiger.

Thum und Berg untersuchen durch Dauerschlagversuche, welche Durchmesser de und welcher Abstand e von der Mittelbohrung, deren Durchmesser d beträgt, die stärkste Entlastungswirkung gibt. Die gefundenen Verhältnisse sind in Abb. 84 für eine gleichbleibende Entfernung der Entlastungsbohrungen von e = 8 mm wiedergegeben.

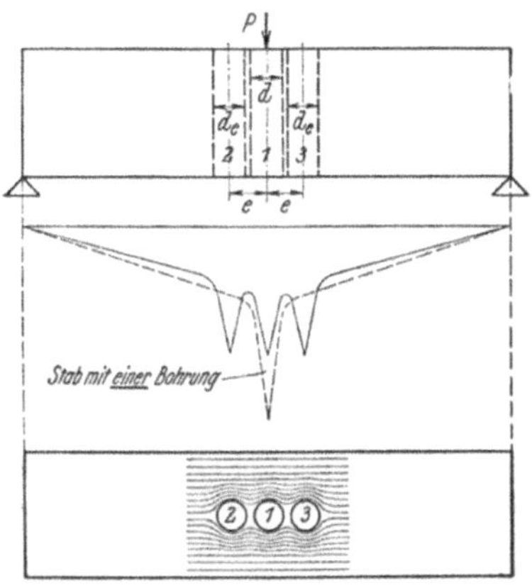

Abb. 83. Spannungsverlauf in einem Stab mit drei Bohrungen nach Thum u. Berg (2) (schematisch).

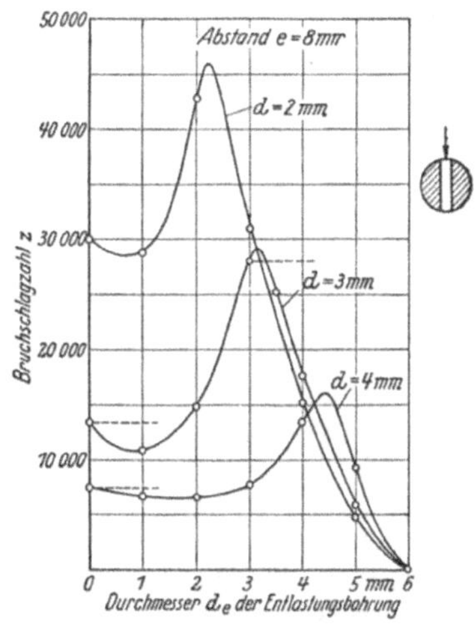

Abb. 84. Die Bruchschlagzahlen in Abhängigkeit vom Durchmesser der Entlastungsbohrungen bei einseitig geschlagenen Stäben nach Thum u. Berg (2).

Es ergeben sich in allen Fällen die größten Bruchschlagzahlen, wenn der Durchmesser der Bohrung und der Entlastungsbohrung gleich sind. Die günstigste Entfernung der letzteren beträgt 8 mm.

In den Abb. 85 und 86 sind dieselben Verhältnisse für den zwei- und allseitig geschlagenen Stab wiedergegeben. Auch hier wird die größte Schlagzahl erreicht, wenn der Durchmesser der Bohrung und Entlastungsbohrung gleich ist. Man kann den entlastenden Einfluß der Bohrungen noch steigern, wenn man eine größere Anzahl von Entlastungsbohrungen anbringt, deren Durchmesser mit wachsender Entfernung von der Mittelbohrung etwas zunehmen muß, damit die gleiche Spannung in ihnen wirksam wird. Dadurch wird aber die Bruchgefahr immer mehr durch die Seitenbohrungen bestimmt. Bei sehr großen Werten von de tritt der Einfluß der Mittellöcher sogar gänzlich zurück, so daß die in der

Abb. 84 dargestellten drei Kurven in einen gleichmäßigen Linienzug übergehen. Es sind aber infolge der Überbeanspruchung durch die unverhältnismäßig großen Seitenbohrungen die Bruchschlagzahlen auf sehr niedrige Werte herabgesunken.

Buchmann hat durch Messung an einem Gummistabmodell gezeigt, um welchen ungefähren Anteil die Kerbspannung durch die verschiedenen Entlastungsbedingungen herabgesetzt werden. Die stärkste Absenkung der Spannungsspitze wird bei einem Verhältnis von e/d = 0,3 erreicht.

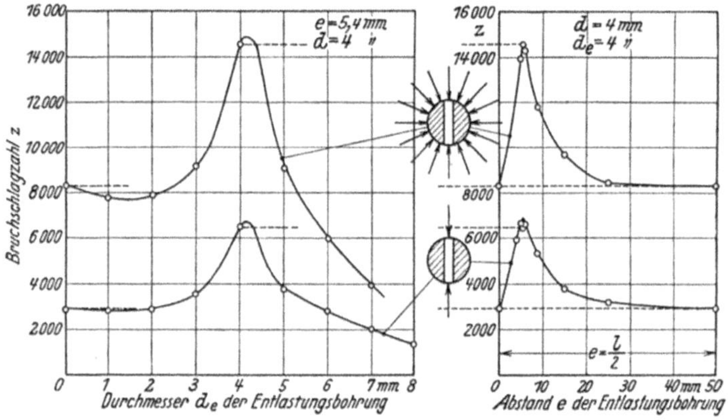

Abb. 85 u. 86. Die Abhängigkeit der Bruchschlagzahlen vom Durchmesser und der Entfernung der Entlastungsbohrungen bei zwei- und allseitig geschlagenen Stäben nach Thum u. Berg (2).

Durch die Einwirkung der Entlastungsbohrung nimmt aber die Federkonstante ab. Der Stab wird dadurch weicher und federt stärker durch. Die Stoßkraft und somit die Spannungsspitze wird dadurch um 5,6% gesenkt.

Thum und Berg haben nur die Abhängigkeit der Schlagzahl von der Form und dem Abstand der Entlastungskerben bestimmt. Versuche bei Schwingungsbeanspruchung, welche für die Beurteilung einer praktischen Anwendungsmöglichkeit der Entlastungskerben unbedingt notwendig und wertvoll wären, wurden nicht durchgeführt.

Als eine Bestätigung der günstigen Wirkung von Entlastungskerben bei Schwingungsbeanspruchung können aber Versuche von R. R. Moore (siehe Moore und Jasper [5]) gedeutet werden, welche bereits im Jahre 1926 durchgeführt wurden. Er findet, daß eine in sich geschlossene Kerbe immer die Schwingungsfestigkeit viel mehr herabsetzt als ein Gewinde gleichen Profils.

Geht man von der Schwingungsfestigkeit des mit einer einzigen, in sich geschlossenen Kerbe versehenen Probestabes aus, so wird dieselbe durch ein Gewinde gleichen Profiles beim $^3/_8$-Zoll-Gewinde um 75% und beim $^1/_4$-Zoll-Gewinde um 255% gehoben. Die kerbentlastende Wirkung des feineren Gewindes ist dabei viel stärker wie jene des gröberen.

Tabelle 45. Biegeschwingungsversuche mit Probestäben mit geschlossener Kerbe und mit Gewinden gleichen Profiles mit einem 0,43% C-Stahl im Anlieferungszustand nach Versuchen von R. R. Moore.

Oberflächen-bearbeitung	Kerb-tiefe mm	Kerb-radius mm	Durch-messer des Probe-stabes in mm	σ_B	Biegeschwingungs-festigkeit		
				kg/mm²	kg/mm²	%	%
Unverletzt	3,8	250	12,2	98,9	35,9	100	—
Geschlossenes Kerbprofil, $^3/_8''$-Gewinde ...	0,69	0,065	9,5	116,0	14,8	41	100
$^3/_8''$-Gewinde, 24 Gänge auf 1 Zoll	0,69	0,065	9,5	109,9	26,0	72	175
Geschlossenes Kerbprofil, $^1/_4''$-Gewinde ..	0,59	0,055	6,3	116,7	8,4	23	100
$^1/_4''$-Gewinde, 28 Gänge auf 1 Zoll	0,59	0,055	6,3	98,9	30,2	84	355

Es dürfen also die benachbarten Kerben eine entlastende Wirkung haben und die Spannungsspitze so stark herabsetzen, daß dadurch die Kerbempfindlichkeit vermindert wird. Diese Herabsetzung der Kerbempfindlichkeit durch Entlastungskerben kann nur auf eine Verminderung der Spannungsspitze zurückgeführt werden, da der zweite die Kerbempfindlichkeit beeinflussende Faktor (Gleitwiderstand) wahrscheinlich nur vom Werkstoff und dessen Festigkeit abhängen dürfte und kaum durch die Entlastungskerben beeinflußt wird. Als Bestätigung hierfür können statische Versuche von Peterson[1] aufgefaßt werden. Bei der statischen Bestimmung der Kerbwirkung an Gipsstäben ergab ein Gang eine Kerbwirkung von 46,3%, während vier Gänge gleichen Profils nur eine solche von 25,9% ergaben.[2]

[1] Siehe Barner.

[2] Ansätze für eine praktische Anwendung der Entlastungskerben finden sich bei H. Oschatz. Die Gesetzmäßigkeiten des Dauerbruches und Wege zur Steigerung der Dauerhaltbarkeit. VDI-Verlag. Berlin 1933.

11. Die Dauerschlagfestigkeit.

Der überwiegende Teil der Dauerschlagversuche wurde mit konstanter Schlagenergie durchgeführt,[1] indem die bis zum Bruch ertragene Schlagzahl bestimmt wurde. Dieselbe ist aber bei ein und demselben Werkstoff von der Zahl der Schläge, welche auf eine Umdrehung der Probe kommen, abhängig. So ergeben sich für einen C-Stahl von 76 kg/mm² Festigkeit, je nach der Verteilung der Schläge auf den Umfang der Probe, die folgenden Schlagzahlen bis zum Bruch:

a) Schläge stets auf die gleiche Stelle 20897
b) „ an zwei um 180° versetzte Stellen 8111
c) „ an vier um 90° „ „ 14280
d) „ an 25 um 14,4° „ „ 12971

Solche Versuche geben aber keinen Anhaltspunkt über die Dauerschlagfestigkeit eines Werkstoffes und es können aus ihnen höchstens qualitative Vergleiche über die Leistungsfähigkeit der Werkstoffe untereinander gezogen werden. Es soll daher auf dieselbe nicht näher eingegangen werden, um so mehr, als einzelne derselben im Zusammenhang mit der Biegeschwingungsfestigkeit erwähnt wurden.

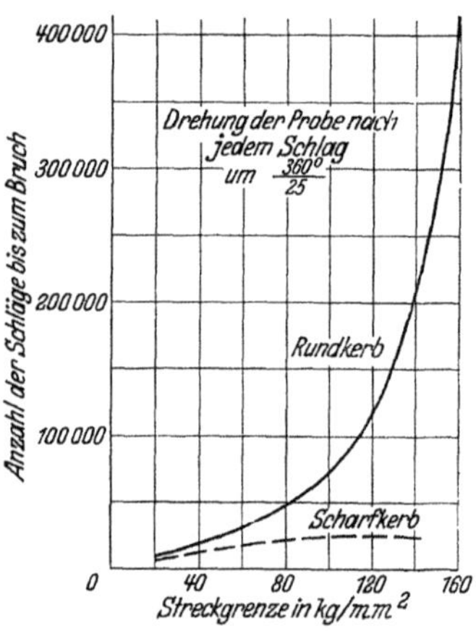

Abb. 87. Die Dauerschlagzahlen in Abhängigkeit von der Streckgrenze nach Rittershausen u. Fischer (1).

Vergleichbare Werte erhält man aber, wenn man die Schlagzahlen für verschiedene Schlagbeanspruchungen bestimmt, wobei letztere so weit vermindert wird, daß auch bei sehr großen Schlagzahlen kein Bruch mehr eintritt. Trägt man die so erhaltenen Schlagzahlen in Abhängigkeit von der dazugehörigen Schlagenergie in ein Schaubild, ähnlich wie bei der Schwingungsbeanspruchung Abb. 26 auf, so kann man daraus jene höchste Schlagenergie bestimmen, welche vom Probestab eben noch ertragen wird, ohne daß ein Bruch eintritt. Man versteht unter dieser Dauerschlagfestigkeit jene höchste Schlagarbeit, welche von einem mit einem Rundkerb von 1 mm Halbmesser und von 1 mm Tiefe versehenen Probestab von 15 mm ⌀ bei 100 mm Auflageentfernung noch eine Million Mal ertragen wird, ohne daß ein Bruch eintritt. Nach Lehr (2)

[1] Dieselbe beträgt z. B. beim Kruppschen Dauerschlagwerk bei 4,18 kg Bärgewicht und einer Fallhöhe von 30 mm 12,54 cm/kg.

ist diese Dauerschlagfestigkeit dem Quadrat der Biegeschwingungsfestigkeit proportional. Da aber über die Dauerschlagfestigkeit noch verhältnismäßig wenig Versuche vorliegen, ist auch die Frage der maximalen Schlagzahlen, bis zu welchen sie praktisch durchgeführt werden müssen, noch nicht geklärt. Nach R. Welter (5) ist eine Schlagzahl von einer Million ausreichend.

Der Probestab muß bei einer Dauerschlagbeanspruchung mit einer Kerbe versehen sein, um Verletzungen der Oberfläche durch das Aufschlagen des Hammerbären zu vermeiden.[1] Es gelten daher die Dauerschlagversuche sowohl bei konstanter als auch bei veränderlicher Schlagenergie nur für jene Kerbform, für welche sie bestimmt wurden und sind daraus Schlüsse auf den glatten, unverletzten Stab oder auf andere Kerbformen nicht zulässig. Diesen Einfluß der Kerbform auf die Dauerschlagzahl in Abhängigkeit von der Streckgrenze zeigt Abb. 87 nach Versuchen von Rittershausen und Fischer (1). Bei Rundkerb nehmen die Bruchschlagzahlen mit der Festigkeit rasch zu, während bei Scharfkerb die Festigkeit nur einen geringen Einfluß auf die Bruchschlagzahlen hat.

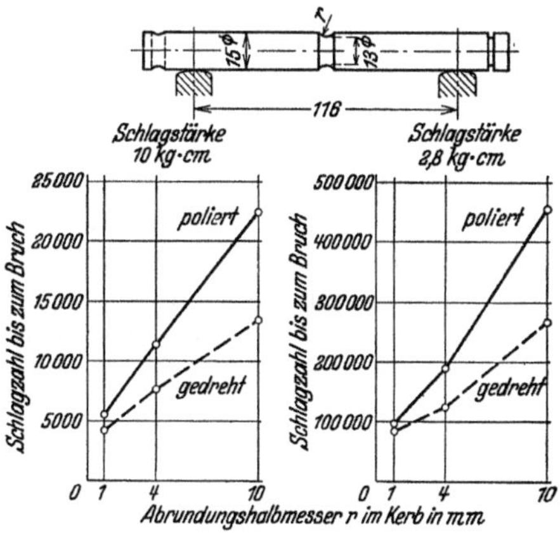

Abb. 88. Die Abhängigkeit der Dauerschlagzahlen vom Kerbradius nach Ludwik (15).

Der Einfluß des Abrundungsradius auf die Bruchschlagzahlen wurde von Ludwik (15) untersucht und ist in Abb. 88 dargestellt.

Bei der stoßweisen Beanspruchung spielt das Volumen, welches an der stärksten Verformung teilnimmt, eine wesentliche Rolle. Führt man Dauerschlagbiegeversuche mit Probestäben nach Abb. 89 durch, so wächst die Bruchschlagzahl bis zu einer gewissen Grenze mit der Länge l, also mit dem Volumen, welches die durch die Schlagbeanspruchung verursachte Verformung aufnimmt

Da die Bestimmung der Dauerschlagfestigkeit sehr lange Zeit in

[1] Versuche, die Oberfläche des Probestabes durch eine isolierende Zwischenschicht von dem direkten Aufschlagen des Hammerbären zu schützen, scheitern an der durch diese Zwischenschicht verursachten Stoßdämpfung.

Anspruch nimmt,[1] wurde von Welter (5) ein Abkürzungsverfahren zur Bestimmung der Dauerschlagfestigkeit ausgearbeitet, wobei jene höchste Schlagenergie bestimmt wird, bei welcher eben noch keine bleibende Formänderung des Probestabes auftritt. Das Verfahren beruht also auf der Bestimmung der Dauerschlagelastizitätsgrenze, welche nach Welter mit der Dauerschlagfestigkeit identisch ist.

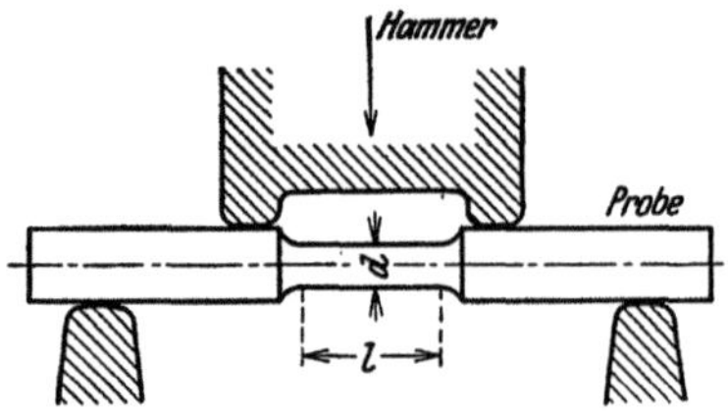

Abb. 89. Der Einfluß der Probestabform auf den Dauerschlagversuch.

Die durch dieses Abkürzungsverfahren und die Dauerschlagbeanspruchung ermittelten Dauerschlagfestigkeiten stimmen verhältnismäßig recht gut überein. In der folgenden Tabelle 46 sind die von Welter aufgefundenen Werte der Dauerschlagfestigkeit für einige Werkstoffe wiedergegeben.

Auffallend sind die sehr niedrigen Dauerschlagfestigkeiten für alle Werkstoffe und die im Vergleich zu Stahl außerordentlich hohen Werte für Messing, vergütete Aluminium- und Magnesiumlegierungen. Die für die Dauerschlagfestigkeit maßgebenden Verhältnisse sind aber noch sehr wenig erforscht, so daß bei Verwendung solcher Zahlen Vorsicht am Platze ist.

Tabelle 46. Die Dauerschlagfestigkeiten einiger Werkstoffe nach Versuchen von Welter (5).

Werkstoff	Dauerschlagfestigkeit cm/kg/cm²
Gewalzter Stahl	1,47
Geglühter Stahl	1,64
Gezogener Stahl	2,3
Messing, Anlieferungszustand	1,39
„ , geglüht	1,23
Kupfer, Anlieferungszustand	1,39
„ , geglüht	0,08
Aluminium, Anlieferungszustand	0,44
„ , geglüht	0,041
Duraluminium, vergütet	1,48
„ , geglüht	0,57
Skleron	2,05
Elektron	1,48

[1] Die Dauerschlagwerke arbeiten gewöhnlich mit einer Schlagzahl von 60 bis 100 in der Minute, es erfordert daher die Prüfung bei 1 Mill. Schlagzahlen rd. 1 Woche. Das von Mohr und Federhaff hergestellte Wechselschlagwerk, Bauart Maybach, läßt 4000 Schläge/min. zu.

VIII. Die Wechselfestigkeit.

Wie auf Seite 7 ausgeführt wurde, bezeichnet man als Wechselfestigkeit jene höchstzulässige Schwingungsbeanspruchung, welche von einem Werkstoff eben noch unbegrenzt lange Zeit ertragen werden kann, ohne daß ein Bruch erfolgt, wenn die Last zwischen zwei beliebigen, aber während des Versuches konstanten Grenzwerten hin- und herpendelt und welche ihrer Größe nach verschieden sind, ihrem Vorzeichen nach aber verschieden sein können. Bezeichnet man mit σ_0 die obere und mit σ_u die untere Beanspruchungsgrenze, so ist:

die Wechselfestigkeit $\sigma_W = \frac{\sigma_0 - \sigma_u}{2}$

und die statische Vorspannung $\sigma_V = \frac{\sigma_0 + \sigma_u}{2}$.

Die Wechselfestigkeit ist eine Resultierende aus einer statischen und einer schwingenden Beanspruchung und es erfolgt die zeichnerische Darstellung der höchstzulässigen Schwingungsamplitude in Abhängigkeit von der statischen Vorspannung, am besten in einem rechtwinkeligen Achsenkreuz. Nach der Methode von Smith, welche die übersichtlichste und am meisten verbreitete ist, werden als Ordinaten die Schwingungsbeanspruchungen und als Abszissen die statischen Vorspannungen aufgetragen. Wählt man für beide Beanspruchungsarten den gleichen Maßstab, so ergibt sich als Nullinie für die Schwingungsbeanspruchung eine unter 45° geneigte, durch den Ursprung des Achsenkreuzes gehende Gerade. Andere Methoden nach Gerber, Haigh, Goodman und Johnson geben keine so übersichtlichen Darstellungen. In Abb. 90 ist ein schematisches Schaubild der Wechselbeanspruchung in der Smithschen Darstellung gegeben. Man ersieht daraus, daß die Schwingungsbeanspruchung bei der Vorspannung Null am größten ist und mit zunehmender Vorspannung abnimmt, um schließlich bei einer bestimmten Vorspannung den Grenzwert Null zu erreichen.

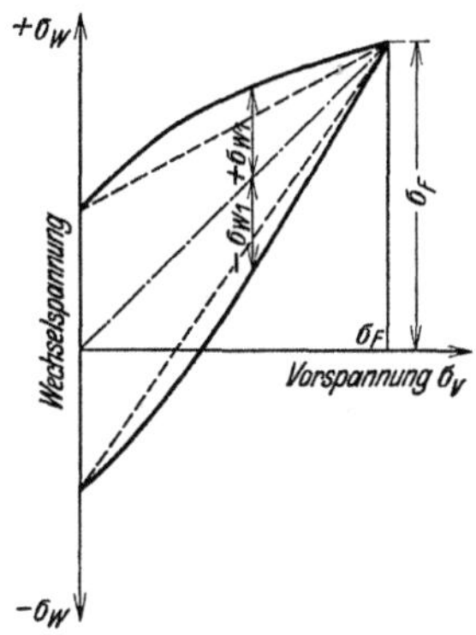

Abb. 90. Das schematische Schaubild der Wechselbeanspruchung in der Smithschen Darstellung.

Eine andere Darstellung der Wechselbeanspruchung wurde von Pohl[1] vorgeschlagen. Als Ordinaten der Abb. 91 wird σ_0 aufgetragen und als Abszisse das Verhältnis $\frac{\sigma_V}{\sigma_0}$ in Prozenten. Bei Beanspruchungen

[1] R. Pohl, Elektrotechn. Z. 53 (1932), S. 1099.

oberhalb DF überschreitet die Wechselfestigkeit die Dehngrenze oD = fF. Die Ursprungsfestigkeit bB liegt stets bei 50%, während die Schwingungsfestigkeit oA bei Null und die Dauerstandfestigkeit C bei 100% liegt. Die **Pohlsche** Darstellung hat gegenüber jener von **Smith** den Vorteil, daß gleichartige Belastungsfälle, wie z. B. die Ursprungsfestigkeit, auf einer Ordinate liegen, sie wird also mit Vorteil zum Vergleich der Wechselfestigkeit mehrerer Werkstoffe verwendet. Ihr Nachteil ist, daß sie keine so gute Übersicht über die Abhängigkeit der Wechselamplitude von der Vorspannung gibt, wo wieder die letztere Darstellung übersichtlicher ist. Man kann aber auch aus ihr die zu jeder Schwingungsamplitude gehörige Vorspannung ablesen. Die durch den Ursprung o gehende Gerade oq (Mm = cq) teilt die Ordinate σ_o = mM in σ_V = mn und σ_W = nM. Es ist also die jeweilige Wechselspannung durch die zwischen den beiden Kurven ABC und onC liegenden Ordinatenabschnitte gegeben.

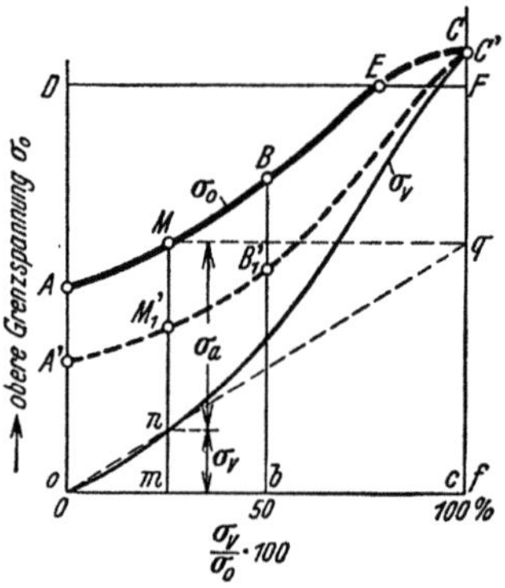

Abb. 91. Das Schaubild der Wechselbeanspruchung in der **Pohlschen** Darstellung.

Bei der Wechselbeanspruchung unterscheidet man die folgenden charakteristischen Fälle:

1. $\frac{\sigma_u}{\sigma_o} = -1$, d. h. σ_u und σ_o sind gleich groß, aber entgegengesetzt gerichtet. Es ist dies jener Grenzfall der Wechselbeanspruchung, bei welchem die statische Vorspannung Null ist und welcher als die Schwingungsfestigkeit bezeichnet wird.

2. $\frac{\sigma_u}{\sigma_o} = 0$, dies trifft zu, wenn $\sigma_V = \sigma_W$ ist. Es pendelt die Last zwischen $\sigma_u = 0$ und σ_o hin und her. Die entsprechende Wechselfestigkeit wird als Ursprungs- oder Schwellfestigkeit bezeichnet.

3. $\frac{\sigma_u}{\sigma_o} = +1$. Dieser Belastungsfall entspricht dem zweiten Grenzwert der Wechselbeanspruchung, bei welchem die statische Vorspannung bereits so groß ist, daß nur mehr unendlich kleine Schwingungen ertragen werden können. Man bezeichnet sie als die Dauerstandfließgrenze.

Häufig wird als statische Grenzbeanspruchung die Dauerstandfestigkeit verwendet, also jene zügige Beanspruchung, welche von einem Werkstoff eben noch dauernd ertragen werden kann, ohne daß ein Bruch eintritt, wobei aber schon ganz erhebliche bleibende Dehnungen auftreten können. Als Grenzwert für die statische Beanspruchung kann aber sinngemäß nur jene Belastung in Betracht kommen, bei welcher keine bleibenden Formänderungen stattfinden oder diese zumindest in praktisch zulässigen Grenzen bleiben. Es ist daher die Dauerstandfestigkeit als statischer Grenzwert nicht geeignet und muß die Dauerstandfließgrenze verwendet werden. Da dieselbe für die wenigsten Werkstoffe bestimmt ist, so kann bei Raumtemperatur als Näherungswert für dieselbe die statische Fließgrenze der Aufstellung des Schaubildes zugrunde gelegt werden. Dies ist bei Stahl ohne weiteres zulässig, da bei der Dauerstandbeanspruchung an der unteren Fließgrenze keine weiteren Dehnungen auftreten. Bei höherer Temperatur, insbesondere über 300°, treten aber auch bei Stahl bei Beanspruchungen an der im Zugversuch ermittelten Fließgrenze ganz bedeutende Dehnungen über 0,2% hinaus auf. Bei den Nichteisenmetallen kann auch bei Beanspruchungen unter der durch den Zugversuch ermittelten 0,2%-Dehngrenze bei Raumtemperatur ein ganz bedeutendes Dehnen auftreten, das sich auf viele Monate erstreckt.

Bei dem Entwurf des Schaubildes muß aber immer jene Fließgrenze gewählt werden, welche der zugehörigen Schwingungsbeanspruchung entspricht, also z. B. bei der Zug-Druck-Beanspruchung die Zugfließgrenze, bei Drehschwingungsbeanspruchung die Verdrehungsfließgrenze usw. Es würde ein vollständig falsches Bild ergeben, wenn man für jede Art der Schwingungsbeanspruchung gedankenlos die Zugfließgrenze verwenden würde.

Der Vorteil der Smithschen Darstellung der Wechselbeanspruchung liegt darin, daß der ganze Beanspruchungsverlauf in einem einzigen Schaubild zusammengefaßt wird. Es geht die Schwingungsbeanspruchung ganz allmählich in die statische über und es stellt daher die letztere einen Sonderfall der ersteren dar und nicht umgekehrt, wie noch vielfach angenommen wird.

Man kennzeichnet die Wechselbeanspruchung durch einen Bruch, in dessen Zähler die Schwingungsbeanspruchung und in dessen Nenner die statische Beanspruchung steht, also allgemein: $\pm \sigma_W/\sigma_V$ kg/mm². Wird ein Werkstück z. B. in den Grenzen + 30 kg/mm² und + 6 kg/mm² beansprucht, so ist das Kurzzeichen für die Wechselbeanspruchung ± 12/18 kg/mm², d. h. die Beanspruchung pendelt um eine statische Beanspruchung von 18 kg/mm² mit ± 12 kg/mm² hin und her. Diese Bezeichnungsweise ist neu und den meisten Konstrukteuren noch nicht so geläufig, wie die Angabe der Beanspruchungsgrenzen, sie hat aber den großen Vorteil, daß man aus ihr sofort den Anteil der schwingenden und statischen Beanspruchung erkennen kann.

Beansprucht man einen mit konstanter statischer Vorspannung belasteten Probestab mit steigenden Schwingungsamplituden, wobei man die Schwingungsbeanspruchung bei jeder Lastamplitude so lange einwirken läßt, bis Gleichgewicht eingetreten ist, so bleibt die Vorspannung, wie schon von Smith festgestellt wurde, zunächst, unabhängig von der

Höhe der Schwingungsbeanspruchung, konstant, nimmt aber von einer bestimmten Schwingungsamplitude an, welche wieder von der Höhe der Vorspannung abhängt, ab. Man bezeichnet nach W. Herold (4) jene höchste Schwingungsbeanspruchung, welche bei einer gegebenen statischen Vorspannung von einem Werkstoff eben noch ertragen werden kann, ohne daß die Vorspannung abnimmt, als die zu dieser Vorspannung gehörige Wechselfließgrenze. Es ist selbstverständlich, daß Konstruktionselemente nicht über die Wechselfließgrenze beansprucht werden dürfen. Daher ist die Wechselfließgrenze für die praktische Anwendung der Werkstoffe von derselben Wichtigkeit wie die Wechselfestigkeit. Sie wird nach den bisherigen Untersuchungen durch die Kerbwirkung nicht beeinflußt und es kann daher durch die Wirkung technologischer Gefahren die Wechselfließgrenze über die Wechselfestigkeit liegen. Deshalb muß für den Entwurf des Beanspruchungsschaubildes immer jene eben noch zulässige Höchstbeanspruchung gewählt werden, bei welcher noch kein Bruch, aber auch keine bleibende Formänderung eintritt. Liegt die Wechselfließgrenze unter der Wechselfestigkeit, so ist die erstere maßgebend und umgekehrt. Bei polierten Stählen ist meist bis zur Ursprungsbeanspruchung der Verlauf der Wechselfestigkeit maßgebend, während über dieselbe hinaus schon ein starkes Fließen stattfindet, so daß die Wechselfließgrenze für die Konstruktion dieses Teiles des Schaubildes verwendet werden muß.[1]

Die Wechselfließgrenze wird durch den Kurzversuch bestimmt, welcher sich von jenem bei der Schwingungsprüfung nur dadurch unterscheidet, daß gleichzeitig eine statische Vorspannung vorhanden ist. Es wird zunächst jene statische Vorspannung eingestellt, für welche die Wechselfließgrenze bestimmt werden soll und die im Verlauf des Versuches nicht geändert werden darf. Nun wird der Stab mit steigenden Lastamplituden beansprucht, wobei jede Laststufe solange konstant gehalten wird, bis Gleichgewicht eingetreten ist. Man nimmt dabei die Abhängigkeit der statischen Vorspannung von der Schwingungsamplitude auf und bestimmt jene höchste Schwingungsbeanspruchung, bei welcher noch keine Abnahme der Vorspannung eintritt. Ist die Wechselfließgrenze überschritten, so nimmt bei gleichbleibender Lastamplitude die Vorspannung rasch ab, um sich auf einen, im weiteren Verlauf des Versuches konstant bleibenden Wert einzustellen, wobei kein Bruch erfolgen muß. Für jeden Vorversuch wird ein unbeanspruchter Probestab verwendet, da durch das Fließen Verfestigung durch Kaltverformung eintreten kann, wodurch sich bei wiederholter Verwendung des gleichen Stabes falsche Werte ergeben würden.

---

[1] Dies darf aber nicht als Regel, sondern nur als allgemeine Richtlinie aufgefaßt werden.

In Abb. 92 ist ein solcher Vorversuch zur Bestimmung der Wechselfließgrenze wiedergegeben. Trägt man die gefundenen Werte in das Beanspruchungsschaubild ein, so erhält man den in Abb. 93 strichliert eingezeichneten Verlauf der Wechselfließgrenze.

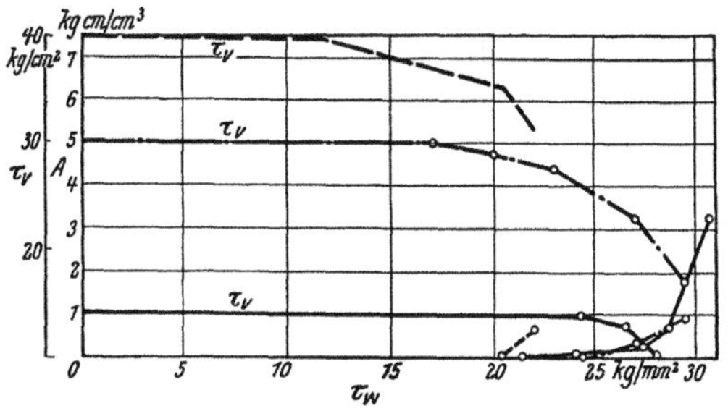

Abb. 92. Vorversuch zur Bestimmung der Wechselfließgrenze mit einem Mn-Si-Stahl mit 93,9 kg/mm² Bruchfestigkeit nach Herold (4).

In der Abb. 92 sind auch die zu jedem Beanspruchungsverlauf gehörigen Dämpfungskurven eingezeichnet. Man ersieht daraus, daß zwischen der Dämpfung und der Wechselfließgrenze keine Beziehung besteht. In Tabelle 47 sind die Werte für einige von W. Herold untersuchten Stähle gegeben, aus welchen hervorgeht, daß zwischen der Wechselfließgrenze, der Schwingungsfließgrenze und der Dämpfung kein Zusammenhang besteht.

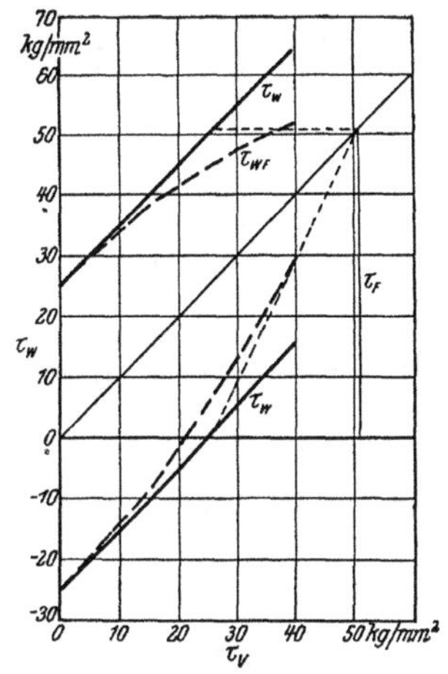

Abb. 93. Beanspruchungsschaubild eines Mn-Si-Stahles mit 93,9 kg/mm² Bruchfestigkeit nach Herold (4). Der zugehörige Vorversuch zur Bestimmung der Wechselfließgrenze ist in Abb. 92 dargestellt.

Der Verlauf des Beanspruchungsschaubildes ist für den Konstrukteur von größter Bedeutung, da in den weitaus meisten Fällen die Konstruktionselemente gleichzeitig statisch und schwingend beansprucht werden. Es muß aber leider zugegeben werden, daß gerade auf diesem Gebiet nur spärliche Versuche vorliegen und daß noch eine sehr rege Versuchstätigkeit einsetzen muß, um diese Grundlagen zu erforschen. Der Grund hierfür liegt in erster Linie darin, daß die wenigsten der bisher verwendeten Prüfmaschinen eine Bestimmung der Wechselfestigkeit ermöglichen, da die meisten nur für Schwingungsbeanspruchung gebaut wurden. Bei allen Maschinen mit rotierendem Prüfstab läßt sich z. B. eine statische Vorlast nicht anbringen. Erst die in den letzten Jahren konstruierten Maschinen für wechselnde Biegung von Flachstäben (Schenck), die Drehschwingungsmaschinen (Schenck, Man, Losenhausen), die Zug-Druck-Maschinen (Schenck) ermöglichen die Bestimmung der Wechselfestigkeit.

Tabelle 47. Die Beanspruchung an der Wechselfließgrenze, der Schwingungsfließgrenze, der beginnenden Übertemperatur und Dämpfung für verschiedene, von Herold (4) untersuchte Stähle mit geschliffener Oberfläche, bei Drehschwingungsbeanspruchung.

Nr.	Werkstoff	σ_B kg/mm²	τ_{WF} kg/mm²	A[a] kg/mm²	$\tau_{Ü}$[b] kg/mm²	τ_{WSch}[c] kg/mm²	Dämpfung	$\frac{A-\tau_{WF}}{\tau_{WF}}$	$\frac{\tau_{Ü}-\tau_{WF}}{\tau_{WF}}$	$\frac{\tau_{WSch}-\tau_{WF}}{\tau_{WF}}$
1	Mn-Stahl	82,9	25,0	12,8	12,8	20,0	1,25	— 49	— 49	— 20
2	Mn-Stahl	78,4	22,4	15,4	15,4	19,0	1,30	— 31	— 31	— 15
3	Mn-Stahl	89,6	24,5	21,5	21,5	23,9	0,40	— 12	— 12	— 2,5
4	Mn-Stahl	95,4	23,0	22,7	22,7	22,7	0,10	— 1,3	— 1,3	— 1,3
5	VCN 35.......	89,0	22,4	21,5	21,5	21,5	0,15	— 0,4	— 0,4	— 0,4
6	VCN 35.......	96,0	22,0	26,0	26,0	26,0	0,0	+ 18	+ 18	+ 18
7	VCN 35.......	88,5	24,9	22,9	22,9	22,9	0,05	— 8,8	— 8,8	— 8,8
8	VCN 35.......	81,6	24,3	14,2	14,2	22,4	2,1	— 41	— 41	— 4,4
9	VCN 35.......	92,2	26,2	15,7	15,7	27,2	0,95	— 38	— 38	— 3,8
10	VCN 35.......	81,0	21,2	23,0	23,0	23,0	0,0	+ 8	+ 8	+ 8
11	VCN 35.......	80,0	21,4	25,4	25,4	22,7	0,0	+ 18,7	+ 18,7	+ 6
12	VCN 35.......	80,5	22,4	23,3	23,3	26,9	0,0	+ 4,9	+ 4,9	+ 18,7
13	VCN 45.......	115,0	29,0	29,4	29,4	38,4	0,0	+ 1,4	+ 1,4	+ 32
14	VCN 45.......	114,5	27,8	31,4	31,4	40,0	0,0	+ 13	+ 13	+ 44

[a] Beanspruchung am Beginn der Dämpfung,	mittlerer Fehler	— 17,0 + 11,8	— 17,0 + 11,8	— 9,0 + 14,4
[b] Beanspruchung bei Beginn der Übertemperatur,	größter Fehler	— 49,0 + 18,7	— 49,0 + 18,7	— 20,0 + 44,0

[c] Schwingungsfließgrenze.

Versuche über die Abhängigkeit der Wechselfestigkeit von der statischen Vorspannung wurden bisher von Moore und Kommers (2), Bohosziewicz und Späth und Lehr veröffentlicht.

Die Bestimmung der Wechselfestigkeit erfolgt im Prinzip genau so wie jene der Schwingungsfestigkeit, nur daß man von einer konstant eingestellten statischen Vorspannung ausgeht, welche im weiteren Verlauf des Versuches nicht nachreguliert wird und die man mit einer Schwingungsamplitude überlagert. Man arbeitet auch hier nach dem Wöhlerschen Verfahren, indem man die bis zum Bruch ertragene Lastwechselzahl in Abhängigkeit von der Schwingungsamplitude in ein Schaubild einträgt und jene höchste Schwingungsbeanspruchung bestimmt, welche eben noch dauernd ertragen wird.

In folgenden Bildern sind einige Drehschwingungsversuche von Herold (4) mit geschliffenen Probestäben wiedergegeben. Abb. 93 zeigt das Beanspruchungsschaubild für einen Mn-Si-Stahl mit 93,9 kg/mm² Bruchfestigkeit, 11,6% Dehnung und 60,8 Einschnürung. Die Wechselfließgrenze τ_{WF} liegt unter der Wechselfestigkeit τ_W, es ist daher für den Entwurf des Schaubildes der Beanspruchungsverlauf der Wechselfließgrenze maßgebend.

Bei der Konstruktion solcher Diagramme muß aber immer berücksichtigt werden, daß die größte Schwingungsamplitude die zulässig statische Höchstlast, also die Fließgrenze in keinem Fall überschreiten darf. Es wird daher die Schwingungsbeanspruchung durch eine Parallele in der Höhe der statischen Fließgrenze begrenzt.

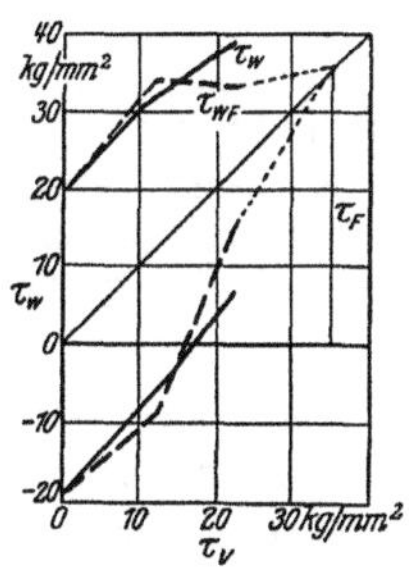

Abb. 94. Beanspruchungsschaubild eines Stahles VCN 35 mit 68,3 kg/mm² Bruchfestigkeit nach Herold (4).

Abb. 94 bringt das Beanspruchungsschaubild für einen Stahl VCN 35 mit 68,3 kg/mm² Fließgrenze, 79,8 kg/mm² Festigkeit, 11,5% Dehnung und 66% Einschnürung. In diesem Fall ist die Wechselfließgrenze bis in die Nähe der Ursprungsfestigkeit etwas höher als die Wechselfestigkeit und es gilt daher bis zur Ursprungsfestigkeit die Wechselfestigkeit für höhere statische Vorspannungen, hingegen die Wechselfließgrenze aber als Grenzbeanspruchung. Die größten Schwingungsbeanspruchungen erreichen fast die statische Fließgrenze, ohne dieselbe zu überschreiten.

Abb. 95 zeigt einen Teil der Beanspruchungskurve für einen Stahl VCN 45 mit 115 kg/mm² Bruchfestigkeit, 10,5% Dehnung und 63,5% Einschnürung. Die Drehschwingungsfestigkeiten τ_W sind in diesem Falle niedriger als die zugehörigen Wechselfließgrenzen τ_{WF}, da geschliffene Probestäbe verwendet wurden. Die durch das Schleifen bedingte Oberflächenverletzung war so stark, daß dadurch die Wechselfestigkeit unter die Wechselfließgrenze herabgedrückt wurde. Gleichzeitig sind in diesem Schaubild auch die Kerbschwingungsfestigkeiten τ_W^V für den Ludwikschen Normalkerb eingetragen. Die Kerbwechselfestigkeit wird durch die statische Vorspannung in dem untersuchten Beanspruchungsbereich nicht verändert.

Von Bohosziewicz und Späth wurde gefunden, daß die Wechselfließgrenze (welche von ihnen als Schwingungsfestigkeit bezeichnet wird) von der Wärmebehandlung des Stahles abhängig ist. Abb. 96 gibt den

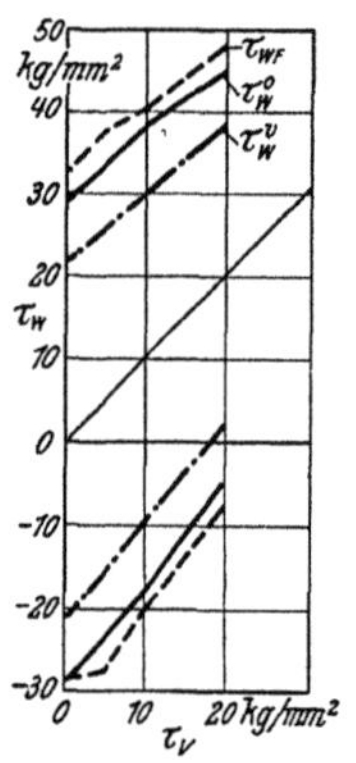

Abb. 95. Beanspruchungsschaubild eines Stahles VCN 45 mit 115 kg/mm² Bruchfestigkeit nach Herold (4). Der Verlauf der Kerbschwingungsfestigkeit ist durch die strichpunktierte Linie gegeben.

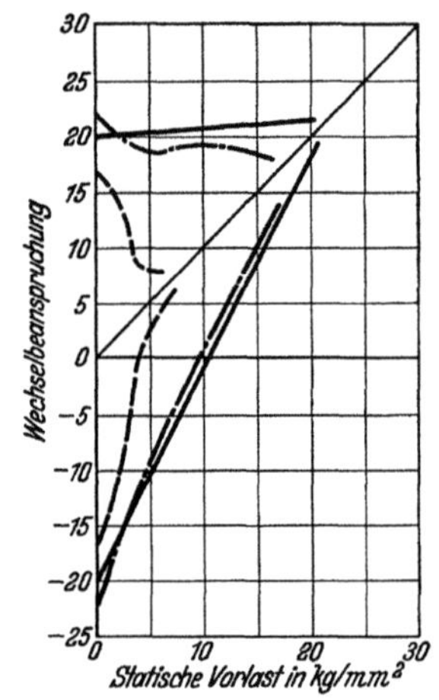

Abb. 96. Der Verlauf der Wechselfließgrenze eines SM-Stahles bei richtiger und falscher Wärmebehandlung nach Bohusziewicz u. Späth.

Verlauf der Wechselfließgrenze eines SM-Stahles in Abhängigkeit von der Wärmebehandlung wieder. Je höher die Glühtemperatur ist, desto niedriger wird die Wechselfließgrenze. Diese Abhängigkeit der Wechselfließgrenze von der Wärmebehandlung wurde von W. Herold (4) auch bei Cr-Ni-Stählen festgestellt. In Abb. 97 geben die strichlierten Linien den Verlauf der Wechselfließgrenze für einen Stahl VCN 35 mit 86,5 kg/mm² Bruchgrenze, 11,8% Dehnung und 72% Einschnürung wieder, also einen im Vergleich zu Abb. 94 vollständig anderen Verlauf der Wechselfließgrenze. Es lag die Annahme nahe, daß die großen Unterschiede in dem Verhalten der Werkstoffe gleicher Zusammensetzung durch die verschiedene Art der Vergütung verursacht sein könne. Daher wurde ein VCN 35 nach dem Härten lange Zeit bei verhältnismäßig niedriger Temperatur nachgelassen und von der Nachlaßtemperatur in Luft, Wasser bzw. im Ofen abgekühlt. Der Verlauf der so erhaltenen Wechselfließgrenzen ist in Abb. 98 dargestellt. Die besten Werte gibt die Abkühlung in der Luft, die schlechtesten diejenige im Ofen. Bei einer statischen Vorspannung von 10 kg/mm² ist die Wechselfließgrenze der im Wasser abgekühlten Probe um 12,5%, der im Ofen abgekühlten um 37,5% geringer als die in der Luft abgekühltem Probe. Vermutlich kommt bei der Abkühlung im Ofen schon die Anlaßsprödigkeit zur Geltung,

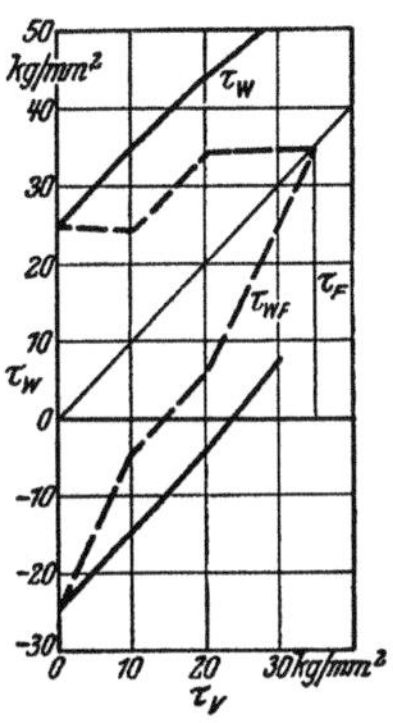

Abb. 97. Das Beanspruchungsschaubild für einen Stahl VCN 35 mit 86,5 kg/mm² Bruchfestigkeit nach Herold (4).

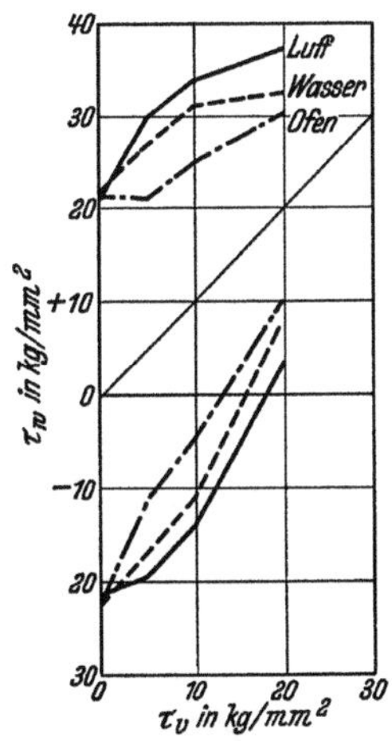

Abb. 98. Der Verlauf der Wechselfließgrenze für einen Stahl VCN 35 bei verschiedener Wärmebehandlung, aber gleichen statischen Festigkeitswerten nach Herold (4).

während beim Abschrecken im Wasser innere Spannungen die Ursache für die Verminderung der Wechselfließgrenze sein dürften. Wie aus Tabelle 48 ersichtlich, müssen die statischen Werte als vollkommen gleich bezeichnet werden. Die Unterschiede in der Wechsel- und Kerbwechselfestigkeit liegen innerhalb der Versuchsfehler. Die Ursachen der großen Unterschiede in Wechselfließgrenzen sind noch vollständig ungeklärt. Man ersieht aber daraus, daß aus den statischen Festigkeitswerten kein Rückschluß auf das Verhalten eines Werkstoffes bei wechselnder Beanspruchung gezogen werden kann und daß nur die Schwingungsprüfung eine Aufklärung hierüber gibt.

Ludwik und Krystof[1] finden die in Tabelle 49 angegebenen Beziehungen zwischen der Wechsel-, der Ursprungs- und der statischen

---

[1] P. Ludwik und J. Krystof, Einfluß der Vorspannung auf die Dauerfestigkeit. ZVDI 77 (1933), S. 629.

Tabelle 48. Festigkeitswerte von VCN 35 bei zügiger und schwingender Beanspruchung nach Versuchen von Herold (4).

σ_F kg/mm²	σ_B kg/mm²	ϑ_{10} %	ϑ_5 %	ψ %	τ_W kg/mm²	τ_W^V kg/mm²	Von der Nachlaßtemperatur abgekühlt in
71,2	81,0	17,8	21,8	63,5	21,5	20,5	Luft
71,0	80,0	19,5	26,0	64,5	21,4	20,8	Ofen
71,0	81,5	18,0	22,0	63,5	22,4	20,2	Wasser

Festigkeit bei Verdrehungsbeanspruchung. Die Ergebnisse der Versuche sind in den Abb. 99 bis 103 dargestellt.[1] Die oberhalb der Drehgrenze $\tau_{0,4}$ liegenden Beanspruchungen, welche wegen der zu großen bleibenden Formänderung praktisch nicht von Bedeutung sind, sind strichliert dargestellt. Abb. 99a zeigt das Vorspannschaubild für Schmiedebronze A in der Smithschen und Abb. 99b in der Pohlschen Darstellung. So-

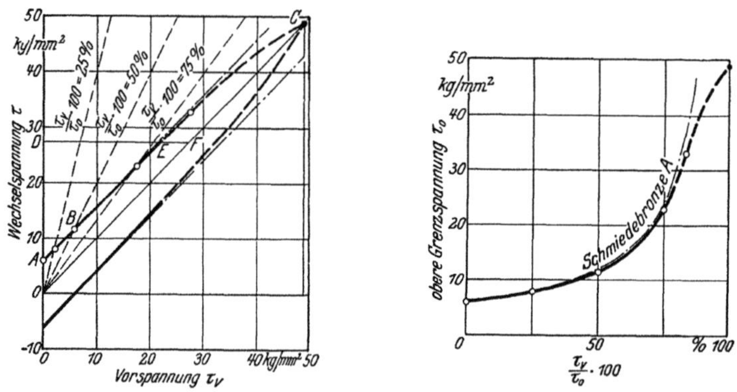

Abb. 99. Der Verlauf der Wechselfestigkeit für Schmiedebronze A nach Ludwik u. Krystof; a) in der Smithschen, b) in der Pohlschen Darstellung.

lange die Wechselfestigkeit konstant bleibt, also die Grenzbeanspruchungslinie parallel zur Schwingungsnullinie OC verläuft, ist $\tau_0 = \tau_W + \tau_V$, die Grenzbeanspruchungslinie der Pohlschen Darstellung liegt auf einer gleichseitigen Hyperbel, welche in den Abb. 100 bis 103 strichliert eingezeichnet ist. Wechselfestigkeitswerte, welche nicht auf dieser Hyperbel liegen, zeigen starke Abweichungen von dieser Beziehung. Am stärksten sind dieselben bei Silumin und Gußeisen, Abb. 100 und 101, welche auch eine verhältnismäßig niedrige Ursprungsfestigkeit aufweisen.

[1] Als Grenzwert für die statische Beanspruchung wurde zum Unterschied mit den übrigen hier gegebenen Abbildungen die Verdrehungsfestigkeit gewählt.

Vollständige Beanspruchungsschaubilder, welche für den Konstrukteur eine unerläßliche Voraussetzung sind, wurden bisher nur für sehr wenige Werkstoffe bestimmt. Die meisten derartigen Untersuchungen haben sich auf die Bestimmung von nur einigen Punkten beschränkt, aus welchen sich das vollständige Schaubild nicht ableiten läßt. Man kann aber diese Beanspruchungskurven mit genügender Genauigkeit nach einem graphischen Näherungsverfahren aus der Schwingungsfestig-

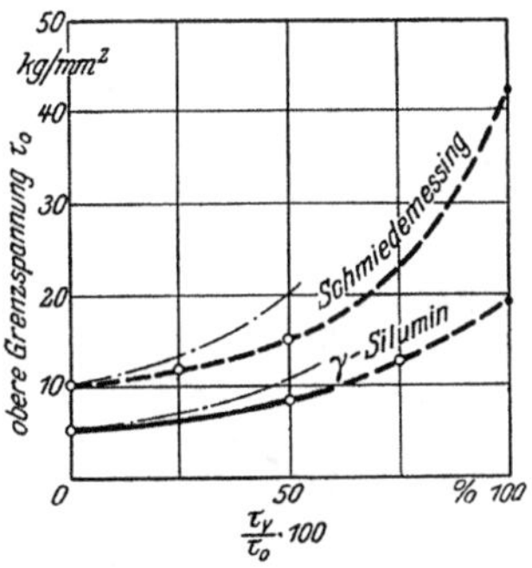

Abb. 100. Die Wechselfestigkeit von Schmiedemessing und Silumin nach Ludwik u. Krystof.

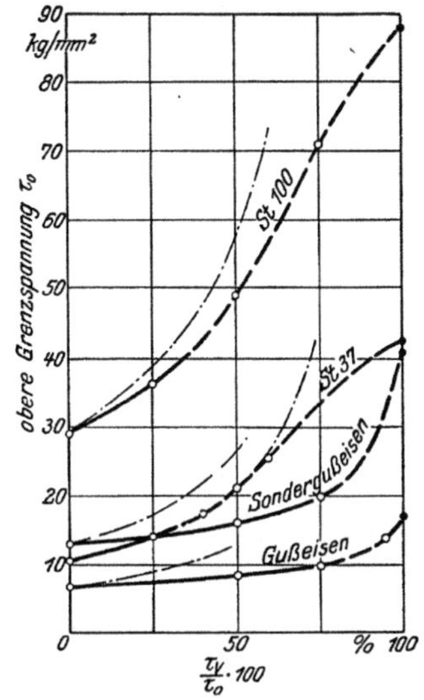

Abb. 101. Die Wechselfestigkeit der Stähle St. 37 und St. 100 von gewöhnlichem und Sondergußeisen nach Ludwik u. Krystof.

Tabelle 49. Beziehung zwischen der Wechselfestigkeit, der Ursprungsfestigkeit und der statischen Festigkeit nach Ludwik und Krystof.

Werkstoff	Drehgrenze $\tau_{0,4}$ kg/mm²	Wechselfestigkeit kg/mm²	Ursprungsfestigkeit kg/mm²	Verdrehfestigkeit kg/mm²	$\tau_w : \tau_u : \tau$
γ-Silumin, gegossen	9,8	5,4	8,5	19,3	1:1,57:3,85
Schmiedemessing Ms 60, geglüht	8,7	10,0	15,0	42,1	1:1,5 :4,21
Schmiedebronze A, gewalzt	27,3	6,0	11,5	48,9	1:1,92:8,15
Baustahl St. 37, weich	14,6	10,5	21,0	42,3	1:2,0 :4,03
SM-Stahl St. 100, geglüht	40,8	29,0	49,0	87,9	1:1,69:3,03
VCN 35, hart vergütet	62,7	31,0	61,0	91,1	1:1,97:2,94
Gußeisen Ge 12	9,9	6,5	8,5	16,8	1:1,31:2,59
Sondergußeisen Ge 24	19,1	13,0	16,0	40,6	1:1,23:3,12

keit und der statischen Fließgrenze ableiten, indem man beide Werte in das Schaubild einträgt und durch gerade Linien miteinander verbindet, wie es in Abb. 90 durch die strichlierten Linien angedeutet ist. Dieses Abkürzungsverfahren gibt Beanspruchungskurven, welche unter jenen der Wechselfestigkeit liegen, es ist also durch Anwendung desselben schon eine gewisse Sicherheit mit inbegriffen. Liegt aber ein fehlerhafter Werkstoff vor, welcher infolge falscher Vergütung eine abnormal niedrige

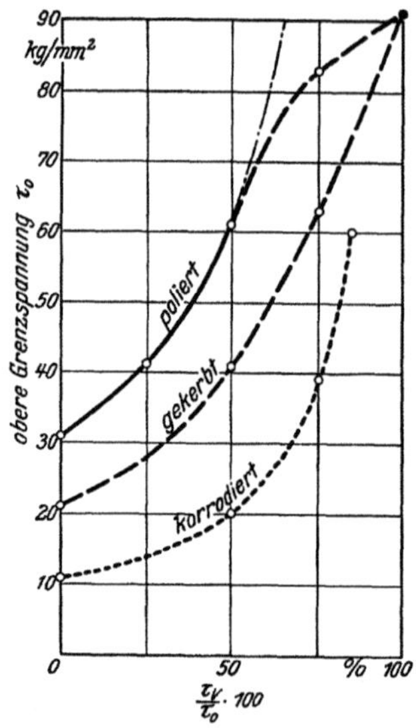

Abb. 102. Die Wechselfestigkeit von hartvergütetem Cr-N-Stahl VCN 35 nach Ludwik u. Krystof bei Verdrehungsbeanspruchung.

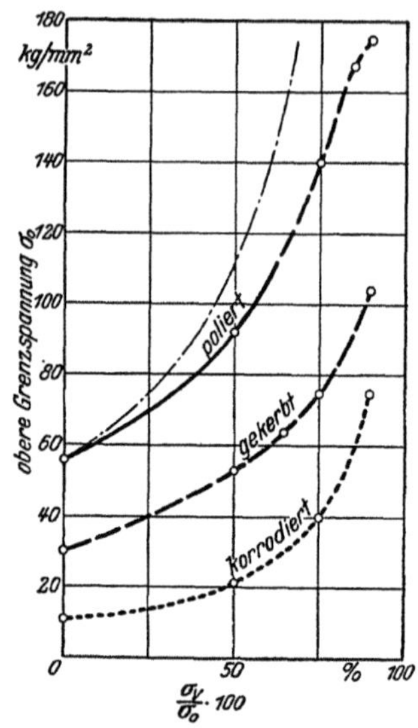

Abb. 103. Die Biegewechselfestigkeit von hartvergütetem Cr-Ni-Stahl VCN 35 nach Ludwik u. Krystof.

Wechselfließgrenze hat, so können die nach diesem Abkürzungsverfahren erhaltenen Beanspruchungskurven wie jene der Abb. 104, 105 über den durch den Verlauf der Wechselfließgrenze gegebenen höchstzulässigen Beanspruchungen liegen. Aus dem abnormalen Verlauf der Wechselfließgrenzen der beiden Abbildungen ist deutlich zu ersehen, daß ein fehlerhafter Werkstoff vorliegt, dessen Wärmebehandlung nach den durch die Schwingungsprüfung gewonnenen Erkenntnissen nicht richtig durchgeführt wurde. Der Konstrukteur darf sich aber beim Entwurf solcher Beanspruchungsschaubilder durch solche Möglichkeiten nicht beeinflussen lassen, da er immer mit einwandfreien Werkstoffen rechnen muß, welche solche Erscheinungen nicht zeigen dürfen. Es ist Sache der Werkstoffprüfung, solche fehlerhaften Baustoffe auszuscheiden bzw. die Ursachen

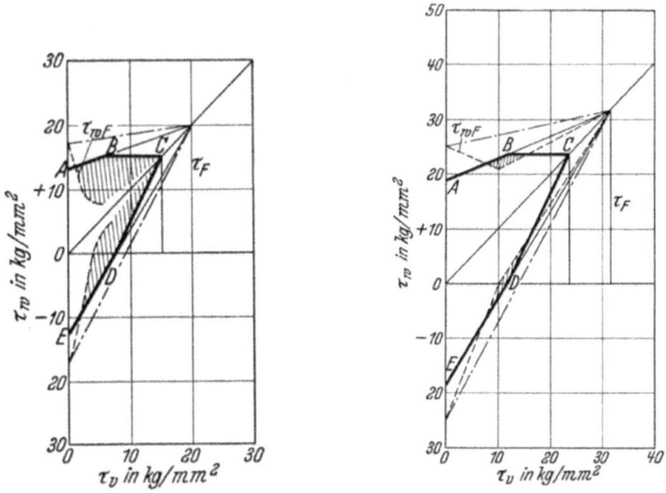

Abb. 104 u. 105. Das Abkürzungsverfahren zur Bestimmung des Beanspruchungsschaubildes bei fehlerhaft behandelten Werkstoffen.

dieser Erscheinungen zu erforschen, wodurch dann von selbst die Mittel zur Abhilfe gegeben sind.

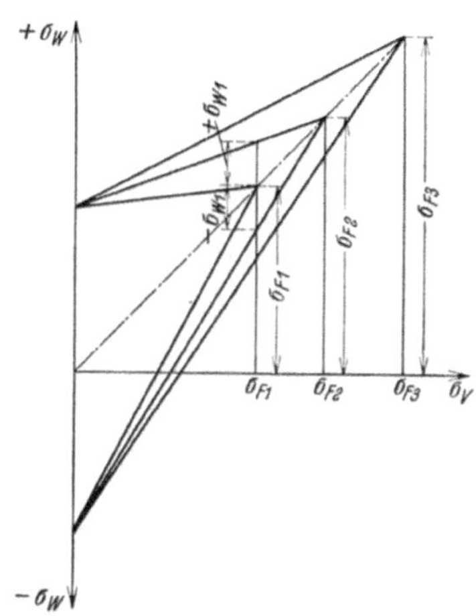

Abb. 106. Die Abhängigkeit der Wechselfestigkeit von der statischen Fließgrenze (schematisch).

Die Höhe der Wechselfestigkeit ist als Resultierende aus einer statischen und schwingenden Beanspruchung auch von der Höhe der statischen Fließgrenze abhängig. In Abb. 106 ist ein schematisches Beanspruchungsschaubild für drei Werkstoffe mit gleicher Schwingungsfestigkeit, aber verschiedener statischen Fließgrenze σ_{F1}, σ_{F2} und σ_{F3} gegeben. Bei dem Werkstoff 1 ist bei der Beanspruchung der Fließgrenze σ_{F1} die zulässige Schwingungsbeanspruchung 0, während beim Werkstoff 2 mit der höheren Fließgrenze σ_{F2} bei einer statischen Vorspannung σ_{F1} noch eine Schwingungsbeanspruchung $\pm\sigma_W$ möglich ist. Es werden also durch eine hohe Fließgrenze nicht nur die Eigenschaften bei statischer, sondern auch jene bei wechselnder Beanspruchung günstig beeinflußt.

Über die Abhängigkeit der Kerbwechselfestigkeit von der statischen Vorspannung liegen nur vereinzelte Versuche vor. W. Herold (4) findet an zwei Stählen VCN 45 bei Verdrehungswechselbeanspruchung die in der Tabelle 50 angegebenen Werte. Es läßt sich daraus schließen, daß die Kerbempfindlichkeit mit zunehmender statischer Vorspannung nicht zunimmt. In Abb. 95 ist der Verlauf der Kerbwechselfestigkeit für Werkstoff 1 strichliert eingezeichnet.

Tabelle 50. Die Abhängigkeit der Verdrehungswechselbeanspruchung gekerbter Stäbe aus VCN 45 von der statischen Vorspannung nach Versuchen von W. Herold.

Statische Vorspannung kg/mm²	Kerbempfindlichkeit in %	
	I.	II.
0	26,0	29,0
10,3	27,0	11,8
20,0	26,3	26,0
Fließgrenze	—	105,0 kg/mm²
Bruchgrenze	115,0 kg/mm²	114,5 „
Dehnung l = 10 . d	10,5%	9,6%
„ l = 5 . d	15,8%	15,1%
Einschnürung	63,5%	58,0%

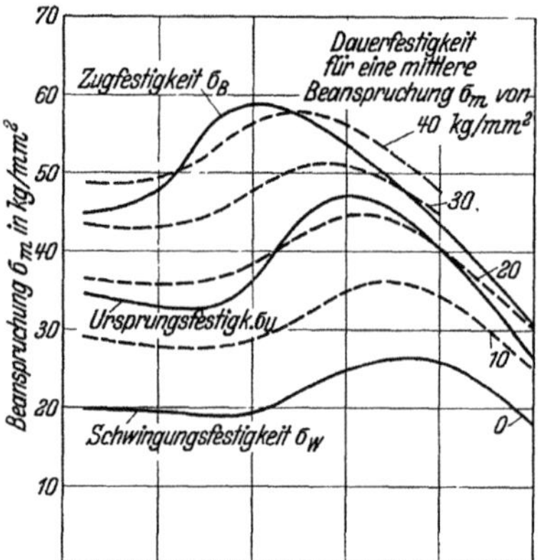

Abb. 107. Der Verlauf der Zug- und Wechselfestigkeit in Abhängigkeit von der Temperatur nach Lea (3, 4).

Weitere Versuche über die Kerbwechselfestigkeit von VCN 35 von Ludwik und Krystof sind in Abb. 102 für Drehschwingungs- und in Abb. 103 für Biegeschwingungsbeanspruchung dargestellt.

IX. Die Wechselfestigkeit bei höheren Temperaturen.

Wie alle übrigen Eigenschaften der Werkstoffe, ist auch die Wechselfestigkeit von der Temperatur abhängig. Dauerversuche bei höheren Temperaturen sind aber nur in verhältnismäßig geringer Zahl durchgeführt worden. Dauerschlagversuche, welche sich nur auf die Bestimmung der bis zum Bruch ertragenen Schlagzahl beschränken, wurden von Martens und Guth, Memmler und Schob, Stanton und Bairstow (1), Lea (3, 4) u. a. durchgeführt. Von neueren

Dauerschlagversuchen seien nur die Untersuchungen von Schultz und Püngel (2) mit dem Kruppschen Dauerschlagwerk erwähnt. Sie verwendeten Fluß- und Schweißeisen folgender Zusammensetzung:

	% C	% Si	% Mn	% P	% S
Flußeisen	0,11	0,24	0,40	0,02	0,03
Schweißeisen	0,06	0,07	0,30	0,095	0,01

Bei 175° C tritt der Höchstwert der Schlagzahl auf, wo dieselbe rd. doppelt so hoch ist als bei gewöhnlicher Temperatur. Diese Beobachtungen wurden von Müller und Leber (3) bestätigt.

Biegeschwingungsversuche bei höheren Temperaturen wurden von Preuß (2), Stanton und Bairstow (1), Howard (1, 2) durchgeführt. Nach diesen Untersuchungen ändert sich die Biegeschwingungsfestigkeit im allgemeinen mit der Temperatur proportional der Zugfestigkeit.

Nach Untersuchungen von Lea (3, 4), welcher bei zügiger und schwingender Beanspruchung die Abhängigkeit von der Temperatur untersucht, fällt die Wechselfestigkeit bei Verdrehung im allgemeinen weniger mit der Temperatur als die Zugfestigkeit. Abb. 107 zeigt die Abhängigkeit der Zugfestigkeit sowie der Wechselfestigkeit für 0, 10, 20, 30 und 40 kg/mm² Vorspannung von der Versuchstemperatur. Aus dem Schaubild läßt sich ohne weiteres die Schwingungsamplitude ableiten. Bei der Raumtemperatur und $\sigma_V = +10$ kg/mm² ist $\sigma_o = +30$ kg/mm² und da $\sigma_W = \frac{\sigma_o - \sigma_u}{2}$, errechnet sich für die Schwingungsamplitude ± 20 kg/mm². Es ist also die Wechselfestigkeit bei Raumtemperatur $\sigma_w / \sigma_v = \pm 20/10$ kg/mm². Bis 200° C ändert sich die Wechselfestigkeit nur wenig mit der Versuchstemperatur. Die höchsten Werte treten zwischen 250 und 400° C auf. Die Temperaturen, bei welchen die Höchstwerte der Wechselfestigkeit auftreten, nehmen aber mit zunehmender statischer Vorspannung ab. Diese Beobachtungen stimmen mit älteren Versuchen von Lea und Bugden (2) und Lea (5) überein.

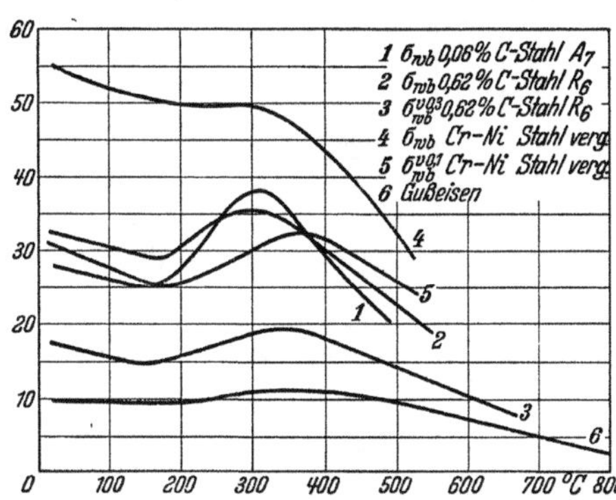

Abb. 108. Die Biegeschwingungsfestigkeit für verschiedene Stähle und Grauguß in Abhängigkeit von der Temperatur nach Kaufmann.

Kaufmann bestimmt die Abhängigkeit der Schwingungsfestigkeit von der Temperatur mit der Schenckschen Biegeschwingungsmaschine

Tabelle 51. Zusammensetzung und statische Festigkeitswerte der Werkstoffe nach Kaufmann.

Werkstoff	Chemische Zusammensetzung %							Zustand	σ_F kg/mm²	σ_B kg/mm²	ϑ %	ψ %
	C	Si	Mn	P	S	Ni	Cr					
A 7 (0)	0,36	0,33	0,69	0,016	0,030	—	—	geglüht	30,2	54,7	25,6	60,5
R 6	0,62	0,49	0,75	0,018	0,028	—	—	,,	33,2	60,8	22,6	50,9
EF 62	0,35	0,25	0,56	0,008	0,006	4,6	1,63	,,	52,5	80,3	17,8	63,9
								vergütet	107,5	121,2	10,9	53,8
Gußeisen	3,19	1,09	0,82	0,12	0,130	—	—	—	—	26,8	—	—

mit rotierendem Prüfstab (Abb. 108). Die Zusammensetzung der Werkstoffe ist in Tabelle 51 gegeben.

Kaufmann macht auch die dazugehörigen Kurzversuche und unterscheidet bei diesen drei verschiedene Beanspruchungsgebiete (Abb. 109):

1. Von 0 bis σ_1. In diesem Gebiet findet keine plastische Verformung statt. Die Durchbiegung f steigt von 0 geradlinig an und folgt dem Hookschen Gesetz. Das Drehmoment M_d nimmt infolge der mit steigender Belastung zunehmenden Lagerreibung linear zu. Es entspricht dieser Teil der Drehmomentskurve der Leerlaufleistung der Maschine und es kann dieselbe über den Knickpunkt σ_1 hinaus geradlinig fortgesetzt werden.

2. Von σ_1 bis σ_2. Die Durchbiegungskurve geht geradlinig weiter und hat in σ_1 keinen Knickpunkt. Die Temperatur- und Drehmomentskurven haben bei der Belastung σ_1 einen Knickpunkt und verlaufen dann weiter geradlinig bis zur Beanspruchung σ_2, bei welcher alle drei Kurven Unstetigkeit haben. Die Dämpfung und somit die Erwärmung beginnt bei σ_1. Den Punkt σ_2 bestimmt man durch Interpolation, indem man die beiden folgenden Versuchspunkte geradlinig verbindet und mit dem vorhergehenden geraden Kurventeil zum Schnitt bringt.

3. Von σ_2 bis σ_3. Während in dem Gebiet von σ_1 bis σ_2 die Durchbiegung und Dämpfungsarbeit mit der Zeit nicht meßbar veränderlich sind, nehmen dieselben nach dem Überschreiten des Punktes σ_2 mit der Zeit zu, um sich einem Grenzwert zu nähern. Man bezeichnet daher den Punkt σ_2 als die Schwingungsfließgrenze.[1] Nach dem Überschreiten

[1] Kaufmann wählt hierfür die Bezeichnung Wechselfließgrenze. Der Aus-

der Schwingungsfließgrenze richtet sich die Beanspruchungszeit (Lastwechselzahl) nach dem Verlauf des Versuches und es muß die Beanspruchung solange fortgesetzt werden, bis die Zunahme der Durchbiegung, Temperatur und Dämpfungsarbeit aufhört oder zumindest merklich nachläßt. Es müssen daher in diesem Gebiet mindestens zwei Ablesungen

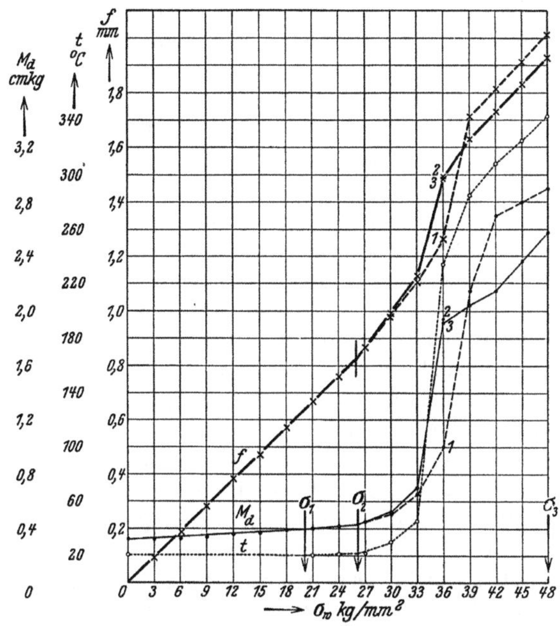

Abb. 109. Dämpfungsschaubild eines 0,36% C-Stahles bei Raumtemperatur nach Kaufmann.

gemacht werden, eine sofort nach dem Aufgeben der Last und die zweite knapp vor Erhöhung derselben. Die Werte der ersten Ablesung sind in der Abb. 109 durch strichlierte, die endgültigen Werte durch vollausgezogene Linien gekennzeichnet. Diese Beanspruchung läßt sich bis zum Punkt σ_3 steigern, wo schließlich der Bruch erfolgt.

---

druck Schwingungsfließgrenze ist aber vorteilhafter, da er einen charakteristischen Punkt der reinen Schwingungsbeanspruchung bedeutet und auch ohne gleichzeitiger statischer Vorspannung ein Kennzeichen der Schwingungsbeanspruchung ist, im Gegensatz zur Wechselfließgrenze, welche nur bei Wechselbeanspruchung, also bei einer gleichzeitigen statischen Vorspannung auftritt und jene Schwingungsamplitude bezeichnet, bei welcher die statische Vorspannung zurückgeht. Es müssen daher die Begriffe der Schwingungs- und Wechselfließgrenze streng getrennt werden.

Die Versuche bei Temperaturen bis 800° wurden auf dieselbe Art und Weise bei konstanter Leerlauftemperatur durchgeführt. Die Werte von σ_2 und σ_3 streuen bei höherer Temperatur nur sehr wenig, während sich σ_1 nicht so genau bestimmen läßt, da es sich hier um die Feststellung von sehr geringen Temperaturunterschieden handelt, wodurch die Lage dieses Punktes sehr von der Meßgenauigkeit beeinflußt wird.

In dem Beanspruchungsgebiet σ_2 bis σ_3 tritt mit steigender Beanspruchung eine plötzliche Änderung im Verlauf der Kurven ein. Von einer bestimmten Beanspruchung an sinkt der Stab unter gleichbleibender Last nicht weiter durch, sondern er verfestigt sich, die Durchbiegung geht zurück und der Stab richtet sich auf. Es findet also eine Art umgekehrtes Fließen statt. Das Gebiet der Verfestigung liegt bei den einzelnen Stählen unabhängig von der Leerlauftemperatur. Bei weiterer Zunahme der Lastamplitude tritt ein neuer Wendepunkt im Kurvenverlauf ein, es findet bei gleichbleibender Beanspruchung wieder eine starke Abnahme der Kurven mit zunehmender Lastwechselzahl statt und der Stab geht dann meistens rasch zu Bruch.

Bei Temperaturen oberhalb der Blauwärme fällt das Kurvenstück zwischen σ_1 und σ_2 und somit der Punkt σ_2 weg, das umgekehrte Fließen tritt ein, die Kurven bestehen aus dem dämpfungsfreien Teil 0 bis σ_2 und dem parabolischen Teil von σ_2 bis σ_3.

Bei den Dauerversuchen bei höherer Temperatur kann die Temperatur des Prüfstabes durch die bedeutende Dämpfungswärme, welche dabei entwickelt wird, um ganz beträchtliche Beträge erhöht werden. Es können daher diese Versuche unter zweierlei Bedingungen ausgeführt werden. Im ersten Fall läßt man den Stab bei konstanter Prüftemperatur laufen. Da die Dämpfungswärme mit zunehmender Lastwechselzahl anwächst, steigt die Temperatur des Prüfstabes an und nähert sich nur langsam einem Grenzwert. Es ist daher ein Nachregulieren des Heizstromes notwendig. Diese Art der Versuchsdurchführung hat den Nachteil, daß die erhaltenen Ergebnisse stark streuen, da die Prüftemperatur nur schwer konstant zu halten ist.

Kaufmann wählt daher für seine Versuche den zweiten Weg der konstanten Leerlauftemperatur, bei welchen gut übereinstimmende Ergebnisse, die nur wenig streuen, erhalten wurden. Dabei wurde die Leerlauftemperatur konstant eingestellt und vor dem Aufgeben der Last gewartet, bis Temperaturgleichgewicht eingetreten ist. Durch die infolge der Beanspruchung frei werdende Dämpfungswärme wird die Prüfstabtemperatur natürlich über die Leerlauftemperatur gesteigert.

Auch die von Kaufmann bestimmten Kerbbiegeschwingungsfestigkeiten weisen bei höherer Temperatur und bei konstanter Leerlauftemperatur in dem Gebiet der Blauwärme eine ganz ähnliche sattelförmige Erhebung auf wie die Biegeschwingungsfestigkeiten der unverletzten

Proben. Die Ergebnisse dieser Versuche sind ebenfalls in Abb. 108 dargestellt.

Tapsel (2) bestimmt die Abhängigkeit der mechanischen Eigenschaften eines 0,17%-C-Stahles von der Temperatur. Der Stahl hatte folgende Zusammensetzung: 0,17% C, 0,13% Si, 0,69% Mn, 0,025% P und 0,018% S. Die Wechselfestigkeiten wurden mit einer Haighschen Zug-Druck-Maschine bei 20 bis 500° C bestimmt. Bei Temperaturen über 300° C trat kein ausgesprochener Dauerbruch mehr auf, sondern die Proben rissen infolge der durch die Temperatur stark erniedrigten Wechselfließgrenze, ähnlich wie beim statischen Zugversuch, nach erheblicher Dehnung.

Bei mittleren und höheren Temperaturen kann die Wechselfestigkeit nicht nur die Fließgrenze, sondern auch die Bruchfestigkeit ganz bedeutend überragen. Es treten dabei aber ganz bedeutende Dehnungen auf, die bei den niedrigen Temperaturen eine Verfestigung verursachen.

X. Die Dauerstandfestigkeit.

Eingehende Untersuchungen der letzten Jahre haben ergeben, daß die statischen Festigkeitseigenschaften, besonders bei den höheren Temperaturen, außer von der Temperatur auch noch von der Zeit abhängig sind. Es sind also die Ergebnisse des normalen Zerreißversuches bei höherer Temperatur (Warmzerreißversuch) kein Maßstab für das Verhalten eines Werkstoffes bei den Versuchstemperaturen, wenn die Last ständig auf ihn einwirkt und es muß dabei unbedingt der Faktor Zeit berücksichtigt werden. Nimmt man die Dehnungen in Abhängigkeit von der Zeit bei verschiedenen Beanspruchungen, aber bei konstanter Versuchstemperatur auf, so ergibt sich das in Abb. 110 dargestellte Schaubild. Bei niedrigen Beanspruchungen kommt die Dehnung nach verhältnismäßig kurzer Zeit zum Stillstand (Kurve 1, 2, 3), während bei höheren Beanspruchungen ein verhältnismäßig sehr langandauerndes Fließen stattfindet, das oft erst nach langer Zeit zum Stillstand kommen kann (Kurve 4 und 5). Wird aber eine bestimmte Grenzbeanspruchung überschritten, so setzt sich das Fließen bis zum Bruch fort (Kurve 6). Bei Raumtemperatur, also den Bedingungen des gewöhnlichen Zug-

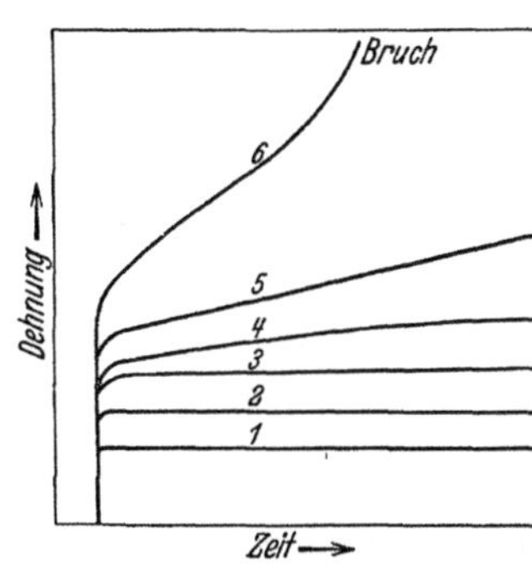

Abb. 110. Schematische Darstellung der Abhängigkeit der Dehnung von der Belastung und Zeit bei der Dauerstandbeanspruchung nach Siebel u. Ulrich.

versuches, stellt sich die zu einer bestimmten Belastung zugehörige Dehnung auch nicht unmittelbar, sondern erst nach einer gewissen Zeit ein. Bei Stahl beträgt diese Zeit meist nur wenige Sekunden, man kann also den Faktor Zeit beim Zugversuch mit Stahl vernachlässigen, vorausgesetzt, daß bei der Belastung die zulässigen Höchstgeschwindigkeiten nicht überschritten werden. Ein ganz anderes Verhalten zeigen aber viele Nichteisenmetalle und deren Legierungen, bei welchen auch bei Raumtemperatur eine starke Zeitabhängigkeit vorhanden sein kann. So kommt z. B. nach den Versuchen von Welter (5) bei Beanspruchungen an der statischen 0,2%-Dehngrenze von Messing, Duraluminium, geglühtem Aluminium und geglühtem Kupfer das Fließen nach einer Belastungszeit von 12 Monaten noch nicht zum Stillstand. Bei geglühtem Aluminium, geglühtem Kupfer und Magnesiumlegierungen vom Typus Elektron ist bei Raumtemperatur das Fließen bei Beanspruchungen der statischen E-Grenze nach 12 Monaten noch nicht beendet.

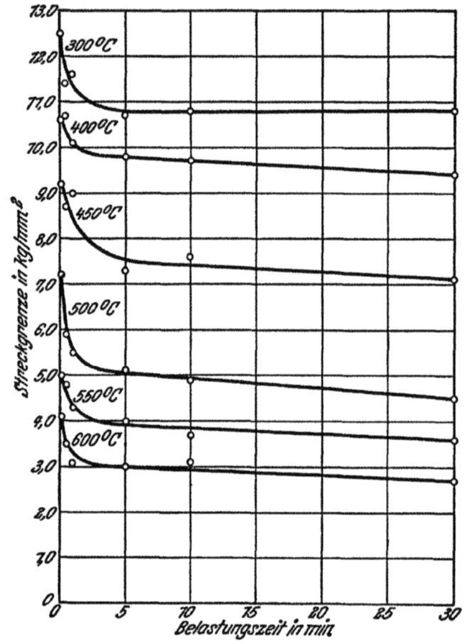

Abb. 111. Der Einfluß der Belastungszeit auf die Warmstreckgrenze eines 0,05% C-Stahles nach Körber u. Pomp.

Bei höheren Temperaturen, besonders über 300°, kommt aber auch bei Stahl das Fließen nicht mehr sofort oder nach verhältnismäßig kurzer Zeit zum Stillstand, sondern es findet unter der Einwirkung der Last ein langandauerndes Nachfließen statt. So zeigt Abb. 111 den Einfluß der Belastungszeit auf die Lage der Warmstreckgrenze eines Stahles mit 0,05% C nach Versuchen von Körber und Pomp bei Temperaturen von 300 bis 600°. Während bei 300° das Fließen nach der verhältnismäßig kurzen Zeit von rd. 5 Minuten vollständig zum Stillstand kommt, nimmt dasselbe bei höheren Temperaturen innerhalb der Versuchszeit ständig zu. Dieser Abfall der Fließgrenze ist bei dem untersuchten Stahl besonders stark bis zu einer Versuchszeit von 300 Stunden, während darüber hinaus nur mehr ein geringerer Abfall der Streckgrenze stattfindet. Die Ursache dieses Nachfließens liegt nach Ludwik (16) in der durch die Wechselwirkung zwischen Verfestigung und Entfestigung bedingten Abhängigkeit des Gleitwiderstandes von der Gleitgeschwindigkeit, wie von Polanyi und Schmidt bei Zugversuchen mit Zink- und Kadmium-Einkristallen gezeigt wurde. Während bei niedrigen Temperaturen der Gleitwiderstand mit zunehmender Verformung infolge der Kristallverfestigung und Ausscheidungsvorgängen mit zunehmender Beanspruchungszeit rasch zunimmt und das Dehnen dadurch bei konstanter Belastung rasch zum Stillstand kommt, tritt bei höheren Temperaturen eine zunehmende Kristallerholung auf, wodurch die Verfestigung schon bei Temperaturen, welche weit unter der Rekristallisationstemperatur liegen, ganz oder teilweise aufgehoben wird. Nach den bisherigen Versuchen darf angenommen werden, daß das Dehnen bei einer entsprechenden langen Belastungszeit, auch bei höheren Temperaturen und wenn die Belastung unterhalb einer gewissen Grenze liegt, wenn auch nach sehr langer Zeit noch zum Stillstand kommt, obwohl auch dies von einer Reihe von Forschern in Abrede gestellt wird. Es liegen also hier noch ziemlich ungeklärte Verhältnisse vor. In der schematischen Darstellung der Abb. 110 entspricht eine zwischen den Kurven 4 und 5 liegende Belastung jener Grenzbeanspruchung, bei welcher das Dehnen eben noch zum Stillstand kommt, ohne daß ein Bruch eintritt. Wird aber beim Dauerzugversuch diese Grenzbeanspruchung nur um einen geringen Betrag überschritten, so kommt das Dehnen auch nach sehr langer Zeit nicht mehr zum Stillstand, es geht der Stab vielmehr unter konstantem Weiterdehnen zu Bruch, wobei die Zeit bis zum Eintreten desselben mit steigender Belastung abnimmt.

Für diese Grenzbeanspruchung werden in den einzelnen Ländern verschiedene Bezeichnungen, wie z. B. Kriechgrenze (creep-limit), Viskositätsgrenze usw., angewendet. In Deutschland bezeichnet man nach dem vom Werkstoffausschuß des Vereines deutscher Eisenhüttenleute angenommenen Vorschlag von Pomp und Dahmen jene auf den Ausgangszustand bezogene Belastung, bei welcher das Dehnen gerade noch ohne Bruch zum Stillstand kommt, als die wahre Dauerstandfestigkeit bei der betreffenden Temperatur.

Da die Ermittlung derselben aber sehr lange Versuchszeiten, möglicherweise Monate und Jahre, erfordern kann, haben Pomp und Dahmen ein abgekürztes Verfahren zur Bestimmung derselben ausgearbeitet und man bezeichnet jene Beanspruchung, bei welcher die Dehngeschwindigkeit zwischen der dritten und sechsten Versuchsstunde 0,001% beträgt, als die praktische Dauerstandfestigkeit.

Im Ausland wurden Abkürzungsverfahren auf ganz ähnlicher Grundlage vorgeschlagen. Hatfield (4) bestimmt als Time Yield jene Grenzbelastung, bei welcher die Dehnung in der 24. bis 48. Versuchsstunde $1 \cdot 10^{-4}$ %/h nicht überschreitet. Die Gesamtdehnung soll gleichzeitig nicht mehr als 5% betragen. Als Berechnungsgrundlage schlägt Hatfield vor, $^2/_3$ dieser Grenzbelastung zu wählen. Das National Physical

Laboratory in England[1] bestimmt diejenige Grenzbelastung, bei welcher nach einer 14tägigen Belastungszeit die Dehngeschwindigkeit $1 \cdot 10^{-3}\%$/Tag nicht überschreitet. Guillet, Galibourg und Samsoen bestimmen bei stufenweise gesteigerter Belastung 1. jene Grenzbelastung, bis zu welcher die Verlängerungen noch proportional mit den Belastungen verlaufen, 2. diejenige Grenzbelastung, bei welcher auch in längeren Versuchszeiten kein Fließen eintritt und 3. diejenige Grenzbelastung, bei welcher zwar anfänglich ein Fließen eintritt, das aber nach einiger Zeit zum Stillstand kommt.

Die Dauerstandfestigkeit liegt bei Stahl für Temperaturen, wo noch eine geringe Zeitabhängigkeit vorhanden ist, also unter 300°, über der durch den Kurzversuch (normaler Zerreißversuch) ermittelten 0,2%-Dehngrenze, sinkt aber bei höheren Temperaturen so stark, daß sie bei denselben ganz wesentlich unter der durch den Kurzversuch ermittelten Dehngrenze liegt.

Da bei der Beanspruchung der Dauerstandfestigkeit schon eine beträchtliche plastische Verformung stattfindet, kann dieselbe nicht als Berechnungsgrundlage für den Konstrukteur dienen, sie kann aber aus denselben Gründen nicht als statische Grenzbeanspruchung für das Vorspanndiagramm verwendet werden. Man muß in beiden Fällen vielmehr jene Belastung wählen, bei welcher noch keine bleibende Formänderung auftritt, oder dieselbe mindestens, wie z. B. bei der statischen Dehngrenze, in praktisch zulässigen Grenzen bleibt. Man verwendet daher, in Anlehnung an den Begriff der 0,2% statischen Dehngrenze, die Dauerstandfließgrenze oder 0,2%-Dauerdehngrenze. Darunter versteht man nach Ulrich jene auf den Ausgangsquerschnitt bezogene Belastung, bei welcher das Fließen gerade bei 0,2% bleibender Dehnung zum Stillstand kommt, welcher Betrag auch nach unendlich langer Zeit nicht überschritten werden darf. Da die Bestimmung derselben aber eine sehr lange Versuchsdauer erfordern würde, haben Siebel und Ulrich als praktische Dauerstandfließgrenze jene auf

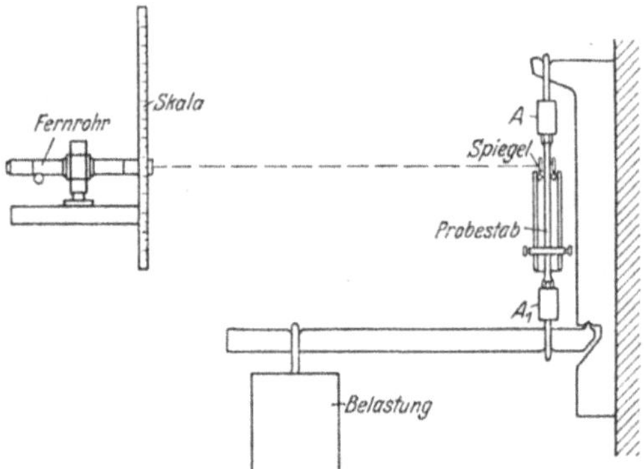

Abb. 112. Die Apparatur zur Bestimmung der Dauerstandfestigkeit.

[1] Report of the National Physical Laboratory for the Year 1927, London, H. M. Stationary Office 1928.

den Ausgangsquerschnitt bezogene Belastung vorgeschlagen, bei welcher die Dehngeschwindigkeit bei 0,2% bleibender Dehnung $1 \cdot 10^{-4}$ %/h beträgt. Dieselbe läßt sich nach einem Abkürzungsverfahren bestimmen.

1. Die Apparatur zur Bestimmung der Dauerstandfestigkeit.

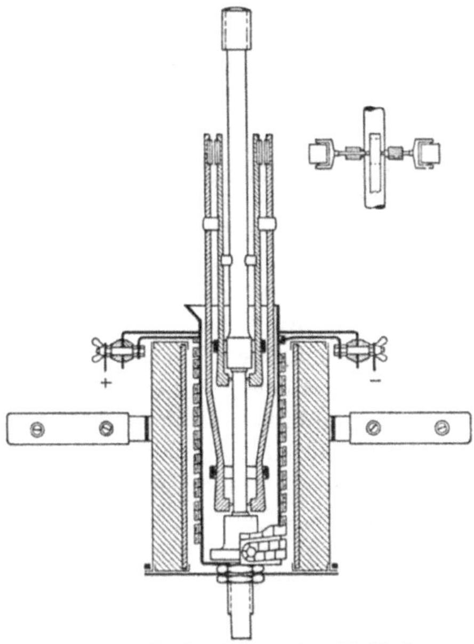

Abb. 113. Probestab mit Meßfedern und Ofen zur Bestimmung der Dauerstandfestigkeit.

Die zur Bestimmung der Dauerstandfestigkeit oder Dauerstandfließgrenze notwendige Apparatur besteht aus der Belastungsvorrichtung, dem Ofen mit der Reguliervorrichtung und den Feinmeßgeräten. Eine schematische Darstellung der Versuchsanordnung ohne Ofen ist in Abb. 112 gegeben, aus welcher auch die Anordnung des Probestabes und des Hebelwerkes für die Dauerbelastung zu ersehen ist. Die Heizung wird wegen der leichten Regulierbarkeit vorteilhaft mit einem elektrischen Ofen vorgenommen, wobei sich die Verwendung von selbsttätig wirkenden Regulierinstrumenten empfiehlt. Zur Messung der Längenänderung werden in der Regel Martenssche Spiegelapparate, in einigen Fällen Zeißsche Feinmeßuhren benützt. Die Spiegel oder Uhren werden an den dem Zweck angepaßte Meßfedern befestigt, deren Anordnung aus Abb. 113 zu ersehen ist, und müssen gegen die Wärmestrahlen des Ofens gut abgeschirmt werden. Die Raumtemperatur muß während der Meßperiode vollkommen konstant gehalten werden, da Schwankungen derselben, wie aus Abb. 114 zu ersehen ist, einen erheblichen Meßfehler verursachen können.

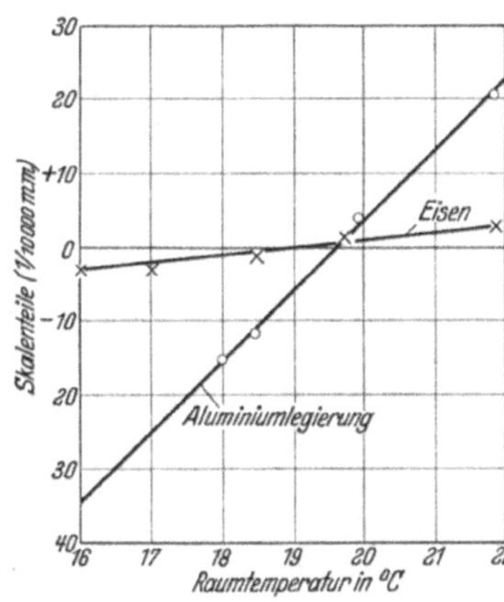

Abb. 114. Einfluß der Raumtemperatur auf die Dehnung des Probestabes bei der Dauerstandbeanspruchung nach Welter.

2. Die Untersuchungsverfahren.

Qualitative Anhaltspunkte über das Verhalten verschiedener Werkstoffe bei höheren Temperaturen kann man erhalten, wenn man die Formänderungen gleichartig belasteter Prüfstäbe bei entsprechenden Versuchstemperaturen miteinander vergleicht.

Zur Bestimmung der wirklichen Dauerstandfestigkeit und der wirklichen Dauerdehngrenze wird die Dehnung des Probestabes in Abhängigkeit von einer konstanten Belastung bei konstanter Temperatur bestimmt und jene höchste Belastung festgestellt, bei welcher die Dehnung eben noch ohne Bruch zum Stillstand kommt, bzw. die bleibende Dehnung 0,2% beträgt. Diese Versuche erfordern aber sehr lange Beobachtungszeiten und können sich auf Monate, ja sogar Jahre erstrecken, so daß dieselben praktisch nicht durchführbar sind, abgesehen davon, daß während der ganzen Beobachtungszeit eine vollständige Temperaturkonstanz notwendig ist, wodurch die Versuchsdurchführung sehr erschwert wird.

Um diese Schwierigkeiten zu umgehen, wurden Kurzverfahren zur Bestimmung der praktischen Dauerstandfestigkeit und Dauerstandfließgrenze ausgearbeitet, welche viel kürzere Beobachtungszeiten erfordern. Sie sind dadurch gekennzeichnet, daß man jene höchste Beanspruchung bestimmt, bei welcher eben noch eine zulässige Dehngeschwindigkeit nach einer bestimmten Zeit oder nach einer bestimmten Gesamtdehnung vorhanden ist. Da das Fließen von der Temperatur, der Zeit und der Beanspruchung abhängig ist, ergibt sich als einfachstes Prüfverfahren, die Temperatur, die Beanspruchung oder beide konstant zu halten und die Abhängigkeit der veränderlichen Faktoren von diesen Konstanten zu bestimmen. Nach diesem Grundsatz lassen sich die Kurzversuche in folgenden Gruppen einteilen:

1. Man bestimmt bei konstanter Temperatur und Belastung die Abhängigkeit der Dehnung von der Zeit, d. h. man nimmt die Zeitdehnungskurven auf. Für die Aufnahme einer jeder dieser Kurven ist ein eigener Probestab erforderlich. Durch Aneinanderreihung einer entsprechenden Zahl von solchen Zeitdehnungskurven bei verschiedenen Beanspruchungen, aber gleicher Temperatur kann man ein Bild über das Verhalten eines Werkstoffes bei der Versuchstemperatur gewinnen. Man kann bei dieser Versuchsführung natürlich auch das Verhalten des Werkstoffes bei konstanter Belastung in Abhängigkeit von der Temperatur feststellen.

2. Es wird entweder die Belastung oder die Temperatur des Versuchskörpers während des Versuches durch selbsttätig wirkende Vorrichtungen so geändert, daß die Dehngeschwindigkeit zum Stillstand kommt.

3. Es wird entweder die Temperatur bei gleichbleibender Belastung oder die Belastung bei gleichbleibender Temperatur unter Beobachtung

der sich einstellenden Dehngeschwindigkeiten stufenweise geändert, wobei man aus der starken Veränderung, welche die Dehngeschwindigkeit in einem bestimmten Temperatur- oder Belastungsbereich erleidet, einen Schluß auf die Dauerstandfestigkeit ziehen kann.

4. Rosenhain und Humphry halten eine Untersuchung bei konstanter Temperatur und konstanter Dehngeschwindigkeit unter Beobachtung des sich einstellenden Kraftverlaufes für möglich. Dabei könnte aus der Beobachtung des Kraftverlaufes an Stäben, welche bei verschiedener Dehngeschwindigkeit zerrissen wurden, ein Rückschluß

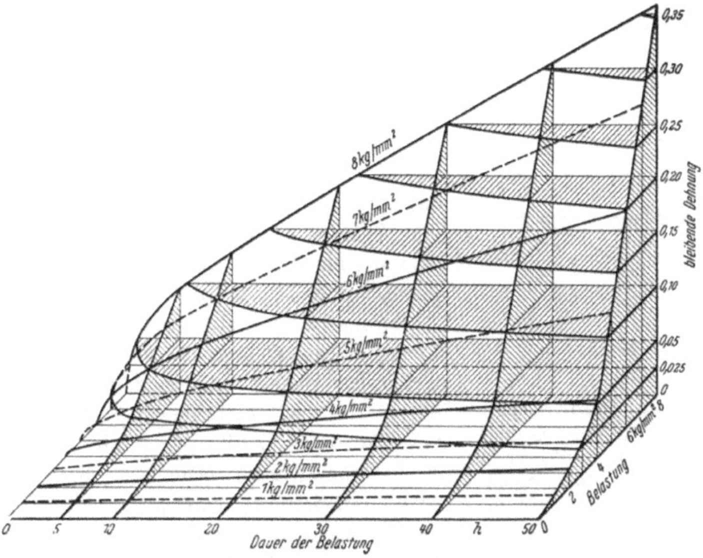

Abb. 115. Die Abhängigkeit der Dehnung von der Belastungsdauer und -höhe für einen weichen C-Stahl nach Siebel u. Ulrich.

auf jene Belastung gezogen werden, bei welcher die Dehnung nach einer gewissen Zeit zum Stillstand kommt.

Die zweite und dritte Gruppe der Prüfverfahren haben den Vorteil, daß für jedes Temperaturgebiet nur ein Probestab notwendig ist. Da aber die Versuchsbedingungen während des Versuches nicht konstant gehalten werden, sind die Verhältnisse sehr unübersichtlich. Diese Verfahren kommen daher mehr zur Bestimmung der ungefähren Lage des kritischen Belastungsbereiches in Betracht.

A. Die Zeitdehnungskurven.

Wenn man in dem System der vier Variabeln, Temperatur, Belastung, Zeit und Dehnung, eine konstant hält, so lassen sich die Abhängigkeitsverhältnisse der übrigen drei durch eine räumliche Fläche darstellen. Während bei Raumtemperatur das Verhalten des Werkstoffs durch eine einfache Fließkurve gekennzeichnet ist, tritt an deren Stelle bei höheren Temperaturen eine verwickelt gestaltete Fläche, welche das Verhalten des Stoffes in der Wärme angibt. Abb. 115 zeigt z. B. die Beziehung zwischen der Zeit, Dehnung und Belastung für einen weichen Flußstahl bei Temperaturen von 500°. Zur Bestimmung eines solchen räumlichen Schaubildes werden die Standversuche meist so durchgeführt, daß jeder Punkt der Grenzfläche bestimmte geforderte Eigenschaften aufweist. Diese Punkte sind durch Angabe der Zeit und Dehnung oder durch Zeit bzw. Dehnung bei einer bestimmten Dehngeschwindigkeit bestimmt. Man bezeichnet diese Punkte der Grenzflächen als die Zeitdehngrenzen.

Das einfachste Verfahren zur Bestimmung derselben besteht darin, einen Grenzwert der Dehnung nach einer bestimmten Versuchszeit vorzuschreiben, wie es bei der Bestimmung der praktischen Dauerstandfestigkeit geschieht. So bestimmen z. B. auch French, Kahlbaum und Peterson jene Belastung, bei welcher die bleibende Dehnung nach 1000 Stunden Beanspruchungszeit 0,1 und 1% beträgt.

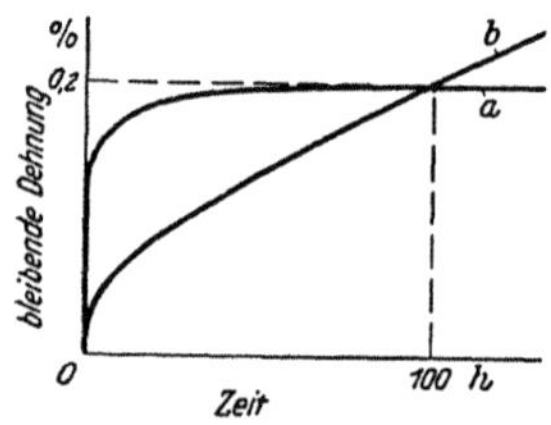

Abb. 116. Zeitdehnungskurven für eine Grenzdehnung von 0,2% nach 100 Stunden Belastungsdauer nach Siebel u. Ulrich.

Dieses Verfahren liefert aber unsichere Werte, da die Dehngeschwindigkeit nach Erreichen der Dehngrenzen trotz der bestimmten Zeitangabe noch sehr verschieden sein kann. Abb. 116 zeigt z. B. das Verhalten zweier Werkstoffe, welche beide die Bedingungen einer Grenzdehnung von 0,2% nach 100 Stunden Belastungszeit erfüllen. Während aber bei Werkstoff a die Dehnung nach jener Zeit vollständig zum Stillstand gekommen ist, also anzunehmen ist, daß die Gesamtformänderung auch nach sehr langen Belastungszeiten nicht mehr nennenswert zunehmen wird, ist im Falle b die Dehngeschwindigkeit nach dem Erreichen der geforderten Dehngrenze noch verhältnismäßig sehr groß und beträgt $1 \,.\, 10^{-4}$ %/h. Es können also bei einer Weiterführung des Versuches noch erhebliche Formänderungen auftreten.

Nach dem Vorschlag von Pomp und Dahmen zur abgekürzten Bestimmung der Dauerstandfestigkeit werden jene Belastungen festgestellt, bei welchen eine bestimmte Dehngeschwindigkeit nach einer entsprechend langen Einwirkung der Last nicht überschritten wird. Nach Pomp und Enders entspricht jene Beanspruchung, bei welcher die Dehngeschwindigkeit $15 \,.\, 10^{-4}$ %/h beträgt, der praktischen Dauerstandfestigkeit der Werkstoffe. Dieses Verfahren hat den Nachteil, daß es über die dabei auftretende Gesamtdehnung keinen Aufschluß gibt. In der Abb. 117 entsprechen alle drei Kurven den gestellten Forderungen, bei Kurve a treten aber unzulässige hohe Formänderungen von 0,4% auf, welche bei der Messung nicht erfaßt werden, während im Falle b und c die Gesamtdehnung innerhalb der zulässigen Grenzen von 0,2% bleibt. Um diesen Fehler auszuschalten und den Zeitdehnungsvorgang vollkommen zu erfassen, wurde von Hatfield (3) sowie von Pomp und Höger noch die Zusatzbedingung gestellt, daß auch die Gesamtformänderung am Ende der Versuchszeit einen bestimmten Grenzwert nicht überschreiten darf.

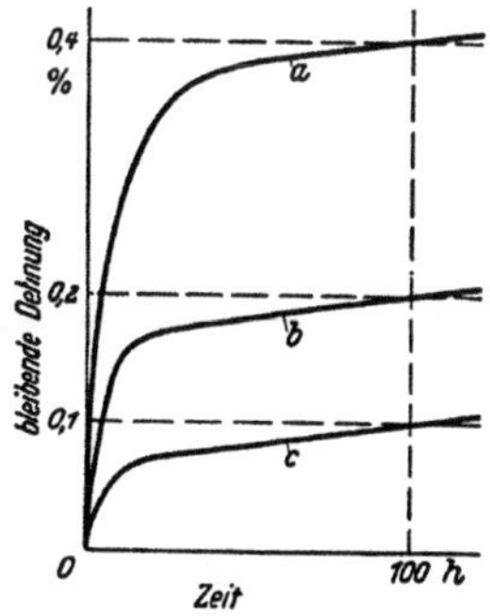

Abb. 117. Zeitdehnungskurven für eine bestimmte Dehngeschwindigkeit nach 100 Stunden Belastungsdauer nach Siebel u. Ulrich.

Die Definition der Zeitdehngrenzen als jener Beanspruchung, bei welcher die Dehngeschwindigkeit nach einer bestimmten Beobachtungszeit einen gegebenen Grenzwert nicht überschreiten darf, hat den Vorteil, daß es nicht notwendig ist, den Dehnungsverlauf während des gesamten Versuches, sondern nur während der zur Be-

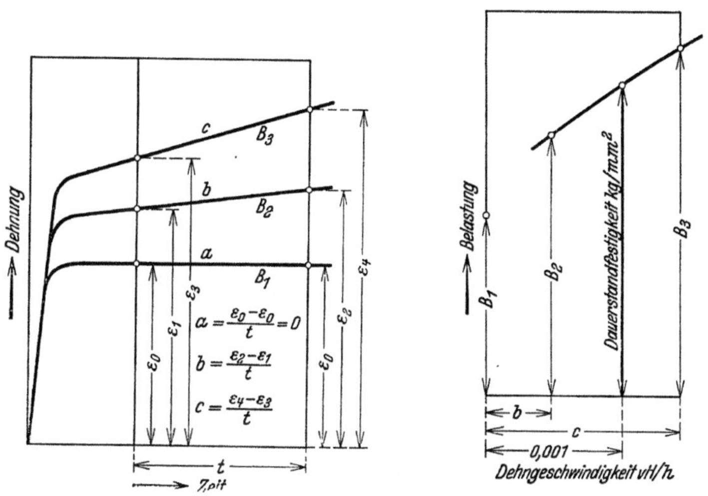

Abb. 118 u. 119. Abkürzungsverfahren zur Bestimmung der Dauerstandfestigkeit.

stimmung der Dehngeschwindigkeit notwendigen Zeitspanne zu beobachten. Man ist also unabhängig von kleinen Temperaturschwankungen während der Hauptzeit des Versuches und es muß die zur einwandfreien Bestimmung des Dehnungsverlaufes notwendige Temperaturkonstanz nur während der verhältnismäßig kurzen Beobachtungszeit eingehalten werden.

B. Die Bestimmung der praktischen Dauerstandfestigkeit.

Zur Bestimmung der zulässigen Dehngeschwindigkeit von 0,001%/h wird auf Grund der Erfahrungen die Beobachtungszeit zwischen die 3. bis 6. Stunde gelegt. Man führt 2 bis 3 Versuche bei Belastungen durch, welche nahe oberhalb oder unterhalb der vorgeschriebenen Dehngeschwindigkeit liegen und bestimmt hieraus den gesuchten Wert durch Interpolation. In den Abb. 118 und 119 ist der Verlauf und die Auswertung des Versuches schematisch dargestellt. Den Belastungen B_1, B_2 und B_3 entsprechen während der Beobachtungszeit t die Dehngeschwindigkeiten a, b, c, die sich nach folgenden Gleichungen berechnen:

$$\left.\begin{aligned} a &= \frac{\Sigma_0 - \Sigma_0}{t} = 0 \\ b &= \frac{\Sigma_2 - \Sigma_1}{t} \\ c &= \frac{\Sigma_4 - \Sigma_3}{t} \end{aligned}\right\} \quad \ldots\ldots\ldots\ldots \quad (22)$$

Trägt man die Dehngeschwindigkeiten in Abhängigkeit von den Spannungen auf (Abb. 119), wobei die einer Geschwindigkeit Null entsprechende Spannung nicht berücksichtigt wird, und verbindet die Punkte miteinander, so schneidet die im Abstand 0,001 gezogene Ordinate die Verbindungslinie der Punkte bei der Beanspruchung der praktischen Dauerstandfestigkeit.

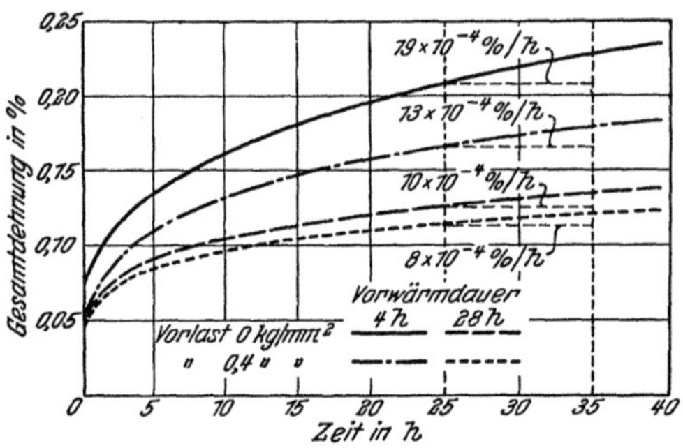

Abb. 120. Die Abhängigkeit der Dehngeschwindigkeit von der Vorwärmdauer nach Pomp u. Höger.

Für die Beurteilung der Brauchbarkeit dieses Verfahrens sind Versuche von Pomp und Höger wichtig, welche bei Belastungen der im Abkürzungsverfahren ermittelten Dauerstandfestigkeiten Dauerversuche durchgeführt haben. Es ergab sich für Kohlenstoff und nieder legierte Stähle bei Temperaturen von 400 bis 500°, daß das anfangs auftretende Dehnen auf den Betrag von $1 \cdot 10^{-4}$%/h und darunter gesunken war. Es dürften also die nach dem Abkürzungsverfahren ermittelten praktischen Dauerstandfestigkeiten den wahren Dauerstandfestigkeiten sehr nahekommen.

Diese Versuche haben auch ergeben, daß eine Verlängerung der Anwärmzeit, wie die Aufbringung einer wenn auch sehr kleinen Vorlast während des Anheizens, eine Verminderung der Dehngeschwindigkeiten bedingt. Abb. 120. Ob diese bei einem 0,1%-C-Stahl gemachten Beobachtungen verallgemeinert werden können, bedarf noch der Aufklärung. Jedenfalls hat Mailänder (3) an einem Chrom-Molybdän-Stahl ganz ähnliche Beobachtungen gemacht.

C. Die Bestimmung der praktischen Dauerstandfließgrenze.

Siebel und Ulrich schlagen als praktische Zeitdehngrenze jene Beanspruchung vor, bei welcher nach dem Erreichen einer bestimmten Formänderung eine so geringe, praktisch noch zulässige Dehngeschwindigkeit vorhanden ist, daß unzulässig hohe Formänderungen auch bei lang andauernder Belastung voraussichtlich nicht zu erwarten sind. Es wird also nach dieser Begriffsbestimmung nicht die Formänderung nach einer bestimmten Zeit, sondern die zu einer bestimmten Formänderung gehörige Dehngeschwindigkeit bestimmt, wobei die Zeit, nach welcher dieser Zustand erreicht wird, nur eine untergeordnete Rolle spielt. Diese Bedingung ist in der Abb. 121 durch alle drei Kurven a, b, c erfüllt. Jene Beanspruchung, bei welcher die Dehngeschwindigkeit $1 \cdot 10^{-4}$%/h beträgt, bezeichnen sie als die praktische Dauerstandfließgrenze oder die 0,2%-Dauerdehngrenze.

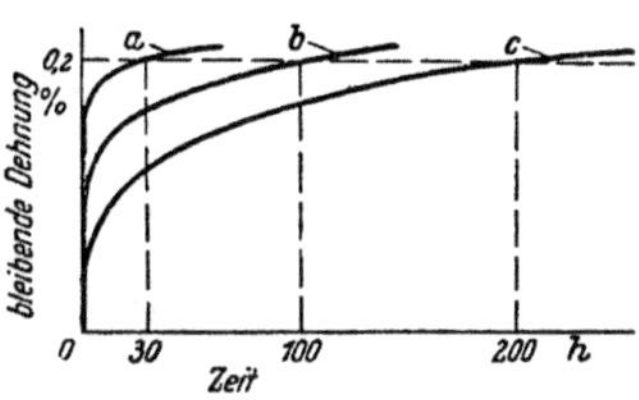

Abb. 121. Zeitdehnungskurven mit einer bestimmten Dehngeschwindigkeit bei 0,2% bleibender Dehnung nach Siebel u. Ulrich.

Durch die Zulassung einer geringen Dehngeschwindigkeit wird die Schwierigkeit, welche sich bei der Bestimmung der wirklichen Dauerstandfließgrenze ergibt, vermieden, da die vollständige Ermittlung der Zeitdehnlinien bis zu einer bleibenden Dehnung von 0,2% sehr lange Beobachtungszeiten notwendig macht. Es stellt sich dieser Grenzwert oft erst nach 500 bis 1000 Stunden ein. Derselbe läßt sich aber auf Grund der folgenden Überlegung nach einem Abkürzungsverfahren bestimmen. Nach Eckhart entsprechen die Zeitdehnungskurven Parabeln und es ergibt sich die Beziehung

$$\Sigma_t = \Sigma_1 \left(\frac{t}{t_1}\right)^m \quad \ldots\ldots\ldots\ldots \quad (23)$$

wobei Σ_1 die Dehnung zu einer bestimmten Zeit t_1 zu Beginn des Versuches ist und Σ_t die bleibende Dehnung nach der Zeit t bedeutet. Es läßt sich also bei Kenntnis des Exponenten m die Dehnung zu einer beliebigen Zeit t berechnen. Durch Logarithmierung obiger Gleichung ergibt sich

$$\lg \Sigma_t = \lg \Sigma_1 + m \,.\, \lg \frac{t}{t_1} \quad \ldots\ldots\ldots \quad (24)$$

Es wird also im doppelt-logarithmischen Koordinatensystem die Gleichung durch eine Gerade dargestellt, die unter einem Winkel

$$m = \frac{\lg \Sigma_t - \lg \Sigma_1}{\lg t - \lg t_1} \quad \ldots\ldots\ldots \quad (25)$$

zur Abszissenachse geneigt ist.

Nach den Versuchen von Ulrich, bei welchen die Gesamt- und die bleibende Dehnung sowie die Dehngeschwindigkeiten bis zu 1200 Stunden Versuchsdauer bestimmt wurden und die bis zur bleibenden Dehnung von 0,2% fortgesetzt wurden, liegen die Versuchspunkte im doppelt-logarithmischen Koordinatensystem mit großer Annäherung auf einer Geraden (Abb. 122), so daß eine Extrapolation bis zu einer

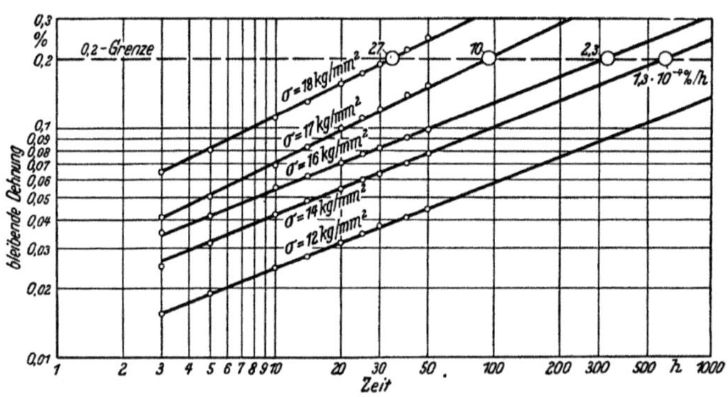

Abb. 122. Zeitdehnungslinien zur Bestimmung der praktischen Dauerstandfließgrenze eines vergüteten Cr-Ni-Wo-Stahles bei 600° C nach Siebel u. Ulrich.

bleibenden Dehnung von 0,2% aus kürzeren Versuchszeiten zulässig erscheint. Nach Pomp und Enders nimmt die Dehngeschwindigkeit bei niedrigen Belastungen rascher ab als obiger Beziehung entspricht. In diesem Falle würde die Extrapolation etwas zu hohe Werte für die Dehngeschwindigkeit, also eine etwas zu niedrige Dauerdehngrenze ergeben.

Zur Kurzbestimmung der praktischen Dauerstandfließgrenze werden Dauerstandversuche von mindestens 50 h Belastungsdauer mit verschieden hohen Beanspruchungen durchgeführt und die Meßergebnisse im doppelt-logarithmischen Koordinatensystem mit der Zeit als Abszisse und der bleibenden Dehnung als Ordinate aufgetragen. Der Wert für die Grenzdehnung von 0,2% wird durch Extrapolation bestimmt. Die zugehörigen Dehngeschwindigkeiten werden nach der Gleichung

$$V = \frac{\partial \Sigma}{\partial t} = \Sigma \cdot \frac{m}{t} = 0{,}2 \cdot \frac{m}{t} \quad \ldots\ldots\ldots \quad (26)$$

berechnet. Ist eine genügende Zahl von solchen Zeitdehnungslinien aufgenommen, so kann daraus unschwer jene Belastung bestimmt werden,

Tabelle 52. Praktische Dauerstandfestigkeiten und Dauerstanddehngrenzen einiger Stähle nach Versuchen von E. Siebel und M. Ulrich.

1	2	3	4	5	6	7
Werkstoff	Temperatur	σ_F kg/mm²	σ_B kg/mm²	Praktische Dauerstandfließgrenze nach Siebel u. Ulrich kg/mm²	Praktische Dauerstand-Festigkeit nach Pomp u. Enders kg/mm²	$\frac{5}{6}$
C-Stahl	20	21	36	—	—	—
	400	13	—	10,5	12,0	0,9
	500	9	—	4,0	5,0	0,8
C-Stahl	20	25	44	—	—	—
	500	—	—	5,0	6,0	0,85
0,25% Cr-, 0,45% Mo-Stahl	20	45	55	—	—	—
	300	41	55	35	—	—
	400	37	52	31	33	0,95
	500	29	41	10	14	0,7
0,8% Cr-, 0,55% Mo-Stahl	20	36	50	—	—	—
	557	—	—	11	13,5	0,8
	600	19	33	3,5	5,5	0,65
Cr-Mo-Stahl	20	40	52	—	—	—
	557	—	—	12.	14	0,85
	600	20	28	2	4	0,5
Cr-Mo-Stahl	20	65	82	—	—	—
	500	—	—	9	4	0,75
13% Ni-, 16% Cr-, 2,5% W_0-Stahl	20	46	82	—	—	—
	600	—	—	14	17	0,8
3,5% Ni-, 1% Cr-, 0,3% W_0-Stahl	20	95	110	—	—	—
	470	58	77	17	22	0,8

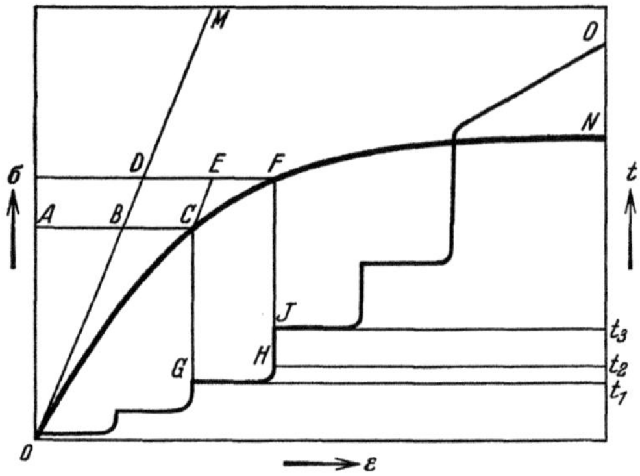

Abb. 123. Abkürzungsverfahren zur Bestimmung der Dauerstandfestigkeit mit einem einzigen Probestab nach Pohl, Scholtz u. Juretschek.

welche einer Dehngeschwindigkeit von $1 \cdot 10^{-4}$ %/h entspricht. Abb. 122 zeigt die Durchführung eines solchen Versuches für einen Cr-Ni-Wo-Stahl bei 600°.

In der umstehenden Tabelle 52 sind einige Versuche von Siebel und Ulrich wiedergegeben.

Die Bestimmung der Dauerstandfestigkeit und der Dauerdehngrenze aus den Zeitdehnungslinien erfordern für jeden Versuch einen eigenen Probe-

Tabelle 53. Die Schwingungs-

Werkstoff	Bez.	Nach	Statische		
			σ_B kg/mm²	$\sigma_{0,001}$ %	$\sigma_{,003}$ %
Grauguß 3,3% C, 2,33% Si, 0,5% Mn	Ge 12	Lehr	11,6	—	—
Gußeisen	Ge 12	Ludwik	11,6	3,9	4,3
Gußeisen		Moore und Kommers	17,7	—	—
Gußeisen		Moore und Kommers	18,2	—	—
Sonder-Grauguß 3,13% C, 1,08% Si, 0,9% Mn	Ge 18	Lehr	19,0	—	—
Gußeisen		Moore und Kommers	22,1	—	—
Sonder-Gußeisen	Ge 24	Ludwik	24,8	4,7	7,2
Sonder-Grauguß 2,94% C, 2,0% Si, 1,07% Mn	Ge 24	Lehr	24,8	—	—
Gußeisen 2,97% C, 1,22% Si, 0,43% Mn, 0,60% P		Jünger	25,0	—	—
Hochw. Gußeisen 2,90% C, 1,20% Si, 0,95% Mn, 0,23% P		„	34,5	—	—

[1] r = 0,5 mm.

stab. Man kann die Dauerstandfestigkeiten nach einem von Pohl, Scholtz und Juretschek angewendeten Näherungsverfahren mit einem einzigen Probestab bestimmen, wobei bei gleichbleibender Temperatur die Belastung stufenweise gesteigert und bei jeder Laststufe das Eintreten des Gleichgewichtes abgewartet wird. Die Versuche werden auf folgende Art durchgeführt: Nachdem sich Temperaturkonstanz eingestellt hat, beansprucht man den Stab zunächst mit $^1/_3$ der durch den Kurzversuch (Warmzerreißversuch mit 0,05 kg/mm²/sec Versuchsgeschwindigkeit) bei der betreffenden Temperatur ermittelten Streckgrenzenlast und läßt die Belastung solange einwirken, bis auch nach mehreren Stunden Beobachtungszeit keine Zunahme der Dehnung mehr festzustellen ist, sich also Gleichgewicht eingestellt hat. Es wird nun die bleibende, die elastische und die Gesamtdehnung bestimmt. Nun wird der Probestab neuerdings bei etwas größerer Beanspruchung belastet und abgewartet, bis sich wieder ein Gleichgewichtszustand eingestellt hat und dann die zugehörigen Dehnungswerte bestimmt. Dieses Verfahren wird solange fortgesetzt, bis keine Konstanz der Dehnung mehr eintritt. Abb. 123

festigkeit von Grauguß.

Werte					H_B	Schwingungsfestigkeit kg/mm²				
$\sigma_{0,03}$ %	$\sigma_{0,2}$ %	σ_F kg/mm²	δ_B %	ψ_B %		σ_{wb}	σ_{wb}^{v}	σ_{wb}^{K}	σ_{wb}^{b}	τ_w
—	—	—	—	—	—	6	6	—	6[1]	4,5
8,9	11,3	—	—	—	162	7,0	7,0	4,5	7,0[1]	6,5
—	—	—	—	—	132	6,3	—	—	—	—
—	—	—	—	—	162	8,4	—	—	—	—
—	—	—	—	—	—	9,0	9,0	—	—	7,5
—	—	—	—	—	148	7,7	—	—	—	—
20,5	—	—	—	—	272	14,0	14,0	7,5	14,0[1]	13,0
—	—	—	—	—	—	12,0	12,0	—	12,0[1]	9,0
—	—	—	—	—	209	14,0	—	—	—	—
—	—	—	—	—	193	13,5	—	—	—	—

bringt eine schematische Darstellung dieser Art der Versuchsführung. Für die elastische Dehnung ergibt sich im Dehnungsschaubild eine Gerade OM. Die Schaulinie der Gesamtdehnung ON hingegen stellt eine Kurve dar, welche sich in ihrem Anfangsverlauf tangential an die Linie der elastischen Dehnung anschließt, beim Erreichen der Dauerstandfestigkeit aber in eine Horizontale übergeht. Bei diesem Belastungszustand ist die Ausbildung eines Gleichgewichtes nicht mehr möglich und es muß auch bei sehr kleinen Dehngeschwindigkeiten nach entsprechend langer Zeit ein Bruch erfolgen. In dem mit dem Spannungsschaubild vereinigten Zeitdehnungsschaubild der Abb. 123 bedeutet:

OM die Linie der elastischen Dehnung;
ON die Linie der Gesamtdehnung;
OO die Dehnungs-Zeitschaulinie;
AB die elastische Dehnung bei der Spannung σ_1;
BC die bleibende Dehnung bei der Spannung σ_1;

Tabelle 54. Die Schwingungs-

Werkstoff	Bez.	Nach	Zust.	Statische		
				σ_B kg/mm²	$\sigma_{0,001}$ %	$\sigma_{000,3}$ %
Stahlguß		Ludwik		31,8	10,1	19,1
Stahlguß 0,11% C, 0,23% Si, 0,79% Mn		Lehr	gegl.	38,7	—	—
Stahlguß		Moore und Kommers		47,0	—	—
Stahlguß 0,20% C, 0,28% Si, 0,61% Mn		Lehr	gegl.	49,6	—	—
Stahlguß		Moore und Kommers		53,3	—	—
Stahlguß		Moore und Kommers		53,6	—	—
Stahlguß		Moore und Kommers		56,6	—	—
Stahlguß 0,25% C, 0,60% Si, 0,71% Mn		Lehr	verg.	59,0	—	—
Stahlguß		Moore und Kommers		72,5	—	—
Stahlguß		Moore und Kommers		75,3	—	—

[1] 1 = 2''

DF die bleibende Dehnung bei der Spannung σ_2;
EF die bleibende Dehnung bei der Steigerung der Belastung von σ_1 auf σ_2.

Der Dehnungsverlauf bei der Dehnungszunahme EF in der Zeit von t_1 bis t_2 ist durch den Kurvenverlauf GH der Zeitdehnungslinie dargestellt. In der Zeit von t_2 bis t_3 findet keine weitere Zunahme der Dehnung mehr statt, wie aus dem senkrechten Verlauf HJ der Zeitdehnungslinie hervorgeht.

Diese Art der Versuchsführung hat den Nachteil, daß keine einheitlichen Versuchsbedingungen vorhanden sind, da der durch das Fließen bereits verfestigte Probestab immer wieder die Versuchsgrundlage für die nächst höhere Belastung bildet. Es kommt also solchen Versuchen ein mehr orientierender Charakter zu, um sich rasch ein Bild über die ungefähre Lage der Dauerstandfestigkeit machen zu können.

festigkeit von Stahlguß.

Werte					H_B	Schwingungsfestigkeit kg/mm²				
$\sigma_{0,03}$ %	$\sigma_{0,2}$ %	σ_F kg/mm²	δ %	ψ %		σ_{wb}	σ_{wb}^{V}	σ_{wb}^{K}	τ_w	σ_w
28,8	31,3	—	1,0	4,0	197	9,5	9,5	9,5	—	—
—	—	23,0	27,0	—	—	18,0	15,0	—	11,0	12,0
—	—	18,7	22,0[1]	23,0	119	18,9	—	—	—	—
—	—	30,0	23	—	—	21,0	16,0	—	12,0	14,0
—	—	29,9	31,7[1]	56,0	133	23,1	—	—	—	—
—	—	30,5	30,5[1]	51,0	136	24,5	—	—	—	—
—	—	—	2,1[1]	4,0	179	22,4	—	—	—	—
—	—	37,0	20,0	—	—	23,0	17,0	—	12,5	15,0
—	—	—	22,5[1]	48	188	31,5	—	—	—	—
—	—	—	13,7[1]	23	201	33,6	—	—	—	—

XI. Die Wechselfestigkeit von Grauguß und Stahlguß.

Die Werte der Schwingungsfestigkeit von Grauguß sind in Tabelle 53 angeführt. Nach diesen Versuchen beträgt der Faktor $\frac{\sigma^0_{wb}}{\sigma_B} = 0{,}35 - 0{,}60$ und $\frac{\sigma^0_{wb}}{BH} = 0{,}043 - 0{,}07$. Es ist also auch hier keine konstante Beziehung zur Bruchfestigkeit und Härte vorhanden. Wie aus den übereinstimmenden Versuchen aller Forscher hervorgeht, ist Grauguß nicht kerbempfindlich, da durch die Graphiteinschlüsse eine so starke innere Kerbwirkung vorhanden ist, daß äußere Kerben nicht mehr zur Wirkung kommen. Die Korrosionsempfindlichkeit beträgt im Mittel 40%. Von großem Einfluß auf die Schwingungsfestigkeit von Grauguß ist nach den Untersuchungen von Bartels die Gußhaut, durch welche dieselbe bis auf das Dreifache erhöht werden kann (siehe S. 125). Vermutlich ist diese Erhöhung darauf zurückzuführen, daß der Graphit in der Gußhaut viel feiner verteilt ist. Der Einfluß des Gefüges auf die Schwingungsfestigkeit wurde noch nicht einwandfrei untersucht, es ist aber anzunehmen, daß dieselbe durch die Art der Graphitausscheidung beeinflußt wird.

Über die Ursprungsfestigkeit von Gußeisen liegt eine Untersuchung von Moore, Lyon und Inglis vor. Sie fanden:

Zugfestigkeit	$+ 22{,}2$ kg/mm²
Druckfestigkeit	$- 78{,}0$,,
Biegeschwingungsfestigkeit	$\pm\ 7{,}4$,,
Ursprungsfestigkeit:	
bei Zug	$\pm\ 5{,}45/+\ 5{,}45$ kg/mm²
bei Druck	$\pm 22{,}8\ /- 22{,}8$,,
Wechselfestigkeit	$\pm\ 9{,}0\ /+ 13{,}5$,,

Es ist also die Ursprungsfestigkeit bei Druckbeanspruchung ungefähr 4,2mal so groß als bei Zug.

Die Biegeschwingungsfestigkeit von Grauguß wird bis zu 300° C von der Temperatur nicht beeinflußt und fällt dann mit steigender Temperatur.

Die Werte für Stahlguß sind in Tabelle 54 angegeben. Die Schwingungsfestigkeit desselben wird durch schlechtes Glühen bzw. grobes Korn ganz bedeutend vermindert. So fand z. B. H. F. Moore bei Stahlguß mit grobem Korn $\pm$ 19 kg/mm², während beim richtigen Glühen die Schwingungsfestigkeit $\pm$ 24,6 kg/mm² betrug.

XII. Die Wechselfestigkeit von Leichtmetallen und deren Legierungen.

(Tabelle 55 und 56.)

Bei statischer Beanspruchung befolgen die Leichtmetalle und deren Legierungen nach Saran sowohl bei Zug-, Biege-, also auch Verdrehungsbeanspruchung bis zur 0,001%-E-Grenze das Hooksche Gesetz.

Nach Welter (5) findet bei einer Dauerbelastung von geglühtem Aluminium an der 0,2%-Dehngrenze ein ständiges Fließen statt, das auch nach zwölfmonatiger Belastungszeit noch nicht zum Stillstand kommt. Bei geglühten Aluminium- und Magnesiumlegierungen ist das Fließen bei einer Belastung an der statischen E-Grenze auch nach 12 Monaten noch nicht beendet.

Für die Schwingungsprüfung von Leichtmetallen genügt die 10 Mill.-Grenze nicht. Moore fand, daß auch noch nach 100 Millionen Lastwechsel Brüche bei Duraluminium auftraten. Wagner stellte bei Lautal und bei Elektron AZ geschmiedet noch Brüche bei 27 Millionen Lastwechsel fest. Diese Beobachtung wurde von Saran bestätigt. Wo bei den Leichtmetallegierungen die tatsächliche Lastwechselgrenze liegt, bis zu welcher die Versuche durchgeführt werden müssen, um einwandfreie Werte für die Schwingungsfestigkeit zu erhalten, steht noch nicht fest. Memmler und Laute schlagen hierfür 100 Millionen Lastwechsel vor. Nach Saran genügt eine Lastwechselzahl von 20 Millionen, wenn man sich darauf beschränkt, die Schwingungsfestigkeit mit einer Genauigkeit von $\pm$ 5% zu bestimmen.

Zug-Druck-Beanspruchung. Unter den von Saran untersuchten Werkstoffen sind die plastischeren, wie die amerikanische Legierung, Silumin und Lautal, den spröderen, wie K. S. Seewasser und deutscher Legierung überlegen. Dieselbe Beobachtung hat auch Wagner gemacht.

Biegebeanspruchung. Die deutsche Legierung, K. S. Seewasser, Silumin und die untersuchte Kolbenlegierung haben trotz ganz verschiedener Zusammensetzung die gleiche Biegeschwingungsfestigkeit von $\pm$ 4,5 kg/mm² (Saran), welche aber unter jener des Reinaluminiums mit $\pm$ 5 bis 6 kg/mm² liegt. Die Kerbempfindlichkeit dieser Legierungen ist eine sehr geringe. Bei den vergüteten Aluminiumlegierungen nimmt durch das Veredeln die Bruchfestigkeit sehr stark, die Schwingungsfestigkeit hingegen nur sehr wenig zu. So steigt z. B. durch das Veredeln des Duraluminiums die 0,001%-Grenze um 245%, die 0,003%-Grenze um 128%, die 0,03%-Grenze um 120%, die 0,2%-Grenze um 114%, die Bruchfestigkeit um 51% an, während die Schwingungsfestigkeit nur um 16% zunimmt. Hingegen beträgt die Kerbempfindlichkeit des geglühten Duraluminiums 33%, während diejenige des veredelten

Tabelle 55. Die Schwingungsfestigkeit

Werkstoff	Bez.	nach	Zustand	Statische				
				σ_B kg/mm²	$\sigma_{0,001}$ %	$\sigma_{0,003}$ %	[$\sigma_{0,02}$] $\sigma_{0,03}$ %	$\sigma_{0,2}$ %
Aluminium .	Al 99	Ludwik	gegl.	9,8	2,2	3,0	4,5	5,5
Alum., rein. 99,5% Al, Fe, Mn ...		Lehr	,,	9,8	—	—	—	—
Aluminium .		Moore	gew.	15,8	—	—	—	—
Aluminium, Amer.-Leg. 87% Al, Cu		Lehr	Gußleg.	13,5	—	—	—	—
Aludur 97% Al, Si, Cu .		,,	hart gez.	25,0	—	—	—	—
Aeron		Brenner	Plat.	35,9	10,0	—	(16,8)	—
Alum.-Leg. .		Googh		37,6	—	—	—	—
Al-Cu-Leg. .		McAdam	gew.	46,6	—	—	—	—
Al-Mg-Leg. .		Moore	gegossen	19,6	—	—	—	—
Al-Mg-Leg. .		,,	gespr.	24,6	—	—	—	—
Al-Mg-Leg. .		,,		27,3	—	—	—	—
Al-Mg-Leg. .		,,		28,9	—	—	—	—
Al-Mg-Leg. .		,,	geschm.	28,9	—	—	—	—
Al-Mg-Leg. .		,,		31,1	—	—	—	—
Al-Mg-Si-L.		McAdam		31,5	—	—	—	—
Duralumin .		Moore	gegl.	17,7	—	—	—	—
Duralumin .		McAdam		20,7	—	—	—	—
Duralumin[1]		Lehr	gegl.	27,0	—	—	—	—
Duralumin[2]	681 B	Ludwik	,,	27,1	4,9	8,1	9,8	11,9
Duralumin .		Moore	gew.	35,7	—	—	—	—
Duralumin .		,,	getemp.	35,8	—	—	—	—
Duralumin .		McAdam	gew.	37,4	—	—	—	—
Duralumin .		Jünger	vered.	38,3	—	—	—	—
Duralumin .		,,	,,	39,5	—	—	—	—
Duralumin[1]	681 B	Lehr	,,	40,0	—	—	—	—
Duralumin[2]	681 B	Ludwik	ausgeh.	40,8	16,7	18,5	21,6	24,2
Duralumin .		Brenner		42,4	12,0	—	(20,7)	—
Duralumin .		McAdam		43,3	—	—	—	—
K. S. Seew.	VLW61	Ludwik	preßh.	22,2	14,9	16,7	19,6	—
Lautal		Lehr	gegl.	19,0	—	—	—	—
Lautal		,,	vered.	32,0	—	—	—	—
Lautal		Brenner		37,6	13,1	—	(16,6)	—
Lautalnorm.		Memmler u. Laute		38,0	—	—	—	—
Lautal	VLW14	Ludwik	ausgeh.	39,5	14,9	15,8	18,4	21,8
Legal		,,	,, kalt gez.	25,6	10,6	14,8	20,1	22,7
Silumin A ..		,,	gegossen	12,4	2,0	2,6	4,1	7,2
Silumin		Lehr	Gußleg.	17,5	—	—	—	—
Silumin B ..		Ludwik	gegossen	19,6	3,1	3,8	5,9	8,4
Mn-Cu-Silum.....	CMS	,,	,,	19,5	2,7	3,6	5,6	8,9
Skleron		Memmler u. Laute		46,4	—	—	—	—
Skleron		Lehr	unverg.	51,0	—	—	—	—
Skleron[1] ...		,,	hartverg.	57,0	—	—	—	—
Skleron	VLW23	Ludwik	ausgeh.	57,2	11,5	23,9	41,0	47,1
Skleron	VLW23	,,		—	—	—	—	—

[1] Seewasser. [2] Meerwasser. [3] $\varphi_{2''}$

von Aluminium und seinen Legierungen.

Werte			H_B	Schwingungsfestigkeit kg/mm²									
σ_F kg/mm²	δ%	ψ_B%		σ_{wb}	σ_{wb}^{v}	σ_{wb}^{K}	σ_{wb}^{b}	τ_w	τ_w^{v}	τ_w^{K}	τ_w^{b}	σ_w	σ_w^{v}
—	23,4	73,7	32	6,0	6,0	3,0	—	—	—	—	—	—	—
5,5	24,0	—	—	5,0	4,5	—	—	3,0	—	—	—	—	—
—	16,0[3]	65,4	45	7,3	—	—	—	—	—	—	—	—	—
11,0	4,0	—	—	6,0	5,5	—	—	3,5	—	—	—	—	—
15,0	10,0	—	—	8,0	7,0	—	—	4,5	—	—	—	—	—
21,3	19,1	25,5	—	12,3	—	—	—	—	—	—	—	—	—
—	24,0[3]	—	—	15,9	—	—	—	—	—	—	—	—	—
—	24,0[3]	37,4	—	10,5	—	—	—	—	—	—	—	—	—
—	4,0[3]	—	61	8,7	—	—	—	—	—	—	—	—	—
—	21,7[3]	28,3	52	8,4	—	—	—	—	—	—	—	—	—
—	15,5[3]	30,8	58	10,5	—	—	—	—	—	—	—	—	—
—	16,0[3]	20,3	61	9,1	—	—	—	—	—	—	—	—	—
—	4,0[3]	—	61	10,5	—	—	—	—	—	—	—	—	—
—	13,8[3]	16,9	65	10,5	—	—	—	—	—	—	—	—	—
—	17,4[3]	22,3	—	8,4	—	—	—	—	—	—	—	—	—
—	25,0[3]	60,8	50	7,6	—	—	—	—	—	—	—	—	—
—	19,4[3]	40,8	—	7,7	—	—	—	—	—	—	—	—	—
12,0	18,0	—	—	12,0	10,0	6,5	—	6,5	—	—	—	—	—
—	16,0	30,0	75	12,0	8,0	7,0	—	6,5	—	3,7	—	—	—
—	16,0[3]	50,4	100	9,8	—	—	—	—	—	—	—	—	—
—	29,3[3]	47,5	100	8,4	—	—	—	—	—	—	—	—	—
—	23,9[3]	35,2	—	8,7	—	—	—	—	—	—	—	—	—
—	12,0	40,4	—	12,0	—	—	—	—	—	—	—	—	—
—	13,5	27,4	—	12,0	—	—	—	—	—	—	—	—	—
23,0	15,0	—	—	14,0	13,0	7,0	11,0	8,0	—	—	—	—	—
—	18,0	27,7	112	14,0	13,5	7,0	11,5	8,0	7,5	4,2	7,0	—	—
25,2	25,7	37,3	—	14,0	—	—	—	—	—	—	—	—	—
—	29,3[3]	39,4	—	11,2	—	—	—	—	—	—	—	—	—
—	7,4	33,7	59	11,0	8,0	4,5	—	—	—	—	—	—	—
9,0	19,0	—	—	9,0	7,5	—	—	5,0	—	—	—	—	—
18,0	14,0	—	—	11,0	9,5	—	—	7,0	—	—	—	—	—
19,9	24,2	38,7	—	13,4	—	—	—	—	—	—	—	—	—
20,5	26,0	44,0	—	—	—	—	—	—	—	—	—	14,7	—
—	27,2	40,6	106	15,0	9,0	6,5	—	—	—	—	—	—	—
—	11,1	48,2	83	11,0	7,0	4,5	—	—	—	—	—	—	—
—	1,0	2,3	54	4,0	4,0	4,0	—	3,2	—	—	—	—	—
12,0	4,5	—	—	4,5	4,5	—	—	2,5	—	—	—	—	—
—	8,6	10,6	63	6,0	6,0	4,5	—	4,2	—	—	—	—	—
—	3,1	4,9	63	6,0	6,0	5,0	—	5,4	—	—	—	—	—
30,7	15,0	21,0	—	—	—	—	—	—	—	—	—	15,0	12,5
37,0	15,0	—	—	10,0	8,5	—	—	6,5	—	—	—	—	—
48,0	13,0	—	—	13,0	11,0	6,0	—	7,5	—	—	—	—	—
—	13,5	15,1	147	16,0	11,0	6,0	—	—	—	—	—	—	—
—	—	—	—	13,0	—	—	—	7,5	—	—	—	—	—

Tabelle 56. Die Schwingungsfestigkeit

Werkstoff	Bez.	nach	Zustand	Statische		
				σ_B kg/mm²	$\sigma_{0,001}$ %	$\sigma_{0,003}$ %
Magnesium		Moore	gespr.	22,7	—	—
Mg-Cu-Legierung .		„	„	27,3	—	—
Elektron-Sandguß		Jünger	gegossen	12,7	—	—
Elektron		Lehr	Gußleg.	17,0	—	—
Elektron		„	preßh.	23,0	—	—
Elektron		Moore		25,5	—	—
Elektron[1]		Lehr	gegl.	29,0	—	—
Elektron[2]	AZM	Ludwik	weich	31,3	5,7	7,4
Elektron		Brenner		33,6	—	—
Elektron		Lehr	verg.	36,0	—	—
Elektron		Memmler und Laute	„	36,7	—	—

nur 3,5% beträgt, wobei die Kerbschwingungsfestigkeit des veredelten Duraluminiums noch um 12,5% größer ist als die Schwingungsfestigkeit der unveredelten Legierung. Lautal, Legal und Aludur haben auch im veredelten Zustand eine höhere Kerbempfindlichkeit und sind die Werte der Schwingungsfestigkeit niedriger als bei Duraluminium. Alle diese Legierungen einschließlich des Duraluminiums sind aber gegen Spannungskorrosion stark empfindlich.

Die Schwingungsfestigkeit der Aluminium-Gußlegierung ist nach den Versuchen der I. G. Farbenindustrie in Bitterfeld und von Wagner höher als jene des Silumins, jene der veredelten Gußlegierungen ungefähr gleich jener des Duraluminiums.

Bei der Verdrehungsbeanspruchung geben die einzelnen Legierungen proportional ähnliche Werte wie bei der wechselnden Biegung.

Die Werte für Magnesiumlegierungen sind in Tabelle 56 angegeben. Die Kerbempfindlichkeit beträgt im Mittel rd. 10%, die Korrosionsempfindlichkeit bei Meerwasser bis zu 70%.

Die Versuche von Saran sowie von Ludwik (14) haben ergeben, daß bei den Leichtmetallegierungen die Kurzversuche keinen Anhaltspunkt für die Schwingungsfestigkeit geben und daß eine feste Beziehung zwischen derselben und den Werten des Zugversuches nicht besteht. Bei einer Beanspruchung in der Höhe der Schwingungsfestigkeit ist auch keine Dämpfung vorhanden.

[1] Seewasser.
[2] Meerwasser.

von Magnesium und seinen Legierungen.

Werte				H_B	Schwingungsfestigkeit kg/mm²					
$[\sigma_{0,02}]$ $\sigma_{0,03}$ %	σ_F kg/mm²	δ%	ψ_B%		σ_{wb}	σ^b_{wb}	σ^K_{wb}	τ_w	τ^K_w	σ_w
—	—	6,2	4,4	41	5,5	—	—	—	—	—
—	—	3,0	3,6	60	7,7	—	—	—	—	—
—	—	0,83	—	—	6,0	—	—	—	—	—
—	13,0	4,5	—	—	6,5	6,0	—	3,0	—	—
—	16,0	16,0	—	—	9,0	8,0	—	5,0	—	—
—	17,5	20,5	—	64	11,9	—	—	—	—	—
—	13,0	18,0	—	—	11,0	10,0	3,5	6,5	—	—
11,7	—	12,1	23,6	66	11,0	10,0	3,5	6,5	2,1	—
(12,0)	23,8	14,25	19,8	—	15,5	—	—	—	—	—
—	20,0	14,0	—	—	13,0	12,0	—	8,0	—	—
—	23,0	8,0	11,0	—	—	—	—	—	—	12,3

XIII. Die Wechselfestigkeit von Kupfer, Nickel und deren Legierungen.

(Tabelle 57.)

Die Zahl der Lastwechsel, bis zu welchen diese Versuche zur Bestimmung der Schwingungsfestigkeit durchgeführt werden müssen, ist noch nicht bekannt, liegt aber bedeutend höher als bei Stahl.

Die Kerbempfindlichkeit von Kupfer bei wechselnder Biegung beträgt für r = 0,05 mm und t = 0,1 mm rd. 17 bis 22%. Bei Spannungskorrosion mit Frischwasser ist die Biegeschwingungsfestigkeit nach McAdam sowie Lehr etwas höher als an der Luft. Die Korrosionsempfindlichkeit bei Seewasser beträgt rd. 8%. Durch die Kaltbearbeitung wird die Schwingungsfestigkeit nicht wesentlich geändert.

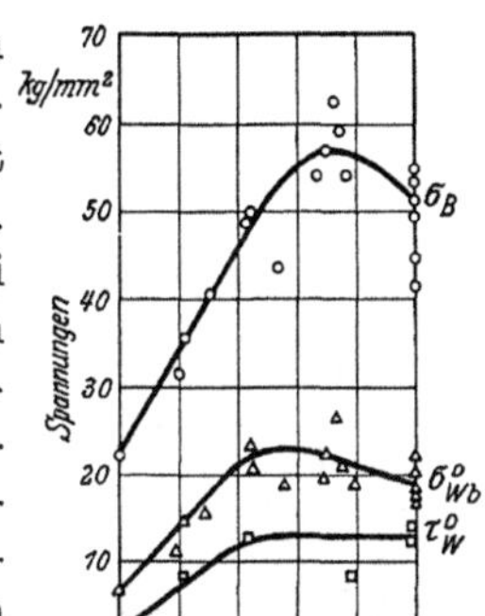

Abb. 124. Die Abhängigkeit der Festigkeitswerte von Ni-Cu-Legierungen von der Zusammensetzung.

Messing Ms 70 ist nach Ludwik nicht kerb- und korrosionsempfind- lich, während Lehr eine Korrosionsempfindlichkeit von rd. 10% feststellt. Durch die Kaltbearbeitung wird die Schwingungsfestigkeit nur wenig gehoben, auch durch Hochtrainieren wird sie nur wenig verändert. Abb. 124 zeigt die Abhängigkeit der Festigkeitswerte von Ni-Cu-Legierungen von der Zusammensetzung, Abb. 36 den Einfluß der Kaltbearbeitung auf die Schwingungsfestigkeit von Cui-Legierungen.

Tabelle 57. Die Schwingungsfestigkeit

Werkstoff	Bez.	nach	Zustand	Statische		
				σ_B	$\sigma_{0,001}$	$\sigma_{0,003}$
Elektr.-Cu[1]		Lehr	geglüht	22,0	—	—
Elektr.-Cu	E-Cu	Ludwik	„	22,4	—	—
Handels-Cu		Memmler u. Laute		22,4	—	—
Kupfer		McAdam	kalt gew. u. geglüht	22,4	—	—
Kupfer		Moore u. Jasper	geglüht	22,7	—	—
Handels-Cu		Memmler u. Laute	„	22,9	—	—
Handels-Cu		„	anlief.	34,5	—	—
Kupfer[2]		Lehr	hart gez.	35,0	—	—
Kupfer		McAdam	kalt gew.	36,4	—	—
Kupfer		Moore u. Jasper	geglüht kalt gez.	38,6	—	—
Bronze 95/5		„	geglüht	32,0	—	—
Bronze 95/5		McAdam		33,7	—	—
Bronze 95/5		„	kalt gew.	39,0	—	—
Bronze B	SPA	Ludwik	geschm.	56,8	10,5	12,6
Schmiedebronze[2]		Lehr	gewalzt	57,0	—	—
Bronze 89/11		McAdam		57,3	—	—
Bronze 89/11		„	kalt gew.	57,9	—	—
Bronze 95/5		Moore u. Jasper	geglüht kalt gez.	59,5	—	—
Schmiedebronze A		Ludwik	gewalzt	61,6	7,9	12,3
Al-Bronze		Moore	gegossen	41,5	—	—
Al-Bronze		„	gespr.	54,2	—	—
Al-Bronze		„	gegossen	54,5	—	—
Mn-Bronze		„	„	49,0	—	—
Messing 81/19		McAdam		30,7	—	—
Messing 70/30		„	kalt gew.	31,5	—	—
Messing 70/30[2]		Lehr	geglüht	34,0	—	—
Messing 60/40		Moore u. Jasper	„	37,9	—	—
Messing 70/30		Lehr	hart gez.	38,0	—	—
Schmiedemessing[3]	Ms 60	Ludwik	geglüht	40,0	7,7	9,2
Messing 81/19		McAdam	kalt gez.	50,0	—	—
Messing 81/19		„	kalt gew.	51,2	—	—
Marine-Messing 61/38		Moore		57,7	—	—
Gelbtombak	Ms 70	Ludwik	geglüht	34,2	9,0	10,1
Gelbtombak	Ms 70	„	10% kalt gerecht	37,4	9,8	14,3
Gelbtombak	Ms 70	„	geglüht	—	—	—

[1] Frischwasser. [2] Seewasser. [3] Meerwasser. [4] l = 2″

von Kupfer und seinen Legierungen.

Werte					H_B	Schwingungsfestigkeit kg/mm²								
$\sigma_{0,03}$ %	$\sigma_{0,02}$ %	σ_F kg/mm²	δ%	ψ_B%		σ_{wb}	σ_{wb}^{v}	σ_{wb}^{k}	σ_{wb}^{b}	τ_w	τ_w^{v}	τ_w^{k}	τ_w^{b}	σ_w
—	—	6,5	50,0	—	—	9,0	7,5	11,0	—	4,5	—	—	—	—
3,4	4,4	—	50,9	69,4	48	9,0	7,0	8,0	5,5	5,5	—	—	—	—
—	—	8,7	47,0	74,0	—	—	—	—	—	—	—	—	—	9,5
—	—	—	57,5[4]	71,8	—	7,3	—	—	—	—	—	—	—	—
—	—	—	50,4[4]	71,4	47	7,0	—	—	—	—	—	—	—	—
—	—	3,3	49,0	69,0	—	—	—	—	—	—	—	—	—	7,5
—	—	33,3	7,0	69,0	—	—	—	—	—	—	—	—	—	11,8
—	—	29,0	17,0	—	—	12,0	10,0	11,0	—	5,0	—	—	—	—
—	—	—	13,0[4]	50,0	—	11,2	—	—	—	—	—	—	—	—
—	—	—	6,5[4]	52,0	104	7,0	—	—	—	—	—	—	—	—
—	—	—	66,9[4]	83,5	74	16,1	—	—	—	—	—	—	—	—
—	—	—	70,8[4]	80,5	—	15,8	—	—	—	—	—	—	—	—
—	—	—	47,5[4]	79,0	—	15,8	—	—	—	—	—	—	—	—
19,2	25,3	—	25,5	35,6	140	12,5	12,5	12,5	—	—	—	—	—	—
—	—	43,0	21,0	—	—	13,0	12,0	12,0	—	7,5	—	—	—	—
—	—	—	70,0[4]	72,0	—	18,9	—	—	—	—	—	—	—	—
—	—	—	37,8[4]	63,0	—	18,9	—	—	—	—	—	—	—	—
—	—	—	11,7[4]	67,0	166	18,9	—	—	—	—	—	—	—	—
31,3	43,7	—	24,6	27,8	159	11,0	11,0	11,0	—	6,0	—	—	—	—
—	—	—	20,0[4]	28,1	96	15,4	—	—	—	—	—	—	—	—
—	—	—	35,5[4]	34,0	128	23,8	—	—	—	—	—	—	—	—
—	—	—	14,0[4]	19,0	192	18,2	—	—	—	—	—	—	—	—
—	—	—	32,8[4]	40,8	93	11,9	—	—	—	—	—	—	—	—
—	—	—	64,3[4]	80,0	—	12,3	—	—	—	—	—	—	—	—
—	—	—	72,3[4]	66,0	—	10,5	—	—	—	—	—	—	—	—
—	—	11,0	45,0	—	—	15,0	14,0	14,0	11,0	8,5	—	—	—	—
—	—	—	56,0[4]	61,0	72	15,4	—	—	—	—	—	—	—	—
—	—	25,0	20,0	—	—	18,0	16,0	—	—	10,0	—	—	—	—
11,2	12,0	—	48,4	69,3	84	17,5	15,0	12,0	—	10,0	—	8,5	—	—
—	—	—	16,0[4]	64,8	—	16,1	—	—	—	—	—	—	—	—
—	—	—	20,0[4]	46,3	—	12,3	—	—	—	—	—	—	—	—
—	—	—	27,0[4]	53,0	135	14,7	—	—	—	—	—	—	—	—
11,0	11,2	—	56,3	73,8	77	14,0	14,0	14,0	11,0	—	—	—	—	—
24,1	24,9	—	43,5	71,2	103	16,0	16,0	—	—	—	—	—	—	—
—	—	—	—	—	—	15,0	15,0	—	11,0	8,5	8,5	—	7,0	—

Bei den Zinnbronzen ist die Kerb- und Korrosionsempfindlichkeit sehr gering und dürfte unter 10% liegen.

Nach Untersuchungen von McAdam bzw. Moore und Jasper ist die Biegeschwingungsfestigkeit vom geglühten Nickel 10,9 bis 19,6 kg/mm², für hart gewalztes Nickel 28 kg/mm². Memmler und Laute geben die Zug-Druck-Festigkeit mit 16,9 kg/mm² an. Zur einwandfreien Bestimmung der Schwingungsfestigkeit dürfte eine sehr hohe Lastwechselzahl notwendig sein. Die Korrosionsempfindlichkeit von Ni-Legierungen liegt nach McAdam bei rd. 50%.

XIV. Die Veränderungen des Gefüges durch die Wechselbeanspruchung.

Die Frage, ob mit dauernder Wechselbeanspruchung auch eine Veränderung des Kleingefüges mit Ausnahme der schon besprochenen Gleitebenenbildung eintreten kann, ist noch nicht einwandfrei geklärt. Ursprüng-

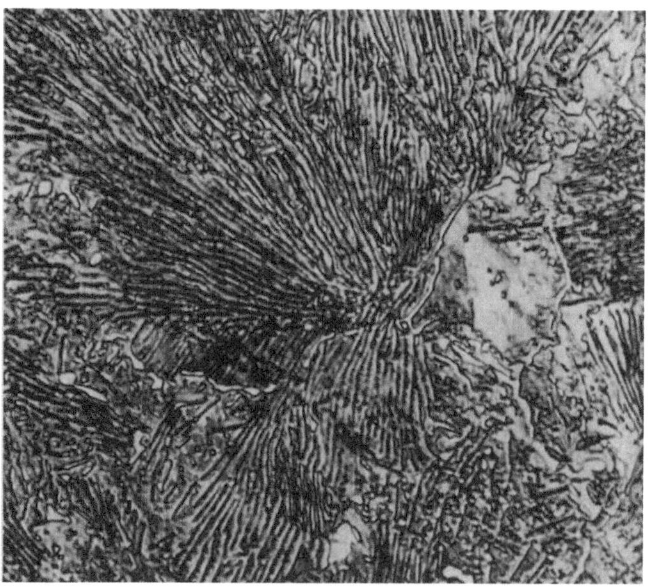

Abb. 125. Das Gefüge eines 0,9% C-Stahles vor der Wechselbeanspruchung. 1000fach.

lich hat man aus den verschiedenen Aussehen des Schwingungs- und Restbruches geschlossen, daß die Werkstoffe durch die Wechselbeanspruchung grobkörnig werden, hat aber diese Annahme wieder fallen gelassen, da Gefügeveränderungen in einem so weiten Ausmaße sicher nicht eintreten.[1] Heute herrscht im allgemeinen die Meinung vor, daß durch die Wechselbeanspruchung keine Veränderung des Kleingefüges verursacht wird. Von W. Herold (1, 2) wurde hingegen durch Biegeschwingungsversuche nachgewiesen, daß Gefügeveränderungen möglich sind, da an den Stellen der stärksten Wechselbeanspruchung nicht nur die Korngrenzen deutlich hervortreten, sondern auch der lamellare Perlit zer-

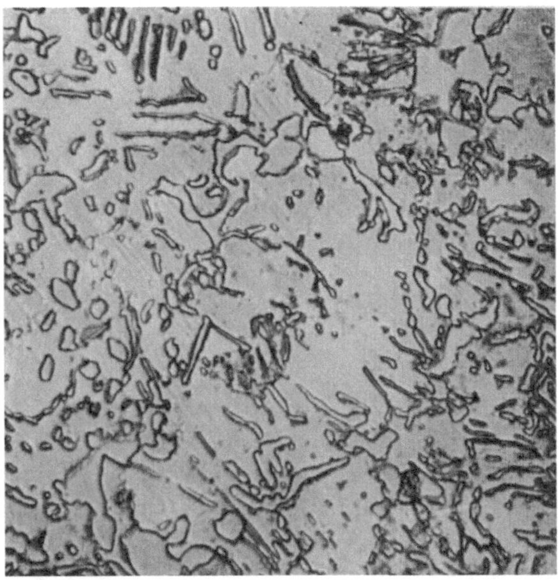

Abb. 126. Das Gefüge desselben C-Stahles wie Abb. 125 nach einer Beanspruchung mit $1{,}132 \times 10^9$ Lastwechsel. 1000fach.

trümmert werden und an den Korngrenzen abwandern kann. Da diese Versuche im Widerspruch mit den bisherigen Erfahrungen stehen, wurden dieselben unter Ausschaltung der möglichen Fehlerquellen wiederholt. Um die Zertrümmerung des lamellaren Perlits zu untersuchen, wurde ein Werkzeugstahl mit 0,9% C, welcher auf lamellarem Perlit geglüht wurde, mit der Schenckschen Zug-Druck-Maschine mit $n = 30000$/min. insgesamt 1132 millionenmal beansprucht und dabei die Schwingungsfestigkeit durch Hochtrainieren von 22 auf 35,8 kg/mm² gehoben.[2] Abb. 125 zeigt das Gefüge des unbeanspruchten Werkstoffes. Durch

[1] Über Literatur darüber siehe R. Mailänder (1).

[2] Der Hochtrainierversuch ist in Tabelle 21 angegeben und wurde von Herrn Dr. E. Lehr durchgeführt, wofür ich ihm auch an dieser Stelle bestens danke.

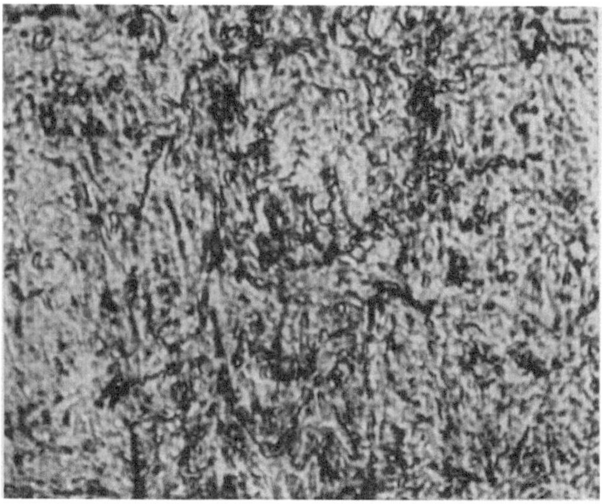

Abb. 127. Das Gefüge eines Ni-Stahles vor der Wechselbeanspruchung. 2000fach.

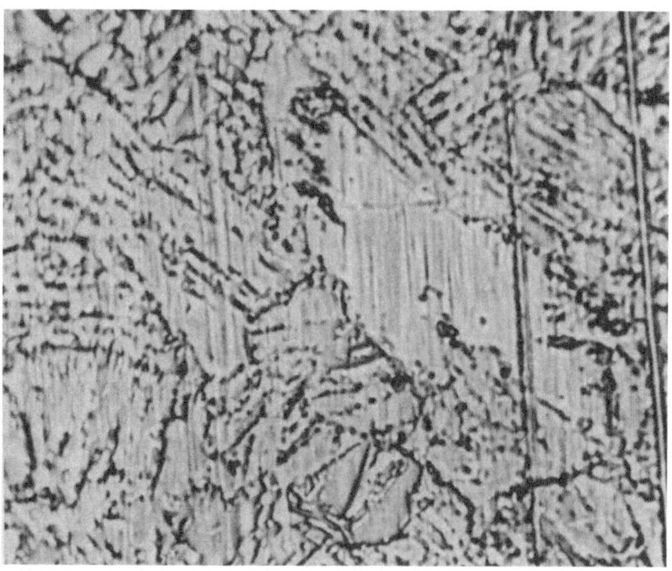

Abb. 128. Das Gefüge desselben Stahles wie Abb. 127 nach einer Beanspruchung von 123×10^6 Lastwechsel. 2000fach.

die Schwingungsbeanspruchung wurde der lamellare Perlit, wie Abb. 126 zeigt, zertrümmert und vollständig in körnigen Perlit umgewandelt.

Es wurde weiters das Verhalten eines Ni-Stahles mit 0,15 bis 0,20% C, 0,5% Mn, 3,2% Ni und 0,2% Cr, welcher auf 78,3 kg/mm² Bruchfestigkeit, 18,8% Dehnung, 55% Einschnürung und 23 kg/mm² Drehwechselfestigkeit vergütet wurde, bei schwingender Verdrehung untersucht. Um Fehlschlüsse durch Ungleichmäßigkeit des Gefüges zu vermeiden, mußte die gleiche Stelle vor und nach der Wechselbeanspruchung unter-

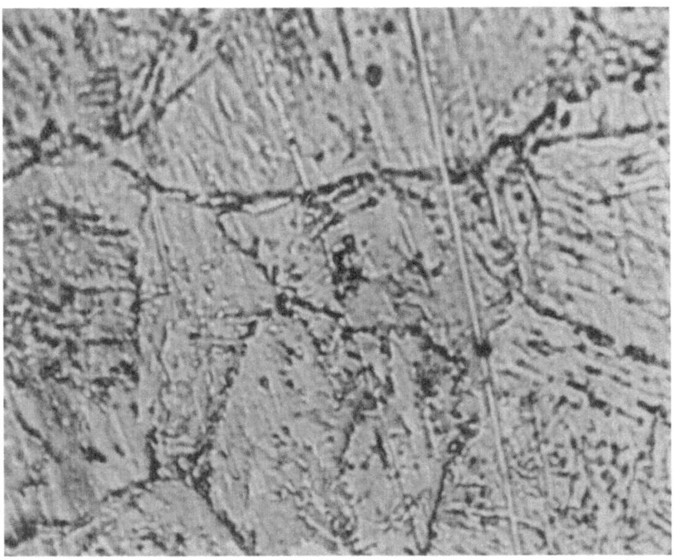

Abb. 129. Wie Abb. 128, aber nach 158 × 10^6 Lastwechsel. 2000fach.

sucht werden. Es wurden daher Vierkantprobestäbe verwendet, in deren Mitte eine kreisförmige Fläche von ungefähr 1 mm² durch den Markierapparat angezeichnet wurde. Das Gefüge innerhalb dieser kleinen Fläche war vollkommen gleichmäßig. Abb. 127 zeigt das Gefüge des unbeanspruchten Materiales, während Abb. 128 dieselbe Stelle nach einem Hochtrainieren auf 30,7 kg/mm² nach 123 Millionen Lastwechsel darstellt. Es ist eine deutliche Anhäufung des Zementits an den im unbeanspruchten Werkstoff nicht sichtbaren Korngrenzen zu erkennen. Viel besser sind diese Erscheinungen in Abb. 129 zu sehen, welche nach einem Hochtrainieren bis zum Bruch bei 31,6 kg/mm² nach 158 Millionen Lastwechsel aufgenommen wurde. Abb. 130 zeigt zum Vergleich das Gefüge eines Lenkhebels aus 3%igem Ni-Stahl mit etwas höherem C-Gehalt als das für die Proben verwendete Material, welcher nach mehrjähriger

Betriebsdauer durch Ermüdung gebrochen ist. Es ist eine fast vollständige Verdrängung des Zementits an die Korngrenzen vorhanden, welcher infolge der Wechselbeanspruchung an diese abgewandert sein dürfte.

Daß Zementitwanderungen in der festen Ferritphase möglich sind, wurde schon von Whiteley nachgewiesen, welcher den Einfluß der Wärmebehandlung unterhalb des A_1-Punktes auf das Gefüge von Stählen sehr eingehend untersucht hat. Beim Anlassen der unter A_1 abgeschreckten Stähle werden bei 260° die ersten Zementitpünktchen im

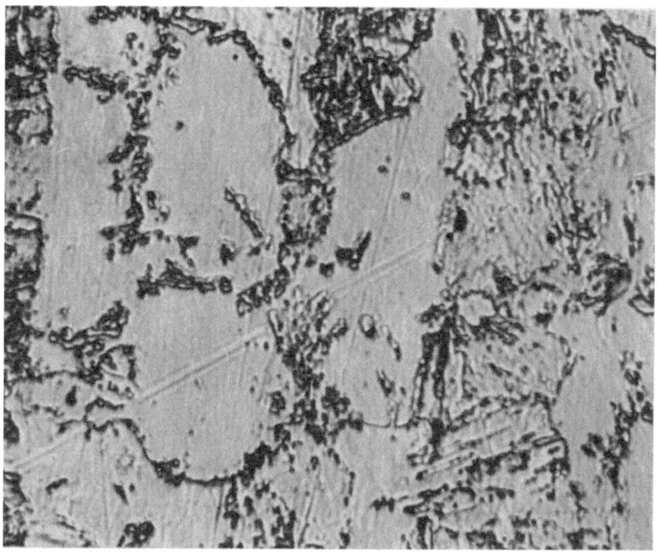

Abb. 130. Das Gefüge eines durch Ermüdung gebrochenen Lenkhebels aus 3%igem Ni-Stahl. 1100fach.

Ferrit sichtbar, welche mit steigender Anlaßtemperatur an die Korngrenzen wandern und hier als punktförmige Einschlüsse zu sehen sind, wie sie durch Ätzen mit Natriumpykratlösung nachgewiesen werden können. Diese Beobachtungen wurden durch die Untersuchungen von Köster bestätigt.

In den Abb. 131 bis 133 sind Versuche mit einem gehärteten Cr-Ni-Stahl ECN 35 angeführt. Das vollkommen gleichmäßige Gefüge des unbeanspruchten Werkstoffes der Abb. 131 geht nach einer Zug-Druck-Wechselbeanspruchung von rd. 170 Millionen Lastwechsel bei gleichzeitigem Hochtrainieren in jenes der Abb. 132 und 133 über. Auch hier ist eine sehr deutliche Veränderung des Gefüges zu sehen.

Durch diese Versuche erscheint erwiesen, daß eine Veränderung des

Kleingefüges sowie eine Umwandlung des lamellaren in körnigen Perlit durch eine entsprechend lange und hohe Wechselbeanspruchung möglich ist. Ob eine solche Gefügeänderung für die Ermüdung notwendig ist, wurde noch nicht nachgewiesen.

Viel erfolgversprechender ist die Verfolgung des Ermüdungsvorganges in den Kristallen durch Untersuchung mit Röntgenstrahlen nach der Methode von Debye-Scherrer, da dadurch eventuelle Veränderungen der Elementarzelle beobachtet werden können. Allerdings ist noch frag-

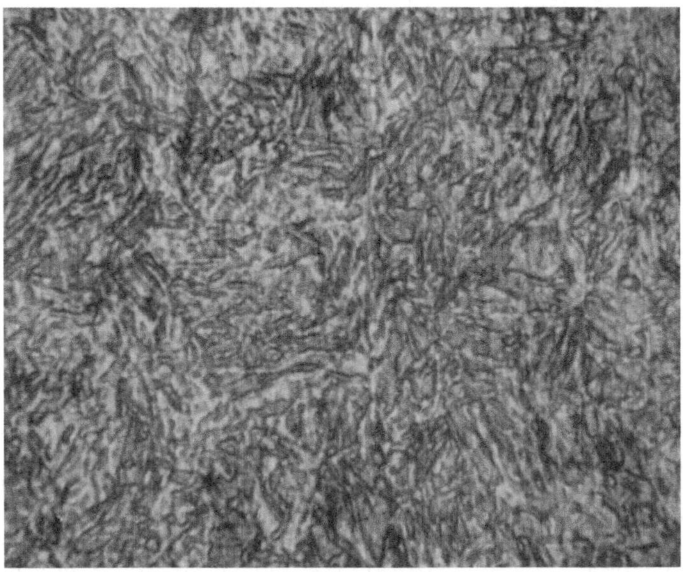

Abb. 131. Das Gefüge eines gehärteten Stahles ECN 35 vor der Wechselbeanspruchung. 2000fach.

lich, ob die Röntgenprüfung empfindlich genug ist, um das Lösen einzelner Gitterbindungen, durch welche nach unserer heutigen Vorstellung der Ermüdungsprozeß eingeleitet wird, anzuzeigen. Die im unbeanspruchten Werkstoff vielfach verwaschenen Debye-Linien, welche auf ein ungeordnetes Gitter, wie z. B. durch innere Spannung, hinweisen, werden durch die Wechselbeanspruchung scharf und es kann sogar die Van Arkelsche Aufspaltung eintreten, so daß das Kα-Duplet getrennt erscheint. Es tritt also, soweit aus den bisherigen Röntgenuntersuchungen geschlossen werden kann, durch die Ermüdung das Gegenteil des erwarteten Effektes, nämlich eine Ordnung des Gitters, ein. Allerdings wurden solche Untersuchungen bisher nur vereinzelt und nicht systematisch durchgeführt.

Dehlinger (1) untersucht den Verlauf der Ermüdung an kaltgewalzten Silber- und Kupferblechen und stellt, außer einem Scharfwerden der Debye-Linien, auf dem kontinuierlichen Untergrund derselben Schwärzungen fest, welche er auf Rekristallisation zurückführt. Dieser Effekt tritt aber nur ein, wenn die Beanspruchung des Körpers bis knapp zum Bruch durchgeführt wird. Dehlinger schließt daraus, daß durch die Beanspruchung die Rekristallisationstemperatur herabgesetzt wird, und zwar in der Nähe der Bruchbelastung bis auf Zimmertemperatur.

Sehr beachtenswert erscheinen die in den letzten Jahren durchgeführten Untersuchungen von Regler[1] über die Veränderung der Elementarzelle durch die Wechselbeanspruchung.

XV. Die Wechselfestigkeit von Maschinenelementen.

Die Wechselfestigkeit eines Maschinenelementes ist durch die Formgebung und den Werkstoff bedingt. Es läßt sich die zulässige Beanspruchung berechnen, wenn man den Spannungsverlauf und die Wechselfestigkeit des Werkstoffes kennt. Die Erfahrungen haben aber gelehrt, daß es oft auch bei den einfachsten Maschinenelementen, wie z. B. Schrauben, nicht möglich ist, die zulässige Beanspruchung auf dem Wege der Rechnung zu bestimmen. Trotzdem die Kerbwirkung bei zügiger und wechselnder Beanspruchung für die Werkstoffe bekannt ist, ist die Wechselfestigkeit der Schrauben in Verbindung mit der Mutter bedeutend geringer, als sich aus den Werkstoffdaten errechnet. Bei Schweißverbindungen ist die Qualität der Schweiße sehr von der Art der Herstellung abhängig. Das Verhalten von Nietverbindungen bei wechselnder Beanspruchung hängt wieder vom Anpreßdruck, dem Lochleibungsdruck, dem Oberflächenzustand des Nietloches usw. ab. Solche Größen lassen sich meist durch die Rechnung und Messung nicht oder nur mit einer unzureichenden Genauigkeit erfassen. Es fehlt heute noch an den nötigen Erfahrungen, wie diese zum Teil auch von der Formgebung abhängigen Einflüsse zu werten sind. Um die Anwendung von mehr oder weniger willkürlich gewählten Sicherheitsfaktoren zu vermeiden, bleibt als einfachster Weg die Schwingungsprüfung von solchen Konstruktionselementen bzw. von naturgetreuen, geometrisch proportionalen Modellen, welche unter denselben Bedingungen wie die Maschinenelemente hergestellt und beansprucht werden müssen. Solche Versuche sollten überall dort durchgeführt werden, wo es auf größte Betriebssicherheit und höchste Ausnützung der Werkstoffe ankommt.

[1] F. Regler, Statische und dynamische Beanspruchung von Stahlkonstruktionen im Lichte der Röntgenstrahlen. Mitt. Techn. Versuchsamt, Wien, 21 (1932), S. 31. (Bringt auch eine Übersicht über frühere Versuche zum Nachweis der Randspannungen durch Röntgenstrahlen.)

Abb. 132 u. 133. Das Gefüge desselben Stahles ECN 35 wie Abb. 131, aber nach der Wechselbeanspruchung. 2000fach.

Durch diese Versuche wird aber noch nicht der Einfluß von Montagefehlern erfaßt, durch welche die Maschinenelemente ungeahnt großen Beanspruchungen ausgesetzt werden können. So hat z. B. Peinecke gezeigt, daß im Elektromaschinenbau die Beanspruchungen durch „geringe" Montagefehler auf das Zehnfache der Normalen ansteigen können.

In den folgenden Abschnitten wird eine Übersicht über die wenigen, bisher im Schrifttum bekannt gewordenen Versuche über die Wechselfestigkeit von Maschinenelementen gegeben.

1. Schweißverbindungen.

Die Schweißverbindungen, sowohl die Gasschmelzschweißung als auch die elektrische Schweißung, gehören heute zu den wichtigsten Verbindungen von Konstruktionselementen und man sucht sich die Vorteile derselben, welche hauptsächlich in geringen Gestehungskosten und kleinerem Gewicht bestehen, immer mehr und mehr nutzbar zu machen. Es werden daher die Nietverbindungen, sowie die Anwendung von Guß schon vielfach durch geschweißte Konstruktionen ersetzt. Bei den vielen Vorteilen hat aber das Schweißen auch den großen Nachteil, daß sich die Qualität einer Schweißung nur sehr schwer feststellen läßt und man ist hier, viel mehr als in anderen Fällen, von der Gewissenhaftigkeit des Arbeiters abhängig. In den letzten Jahren wurde durch die Durchleuchtung mit Röntgenstrahlen ein sehr verläßliches Kontrollmittel für die Beurteilung der Qualität einer Schweiße ausgearbeitet und es können dadurch auch die kleinsten Fehler noch mit Sicherheit nachgewiesen werden. Diese Methode erfordert aber einen Apparat mit hohen Anlagekosten, sowie eine sehr sorgfältige und sachgemäße Bedienung und hat noch viel zu wenig Verwendung in der Praxis gefunden. Ein weiteres Verfahren zur Beurteilung der Qualität von Schweißungen, das sich mit verhältnismäßig einfachen Mitteln, allerdings nur unter Zerstörung der Schweißnaht an der untersuchten Stelle, durchführen läßt, wurde von Schmuckler ausgearbeitet. Auch dieses Verfahren dürfte aber in der Praxis noch wenig Anwendung gefunden haben.

Tatsächlich ist die Qualität einer Schweißung von einer ganzen Reihe von Faktoren abhängig, wie z. B. der Einbrandtiefe, der richtigen Flammeneinstellung, der Qualität und dem Durchmesser des Schweißdrahtes, der Art der Aneinanderfügung der zu verbindenden Teile usw. Es ist daher nicht zu verwundern, daß die wenigen Arbeiten über die Wechselfestigkeit der Schweißverbindungen in sehr weiten Grenzen schwanken und zum Teil widersprechend sind. Moore und Kommers (2) fanden z. B. bei Schweißverbindungen für $\frac{\sigma_{wb}}{\sigma_B} = 0{,}13 - 0{,}41$.

Bei den Schweißverbindungen wird die Schwingungsfestigkeit außer von den Eigenschaften der Grund- und Schweißstoffe hauptsächlich durch die verschiedenen Formen von Kerbwirkung beeinflußt, welche durch das Schweißen mehr oder minder stark auftreten müssen. Die wichtigsten derselben sind verursacht:

1. Durch den Ansatz der Schweißraupe.

2. Durch Lunker in der Schweißnaht und die Tiefe des Einbrandes derselben.

3. Durch die beim Schweißen unvermeidliche Oberflächenentkohlung.

4. Durch die starke Gefügevergröberung der Übergangszone, welche eine unvermeidliche Folge des Schweißens ist, aber bei richtiger Durchführung auf ein Mindestmaß reduziert werden kann.

Wie enorm stark diese Gefügevergröberung beim Schweißen von St. C 35 . 61 sein kann, zeigt der Vergleich der Abb. 134 des Ausgangsgefüges mit jenem der Übergangszone einer autogenen Schweißung der Abb. 135. Das Korn ist an der Übergangsstelle um ein Vielfaches vergröbert und es ist ein starkes Ferritnetzwerk vorhanden, welches außerordentlich schädlich ist, da die zusammenhängenden Ferrithüllen, welche die einzelnen Körner umgeben, eine viel geringere Schwingungsfestigkeit wie das feinkörnige Material haben, so daß der Schwingungsbruch in diesen Ferritadern, welche wie Kerben wirken, einsetzt. Tatsächlich treten bei der Wechselbeanspruchung von Schweißverbindungen die Brüche fast immer an der Übergangsstelle auf, an welcher die starke Gefügevergröberung infolge der Überhitzung des Werkstoffes vorhanden ist.

Jünger (1) findet bei seinen Versuchen mit der MAN-Biegeschwingungsmaschine mit stumpf und überlappt geschweißten Proben, sowie bei Kehlschweißung sehr gute Resultate. Wird die Schweißraupe nicht weggearbeitet, so findet er die Wechselfestigkeit der Schweißverbindung gleich jener des Ausgangswerkstoffes, nur bei stumpf geschweißten Proben liegt sie um rd. 1 kg/mm^2 tiefer.

Im Gegensatz hierzu findet Graf (2) bei seinen Biegeschwingungsversuchen mit der MAN-Maschine die Schwingungsfestigkeit stumpf geschweißter Flachstäbe mit ungefähr 60% jener des ungeschweißten Werkstoffes mit Walzhaut. Die Werte für elektrische Schweißungen findet er etwas geringer als jene für Gasschmelzschweißung.

Diese niedrigen Werte der Schwingungsfestigkeit sind zu einem großen Teil durch die starke Kerbwirkung der Schweißraupe verursacht. In Abb. 136 sind Versuche von Schultz und Buchholtz[1] angeführt, bei welchen auf einen glatten Stab verschiedene Formen von Schweißraupen und Laschen aufgeschweißt wurden. Durch eine einseitig auf-

[1] E. H. Schultz und H. Buchholtz, Dauerfestigkeit von genieteten und geschweißten Verbindungen aus St. 52. St. E. 53 (1933), S. 545.

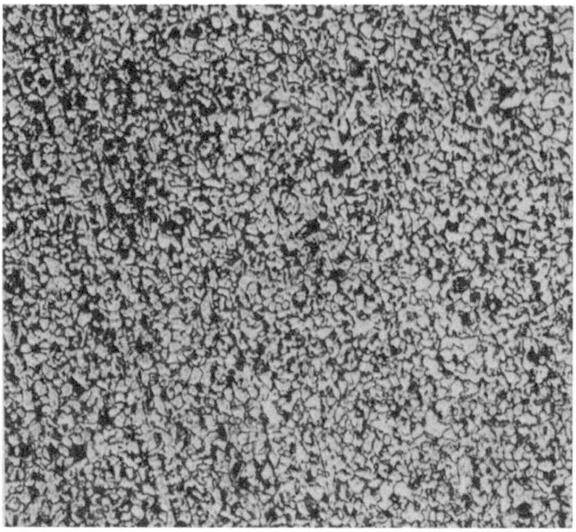

Abb. 134. Das Gefüge eines ungeschweißten Stahles St. C. 35 . 61. 200fach.

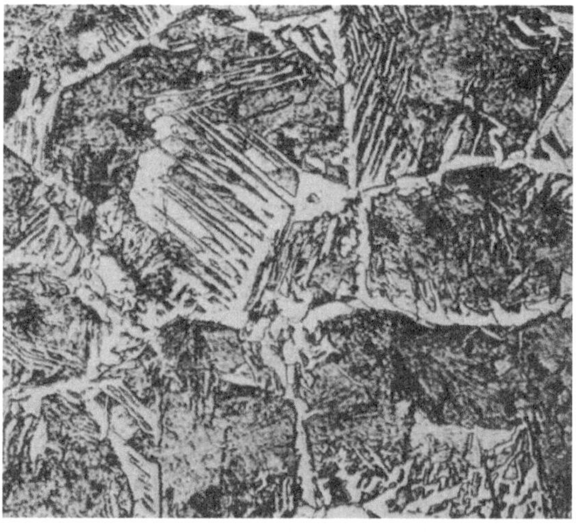

Abb. 135. Das Gefüge desselben Stahles St. C. 35 . 61 wie Abb. 134, aber aus der Zone der autogenen Schweißung. 200fach.

getragene Schweißraupe sinkt die Ursprungsfestigkeit auf 75%, durch eine doppelseitige Schweißraupe auf 39% jener des vollen Stabes. Zum Nachweis der Kerbwirkung der Schweißraupe wurde ein aus dem vollen

Stabform		Ursprungsfestigkeit	
		kg/mm²	%
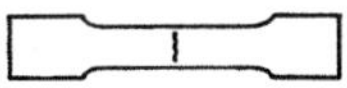	Glatter Stab..................	± 14	100
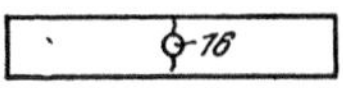	Gelochter Stab................	± 11	78
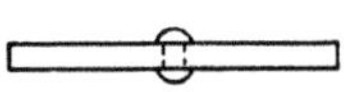	Gelochter Stab mit Niet.......	± 9	64
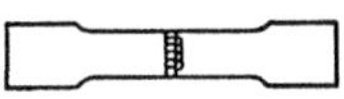	Stab mit einseitiger Querraupe..	± 10,5	75
	Stab mit doppelseitiger Querraupe	± 5,5	39
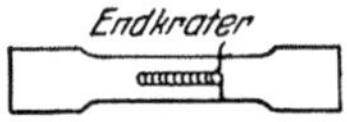	Stab mit einseitiger Längsraupe	± 6	43
	Stab mit doppelseitiger Längsraupe	± 5,5	39
	Stab mit einseitiger Querversteifung	± 9	64
	Stab mit doppelseitiger Querversteifung	± 5	36
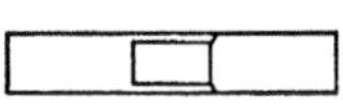	Stab mit einseitig aufgeschweißter rechteckiger Lasche	± 4—5	34
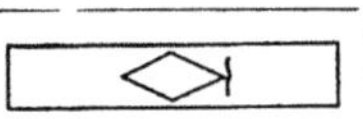	Stab mit einseitig aufgeschweißter rhombischer Lasche	± 4,5	32

~ Lage des Bruches.

Abb. 136. Ursprungsfestigkeit verschieden geformter Proben aus St. 52 mit Walzhaut nach Schultz u. Buchholtz.

herausgearbeiteter Stab mit einem schweißraupenähnlichen Wulst untersucht, welcher eine um 30% geringere Ursprungsfestigkeit als der glatte Stab hatte. Besonders gefährlich sind Laschenverbindungen, durch welche solche Störungen des Kraftflusses und somit so starke Spannungsanhäufungen auftreten können, daß dadurch die Ursprungsfestigkeit um 68% sinkt. Die besten Ergebnisse erhält man noch mit Stumpfschweißungen, Abb. 137, jedoch beträgt auch in diesem Fall die Ursprungsfestigkeit nur rd. 50% jener des glatten Stabes.

Stabverbindungsformen		Ursprungsfestigkeit kg/mm²	Ursprungsfestigkeit %
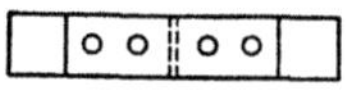	Nietverbindung mit Doppellasche	± 7,5	100
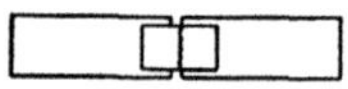	Schweißverbindungen mit Doppellaschen	± 3,5	47
		± 3,5	47
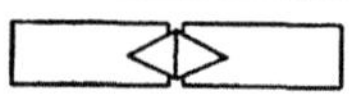		± 3,5	47
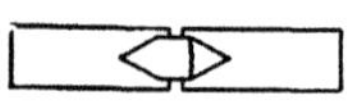		± 3,5	47
	Kreuzprobe	± 3	40
	Stumpfschweißverbindungen:		
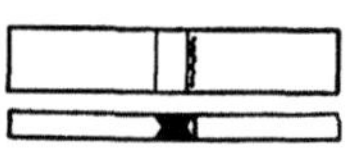	X-Naht, mit blanker Elektrode hergestellt	± 6	80
	X-Naht, mit umhüllter Elektrode hergestellt	± 7	93
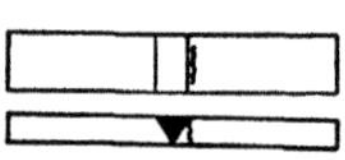	V-Naht, mit blanker Elektrode hergestellt	± 7	93
	V-Naht, mit umhüllter Elektrode hergestellt	± 6,5	87
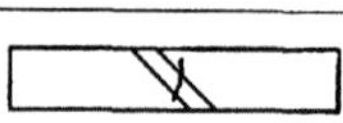	V-Naht, unter 45° mit blanker Elektrode geschweißt	± 7,5	100

~ Lage des Bruches.

Abb. 137. Ursprungsfestigkeit verschiedener Verbindungen aus St. 52 mit Walzhaut nach Schultz u. Buchholtz.

Lehr (9) findet bei der Untersuchung von mit X-Naht geschweißten Flachstäben die in Tabelle 58 angeführten Werte.

Bernhardt (2) untersucht die Festigkeitseigenschaften von Schweißverbindungen mit einseitiger V-Naht, wie sie im Brückenbau verwendet werden. Die Zugproben wurden quer der Schweißrichtung entnommen und ergaben eine Bruchfestigkeit von 37,5 kg/mm². Die Proben für die Wechselfestigkeit wurden aus der Schweißnaht herausgearbeitet und ergaben eine Biegeschwingungsfestigkeit von 11 kg/mm².

Tabelle 58. Biegeschwingungsversuche mit geschweißten Flachstäben nach Lehr (9) mit einem C-Stahl mit 0,20% C und 0,18% Si und 0,7% Mn.

Schweißmittel	σ_F kg/mm²	σ_B kg/mm²	δ %	σ_{wb} kg/mm²	σ_{wb} %	
Ungeschweißt...	28	43	22	22	100	
Arkos-Aachen Reformed	—	38	10	15,5	70,5	
Arkos-Aachen Tensilend	—	45—55	24—26	17	77,3	
Böhler B. W. ..	—	50	—	16,5	75	
Böhler, Elite ...	—	50	—	17,5	79,6	
Bochumer Verein	—	—	—	11,0	50	geglüht
Blankdraht	—	—	—	13,5	61,4	ungeglüht

Versuche von Gasschmelzschweißungen mit zwei Flußstählen wurden noch von Bartels durchgeführt und ergaben folgende Werte:

	ungeschweißt	geschweißt	geschweißt u. geglüht
σ_B kg/mm²	46	—	—
σ_{wb} ,, ...	28	24	22
σ_B ,, ...	38	—	—
σ_{wb} ,, ...	25,5	22	—

Sehr eingehende Untersuchungen über die Biegeschwingungs- und Dauerschlagfestigkeit von Baustählen und Stahlrohren wurden von Hoffmann (1) durchgeführt, wobei auch die Wirkung einer Nachbehandlung der Schweiße durch Glühen und Schmieden untersucht wurde. Die Baustähle wurden mit dem Gleichstromlichtbogen, die Rohre mit Azetylen-Sauerstoff geschweißt. Die statischen Eigenschaften der von Hoffmann untersuchten Werkstoffe sind in Tabelle 59 enthalten. Für Rohr 1 und 2 wurde ein Schweißstahl mit 0,07% C, 0,32% Mn und Spuren von Si verwendet. Für St. 37 und St. 52 wurde Gleichstromschweißung mit einem Werkstoff mit 0,07% C, 0,11% Si und 0,65 bis 2,8% Mn angewendet.

Hoffmann findet bei seinen Versuchen, welche in Tabelle 60 angeführt sind, daß die Schwingungsfestigkeit der elektrisch geschweißten Stähle nur 40 bis 50% jener des ungeschweißten Werkstoffes beträgt. Durch Glühen kann die Schweiße nur ganz unbedeutend verbessert werden, während Glühen und Schmieden eine so weitgehende Verbesserung derselben hervorruft, daß die Verminderung der Schwingungsfestigkeit der so behandelten Proben nur mehr 10 bis 15% beträgt. Die durch das Schweißen verursachten perzentuellen Verminderungen der Schlagzahlen sind aber bedeutend größer als jene der Schwingungsfestigkeit. Die Ermüdungsbrüche traten stets an der Schweißstelle auf. Die Schweißraupe darf nicht zu breit und zu stark sein, da sonst die Schwingungsfestigkeit noch weiter herabgesetzt wird.

Tabelle 59. Statische Festigkeitswerte von autogen geschweißten Rohren und im Gleichstromlichtbogen geschweißten Stählen nach Versuchen von Hoffmann (1).

Nr.	Werkstoff	Wärmebehandlung	σ_F kg/mm²	σ_B kg/mm²	δ %
1	Stahlrohr	ungeschweißt, zugblank	41,0	55,0	12,5
		„ , bei 850° geglüht	24,0	38,0	25,0
		stumpf geschweißt	29,0	42,0	6,0
		„ „ , bei 850° geglüht	37,2	32,8	15,3
2	Stahlrohr	ungeschweißt, zugblank	55,0	65,0	10,5
		„ , bei 850° geglüht	42,0	50,0	24,0
		stumpf geschweißt	39,0	60,0	6,0
		„ „ , bei 875° geglüht	41,0	52,1	17,0
3	Stahlrohr	ungeschweißt, Anlieferungszustand	61,0	80,0	12,0
		„ bei 870° geglüht	51,0	72,0	23,0
		stumpf geschweißt	47,0	60,0	9,0
		„ „ , (mit dem Rohrwerkstoff geschweißt)	43,0	72,0	11,0
		stumpf geschweißt, bei 875° geglüht	35,0	55,8	26,5
4	St. 37	Walzblech, ungeschweißt	26,0	38,0	27,0
		„ , geschweißt	23,0	34,0	18,0
5	St. 48	Walzblech, ungeschweißt	28,0	49,0	24,0
		„ , geschweißt	25,0	48,0	14,0
5	St. 52	Aus I-Eisen entnommen, ungeschw.	37,0	58,0	25,0
		geschweißt	30,0	56,0	7,0
		„ , bei 875° geglüht	35,0	55,8	26,5

Die Biegeschwingungsfestigkeiten geschweißter Rohre wurden von Hoffmann (1), sowie Beißner untersucht. Die Versuche von Hoffmann sind in Tabelle 61 enthalten. Die Schwingungsfestigkeiten der autogen geschweißten Rohre erreichen nur 45 bis 50% jener des ungeschweißten Werkstoffes. Die Ermüdungsbrüche treten immer, wie durch die mikro-

Tabelle 60. Der Einfluß der Gleichstrom-Lichtbogenschweißung und der Nachbehandlung der Schweiße auf die Biegeschwingungsfestigkeit von Stählen, wobei die Schweißraupe nicht entfernt wurde, nach Versuchen von Hoffmann (1). Die angegebenen Werte sind Mittelwerte aus je 20 Proben. Kerbform beim Dauerschlagversuch. r = 12 mm, t = 1 mm.

Werkstoff	Behandlung	Schwingungsfestigkeit		Dauerschlagversuch	
		kg/mm^2	%	Schlagzahl	%
St. 37. Walzblech	ungeschweißt	21,0	100	52 115	100
	geschweißt	9,37	44,6	19 334	37,1
	geschweißt u. geglüht	9,63	45,8	20 533	39,4
	geschweißt, geglüht u. geschmiedet	19,7	91,3	36 115	69,3
St. 48. Walzblech	ungeschweißt	23,5	100	211 750	100
	geschweißt	11,8	50,5	86 817	41
	geschweißt u. geglüht	12,2	52	85 123	40,2
	geschweißt, geglüht u. geschmiedet	20,6	87,8	135 096	63,8
St. 52. T-Träger	ungeschweißt	30,7	100	256 130	100
	geschweißt	12,6	41,2	92 718	36,2
	geschweißt u. geglüht	13,4	43,8	105 625	41,2
	geschweißt, geglüht u. geschmiedet	26,7	87,2	147 550	75,6

skopische Untersuchung festgestellt werden konnte, in der Zone der stärksten Gefügevergröberung, ungefähr 10 bis 15 mm von der Schweißraupe entfernt auf. Nur bei den Cr-Mo-Rohren, welche mit dem Werkstoff gleicher Zusammensetzung geschweißt wurden, traten die Brüche an der Schweißstelle selbst auf. Hoffmann kommt bei seinen Versuchen zu dem wichtigen Ergebnis, daß die Höhe der Schwingungsfestigkeit der geschweißten Proben von der richtigen Einstellung des Schweißbrenners abhängig ist. Sowohl Azetylen- als auch Sauerstoffüberschuß drücken die Werte der Schwingungsfestigkeit ganz bedeutend herab.

Der von Hoffmann gefundene Einfluß der Größe und Breite der Schweißraupe auf die Schwingungsfestigkeit wurde von Beißner mit der Maschine des Braunschweiger Wöhler-Institutes untersucht. Zur Verwendung kamen Rohre mit 0,33% C, 0,98% Cr und 0,27% Mo. Es wurde mit Azetylen-Sauerstoff und einem kohlenstoffarmen Schweißdraht geschweißt, bzw. wie bei Draht 2 mit dem Rohrwerkstoff selbst.

Tabelle 61. Biegeschwingungsfestigkeiten ungeschweißter und autogen stumpf geschweißter Rohre mit Schweißraupe nach Versuchen von Hoffmann (1). Die geschweißten Rohre wurden nicht weiter wärmebehandelt.

Nr.	Rohrwerkstoff	Zusatzwerkstoff	Schwingungsfestigkeit		
			ungeschweißt	geschweißt	
			kg/mm²	kg/mm²	%
1	0,15% C-Stahl	0,09% C-Stahl	21,7	10,5	49,0
2	0,3 % C-Stahl	0,09% C-Stahl	22,3	11,4	51,5
3	0,3% C-, 0,9% Cr-, 0,25% Mo-Stahl	0,09% C-Stahl	24,7	12,4	49,8
5	0,15% C-Stahl	Cr-Mo-Stahl[1]	24,7	11,4	46,2

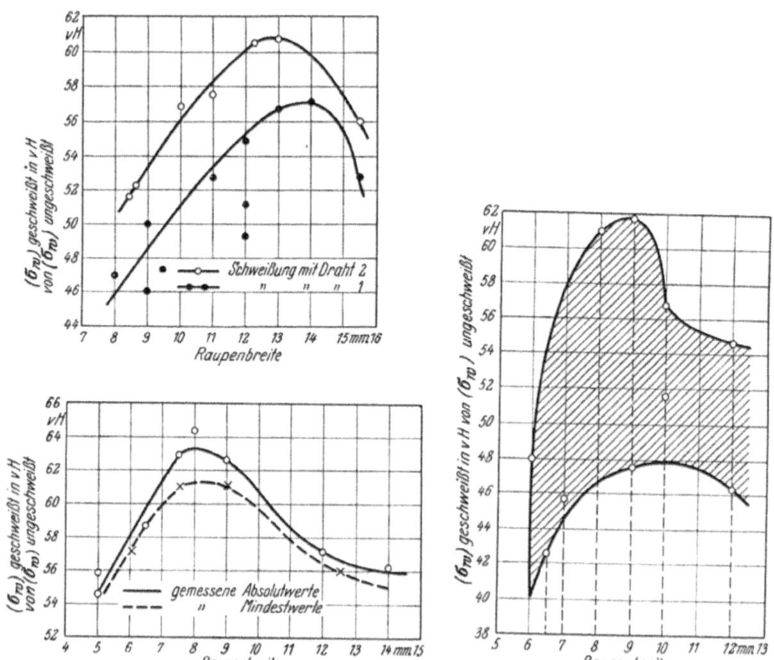

Abb. 138—140. Abhängigkeit der Biegeschwingungsfestigkeit geschweißter Rohre von der Raupenbreite nach Beißner.

Rohre von 1,5 mm Wandstärke ergaben eine Schwingungsfestigkeit von 26 bis 28, im Mittel 26,8 kg/mm², jene mit 3 mm Wandstärke ergaben

[1] Der Zusatzwerkstoff hatte folgende Zusammensetzung: 0,22% C, 0,50% Mn, 0,7% Cr und 0,3% Mo.

aus neun Versuchen 23,6 bis 26,8, im Mittel 25,7 kg/mm². Es wurde auch eine Abhängigkeit der Schwingungsfestigkeit von der Kantenabschrägung der zu verschweißenden Rohre festgestellt und die besten Werte wurden bei einem Winkel der V-Naht von 80⁰ erreicht. Der starke Einfluß der Raupenbreite auf die Schwingungsfestigkeit ist für Rohre mit 3 mm Wandstärke in Abb. 138 dargestellt. Als Abszissen sind die Raupenbreiten und als Ordinaten die Schwingungsfestigkeiten der geschweißten Rohre in Prozenten jener des ungeschweißten Werkstoffes aufgetragen. Abb. 139 gibt die Verhältnisse für Rohre mit 1,5 mm Wandstärke wieder, welche mit dem kohlenstoffarmen Draht geschweißt wurden. Die besten Werte wurden bei einer Raupenbreite von 8 mm erzielt. Abb. 140 zeigt dieselben Verhältnisse für Rohre, welche mit einem Draht von der Zusammensetzung des Rohrwerkstoffes (Draht 2) geschweißt wurden. Auch hier wurde die höchste Schwingungsfestigkeit bei 8 bis 9 mm Raupenbreite erzielt. Die Versuchsergebnisse streuen aber, wie durch die schraffierte Fläche angedeutet ist, in sehr weiten Grenzen, so daß eine Schweißung mit dem kohlenstoffarmen Schweißdraht sicherer und ratsamer erscheint. Bei den 3 mm starken Rohren ergab umgekehrt die Schweißung mit dem Cr-Mo-Draht die besseren Resultate. Der Bruch erfolgte immer am Rande der Schweißung durch die Zone der stärksten Gefügevergröberung und ging nur bei fehlerhafter Schweißung durch dieselbe. In diesem Fall betrug die Schwingungsfestigkeit der Rohre nur 7 bis 9 kg/mm².

Die Drehschwingungsfestigkeit geschweißter Stähle St. 37 . 11 und St. 60 . 11 wurde von Garre und Gerbes mit der MAN-Maschine untersucht. Die Schweißraupen wurden vor den Schwingungsversuchen abgearbeitet und es wurden die folgenden Schweißverfahren untersucht: Die Autogenschweißung, das Arcatomverfahren (elektrische Gasschutzschweißung) und das elektrische Stumpfschweißverfahren. Die Versuchsergebnisse sind in Tabelle 62 enthalten.

Auffallend bei diesen Versuchen sind die im Vergleich zum Ausgangswerkstoff verhältnismäßig hohen Schwingungsfestigkeiten der geschweißten Proben von St. 37 . 11, während bei St. 60 . 11, besonders bei der autogenen Schweißung, ein so starker Einfluß der Schweiße vorhanden ist, daß die Schwingungsfestigkeit der geschweißten Proben geringer ist als jene von St. 37 . 11. Die Ursache hierfür dürfte jedenfalls in der sehr starken Gefügevergröberung durch das Schweißen liegen, die, wie metallographisch leicht nachgewiesen werden kann, bei der autogenen Schweißung stärker ist als bei der elektrischen. Je kohlenstoffreicher der Stahl ist, desto stärker tritt die Gefügevergröberung auf. Je gröber und stärker ausgebildet das Ferritnetzwerk ist, desto mehr wird aber die Schwingungsfestigkeit der Schweiße durch jene des reinen Ferrits bestimmt. Tatsächlich ist die Schwingungsfestigkeit des autogen geschweißten St. 37 . 11 und St. 60 . 11 praktisch die gleiche. Die Brüche treten bei den Proben mit abgearbeiteter Schweißraupe immer durch die Schweiße auf, mit Ausnahme von dem autogen geschweißten St. 60 . 11, wo sie in der Zone der stärksten Gefügevergröberung erfolgen.

Tabelle 62. Die Drehschwingungsfestigkeit verschiedener Schweißungen bei abgearbeiteter Schweißraupe nach Versuchen von Garre und Gerbes.

Werkstoff	Zustand	Schweißung	Zusatzwerkstoff	τ_w kg/mm²	τ_w %
St. 37 . 11	Anlieferung	ungeschweißt	—	15,7	100
		autogen	Schwedisches Holzkohleneisen	14,4	92
	1/4 Stunde bei 800° gegl.	Widerstandsschweißung	—	13,7	87
	—	Arcatom	St. 37 . 11	13,5	86
St. 60 . 11	Anlieferung	ungeschweißt	—	26,5	100
	—	autogen	Böhler B Spez.	13,5	51
	1/4 Stunde bei 800° gegl.	Widerstandsschweißung	—	18,7	71
	—	Arcatom	St. 60 . 11	20,7	78

Über die Zugwechselbeanspruchung von Schweißverbindungen liegen noch sehr wenig Versuche vor. Die Dauerzugfestigkeit stumpf geschweißter Flachstäbe aus St. 52 betrug nach Versuchen von Graf (2) bei Ursprungsbeanspruchung unter $\pm$ 5 kg/mm² gegenüber $\pm$ 13,5 kg/mm² des ungeschweißten Werkstoffes mit Walzhaut. Es wurde also durch das Schweißen die Schwingungsfestigkeit auf 37% herabgedrückt.

Graf untersucht ferner die Wechselzugbeanspruchung von Probekörpern 70 × 16 mm, welche durch zwei symmetrisch aufgeschweißte Laschen von 40 × 10 mm verbunden waren. Bei St. 37 wurde die Schweißung mit Selenelektroden von 4 mm ⌀ aus St. 37 . 11 bei 170 A Gleichstrom durchgeführt, während bei St. 52 blanke Selenelektroden aus Cr-Cu-Stahl von 4 mm ⌀ verwendet und mit 170 A Gleichstrom geschweißt wurden. Die Versuche ergaben:

	Für St. 37	St. 52	
Die Ursprungsfestigkeit	$\pm$ 3,3	$\pm$ 3,2	kg/mm²
Die Wechselfestigkeit	$\pm$ 2,6/13,1	$\pm$ 3,5/17,5	,,

Es erscheint also diese Art der Schweißverbindung sehr wenig widerstandsfähig gegen Wechselzugbeanspruchung zu sein. Anderseits ist die Leistungsfähigkeit einer Schweiße so stark von der Herstellung derselben abhängig, daß aus diesen wenigen Versuchen noch kein Schluß auf die Wechselfestigkeit von Schweißverbindungen bei Zugbeanspruchung gezogen werden kann.

Über die Biegeschwingungsfestigkeit von autogen geschweißtem Gußeisen liegen Versuche von Bartels vor. Das Gußeisen hatte folgende Zusammensetzung: 3,12% C (ges.), 2,43% C (graphitisch), 2,65% Si, 1,05% Mn, 0,37% P, 0,027% S und 0,006% Cu. Es wurden folgende Werte für die Schwingungsfestigkeit gefunden:

	Ohne Gußhaut kg/mm²	Ohne Gußhaut %	Mit Gußhaut kg/mm²	Mit Gußhaut %
Ungeschweißt:				
Zugfestigkeit	19,0	—	—	—
Biegeschwingungsfestigkeit	± 7,5	100	± 20,0	100
Autogen geschweißt:				
Biegeschwingungsfestigkeit	± 6,0	80	± 18,0	90

Die Brüche erfolgten zum Teil durch die Schweißstelle, zum Teil durch die Nachbarzonen. Ein Glühen nach dem Schweißen ergab keine wesentliche Verbesserung der Werte. Die Schwingungsfestigkeit von Grauguß wird durch das Schweißen im Vergleich mit den Stählen verhältnismäßig nur wenig erniedrigt, da die starke Gefügevergröberung durch das Schweißen wegfällt, weil schon das Ausgangsgefüge die Gußstruktur besitzt. Auffallend ist, daß sowohl bei den ungeschweißten als auch bei den geschweißten Proben die Schwingungsfestigkeit mit Gußhaut um rd. 200% höher ist als jene ohne Gußhaut.

Bei den Nichteisenmetallen fand Jünger mit der MAN-Biegeschwingmaschine bei Aluminium fast keine Abnahme der Schwingungsfestigkeit durch das Schweißen, während eine Legierung von 70% Cu und 30% Ni infolge des Schweißens nur 33% der Schwingungsfestigkeit des walzharten Werkstoffes aufwies.

2. Nietverbindungen.

Über die Wechselfestigkeit von Nietverbindungen fehlten noch bis vor kurzem alle Erfahrungen und es läßt sich dieselbe auch nicht einmal annähernd aus den Werten der Ausgangswerkstoffe ableiten. Als Hauptmoment für die Leistungsfähigkeit einer Nietverbindung kommt die starke Verminderung der Schwingungsfestigkeit des Ausgangswerkstoffes durch die Kerbwirkung der Nietlöcher in Betracht. Dazu kommt aber noch der Anpreßdruck der Niete und der Lochleibungsdruck, wodurch der Einfluß der Kerbwirkung vergrößert oder verkleinert werden kann. So fand z. B. Graf (2) bei Nietungen mit einem in der Praxis üblichen Preßlufthammer, daß die Ursprungsfestigkeit eines Probestabes mit einer einfach aufgenieteten Lasche bei St. 37 mit Nieten aus St. 34 $\pm$ 11,5 kg/mm² betrug, gegenüber $\pm$ 9 kg/mm² bei dem gelochten Stab ohne aufgenieteter Lasche. Bei Verwendung von Stäben und Nieten aus St. 52 betrug die Ursprungsfestigkeit bei aufgenieteter Lasche $\pm$ 8,51 kg/mm² gegenüber $\pm$ 8,91 kg/mm² des gelochten Stabes ohne Lasche. Es ist also bei St. 52 im Gegensatz zu St. 37 die Schwingungsfestigkeit durch das Aufnieten der Lasche nicht größer geworden als jene des gelochten Stabes (siehe auch Abb. 136). Bei Nietungen unter der Presse ergeben sich etwas andere Verhältnisse.

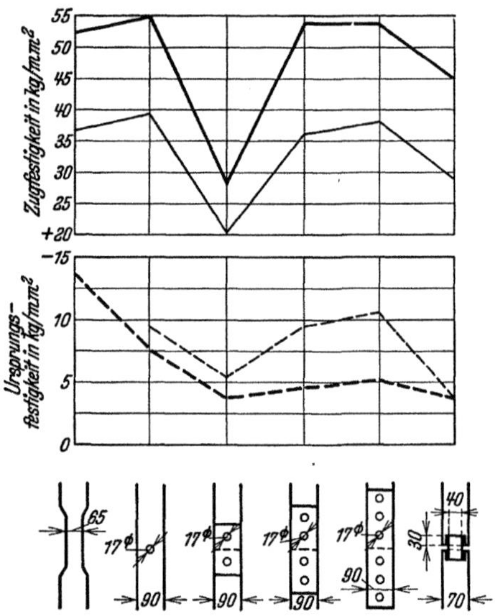

Abb. 141. Zug- und Ursprungsfestigkeit verschiedener Niet- und Schweißverbindungen aus St. 37 und St. 52 nach Graf (2).
— — —} St. 37. — — —} St. 52.

Die von Graf mit dem Amslerschen Pulsator gefundene Ursprungsfestigkeit bei Zugbeanspruchung von 2-, 4- und 6reihigen Nietverbindungen durch Laschen sind in Abb. 141 sowie Tabelle 63 angeführt. Die Nietverbindungen aus St. 37 mit Nieten aus St. 34 ergaben höhere Wechselfestigkeiten als die Nietverbindungen aus St. 52 mit Nieten aus St. 52, da bei St. 37 die Klemmwirkung der aufgenieteten Laschen günstig wirkt. Eine mehrreihige Nietung erwies sich in den untersuchten Fällen auch als günstiger als eine zweireihige. Die Verteilung der Kräfte auf die einzelnen Nieten scheint also bei der Schwingungsbeanspruchung wesentlich günstiger zu sein, als nach statischen Versuchen im elastischen Gebiet anzunehmen war, da nur ein einziges Mal der Schwingungsbruch durch die Niete auftrat.

In der folgenden Tabelle 63 wurde auf Grund der Versuche von Graf ein Vergleich über die Wechselzugfestigkeit von Niet- und Schweißverbindungen versucht.

Nach dieser Zusammenstellung zeigen also die Nietverbindungen bei Wechselzugbeanspruchung ein wesentlich günstigeres Verhalten als die Schweißverbindungen, wobei wieder der Baustahl St. 37 bessere

Tabelle 63. Die Ursprungsfestigkeit bei Zugbeanspruchung von Niet- und Schweißverbindungen nach Versuchen von Graf (2).

Werkstoff	Ursprungsfestigkeit	
	± kg/mm²	%
St. 37		
Vollstab mit Walzhaut	16,9	100,0
Überlappt geschweißt	3,5	21,3
Doppelreihige Nietung	5,4	33,0
Vierreihige Nietung	9,5	58,0
Sechsreihige Nietung	10,5	64,0
St. 52		
Vollstab mit Walzhaut	13,5	100,0
Stumpf geschweißt	5,0	37,0
Überlappt geschweißt	4,0	30,0
Doppelseitige Nietung	3,5	26,0
Vierreihige Nietung	4,5	33,0
Sechsreihige Nietung	5,0	37,0

Werte gibt als St. 52. Die Stumpfschweißung ist in Übereinstimmung mit den Versuchen von Bierrett[1] günstiger wie die überlappte Schweißsung.

Zu denselben Ergebnissen kommen auch Graf und Schächterle,[2]

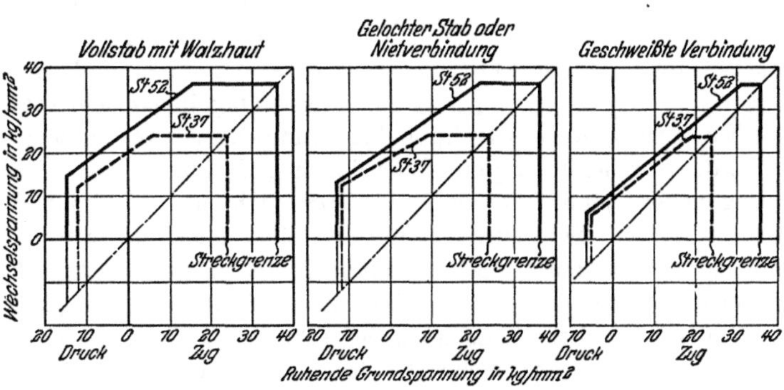

Abb. 142. a bis c. Dauerzugfestigkeit von St. 37 und St. 52 nach Schächterle.

deren Versuche in Abb. 142 wiedergegeben sind. Die Überlegenheit des St. 52 gegenüber dem St. 37 kommt erst bei den höheren statischen Vorspannungen zum Ausdruck. Die Stumpfschweißverbindung mit

[1] Elektroschweißung 4 (1933), S. 21 und 61.

[2] Stahlbau 3 (1930), S. 277 und 289; 4 (1931), S. 89 und 5, (1932), S. 65; ZVDI 76 (1932), S. 438; Z. Bautechn. 10 (1932), S. 590 und 603.

V-Naht erreicht 90 bis 100% der Ursprungsfestigkeit der Nietverbindung mit Doppellasche (Abb. 137). Es wurde aber in beiden Fällen nur eine Wechselfestigkeit von rd. 50% jener des Vollstabes mit Walzhaut erreicht, während die Schweißverbindungen mit Doppellasche wesentlich ungünstigere Resultate geben.

Der Verlauf der Wechselfestigkeit der einzelnen Niet- und Schweißverbindungen nach den Versuchen von Schultz und Buchholtz[1] ist in Abb. 143 dargestellt, wobei als Ordinaten die oberen und als Abszissen die unteren Grenzspannungen aufgetragen sind.

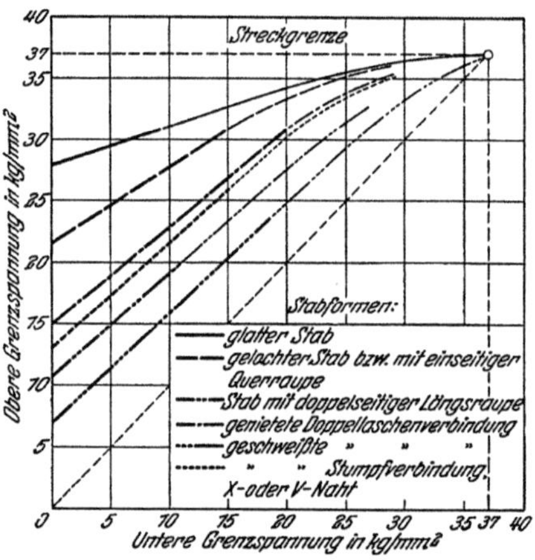

Abb. 143. Dauerzugfestigkeit von Verbindungen aus St. 52 mit Walzhaut anch Schultz u. Buchholtz.

Aus den angeführten Versuchen geht hervor, daß es der größte Fehler wäre, die mit den Nietverbindungen gewonnenen Erfahrungen auf die Schweißverbindungen zu übertragen. Die Schweißverbindungen erfordern vielmehr ein ihnen angepaßtes eigenartiges Konstruieren, wobei aber zugegeben werden muß, daß hierüber vielfach noch die Erfahrungen fehlen. Aus den bisherigen Versuchen kann nur geschlossen werden, daß die günstigste Tragfähigkeit einer schwingend beanspruchten Konstruktion bei Stumpfschweißverbindungen erzielt wird, während überlappte Schweißungen, Kehlnähte usw. wesentlich ungünstiger sind. Dies darf aber auch nicht als unbedingte Regel aufgefaßt werden. Schweißverbindungen stellen immer starre Konstruktionen dar, während bei Nietverbindungen ein gewisses „athmen" der verbundenen Teile möglich ist, das sich auf den Spannungsverlauf günstig auswirken kann. Es ist daher sehr zu empfehlen, sich durch Spannungsmessungen an Schweiß- bzw. den gewohnten Nietverbindungen über den Kräfteverlauf der Konstruktion zu orientieren.

3. Spiralfedern.

Für die Ventilfedern der Explosionsmotoren, welche zu den am stärksten beanspruchten Maschinenelementen gehören, wird in den meisten Fällen blank gezogener Draht (Klavierseitendraht) verwendet und die Federn werden nach dem Wickeln in der Regel nicht gehärtet,

---

[1] St. u. E. 53 (1933), S. 545.

sondern nur angelassen. Über die Drehwechselfestigkeit der hierfür verwendeten Werkstoffe ist fast nichts bekannt. Eine Untersuchung über die Eignung verschiedener Stähle für Spiralfedern wurde von A. Svan, H. Sutton und W. Douglas durchgeführt.

Die Federbrüche treten meist am Ende der Feder, sehr häufig im ersten Gang auf. Durch eine besondere Einrichtung konnte nachgewiesen werden, daß durch das Zusammenpressen der Feder beim Hochheben des Ventiles starke Schwingungen erzeugt werden. Dadurch tritt ein ganz erheblicher Spannungsanstieg ein, der bis zu 45% der Höchstspannung, welche bei langsamem Zusammendrücken der Feder eintritt, ausmachen kann und welcher als die Ursache der Brüche angesehen werden muß. Die höchste Beanspruchung tritt in der dem Ventilstößel benachbarten Federwindung auf. Durch den Öffnungsstoß der Nockenwelle tritt ein besonders starkes Schließen der ersten Federwindung ein, welches so stark sein kann, daß dieselbe vollkommen zusammengedrückt wird, bevor die Kraft auf die anderen Federwindungen übertragen wird. Es werden also die einzelnen Windungen der Feder beim Öffnen des Ventiles sehr verschieden beansprucht, während beim Schließen die Beanspruchung aller Windungen eine gleichmäßige ist.[2]

Die Zusammensetzung der von Svan, Sutton und Douglas verwendeten Stähle ist in Tabelle 64 und die gefundenen Festigkeitswerte in Tabelle 65 angeführt.

Tabelle 64. Chemische Zusammensetzung der von Svan, Sutton und Douglas untersuchten Stähle für Ventilfedern.

Bez.	Stahlart	C %	Si %	Mn %	P %	S %	Cr %	
A	Niedrig gekohlter C-Stahl, Handelsgüte	0,51	0,15	0,67	0,054	0,033	0,07	
B	Hochgekohlter C-Stahl, Handelsgüte	0,89	0,075	0,43	0,038	0,034	0,09	
C	Mn-Si-Stahl	0,54	1,90	0,99	0,032	0,026	0,05	
D	Kaltgezogener C-Stahl	0,71	0,12	0,59	0,040	0,010	0,11	
E	Cr-Va-Stahl	0,53	0,28	0,77	0,020	0,020	1,22	0,18 Va
F	Schwedischer Stahldraht	0,49	0,18	0,79	0,032	0,013	1,38	1,4 Ni

Der niedrig gekohlte C-Stahl A führt zu ziemlich gleichmäßigen Ergebnissen, durch eine Wärmebehandlung können aber nur die Eigenschaften bei zügiger und nicht bei wechselnder Beanspruchung verbessert werden. Er wies eine starke Randentkohlung und viel Schlackenein-

[2]) Siehe auch:
E. Lehr, Schwingungen an Ventilfedern, ZVDI 77 (1933), S. 457 und
— Die Wechselfestigkeit von Ventilfederdrähten ZVDI 77 (1933), S. 648.

schlüsse auf. Der höher gekohlte C-Stahl B verhält sich bei einer Wechselbeanspruchung ungünstiger. Die Anbrüche traten immer an Oberflächenfehlern auf. Durch eine Wärmebehandlung konnte auch bei diesem Werkstoff keine wesentliche Verbesserung der Wechselfestigkeit erzielt werden. Eine Abarbeitung der Oberfläche ergab höhere Werte für die Wechselfestigkeit, da dadurch die Oberflächenverletzungen und die rd. 0,14 mm starke entkohlte Randschichte entfernt wurden. Der Mn-Si-Stahl C ergab im Anlieferungszustand sehr unregelmäßige Werte, durch Vergüten wurden die Eigenschaften des Stahles aber gleichmäßiger, es war aber eine sehr starke Randentkohlung, bis zu 0,13 mm Tiefe vorhanden. Der Bruch zeigt deutlich Oberflächenfehler in der Ziehrichtung.

Sehr gute Werte wurden mit dem Cr-Va-Stahl E erreicht, bei welchem die Randentkohlung nur 0,08 mm betrug. Auch der schwedische Stahldraht F ergab sehr gute Werte im wärmebehandelten Zustand. Durch eine Oberflächenbearbeitung konnten die Werte noch wesentlich gesteigert werden. Eine Randentkohlung war nicht vorhanden.

Diese Versuche ergaben übereinstimmend, daß die Wechselfestigkeit durch Oberflächenfehler oder eine denselben gleichbedeutende Randentkohlung sehr stark herabgedrückt wird, da durch ein Abarbeiten der Oberfläche die Wechselfestigkeit um ganz wesentliche Beträge gesteigert werden konnte. Bemerkenswert ist, daß auch bei Drähten, deren Oberfläche vor der Wärmebehandlung abgearbeitet wurde, eine neuerliche Bearbeitung nach der Wärmebehandlung noch eine Steigerung der Wechselfestigkeit verursachte. Es muß also beim Vergüten eine starke Randentkohlung eingetreten sein. Die bei solchen Ventilfedern auftretenden Fehler sind in den Abb. 14, 15 und 17 dargestellt.

Durch die Versuche von Svan, Sutton und Douglas wurden die mit dem Ventilfedernmaterial praktisch gemachten Erfahrungen bestätigt. Dieselben haben aber auch ergeben, wie außerordentlich wichtig die Reinheit des Stahles und der Oberflächenzustand ist. Besonders bemerkenswert ist, daß die chemische Zusammensetzung keinen nennenswerten Einfluß auf die Verdrehungswechselfestigkeit hat. Lehr findet in guter Übereinstimmung mit obigen Werten für die Wechselfestigkeit von Federn bei der statischen Vorspannung von 25 bis 30 kg/mm² $\pm$ 12 bis $\pm$ 18 kg/mm².

Über die Wechselfestigkeit von Schraubenfedern mit 25, 30 und 35 mm ⌀ bei 1000 Lastwechsel/min. berichtet Lehr (9). Vergütete Federn aus Mn-Si- und Si-Stahl durften nur mit $\pm$ 5/15 ($\pm$ 6,5/21) kg/mm² beansprucht werden, wenn der Ausschuß bei der Prüfung unter 30% bleiben sollte.[1] Federn aus geglühtem Cr-Si-Stahl konnten mit $\pm$ 8/15

[1] Die angegebenen Werte beziehen sich auf die nach den üblichen Formeln berechneten Randspannungen. Die Werte für die höchst beanspruchte Faser sind in der Klammer beigefügt.

Tabelle 65. Die Verdrehungs-Schwingungsfestigkeit verschiedener Stähle für Ventilfedern nach Versuchen von A. Svan, H. Sutton und W. Douglas.

Stahl-Bez.	Wärmebehandlung	Draht ⌀ mm	Zugfestigkeit kg/mm²	Höchste Drehgsbeanspr. kg/mm²	Verdrehungs-Modul	τ_o kg/mm²	τ_u kg/mm²	τ_w/τ_v kg/mm²
A	Anlieferung	—	82	64,6	8350	50,5	12,6	± 18,9/31,5
	850° Öl geh. 350° angel.	—	164	—	8270	> 50,5	> 12,6	> ± 18,9/31,5
B	Anlieferung	4,09	100,9	78,8	9250	37,8	9,5	± 14,2/23,7
	„ abgearbeitet	4,03	—	—	—	47,3	11,8	± 17,8/29,6
	„ „	3,62	—	—	—	56,7	14,2	± 21,3/38,4
	„ „	2,50	104	—	—	69,3	17,9	± 25,7/43,6
	800° Öl geh. 460° angel.	4,09	145	110	9530	> 51,5	> 7,9	> ± 21,8/29,7
	800° Öl geh. 460° angel. vor der Wärmebeh. abgearb.	4,05	—	—	—	> 34,6	> 8,7	> ± 12,9/21,7
	740° Öl geh. 460° angel.	4,09	156	104	9250	37,8	9,5	± 14,2/23,7
	740° Öl geh. 460° angel. vor Wärmebeh. abgearb.	4,00	—	—	—	63,0	15,8	± 23,6/39,4
C	Anlieferung	4,03	86,6	69,3	9250	50,8	12,0	± 19,4/31
	950° Öl geh. 420° angel.	4,06	163	127	9200	49,9	15,0	± 22,4/37,4
	1000° Öl geh. 440° angel.	4,06	173,2	—	—	> 50,8	> 12,6	> ± 19,1/31,7
D	Anlieferung	—	140,1	97,6	7700	44,2	11,0	± 16,6/27,6
E	840° Öl geh. 420° angel.	3,24	153,8	115	8250	63,0	15,8	± 23,6/39,4
	840° Öl geh. 420° angel. nach Wärmebeh. abgearb.	2,96	—	—	—	78,8	20,0	± 29,4/49,4
		2,83	—	—	—	82,0	20,5	± 30,8/51,3
		1,88	—	—	—	88,3	22,1	± 33,1/55,2
F	840° Öl geh. 420° angel.	3,25	149	108,5	7700	56,7	14,2	± 21,3/35,4
	840° Öl geh. 620° angel. nach Wärmebeh. abgearb.	2,92	—	—	—	75,3	18,9	± 28,3/47,2
		2,77	—	—	—	81,8	20,4	± 30,7/51,1
		2,63	—	—	—	94,5	23,6	± 35,4/59,1
		1,88	—	—	—	> 94,5	> 23,6	> ± 23,6/59,1

($\pm$ 12/21) kg/mm² beansprucht werden, wobei der Ausschuß unter 5% blieb. Einsatzgehärtete Federn aus Sonderfederstahl ergaben eine Wechselfestigkeit von $\pm$ 11,5/20 ($\pm$ 16/28) kg/mm², wobei Spitzenwerte von $\pm$ 14,5/20 ($\pm$ 20/28) kg/mm² auftraten.

4. Blattfedern.

Als Werkstoffe für Blattfedern von Lokomotiven und Waggons werden C-, Mn- und Si-Stähle verwendet. Für die hochbeanspruchten Blattfedern des Automobilbaues kommen hauptsächlich Mn-, Mn-Si- und Mn-Cr-Stähle, ferner auch Cr-Ni-Wo-, Cr-Ni-Wo-Va- sowie Cr-Ni-Va-Stähle zur Anwendung. Da diese Federn sowohl statisch als auch schwingend beansprucht sind, muß ihrer Bemessung die Wechselfestigkeit der Stähle zugrunde gelegt werden. Wegen der meist hohen statischen Beanspruchung der Federn muß man, um noch eine entsprechend hohe Schwingungsfestigkeit zu erzielen, Stähle mit einer möglichst hohen Fließgrenze verwenden und es werden daher die Federstähle auf eine Festigkeit von 120 bis 160 kg/mm² vergütet. Diese hohe Bruchfestigkeit hat aber wieder den Nachteil einer starken Kerbempfindlichkeit bei der Schwingungsbeanspruchung. In der Tabelle 66 sind die Festigkeitswerte der wichtigsten im Automobilbau verwendeten Federstähle angegeben. Man ersieht daraus, daß die verschiedene Zusammensetzung der Federstähle keinen Einfluß auf die Schwingungsfestigkeit derselben im polierten und gekerbten Zustand hat. Die Kerbempfindlichkeit der Stähle ist sehr groß.

Tabelle 66. Festigkeitswerte verschiedener Federstähle nach Houdremont und Mailänder.[1]

Stahlart	Zugfestigkeit kg/mm²	Biegeschwingungsfestigkeit poliert kg/mm²	Biegeschwingungsfestigkeit gekerbt[2] kg/mm²	Kerbzähigkeit[3] mkg/cm²
Mn-Si-Stahl	119,5	62	25	4,3
Cr-Ni-Wo-Stahl	121,2	59—60	26	11,5
Cr-Mo-Va-Stahl	117,8	58	27	9,7
Cr-Ni-Stahl[4]	122,9	60—61	25	3,2
Cr-Ni-Wo-Va-Stahl	117,4	59	27	16,1

[1] E. Houdremont und E. Bennek, Federstähle, St. u. E. 52 (1932), S. 653.
[2] Mit 0,1 mm Scharfkerb.
[3] Charpy-Längsprobe von 30 × 30 × 160 mm.
[4] Im anlaßspröden Zustand.

Diese Idealwerte der Schwingungsfestigkeit bei polierter Oberfläche dürfen aber der Berechnung von Federn nicht zugrunde gelegt werden, da die meisten technischen Blattfedern mit der Walzhaut verwendet werden und die Schwingungsfestigkeit der Federstähle durch diese noch stärker als durch Scharfkerben herabgesetzt wird. Tabelle 35 bringt Werte für die Biegeschwingungsfestigkeiten verschiedener Federstähle nach Versuchen von Lehr.

Die Wechselfestigkeit der untersuchten Stähle liegt zwischen $\pm$ 18/40 kg/mm² und $\pm$ 25/40 kg/mm². E. Houdremont und S. Groß[1] fanden für eine statische Vorspannung von 27,7 kg/mm² die Wechselfestigkeit mit Walzhaut bei Si-Stählen mit $\pm$ 22 bis 24 kg/mm² und bei Mn-Stählen mit $\pm$ 18 bis 22 kg/mm². Diese Werte decken sich mit den Versuchsergebnissen von Batson und Bradley.

Diese starke Verminderung der Schwingungsfestigkeit der Federstähle durch die Walzhaut ist nach Hankins und Becker hauptsächlich auf die Entkohlung der Oberfläche zurückzuführen. Eine Randentkohlung entsteht immer dann, wenn die Oxydationsgeschwindigkeit geringer als die Diffusionsgeschwindigkeit des Kohlenstoffs im Stahl ist. Ist die Oxydationsgeschwindigkeit größer, so tritt ein Verzundern ohne Oberflächenentkohlung ein. Die Mn-Cr-Stähle verzundern, aber entkohlen nicht so leicht und geben eine bessere Oberfläche, während die Si-Stähle wenig zundern, aber dafür stark entkohlen und eine schlechtere Oberfläche geben.

Eine Vergütung der Federstähle auf noch höhere Festigkeiten bringt keinen Gewinn, da dadurch wohl die Bruchfestigkeit, aber nicht die Schwingungsfestigkeit wesentlich erhöht wird. Es darf also der Konstrukteur bei den Federstählen mit Walzhaut nur mit einer Wechselfestigkeit von $\pm$ 15/40 kg/mm² rechnen.

Für die Bemessung der Federn ist das Beanspruchungsschaubild maßgebend. Wegen der verschiedenen Vorspannung der einzelnen Blätter genügt es aber nicht, wie es bisher meist üblich ist, das $K_{b\ max}$ für das ganze Federpaket zu bestimmen, sondern es muß vielmehr die Randfaserbeanspruchung jedes einzelnen Blattes berechnet werden, wobei wieder die Sprengung der einzelnen Blätter, also die Pfeilhöhe im ungespannten Zustand derselben berücksichtigt werden muß. In der Regel ist das Hauptblatt einer Feder gar nicht oder nur sehr schwach gesprengt, während die Sprengung der folgenden Blätter immer mehr zunimmt. Es hat also das Hauptblatt in der ungespannten, montierten Feder in der höchstbeanspruchten Faser keine Zug-, sondern eine Druckvorspannung. Meist werden die Federn so bemessen, daß das Haupt-

[1] E. Houdremont und E. Bennek, Federstähle, St. u. E. 52 (1932), S. 653.

blatt bei normaler und ruhender Beanspruchung in die horizontale Lage gestreckt ist. Wird die Sprengung der einzelnen Blätter nicht berücksichtigt, so würde sich für das Hauptblatt in der gestreckten Lage der Feder bereits eine wesentliche Zugbeanspruchung ergeben, während die Randfaserbeanspruchung desselben tatsächlich annähernd Null ist.

5. Schrauben.

Bei der Beurteilung der Wechselfestigkeit von Schrauben muß man prinzipiell unterscheiden, ob es sich um solche mit geschnittenem oder gerolltem Gewinde handelt, da eine geschnittene oder geschliffene Kerbe die Schwingungsfestigkeit ganz bedeutend mehr herabsetzt, als wenn dieselbe Kerbform durch Drücken hergestellt wird (H. Isemer). Es soll daher bei der Wechselfestigkeit von Schrauben immer angeführt werden, wie das Gewinde hergestellt wurde.

Die Schwingungsfestigkeit eines mit Gewinde versehenen Rundstabes läßt sich nicht aus der Kerbempfindlichkeit eines Werkstoffes errechnen, sondern es ist dieselbe, scheinbar durch die entlastende Wirkung der benachbarten Kerben immer größer, als die Schwingungsfestigkeit eines mit einer umlaufenden, in sich geschlossenen Kerbe gleicher Form versehenen Stabes (s. Seite 147). Die Schwingungsfestigkeit einer Schraube, welche im montierten Zustand mit der Mutter geprüft wird, ist aber ganz bedeutend niedriger, als der Kerbfestigkeit des Werkstoffes mit Gewinde

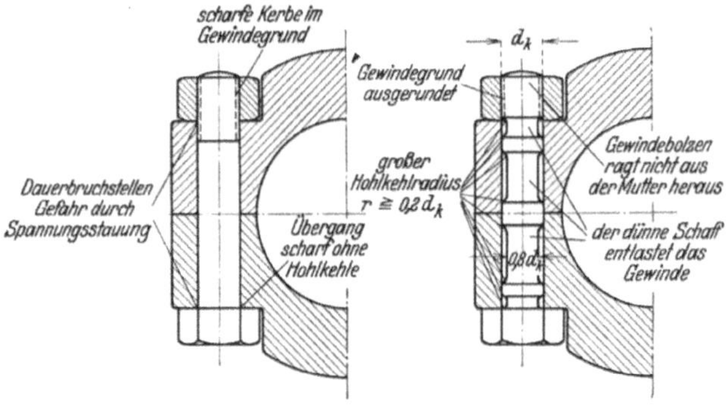

Abb. 144 u. 145. Der Einfluß der Formgebung auf die Wechselfestigkeit von Schrauben nach Lehr (9). Abb. 144. Falsche Ausführung. Abb. 145. Richtige Ausführung.

entspricht. Es liegen hier also noch vollkommen unerforschte Verhältnisse vor. Nach den Untersuchungen, welche von Lehr (9) im Versuchslaboratorium der Firma Schenck in Darmstadt mit Schrauben von $^1/_2$, $^5/_8$ und $^3/_4$ Zoll mit einer Zug-Druck-Maschine bei 1000 Lastwechsel/min. durchgeführt wurden, beträgt bei normalen Schrauben nach Abb. 144 die auf den Kerbdurchmesser bezogene Schwingungsfestigkeit bei einer statischen Vorspannung von 12 kg/mm² ± 4 bis 5 kg/mm² für einen Schraubenstahl von 40 kg/mm² Zugfestigkeit. Bei Verwendung von St. 50 beträgt die Schwingungsfestigkeit der Schraube ± 5 bis 5,5 kg/mm², bei einer solchen des unverletzten Werkstoffes von ± 14 kg/mm². Es wurde also die Schwingungsfestigkeit des Werkstoffes durch die Formgebung der Schraube um 64% vermindert. Die Brüche treten meist im ersten Gewindegang auf, welcher am stärksten beansprucht ist. Abb. 146 zeigt den Verlauf der Kraftlinien, wie sie von Thum mit einem Stromlinienmodell aufgenommen wurden. Die stärkste Zusammendrängung der Kraftlinien, also die höchste Beanspruchung, ist im ersten Gewindegang vorhanden.

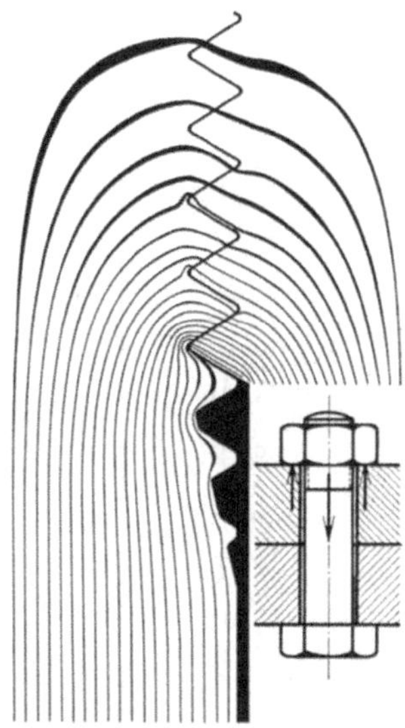

Abb. 146. Kraftlinienverlauf in einer Schraube, aufgenommen mit einem Stromlinienmodell nach Thum.

Führt man die Schrauben nach Abb. 145 aus, indem man den Schraubenschaft auf etwa den 0,8fachen Kerndurchmesser abdreht, so steigt die Schwingungsfestigkeit von ± 5 auf ± 8 kg/mm², also um 60% an. Der Kerbfaktor nimmt durch diese scheinbare Schwächung der Schraube von 64 auf 43% ab. Diese auffallend niedrige Schwingungsfestigkeit der Schrauben wird aber noch weiter herabgedrückt, wenn zusätzliche Biegebeanspruchungen vorhanden sind, wenn also z. B. die Schraubenmutter nicht eben auf ihrer Unterlage aufsitzt.

K. Schraivogel untersucht die Festigkeit von Schrauben aus C-Stahl bei schwingender Biegebeanspruchung und findet die in der Tabelle 67 angegebenen Werte.

Auffallend bei diesen Versuchsergebnissen ist, daß Schraube 1, welche nach dem Gewindeschneiden vergütet wurde, eine geringere Schwingungsfestigkeit hat als die Schrauben 2 und 3. Wird die durch das Vergüten entstandene entkohlte Schicht durch Nachdrehen des Gewindes auf der Drehbank entfernt, so steigt dadurch die Schwingungsfestigkeit der Schraube um rd. 10% an. Die nicht wärmebehandelten Schrauben 2 und 3 haben eine annähernd gleiche Schwingungsfestigkeit und dürfte eine Verfestigung des Gewindegrundes durch die Herstellung mit Schneidbacken eingetreten sein, da die Schwingungsfestigkeit der nachgedrehten Schrauben um 20 bis 30% geringer ist.

Tabelle 67. Die Biegeschwingungsfestigkeiten von Schrauben aus C-Stahl nach K. Schraivogel.

Bezeichnung und Werkstoff	σ_F kg/mm²	σ_B kg/mm²	ϑ %	ψ %	Biegeschwingungsfestigkeit ohne Gewinde kg/mm²	mit Gewinde nicht nachgedreht kg/mm²	mit Gewinde nachgedreht kg/mm²
Schraube 1	56,7	71,2	17,1	66	40	19	21,5
0,4% C, 0,12% Si, 0,68% Mn, 0,02% P, 0,03% S, vergütet					100%	48%	54%
Schraube 2	34	54,3	26,4	56	26,5	21—22	16
0,40% C, 0,27% Si, 0,76% Mn, 0,02% P, 0,03% S					100%	79—86%	60%
Schraube 3	49,5	55,1	12,8	52	24	21,5—24	17
0,20% C, 0,04% Si, 0,64% Mn, 0,10% P, 0,24% S					100%	90—100%	71%

Durch diese Versuche wurde erwiesen, daß durch ein Vergüten der Schrauben nach dem Gewindeschneiden keine Erhöhung der Schwingungsfestigkeit erzielt werden kann. Von viel größerem Einfluß scheint die Art der Herstellung des Gewindes zu sein und es dürfte eine Verdichtung desselben durch Rollen bedeutend bessere Werte ergeben. Die Art des Oberflächenzustandes der Querschnittsübergänge sowie der Faserverlauf derselben ist ebenfalls von großem Einfluß. Durch zu kleine Hohlkehlen, am Übergang vom Schaft zum Kopf, kann die Schwingungsfestigkeit der Schrauben sogar stärker als durch das Gewinde herabgesetzt werden.

Die Wechselfestigkeit einer Schraube ist aber auch von der Art der Montage abhängig. Es muß eine entsprechende Vorspannung, über deren zweckmäßige Größe noch vollkommene Unklarheit herrscht, vorhanden sein. Ist dieselbe zu gering, oder lockert sich die Schraube im Betriebe, so sind Brüche unvermeidlich. Auch die Länge des freien Gewindes unter der Auflagerfläche der Mutter ist nach Versuchen von Moore und Kommers (2) von großem Einfluß auf die Schwingungsfestigkeit.

Dauerschlagversuche von Thum (1) mit Schrauben M 10, Abb. 147, haben ergeben, daß der Höchstwert der Dauerschlagfestigkeit bei einer freien Gewindelänge unterhalb der Mutter von mindestens dem doppelten

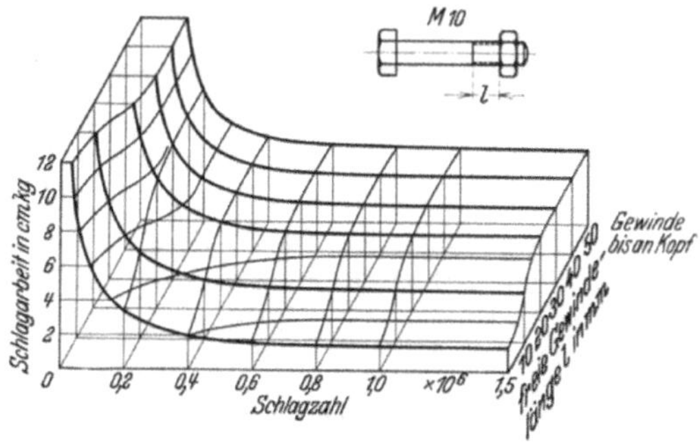

Abb. 147. Die Abhängigkeit der Dauerschlagarbeit von Schrauben von der freien Gewindelänge nach Thum (1).

Durchmesser vorhanden ist. Wird die Schraube so montiert, daß die Mutter bis an das Gewindeende herangeschraubt wird, so beträgt die Dauerschlagzugfestigkeit nur ungefähr $^1/_3$ des maximal erreichbaren Wertes.

6. Kurbelwellen.

Dauerbrüche an Kurbelwellen treten entweder an den Wangen oder an den Zapfen auf und es ist an der Form des Bruches meist die Art der Beanspruchung, durch welche derselbe verursacht wurde, leicht zu erkennen. Erfolgt der Bruch von der Breitseite der Wange aus, so wurde er durch eine Biegebeanspruchung der Welle ausgelöst. Geht er aber von der Schmalseite aus, so wurde der Biegungsbruch der Wange durch eine Drehschwingungsbeanspruchung der Welle verursacht. Die Brüche des Zapfens sind fast immer durch Drehschwingungen hervorgerufen und verlaufen dann spiralförmig in der Richtung der Schubkräfte, wobei sie meist ihren Ausgang von der Ölbohrung nehmen. Sehr häufig erfolgen diese Anbrüche nicht an der (geschliffenen) Außenseite der Welle, sondern an der Innenseite der Längsbohrung. Matthaes hat durch Drehschwingungsversuche an gebohrten Hohlstäben nachgewiesen, daß durch eine Anbohrung von geringer Tiefe die Wechselfestigkeit eines Hohlstabes viel weniger herabgesetzt wird, als wenn die Anbohrung bis zur Innenbohrung reicht.

Für die hochbeanspruchten Kurbelwellen von Explosionsmotoren werden als Werkstoffe hauptsächlich Cr-Ni-, Cr-Ni-Mo- und Cr-Ni-Wo-Stähle mit einer Festigkeit von 90 bis 130 kg/mm² verwendet. Das Verhalten dieser Stähle bei Schwingungsbeanspruchung darf mit einer für praktische Zwecke genügenden Genauigkeit als erforscht gelten, so daß verläßliche Grundwerte für die Bemessung der Kurbelwellen vorhanden sind. Die Schwingungsfestigkeiten für Biegung liegen zwischen $\pm$ 42 und $\pm$ 61 kg/mm² und für Verdrehung zwischen $\pm$ 24 und $\pm$ 35 kg/mm². Es kann also bei diesen hohen Festigkeiten mit keiner Werkstoffdämpfung gerechnet werden.

Die bei den Kurbelwellen auftretenden tatsächlichen Beanspruchungen kann man aber durch Rechnung kaum mit genügender Genauigkeit bestimmen, da der Einfluß der durch die Ölbohrungen, Hohlkehlen usw. verursachten Kerbwirkung, sowie der durch die Explosionsstöße ausgelösten Schwingungen sich nicht mit genügender Genauigkeit erfassen läßt. Die Stellen der höchsten Beanspruchung kann man z. B. nach dem Dehnungslinienverfahren von Maybach nachweisen und den Spannungsverlauf durch statische Dehnungsmessung bestimmen, wobei aber die Kurbelwelle immer in ihrer Lagerung im Motor gemessen werden soll. Abb. 148 zeigt, wie der Spannungsverlauf a bei vollem Zapfen durch eine exzentrisch eingedrehte Hohlkehle c auf den Verlauf der Kurve b herabgedrückt wird.

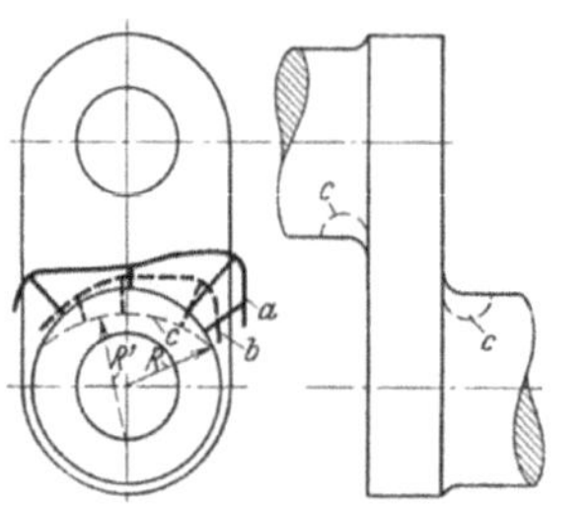

Abb. 148. Spannungsverlauf im Zapfen einer Kurbelwelle nach Dietrich u. Lehr; a) bei vollem Zapfen, b) mit einer exzentrischen Hohlkehle.

Eine dynamische Dehnungsmessung zur Bestimmung der im Betrieb auftretenden Höchstspannungen ist aber in den meisten Fällen nicht möglich, da es in der Regel an dem notwendigen Platz fehlt, um die Meßgeräte unterzubringen. Zur Feststellung der Schwingungsfestigkeit ganzer Kurbelwellen und eventuell vorhandener schwacher Punkte bleibt daher nur ein Modellversuch übrig, wobei aber die bei den Explosionen auftretenden Stöße auch nicht berücksichtigt werden können.

Außer der Formgebung können noch andere Ursachen, wie z. B. Unregelmäßigkeiten des Werkstoffes, für das Auftreten von Brüchen vorhanden sein. Die Gleichmäßigkeit der Vergütung läßt sich durch die Kugeldruckprobe ohne weiteres feststellen, so daß diese Bruchursache ausgeschaltet werden kann. Viel schwieriger ist der Einfluß der inneren Spannungen, welche durch das Vergüten oder ein Kaltrecken der Welle (Richten nach dem Vergüten) entstehen können. Matthaes glaubt, daß innere Spannungen bei Kurbelwellen wegen der verhältnismäßig hohen Nachlaßtemperaturen kaum zu erwarten sind. Sehr häufig werden aber die Kurbelwellenstähle zur Vermeidung der Anlaßsprödigkeit von der Nachlaßtemperatur in Wasser oder Öl abgeschreckt, wodurch aber ganz bedeutende innere Spannungen verursacht werden können. Über ihre zahlenmäßige Größe und deren Einfluß auf die Wechselfestigkeit ist so gut wie nichts bekannt, da es an erprobten Methoden zur Bestimmung der inneren Spannungen ohne Zerstörung des Werkstückes fehlt und über die erst kürzlich von Regler ausgearbeiteten röntgenographischen Methoden noch keine genügenden praktischen Erfahrungen vorliegen. Herold konnte an einer gebrochenen Kurbelwelle, bei welcher starke innere Spannungen vermutet wurden, eine Drehschwingungsfestigkeit von ± 22 kg/mm^2 nachweisen, während ein Probestab des gleichen Werkstoffes mit derselben Festigkeit und Oberflächenbearbeitung eine solche von ± 29 kg/mm^2 hatte. Durch die röntgenographische Untersuchung der Welle nach dem Rückstrahlverfahren konnte aus der starken Verbreiterung und der Verwaschung der Debye-Ringe auf das Vorhandensein von starken inneren Spannungen geschlossen werden. Nach einem Entspannen desselben Stückes durch Glühen bei niedriger Temperatur und langsamem Auskühlen waren scharfe Debye-Ringe vorhanden, welche auch die Van Arkelsche Aufspaltung als Zeichen des vollkommen spannungslosen Zustandes zeigten. Bei dem damaligen Stand der Röntgenuntersuchung war es aber nicht möglich, die Größe der inneren Spannungen auch nur annähernd abzuschätzen. Jedenfalls dürfte aber die Wirkung der inneren Werkstoffspannungen auf die Höhe der Wechselfestigkeit im allgemeinen sehr unterschätzt werden.

Als weitere Ursache für die Brüche von Kurbelwellen kommen nichtmetallische Einschlüsse in Betracht, welche in allen Schmiedestücken vorhanden sind und welche nach Matthaes eine Länge von 1,5 bis 2,5 mm bei einer Stärke von ungefähr $^1/_5$ der Länge erreichen können. Ein sicherer Zusammenhang zwischen solchen Einschlüssen und den Schwingungsbrüchen hat sich aber bisher nicht nachweisen lassen.

Von gewissem Einfluß auf die Schwingungsfestigkeit von Kurbelwellen ist auch die Faserrichtung des Werkstoffes (Tabelle 11). In den statischen Werten äußert sich eine Querlage der Faser in einer Verringerung der Zähigkeitseigenschaften, demgemäß ist auch die Kerbzähigkeit geringer, während die Zugfestigkeit dadurch nur wenig beeinfluß wird. Die Schwingungsfestigkeit ist in der Faserrichtung bis zu 30 $^0/_0$ höher als in der Querrichtung. Jünger fand, daß das Schränken der Hubarme keinen Einfluß auf die Schwingungsfestigkeit hat.

Zusammenfassend läßt sich sagen, daß Kurbelwellenbrüche wohl durch Werkstoffehler verursacht werden können, daß aber in den meisten Fällen andere Gründe die Ursache sind, welche sehr häufig in der konstruktiven Formgebung der Welle liegen, abgesehen von fehlerhafter Montage, durch welche natürlich Brüche einer sonst einwandfreien Welle verursacht werden können. Selbstverständlich darf die Welle nicht im Gebiet der kritischen Turenzahlen laufen. Zur Überprüfung der richtigen Formgebung der Welle wird am besten der Modellversuch durchgeführt. Für diese Versuche genügt es meist, ein Kurbelwellenmodell mit einem Hubarm herzustellen. Matthaes fand z. B. bei solchen Modellversuchen, daß die Drehschwingungsfestigkeit im Hauptlager 64%, im Hubarm je nach der Hohlkehle 75 bis 80% jener des glatten Stabes beträgt. Diese Modellversuche haben den Vorteil, daß damit die Wechselfestigkeit der ganzen Welle bestimmt wird, wobei gleichzeitig auch alle Kerbwirkungen erfaßt werden.

7. Drahtseile.

Die Festigkeitseigenschaften eines Seiles können von seiner Flechtart (2- oder 3-Schlagseil, Spiralseil, Albertschlag- oder Gleichschlagseil) sowie von den Festigkeitseigenschaften der Seildrähte abhängig sein. Während Benoit und Wöhrnle keinen Einfluß des Verseilungsgrades auf die Lebensdauer des Drahtseiles feststellen konnten, fand Wöhrnle, daß Längsschlagseile widerstandsfähiger als Querschlagseile sind. Zu ganz ähnlichen Ergebnissen kommt auch Scoble. Nach den Untersuchungen von Fiek ist neben der Flechtart auch die Herstellung des Seiles von besonderem Einfluß auf die Lebensdauer desselben. Dehnungsmessungen bei stufenweise gesteigerten Belastungen ergaben für 10 über die ganze Länge verteilte Meßstrecken, infolge der Verschiedenartigkeit des Seilschlages in den Meßstrecken, erhebliche Unterschiede der Dehnungswerte. Es ist daher nicht möglich, den E-Modul eines Seiles zu bestimmen, da sich derselbe mit der Zahl der Lastwechsel und der Höhe der Lastwechselamplitude beträchtlich ändert.

Herbst[1] untersucht den Einfluß der Drahtbeschaffenheit auf die Widerstandsfähigkeit der Seile und zieht einen Vergleich mit den Drahtprüfungsergebnissen. Um den Einfluß der Flechtungen möglichst auszuschalten, wurden gleichartige Seile von 18 mm ⌀ einfachster Flechtung, 6 Litzen zu je 7 Drähten von 2 mm Dicke, Kreuzschlag mit übereinstimmenden Schlaglängen verwendet. Es wurden sowohl blanke als auch verzinkte ~~Seile~~ mit Festigkeiten von 120 bis 130, 150 bis 160, 170 bis 180 und 200 kg/mm² verwendet. Die Prüfscheiben hatten einen Durchmesser von 1 m. Es war also:

$$D/d = 55; \text{ und } D/\Delta = 500.$$

Dabei bedeutet:

D den Scheibendurchmesser,
d den Seildurchmesser,
Δ die Drahtstärke.

---

[1] Herbst, Dauerbiegeversuche mit Drahtseilen, ZVDI 73 (1929), S. 1623.

Die Seile wurden mit $^1/_5$ bis $^1/_7$ der ermittelten Seilbruchlast beansprucht. In Übereinstimmung mit den Untersuchungen von Wöhrnle[1] ergab sich mit zunehmender Festigkeit eine erhebliche Abnahme der Biegezahlen bis zum Bruch. Eine Steigerung der Biegezahlen ergab sich bei den verzinkten gegenüber den blanken Drähten, sowie bei geringeren gegenüber höheren Belastungen. Bei letzteren genügt schon eine kleine Anzahl von Lastwechseln, um einen Bruch herbeizuführen. Bei Verzinkung ergaben weiche Seile bei gleicher Spitzenbelastung bessere Resultate als härtere. Legt man dem Vergleich nicht die Biegezahlen bis zum Bruch, sondern jene bis zum Eintreten einer bestimmten Anzahl von Drahtbrüchen zugrunde, so ergeben auch weiche blanke Seile günstigere Resultate als harte blanke.

Eine sichere Beziehung zwischen den Seilbiegezahlen und den Ergebnissen der Drahtprüfung wurde nicht festgestellt. Es lassen sich also aus den Eigenschaften des Drahtes keine sicheren Schlüsse auf das Verhalten der daraus hergestellten Seile ziehen, wohl kann man aber durch die Drahtprüfung mangelhafte Drähte ausscheiden. Eine gute Bewährung der Drähte im Seil kann man höchstens auf Grund mehrerer guter Ergebnisse verschiedener Prüfmethoden erwarten, wobei der Zugversuch besonders hervorgehoben werden muß.

Ogava und Suzuki untersuchten Drahtseile auf einer von der deutschen Versuchsanstalt für Luftfahrt entwickelten Prüfmaschine, welche sie mit einer Vorrichtung zur Anzeige der ersten Drahtbrüche versehen haben. Sie legen dem Auftreten dieser ersten Drahtbrüche eine besondere Bedeutung für die Bewertung eines Drahtseiles bei und bestimmen den Quotienten Nm/N, das Verhältnis der Biegezahlen bis zum Auftreten von Nm Drahtbrüchen zur Bruchbiegezahl N des ganzen Drahtseiles. In Deutschland hingegen wird bei der Prüfung der Drahtseile bei den Untersuchungen der technischen Hochschule in Karlsruhe von Benoit, Stuttgart von Wöhrnle[2] und von der DVL der Zerstörungsverlauf derselben durch Zählen der einzelnen Drähte in einem regelmäßigen Abstand verfolgt. Diese Ergebnisse stimmen mit jenen von Ogava und Suzuki gut überein.

Durch Versuche von Wöhrnle wurde auf die große Bedeutung der Fettung der Faserseele auf die Lebensdauer der Drahtseile hingewiesen und es nimmt dieselbe mit steigender Entfettung ab. Die sonst festgestellte günstige Wirkung gleicher Schlaglängen der Drähte in den Litzen kommt erst in Verbindung mit entsprechender Fettung der Faserseele zur Geltung.

Von großem Einfluß auf die Lebensdauer der Seile ist auch nach Wöhrnle der Rillenwerkstoff der Seilräder. Vergleichende Versuche

[1] ZVDI 73 (1929), S. 417.
[2] ZVDI 74 (1930), S. 1428.

mit Rillen von Bosch-Resitex, AEG-Novotext und Römmler-Harex mit Gußeisen ergaben, daß die Rillen aus Kunstharzstoffen die Lebensdauer der Seile nicht unbeträchtlich erhöhen, wenn auch die von der DVL beobachtete Erhöhung derselben auf das 20- bis 30fache nicht festgestellt werden konnte. Benoit erhielt hingegen mit einem Gummifutter der Rillen keine günstigen Ergebnisse.

XVI. Die Bestimmung des Spannungsverlaufes von Maschinenelementen.

Bisher wurden die in den Maschinenelementen auftretenden Spannungen fast ausschließlich auf dem Wege der Rechnung ermittelt und es ist daher für den Konstrukteur von allen Zweigen der Mechanik die Festigkeitslehre am wichtigsten. Es lassen sich aber nicht für alle Fälle die Beanspruchungen mit hinreichender Genauigkeit durch formelmäßige Berechnung ermitteln, da vielfach so verwickelte Verhältnisse vorliegen, welche sich mathematisch nicht mit genügender Genauigkeit erfassen lassen, so daß man durch die Berechnungen zu Ergebnissen gelangt, welche mit den praktischen Verhältnissen nicht befriedigend übereinstimmen. Als drastisches Beispiel für die außerordentlichen Unterschiede, welche zwischen den berechneten und den tatsächlich vorhandenen, d. h. den gemessenen Beanspruchungen auftreten können, sei nur eine Untersuchung von Mathar über die Spannungsverteilung von Stangenköpfen herausgegriffen. In der folgenden Tabelle sind die Unterschiede zwischen den durch die Dehnungsmessung bestimmten und den nach den Formeln von Becke, Tolle und Baumann berechneten Beanspruchungen gegenübergestellt.

	Im Wangenquerschnitt		Im Scheitelquerschnitt	
	innen	außen	innen	außen
Gemessene Spannung kg/cm² .	+ 1710	+ 150	+ 510	+ 750
Berechnete Spannung kg/cm² .	+ 4170	— 1520	— 4180	+ 2970

Diese starken Unterschiede zwischen den gemessenen und berechneten Spannungen sind zum Teil auf Dehnungsbehinderungen zurückzuführen, welche sich mathematisch nicht erfassen lassen.

Man verlangt aber heute von allen Leichtkonstruktionen, insbesondere im Flugzeug- und Kraftwagenbau, daß alle Bauteile, bei geringstem Gewicht, unter Wahrung vollkommener Betriebssicherheit gefertigt werden. Um diese Aufgabe erfüllen zu können, muß der Konstrukteur vollkommen Klarheit über den Spannungsverlauf und insbesondere die auftretenden Höchstspannungen (gefährlicher Querschnitt) haben. In den letzten Jahren macht sich auch immer mehr und mehr das Bestreben nach einer wirklichkeitsgetreuen Festigkeitsrechnung geltend, welche bei schwingender Beanspruchung die Berechnung nicht mehr auf die statische Bruchfestigkeit, sondern auf die Wechselfestigkeit unter Berücksichtigung der vorhandenen oder möglichen technologischen Gefahren bezieht.

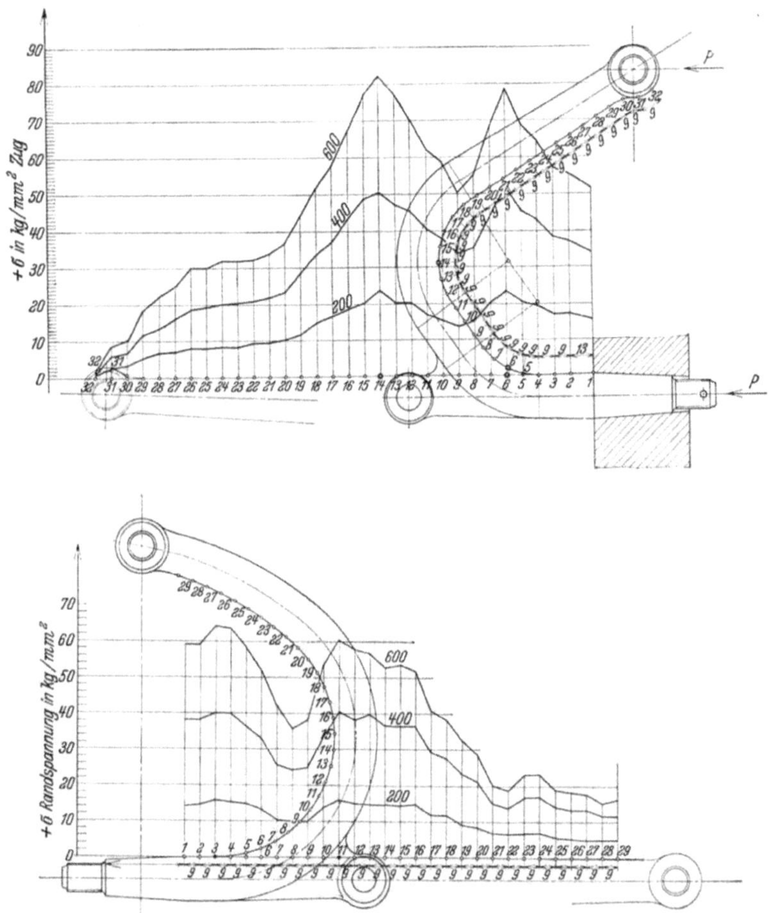

Abb. 149 u. 150. Spannungsverlauf am Innenrande von Lenkhebeln.

Die Grundbedingung für die Durchführung dieser wirklichkeitsgetreuen Festigkeitsrechnung ist aber die genaue Kenntnis des Spannungsverlaufes. Da der Weg der Rechnung für die meisten Fälle nicht ausreicht, um denselben mit der notwendigen Genauigkeit zu bestimmen, muß der Spannungsverlauf durch den Versuch am fertigen Werkstück oder an wirklichkeitsgetreuen Modellen bestimmt werden. Sollen solche

Messungen aber einen praktischen Wert haben, so müssen dieselben immer unter den tatsächlich auftretenden Beanspruchungsbedingungen durchgeführt werden, um auch alle, für die Lebensdauer eines Werkstückes oft maßgebenden Nebenumstände, wie z. B. Einfluß der Lagerluft, Durchbiegen der Lagerstellen usw. erfassen zu können. Man wird daher z. B. die Beanspruchung einer Kurbelwelle im montierten Zustand bestimmen und es gäbe ein ganz falsches Bild, wenn man die Beanspruchung derselben durch Durchbiegen auf der Zerreißmaschine messen wollte.

Die Abb. 149 und 150, welche den Spannungsverlauf am Innenrande von zwei Lenkhebeln darstellen, zeigen, wie man schon durch geringfügige konstruktive Formänderungen den Spannungsverlauf günstig beeinflussen kann. Der Lenkhebel der Abb. 149 weist zwei durch einen geraden Teil verbundene Krümmungen auf. Am Beginn einer jeden Krümmung, in den Punkten 6 und 14, ist eine scharfe Spannungsspitze vorhanden. Bildet man aber den Hebel mit einer stetigen Krümmung nach Abb. 150 aus, so sind keine ausgesprochenen Spannungsspitzen mehr vorhanden, der Spannungsverlauf wird nur durch die unvermeidliche Verstärkung zur Anbringung des Schubstangenauges zwischen den Punkten 4 und 11 unterbrochen.

Je nach den Beanspruchungen muß man zwischen dem Spannungsverlauf bei statischer und wechselnder Beanspruchung unterscheiden, wobei im letzteren Falle immer zuerst der statische Spannungsverlauf bestimmt werden muß.[1]

1. Die Messung des Spannungsverlaufes bei statischer Beanspruchung.

Zur Bestimmung des statischen Spannungsverlaufes stehen drei prinzipiell voneinander verschiedene Wege zur Verfügung: durch spannungsoptische Messung, durch Dehnungsmessung und durch Untersuchung mit Röntgenstrahlen.

A. Die spannungsoptischen Untersuchungen.

Dieses Verfahren beruht auf einem von Seebeck beobachteten und von Brewster näher studierten Gesetz, daß isotrope, durchsichtige Körper infolge von Spannungen doppelbrechend werden. Man verfertigt einen Modellkörper aus Glas, Bakelith, Zelluloid usw. an, welcher möglichst naturgetreu belastet werden muß. Für sehr exakte Messungen eignet sich nur Glas, da die übrigen bisher verwendeten isotropen Körper starke Zeit- und Resteffekte, wie z. B. elastische Nachwirkung, aufweisen, welche

[1] Um den Umfang dieses Buches nicht zu sehr anschwellen zu lassen, kann auf die Methoden zur Bestimmung des Spannungsverlaufes nicht näher eingegangen werden und es sei auf die in nächster Zeit erscheinende Schrift von E. Lehr verwiesen.

das Meßergebnis beeinträchtigen können. Durch diese spannungsoptischen Messungen bestimmt man das Netz der Isoklinen, aus welchen man das Netz der Hauptspannungstrajektorien ableitet. Durch die Messung des Gangunterschiedes zwischen dem auftreffenden und dem gebrochenen polarisierten Lichtstrahl kann die Summe und die Differenz der Hauptspannungen und somit die Größe von σ_1 und σ_2 abgeleitet werden. Es können also nach diesem Verfahren die Richtungen und Größen der Hauptspannungen bestimmt werden, wobei man die mittlere Spannung des durchstrahlten Volumelementes mißt. Dieses Verfahren ist also zur Bestimmung der reinen Oberflächenspannungen nicht geeignet. Der Nachteil desselben ist, daß man einen konstruktiv nicht anwendbaren Modellwerkstoff verwenden muß.[1]

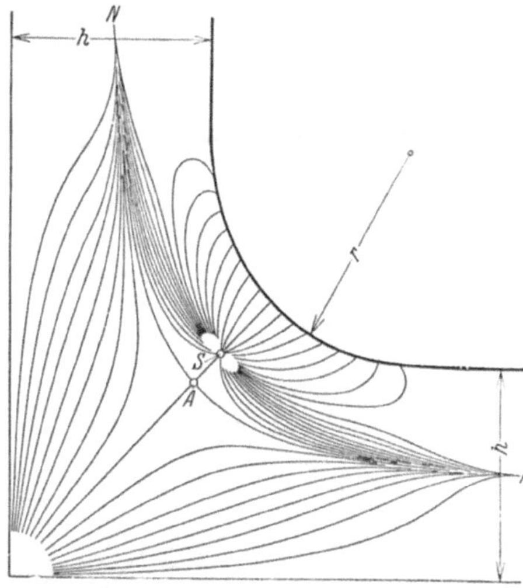

Abb. 151. Isklinennetz in einem auf Biegung beanspruchten Winkel nach C. v. Widdern.

Als Beispiel für die Durchführung von spannungsoptischen Messungen ist in Abb. 151 das Isoklinennetz, in Abb. 152 das Netz der Hauptspannungstrajektorien und in Abb. 153 die Spannungsverteilung am Innenrande eines auf Biegung beanspruchten Winkels nach Widdern gegeben.

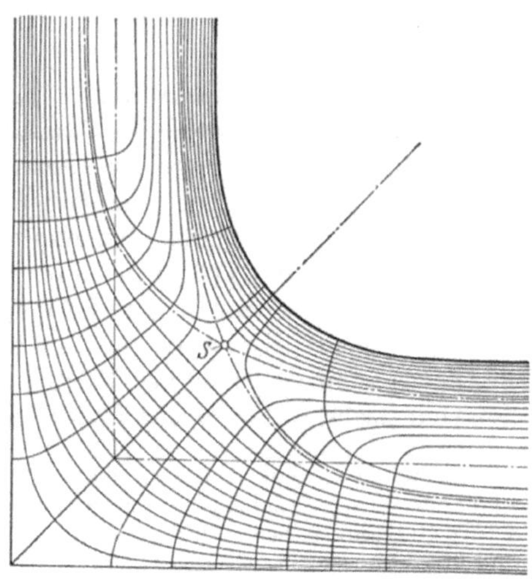

Abb. 152. Netz der Hauptnormalspannungstrajektorien in einem auf Biegung beanspruchten Winkel nach C. v. Widdern.

[1] Literaturzusammenstellungen über spannungsoptische Messungen finden sich bei E. Lehr (12) und Wächtler (2). Coker und Filon, welche die theo-

B. Die Bestimmung des Spannungsverlaufes durch Dehnungsmessung.

Ein rein qualitatives Bild über den Spannungsverlauf erhält man, wenn man einen Modellkörper aus Gummi herstellt und denselben mit einem sich rechtwinkelig schneidenden Netz von Linien überzieht. Die stärksten Verzerrungen der vor der Belastung sich rechtwinkelig schneidenden Flächenelemente geben die Stellen der höchsten Beanspruchung an, wie es in Abb. 154 für einen gekerbten Zugstab dargestellt ist. Be-

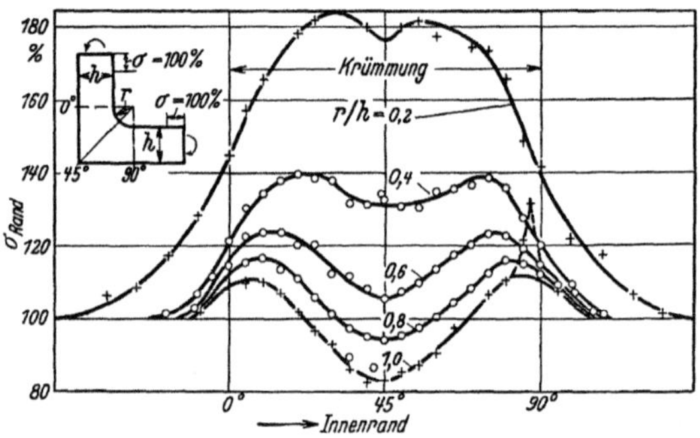

Abb. 153. Spannungsverlauf am Innenrande eines auf Biegung beanspruchten Winkels nach C. v. Widdern.

deckt man den unbelasteten Körper mit einem System von Kreisen, so werden dieselben durch die Beanspruchung zu Ellipsen verzerrt, deren Achsen die Hauptnormalspannungsrichtungen angeben.

Gute Dienste kann auch das Gummistabmodell von Berg leisten. Dasselbe besteht aus schmalen Gummistreifen vom rechteckigen Querschnitt von $2 \times 1\ \mathrm{cm}^2$, welche mit ihrer größeren Fläche zu einem Band aneinandergelegt werden. In dieses Band drückt man z. B. die zu untersuchende negative Kerbform ein und kann aus der Deformation der Bandelemente einen Schluß auf den Spannungsverlauf ziehen. Abb. 155 zeigt eine solche Untersuchung für die gleichzeitige Wirkung von drei

---

retische und praktische Seite der spannungsoptischen Messungen ausführlich behandeln, bringen auch eine Zusammenstellung der bis zum Jahre 1929 von Coker und seinen Schülern durchgeführten Messung. Eine Beschreibung der Apparatur wird gegeben von Brewster, Baud, Coker (4), L. Föppl (1), Hönigsberg (1—4), Widdern u. a.

Mit der Eignung von Modellwerkstoffen für spannungsoptische Messungen beschäftigen sich u. a.: Über Glas: König (2), Haymans und Allis, L. Föppl (1); über Zelluloid: Rossi, Ramspeck, Fillon und Jessop, Coker (2—4), Haymans und Allis, Hartmann und Ramspeck, Tutzi; über Bakelith: Arakrawa; über Phenolith: Tutzi; über geschmolzenen Quarz: Haymans und Allis; über Gelatine: Leik, König (2).

Kerben. Die Spannungserhöhung ist an den äußeren Kerben größer als an der inneren.

Ein sehr wertvolles Verfahren, mit welchem man auf verhältnismäßig einfache Weise die Zugspannungstrajektorien an den Stellen der höchsten Beanspruchungen von Konstruktionsteilen bestimmen kann, wurde von Dietrich ausgearbeitet. Der zu untersuchende Teil wird mit einem sehr spröden und festhaftenden Lack überzogen, welchei eine sehr kleine Bruchdehnung hat. Erreicht die spezifische Dehnung an einer Stelle des Werkstückes einen bestimmten Grenzwert, der allerdings von der Temperatur abhängig ist, so entstehen in der Lackschicht Sprünge, welche senkrecht zu der Richtung der größten Zugdehnung stehen.[1] Die ersten Dehnungslinien erscheinen immer an den Stellen der höchsten Beanspruchung, also dort, wo eine Spannungsspitze auftritt und folgen der Richtung eines etwaigen Schwingungsbruches. Dieses Verfahren hat den großen Vorteil, daß damit jene Stellen der höchsten Beanspruchungen und deren Richtungen gefunden werden, welche bei der Dehnungsmessung besonders sorgfältig untersucht werden müssen. Für Stellen, an welchen eine Druckbeanspruchung vorhanden ist, kann man die Dehnungslinien durch eine Umkehrung des Verfahrens sichtbar machen, indem man den Körper unter einer konstanten Druckspannung mit Lack überzieht. Bei der Entlastung entstehen an diesen Stellen in der Lackschicht Zugspannungen, welche die Risse auslösen. Abb. 156 zeigt die Dehnungslinien an gekerbten Zugstäben und Abb. 157 solche bei Verdrehungsbeanspruchung. Der Ver-

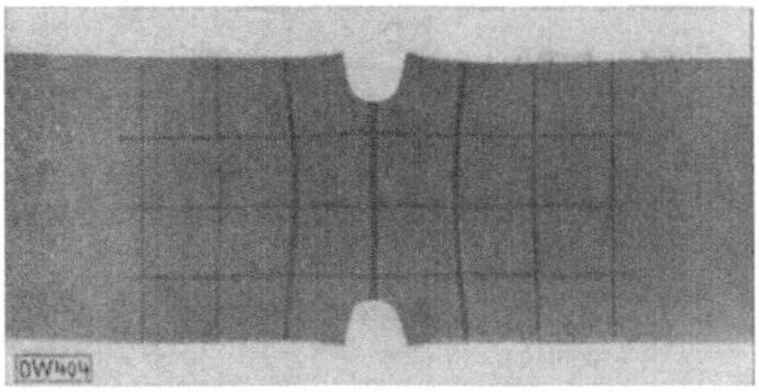

Abb. 154. Gummimodell eines beanspruchten Kerbzugstabes nach Graf (1).

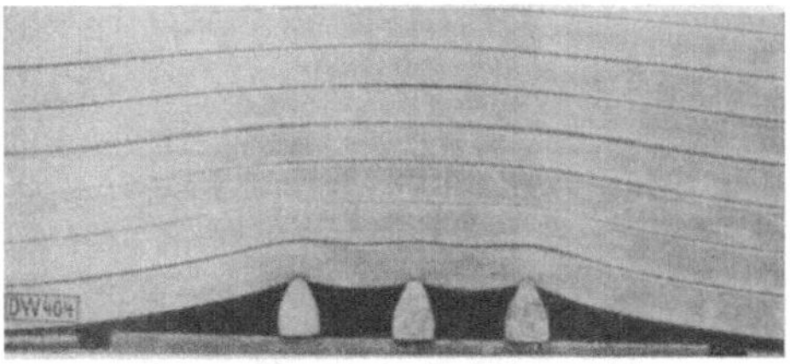

Abb. 155. Gummimodell von Berg.

[1] Über die Natur dieses Lackes finden sich in der Arbeit von Dietrich und Lehr keine näheren Angaben vor. Es lassen sich aber diese Dehnungslinien durch Auftragen einer dünnen Schicht von geschmolzenem Kolophonium gut sichtbar machen. Ein Überzug von Schellack hat sich nicht bewährt, da die Dehnungslinien hier erst bei einer plastischen Verformung des Werkstückes auftreten.

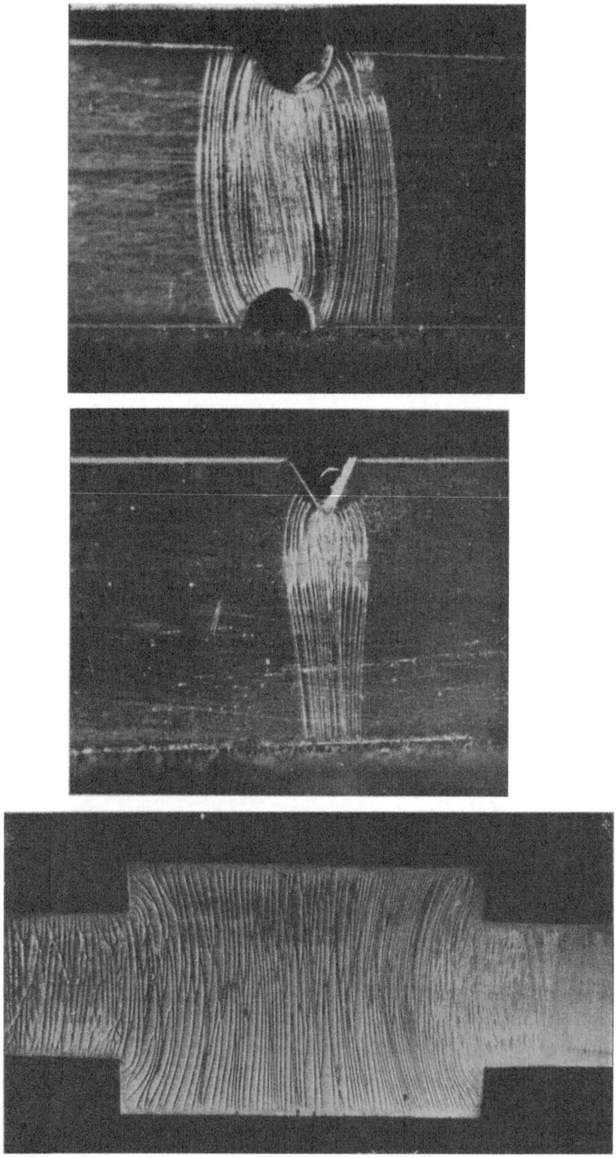

Abb. 156. Dehnungslinien an gekerbten Zugstäben.

lauf der Dehnungslinien an einer auf Zug beanspruchten Pleuelstange ist in Abb. 158 dargestellt.

Diese Methoden geben aber nur den qualitativen Spannungsverlauf

Abb. 157. Dehnungslinien an gekerbten Torsionsstäben.

Abb. 158. Dehnungslinien an einer auf Zug beanspruchten Pleuelstange.

wieder. Zur quantitativen Bestimmung mißt man die Verlängerung, welche eine gegebene Meßstrecke durch die Beanspruchung des Konstruktionsteiles erleidet und kann daraus die mittlere Spannung über dieser Meßstrecke berechnen. Beansprucht man einen Werkstoff, welcher das Hookesche Gesetz befolgt, im elastischen Gebiet, so errechnet sich die mittlere Beanspruchung desselben auf einer vorgegebenen Meßstrecke l aus der Verlängerung Δ l derselben und dem E-Modul nach der Gleichung:

$$\sigma = \frac{\Delta l}{l} \cdot E \text{ kg/mm}^2 \quad \dots\dots\dots\dots (27)$$

Man erhält dadurch die in der Richtung der Meßstrecke herrschende Spannung. Führt man aber die Messung jedes Punktes für mindestens drei, um bekannte Winkel gegeneinander verdrehte Stellungen durch, so kann man daraus die Spannungsellipse und somit die Richtung und Größe der Hauptnormalspannungen bestimmen. Werden diese Messungen für eine entsprechend große Anzahl von Punkten durchgeführt, so können daraus die Hauptnormalspannungstrajektorien abgeleitet werden.

Durch die Dehnungsmessung können wohl die Normal-, aber nicht die Schubspannungen bestimmt werden. Verdreht man z. B. eine Welle, so daß reine Schubkräfte wirken und betrachtet man ein quadratisches Oberflächenelement, so nimmt dasselbe durch die Verdrehung die Form eines Rhombus an, wobei sich die Seitenlängen nicht ändern, sondern sich um den Winkel $\gamma = \frac{\tau}{G}$ verdrehen. Dabei bedeutet $\tau = \frac{M_D}{W_D}$ die Schubbeanspruchung in der Randfaser der Welle und G den Gleitmodul des Werkstoffes. Setzt man den Dehnungsmesser in der Richtung der beiden Seiten des quadratischen Flächenelementes an, so zeigt er bei reiner Schubbeanspruchung keinen Ausschlag, es können also die Schubspannungen damit nicht gemessen werden. Dieselben lassen sich aber auf Grund folgender Beziehungen berechnen:

$$\tau = \Sigma_x \cdot E \cdot \frac{m}{m+1} \quad \dots\dots\dots\dots (28)$$

Σ_x ist der mit dem Apparat gemessene Dehnungswert. Der Faktor $m/m + 1 = 2\, G/E$ beträgt für Stahl rd. 0,77. Man kann also durch die Dehnungsmessung auch die Schubspannungen erfassen.

Man bestimmt durch die Dehnungsmessungen die Größe und Richtung der Randfaserbeanspruchung, erhält aber keinen Aufschluß über die Spannungen im Inneren des untersuchten Werkstückes sowie über die Eigenspannungen desselben.[1] Als Beispiel für Dehnungsmessungen ist der Verlauf der Randfaserbeanspruchung an der Zugfaser von Lenkhebeln, Abb. 149 und 150, gegeben.

C. Die Spannungsmessung mit Röntgenstrahlen.

Durch die Untersuchung mit Röntgenstrahlen ist es möglich, aus den Messungen der Verzerrungen des Raumgitters einen Schluß auf den Spannungszustand des untersuchten Oberflächenelementes zu ziehen.

[1] Literaturangaben über Dehnungsmessungen finden sich bei G. Fischer und Lehr (11).

Es ist dies die einzige Methode, nach welcher man die Eigenspannungen eines Werkstückes ohne Zerstörungen desselben bestimmen kann und es sei diesbezüglich auf die beachtenswerten Untersuchungen von Regler[1] verwiesen. Erfahrungen auf breiter Basis über die Brauchbarkeit dieser Methoden fehlen allerdings noch. Die Spannungsmessung mit Röntgenstrahlen gibt einen Aufschluß über die mittleren Spannungen des untersuchten Oberflächenelementes, sagt aber über die Größe und Richtungen der Hauptspannungen nichts aus.

2. Die Messung des Spannungsverlaufes bei wechselnder Beanspruchung.

Während bei der statischen Spannungsmessung der Spannungsverlauf in Abhängigkeit von der Beanspruchung festgelegt wird, hat die dynamische Dehnungsmessung die Aufgabe, die Dehnung in Abhängigkeit von der Beanspruchung und Zeit zu bestimmen. Man mißt die Veränderung einer gegebenen Meßstrecke durch die Schwingungsbeanspruchung und es wird die Weg-Zeit-Kurve vorteilhaft von der Apparatur aufgezeichnet.[2]

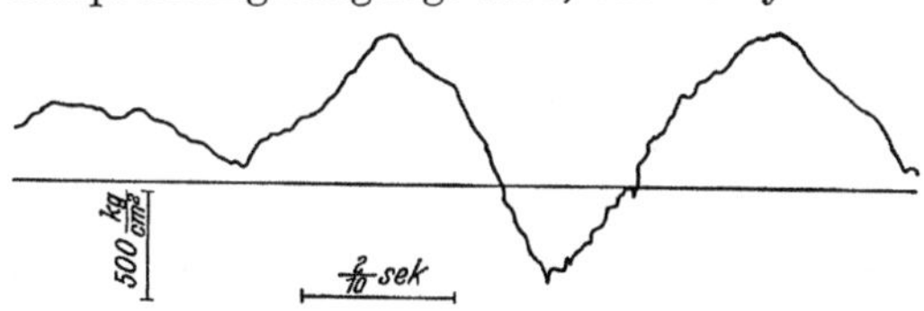

Abb. 159. Beanspruchungskurve von der Vorderachse eines Kraftwagens nach Schenck.

Abb. 159 zeigt den Ausschnitt aus einer Beanspruchungskurve der Vorderachse eines Kraftwagens. Es errechnet sich daraus $\sigma_{wb}/\sigma_v = \pm 2{,}5/6{,}4$ kg/mm². Man wertet solche Diagramme am besten nach den Regeln der Großzahlforschung aus. So ist z. B. in Abb. 160 die Häufigkeitskurve für die Schwingungsbeanspruchung der Hinterfeder eines Kraftwagens dargestellt.

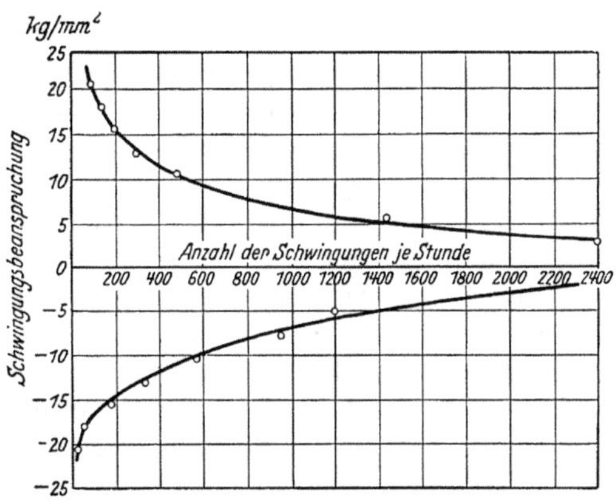

Abb. 160. Häufigkeitskurve bei der Schwingungsbeanspruchung der Hinterfeder eines Kraftwagens nach Batson u. Bradley.

[1] F. Regler, Statische und dynamische Beanspruchungen von Stahlkonstruktionen im Lichte der Röntgenstrahlen. Mitt. Techn. Versuchsamt Wien 21 (1932), S. 31.

[2] Eine Literaturzusammenstellung über dynamische Dehnungsmesser

XVII. Praktische Anwendung.

Bisher war es zur Bestimmung der zulässigen Höchstbeanspruchung üblich, immer von der statischen Bruchfestigkeit auszugehen und für die Bachschen Belastungsfälle I, II und III entsprechend hohe, einer langjährigen praktischen Erfahrung entnommene Sicherheitskoeffizienten zur Anwendung zu bringen. Durch dieselben mußte nicht nur dem großen Festigkeitsunterschied der Werkstoffe zwischen statischer und wechselnder Beanspruchung, sondern auch dem Einfluß der technologischen Gefahren Rechnung getragen werden. Gerade diese technologischen Gefahren schwanken aber, je nach der Natur derselben und dem Werkstoff, in sehr weiten Grenzen. Da eine Aufteilung derselben in einzelne Teilfaktoren in der damaligen Zeit noch nicht möglich war, der Sicherheitsfaktor hingegen als eine mehr oder weniger generelle, allgemein-gültige Größe aufgefaßt wurde, so mußte derselbe, um seiner Aufgabe gerecht zu werden und eine Bruchgefahr mit Sicherheit zu vermeiden, reichlich hoch gewählt werden.

Diese Auffassung steht aber im Gegensatz zu den Forderungen des modernen Leichtbaues, welche eine möglichst vollständige Ausnützung der Leistungsfähigkeit der Werkstoffe, bei leichtester Konstruktion und unbedingter Betriebssicherheit, verlangen. Es kann daher eine solche schematische Behandlung nicht mehr genügen und es wurde besonders in der letzten Zeit darauf hingewiesen, daß die auf diese Art bestimmten zulässigen Beanspruchungen in manchen Fällen viel zu hoch, in anderen wieder viel zu niedrig sein können. Die weitgehenden Anforderungen, welche von der heutigen Technik an die Konstruktionen gestellt werden, lassen eine so allgemein schematische rechnerische Behandlung nicht mehr zu, sondern erfordern vielmehr eine individuelle Behandlung jedes einzelnen Bestandteiles.

Seit einigen Jahren bemüht man sich, in einer wirklichkeitsgetreuen Festigkeitsrechnung die tatsächlichen Beanspruchungsverhältnisse zu erfassen und der Grundpfeiler, auf welchen sich diese Festigkeitslehre aufbaut, ist die Wechselfestigkeit.[1] Wenn man auch bis heute noch weit davon entfernt ist, alle Grundlagen, welche zur Durchführung derselben notwendig sind, zu beherrschen, so sind doch schon Ansätze und allgemeine Richtlinien, wie dieses Ziel erreicht werden kann, vorhanden und es soll im folgenden ein Weg gezeigt werden, wie man diesem Ziel der höchsten Ausnützung der Werkstoffe bei Wahrung vollkommener Betriebssicherheit näherkommen kann.

---

bringt E. Lehr (11). Über den Glasritzdehnungsmesser der DVL siehe Seewald, Pabst, Sachenberg und Osenberg.

[1] Siehe E. Bock, E. Lehr (9, 12), F. Rötscher, F. Modersohn O. Graf (3), B. Garlepp, F. P. Fischer.

Dieser Weg bedeutet eigentlich im Prinzip nichts Neues und er unterscheidet sich von der bisherigen Praxis nur in einer viel genaueren Erfassung der tatsächlichen Beanspruchungsverhältnisse. Bisher wurde der Spannungsverlauf fast ausschließlich durch die Rechnung bestimmt und gerade hier haben die Messungen der letzten Jahre das überraschende Ergebnis gebracht, daß der rechnungsmäßig ermittelte Spannungsverlauf gegenüber dem tatsächlich auftretenden oft so große Unterschiede aufweist, daß es wünschenswert und notwendig erscheint, die Berechnungsmethoden für die verschiedenen Maschinenelemente zu revidieren und mit Spannungsmessungen bei statischer und wechselnder Beanspruchung zu vergleichen, um dadurch jene Grundlagen zu schaffen, welche zur Erfassung der tatsächlich auftretenden Beanspruchungsverhältnisse notwendig sind. Will der Konstrukteur unter den heutigen Verhältnissen den Spannungsverlauf ermitteln, so ist er auf den Versuch angewiesen. Die bisherigen, allerdings noch geringen Erfahrungen auf diesem Gebiet haben gezeigt, daß in vielen Fällen der berechnete mit dem versuchsmäßig bestimmten Spannungsverlauf mit befriedigender Genauigkeit übereinstimmt, daß aber in mindestens ebenso vielen Fällen eine so große Unstimmigkeit vorhanden ist, daß man das Ergebnis der Rechnung nicht ohne weiteres als richtig hinnehmen kann. Es erscheint daher vorteilhaft, den Vergleich zwischen Rechnung und Versuch, wenigstens für die wichtigsten Maschinenelemente, durchzuführen, um dadurch genormte Berechnungsmethoden zu schaffen.

Nach der bisherigen Methode der Festigkeitsrechnung war die Genauigkeit der erhaltenen Ergebnisse deshalb ausreichend, weil oft mit viel zu hohen Sicherheitskoeffizienten gearbeitet wurde und vielfach die langjährigen praktischen Erfahrungen auf verwandte Neukonstruktionen verwendet wurden, wobei die Rechnung oft in den Hintergrund trat. Trotzdem kommen aber Ermüdungsbrüche sehr häufig vor.

Die Anwendung der wirklichkeitsgetreuen Festigkeitsrechnung erfordert aber eine viel schärfere Erfassung des Spannungsverlaufes. So haben z. B. Messungen ergeben, daß eine Änderung der Lagerluft, wie sie durch natürliche Abnützung eintritt, eine bedeutende Veränderung des Spannungsverlaufes verursachen kann (Mathar). Solche Verhältnisse lassen sich aber durch die Rechnung nicht oder nur sehr unvollkommen erfassen und gerade mit solchen Umständen muß aber der Konstrukteur rechnen und seinen Berechnungen Verhältnisse zugrunde legen, wie sie durch den Betrieb im Laufe der Zeit auftreten können. Er wird daher gut tun, exakten Berechnungen den versuchsmäßig bestimmten Spannungsverlauf zugrunde zu legen.

Ist der Spannungsverlauf und somit die höchstmögliche Spannung σ, sei es nun durch Rechnung oder Versuch, ermittelt, so muß für die Ungenauigkeit bei der Bestimmung desselben noch der Sicherheitsfaktor S_1

zur Anwendung kommen. Wurde der Spannungsverlauf sehr scharf erfaßt, z. B. durch Dehnungsmessung und bei schwingend beanspruchten Maschinenteilen auch durch dynamische Dehnungsmessung, so kann S_1 sehr klein gewählt werden. Wurde derselbe jedoch auf dem Wege der Rechnung ermittelt, so muß er, je nach der Genauigkeit derselben, oft reichlich hoch angenommen werden.

Sehr genau muß die Möglichkeit einer vorübergehenden Überbelastung untersucht werden. Sie wird durch den Sicherheitskoeffizienten S_2 in Rechnung gestellt und in denselben noch eine mögliche Belastungssteigerung durch die natürliche Abnützung der Maschinenteile berücksichtigt.

Drückt man S_1 und S_2 in Prozenten der höchstmöglichen Beanspruchung σ aus, so ergibt sich eine maximale Beanspruchung σ_{max} von:

$$\sigma_{max} = \sigma (1 + S_1 + S_2) \quad \ldots \ldots \ldots \quad (29)$$

Ist σ_{max} bestimmt, so muß noch die Beanspruchungsart festgestellt werden. Liegt gleichzeitig eine statische und schwingende Beanspruchung vor, so wird zunächst die Höhe der beiden Anteile bestimmt. Die rechnerische Behandlung der statischen Beanspruchung bietet keine Schwierigkeiten, da sie sich in nichts von der bisherigen Methode unterscheidet, nur wendet man nicht die Bruchfestigkeit, sondern die Fließgrenze an. Für die Schwingungsbeanspruchung muß festgestellt werden, ob dieselbe auf Biegung, Zug-Druck oder Verdrehung erfolgt und mit der betreffenden Wechselfestigkeit gerechnet werden. Hierbei besteht nur die Frage, wie die Rechnung in diesem Falle zu führen ist und ob die Eigenschaften der Werkstoffe bei wechselnder Beanspruchung schon so weit und mit hinreichender Genauigkeit erforscht sind, daß die ermittelten Kennziffern als eine sichere Grundlage für die Rechnung dienen können. In den verhältnismäßig wenigen Jahren, in welchen eine praktische Schwingungsprüfung der Werkstoffe durchgeführt wird, konnte natürlich eine restlose Erforschung der hier vorliegenden Verhältnisse nicht möglich sein. Es wurde aber schon ein so großes Tatsachenmaterial gegeben, daß eine praktische Anwendung der vorliegenden Versuchsergebnisse bereits mit gutem Erfolg möglich sein wird. Allerdings besteht hier auch noch die Unklarheit, welche Schwingungsfestigkeit der Berechnung zugrunde gelegt werden soll. Nimmt man, wie es im Maschinenbau allgemein üblich ist, die größte Dehnung als bestimmend für die Bruchgefahr an, so muß mit der Schwingungsfestigkeit bei Zug-Druck- bzw. Biegebeanspruchung gerechnet werden. Nimmt man aber die größte Schubspannung als maßgebend an, so muß mit der Drehschwingungsfestigkeit gerechnet werden.

Da die Schwingungsfestigkeit vom Oberflächenzustand, plötzlichen Querschnittsübergängen usw. abhängig ist, besteht das wesentlich neue der wirklichkeitsgetreuen Festigkeitsrechnung darin, daß alle diese

Faktoren einzeln berücksichtigt werden. Es muß also die höchstmögliche Leistungsfähigkeit des Werkstoffes unter den gegebenen Verhältnissen festgestellt werden. Da man von der Schwingungsfestigkeit ausgeht, muß also die Summe der vorhandenen Gefahren ermittelt werden. Bezeichnet man diese, welche im wesentlichen die technologischen Gefahren, wie z. B. die Kerbempfindlichkeit sind, mit $\Delta_1, \Delta_2 \ldots \Delta_n$ und bezeichnet Δ die Verringerung der Wechselfestigkeit durch die gleichzeitige Einwirkung derselben in Prozenten der Wechselfestigkeit bei polierter Oberfläche, so gibt $1 - \Delta$ die Wechselfestigkeit unter den gegebenen Bedingungen in Prozenten jener bei polierter Oberfläche an. Es ist also:

$$1 - \Delta = (1 - \Delta_1) \cdot (1 - \Delta_2) \ldots (1 - \Delta_n) \quad . \quad . \quad . \quad . \quad (30)$$

Wie schon an anderer Stelle erwähnt wurde, herrscht noch Unklarheit darüber, ob dieses Produkt die Gesamtgefahr Δ richtig wiedergibt. Sind mehrere Verletzungen gleichzeitig vorhanden, d. h. ist die gleiche Stelle mehrmals verletzt, so dürfte es richtig sein, mit diesem Produkt zu rechnen. Sind aber die Verletzungen in so großer räumlicher Entfernung vorhanden, daß eine gegenseitige Beeinflussung derselben nicht mehr möglich ist, so kann auch die am stärksten wirkende Verletzung allein maßgebend für die Bruchgefahr sein. Durch die Versuche auf S. 140 wurde nachgewiesen, daß die Berechnung der Schwingungsfestigkeit aus dem Produkt der Gefahrengrade niedrigere Werte als der Versuch ergibt, so daß also durch diese Rechnung keine Bruchgefahr bedingt wird, sondern eher mit niedrigen Werten für die Schwingungsfestigkeit gerechnet wird.

Diese Gefahrengrade sind für viele Oberflächenverletzungen bereits bestimmt. Dort, wo die Werte fehlen, lassen sich dieselben aber durch Modellversuche leicht nachtragen, so daß die Ermittlung derselben in allen Fällen möglich ist. Besonders zur Klärung des Einflusses der verschiedenen Hohlkehlenübergänge, Kerbformen usw. wird noch viel Versuchsarbeit notwendig sein. Auch der Einfluß der verschiedenen Gewinde wäre auf das genaueste zu untersuchen.

Der Konstrukteur muß natürlich trachten, die Gesamtgefahr Δ so klein als möglich zu machen und es obliegt ihm hier die sicherlich dankbare Aufgabe, dieses Ziel durch Vermeidung unnötiger Kerbwirkung, eine möglichst günstige Formgebung und Auswahl des besten Querschnittes zu erreichen.

Die Schwingungsfestigkeit darf heute für die wichtigsten Werkstoffe als bekannt gelten. Der Vollständigkeit halber sei hier wiederholt, wie dieselbe für Stähle aus der Zugfestigkeit abgeleitet werden kann. Da diese Beziehungen aber alle mehr oder weniger stark streuen, muß vorsichtshalber mit der unteren Streuungsgrenze gerechnet werden, und man kann auf Grund der bisherigen Versuche die folgenden Beziehungen als praktisch brauchbar annehmen (F. P. Fischer).

$$\sigma_{wb}^{0} = 0{,}4 \quad . \sigma_B \sim 0{,}38 . \sigma_B \quad \ldots \ldots \ldots \ldots \quad (31)$$

$$\sigma_{w}^{0} = 0{,}7 \quad . \sigma_{wb}^{0} = 0{,}28 . \sigma_B \sim 0{,}266 . \sigma_B \quad \ldots \quad (32)$$

$$\tau_{w}^{0} = 0{,}55 . \sigma_{wb}^{0} = 0{,}22 . \sigma_B \sim 0{,}209 . \sigma_B \quad \ldots \quad (33)$$

Diese Werte gelten für sorgsam polierte Oberflächen. In der Praxis wird aber das Polieren eines großen Stückes kaum mit derselben Genauigkeit vorgenommen werden, wie bei dem Prüfstab in der Versuchsanstalt, so daß von diesen Werten noch 5% für etwaige Polierfehler abzuziehen sind. Da bei verletzter Oberfläche die Kerbempfindlichkeit mit steigender Bruchfestigkeit zunimmt, so lassen sich hier die Verhältnisse nicht mehr durch lineare, sondern durch quadratische Beziehungen ausdrücken. In der folgenden Tabelle 68 sind solche Umrechnungsformeln nach F. P. Fischer gegeben und in Abb. 161 dargestellt.

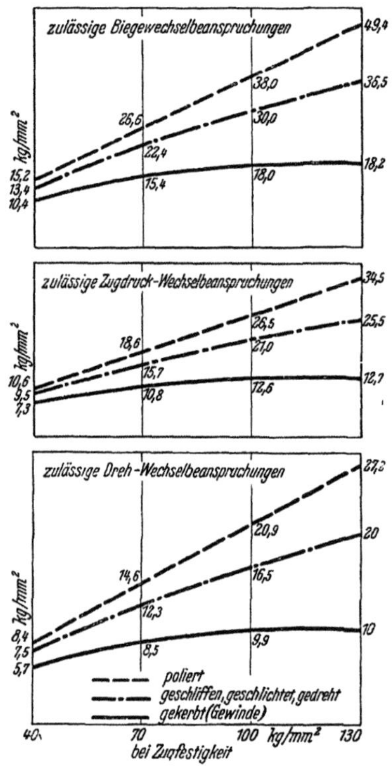

Abb. 161. Die Beziehungen zwischen der Schwingungs- und Bruchfestigkeit für verschiedene Oberflächenverletzungen nach F. P. Fischer.

Diese Formeln gelten natürlich nur für Oberflächenverletzungen von gegebener Form. Ob sie sich ohne weiteres auf Gewinde anwenden lassen, ist noch fraglich, da hier noch sehr ungeklärte Verhältnisse vorherrschen.

Es soll im folgenden noch ein Beispiel gegeben werden, wie die in den früheren Abschnitten angegebenen Umrechnungsformeln angewendet werden können. Es wäre z. B. die Biegeschwingungsfestigkeit und Bruchfestigkeit eines Werkstoffes bei geschliffener Oberfläche gegeben und es soll daraus die Drehschwingungsfestigkeit bei Kerbwirkung berechnet werden.

$$\sigma_B = 120 \text{ kg/mm}^2; \quad \sigma_{wb}^{0} = 51 \text{ kg/mm}^2.$$

Es ergibt sich die Kerbbiegeschwingungsfestigkeit nach der Formel:

$$\sigma_{wb}^{v} = \sigma_{wb}^{0} - 0{,}0041 . \sigma_{wb}^{0} . \sigma_B = 26 \text{ kg/mm}^2,$$

daher ist:

$$\Delta^{\mathrm{v}}_{\mathrm{wb}} = 0{,}49,$$
$$\tau^{\mathrm{o}}_{\mathrm{w}} = 0{,}575 \,.\, \sigma^{\mathrm{o}}_{\mathrm{wb}} = 29\ \mathrm{kg/mm^2},$$
$$\Delta^{\mathrm{v}}_{\tau\mathrm{w}} = 0{,}575 \,.\, \Delta^{\mathrm{v}}_{\mathrm{wb}} = 0{,}28,$$
$$\tau^{\mathrm{v}}_{\mathrm{w}} = 21\ \mathrm{kg/mm^2}.$$

Man findet auf diesem Weg höhere Werte als nach der Formel von Fischer, welche aber auch die Gewinde berücksichtigt, so daß sich die Ergebnisse der beiden Formeln nicht miteinander vergleichen lassen, da sie auch für verschiedene Kerbformen aufgestellt sind.

Tabelle 68. Die Berechnung der Schwingungsfestigkeit aus der Bruchfestigkeit für verschiedene Oberflächenzustände nach E. P. Fischer.

Berechnungsart	Zustand der Oberfläche		
	poliert	geschliffen, geschlichtet oder gedreht	gekerbt (Gewinde)
Biegewechsel-festigkeit	$0{,}38 \,.\, \sigma_B$	$\frac{55 \,.\, \sigma_B - 0{,}1 \,.\, \sigma_B^2}{150}$	$\frac{47 \,.\, \sigma_B - 0{,}2 \,.\, \sigma_B^2}{150}$
Zug-Druck-wechselfestigkeit	$0{,}266 \,.\, \sigma_B$	$\frac{77 \,.\, \sigma_B - 0{,}14 \,.\, \sigma_B^2}{300}$	$\frac{32{,}9 \,.\, \sigma_B - 0{,}14 \,.\, \sigma_B^2}{150}$
Verdrehungs-wechselfestigkeit	$0{,}209 \,.\, \sigma_B$	$\frac{121 \,.\, \sigma_B - 0{,}22 \,.\, \sigma_B^2}{600}$	$\frac{51{,}6 \,.\, \sigma_B - 0{,}22 \,.\, \sigma_B^2}{300}$

Hat man die Schwingungsfestigkeit für einen gegebenen Oberflächenzustand berechnet, so wird dieselbe in das Beanspruchungsschaubild eingetragen und mit der um 10% verminderten Fließgrenze verbunden. Man macht von der Fließgrenze diesen Abzug, um einerseits dem Unterschied zwischen oberer und unterer Fließgrenze Rechnung zu tragen und anderseits auch, um in ein Gebiet zu kommen, in welchem die bleibende Verformung kleiner als 0,2% ist. Eine solche schematische Darstellung ist in Abb. 162 für Biegebeanspruchungen von Stählen mit 40 bis 130 kg/mm² Festigkeit gegeben, während Abb. 163 das Schaubild für Drehwechselbeanspruchung für verschiedene Oberflächenzustände zeigt. Natürlich muß in diesem Fall als statischer Grenzwert die Verdrehungsfließgrenze verwendet werden.

Solche Näherungsverfahren, wie alle Beziehungen der Festigkeiten untereinander, haben zwar den großen Wert, daß dadurch ein organischer Zusammenhang aufgedeckt wird. Solange diese Verhältnisse aber noch nicht vollkommen klar und eindeutig erforscht sind und noch so große

Streuungen zwischen den berechneten und den gefundenen Werten vorhanden sind, soll der Konstrukteur diese Näherungsformeln aber nur zur allgemeinen Orientierung verwenden und seinen Berechnungen immer die versuchsmäßig gefundenen Werte der Schwingungsfestigkeit zugrunde legen.

Mit der Bestimmung von Δ ist die maximale Schwingungsbeanspruchung festgestellt, welche der Werkstoff unter den gegebenen Verhältnissen eben noch ertragen kann. Es muß nun noch ein Grundsicherheits-

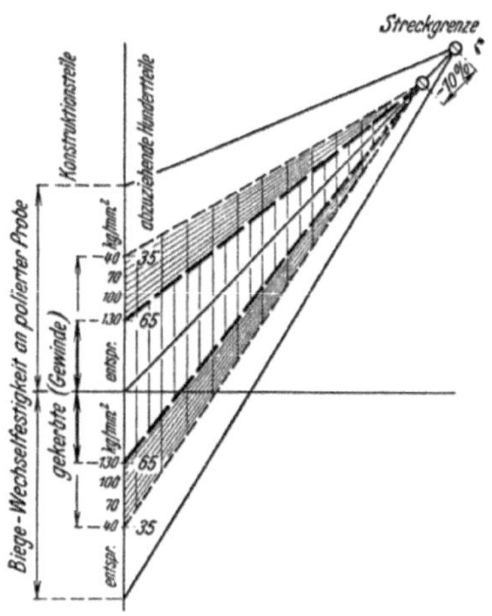

Abb. 162. Biegewechselfestigkeit verschiedener Stähle nach F. P. Fischer.

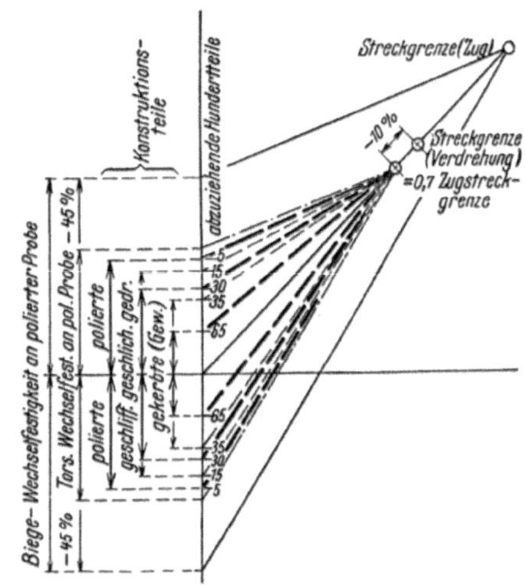

Abb. 163. Die Ableitung der Verdrehungswechselfestigkeit für verschiedene Oberflächenzustände nach F. P. Fischer.

faktor S_0 bestimmt werden, für dessen Größe wieder die Wichtigkeit des Bestandteiles maßgebend ist. Handelt es sich um einen lebenswichtigen Bestandteil, wie z. B. Lenkhebel von Kraftwagen, bei welchen Brüche unbedingt vermieden werden müssen, so ist S_0 natürlich entsprechend hoch zu wählen. Auch die Erfassung dieses Sicherheitsfaktors ist daher für jeden Bestandteil eine individuelle und es lassen sich hierfür keine allgemeinen Richtlinien geben.

Wird S_0 in Prozenten der Wechselfestigkeit angegeben, so erhält man für die zulässige Beanspruchung:

$$\sigma_w^{zul} = \sigma_w^0 \, (1 - S_0) \, (1 - \Delta) \text{ kg/mm}^2 \quad . \; . \; . \; . \; . \; . \quad (34)$$

wobei

$$\sigma_w^{zul} \geqq \sigma_{max}$$

sein muß.

Ist die zulässige Schwingungsbeanspruchung auf diesem Wege ermittelt, so muß noch der Sicherheitsfaktor für die statische Beanspruchung bestimmt werden. Da die Wechselfestigkeit eine Kombination aus einer statischen und einer schwingenden Beanspruchung ist, so muß für jede derselben ein eigener Sicherheitsfaktor gewählt werden. Die Wahl eines dritten Sicherheitskoeffizienten für die Ursprungsbeanspruchung würde

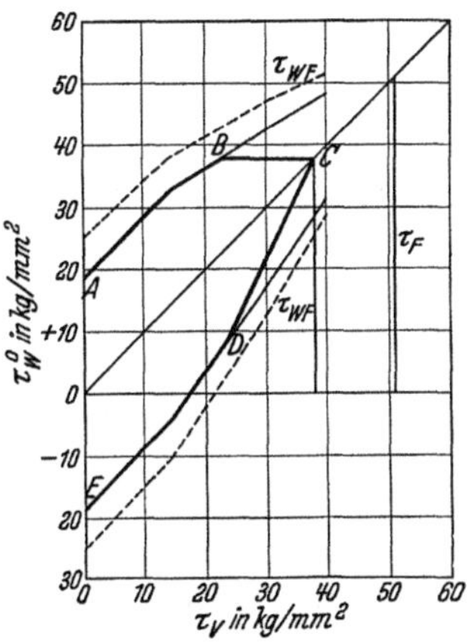

Abb. 164. Die Ableitung der zulässigen Wechselbeanspruchung aus der Wechselfestigkeit (-fließgrenze).

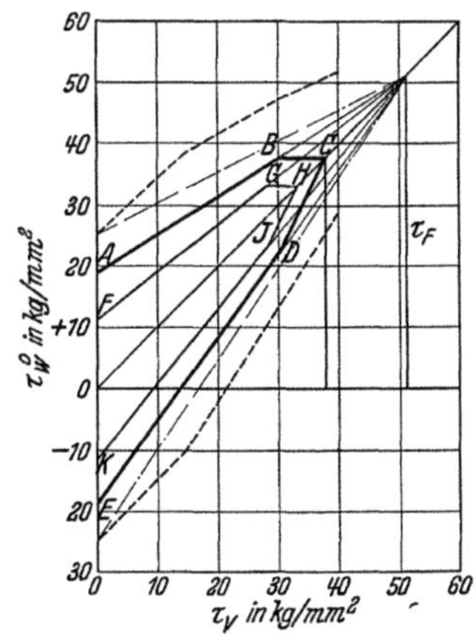

Abb. 165. Die Ableitung der zulässigen Wechselbeanspruchung aus der Schwingungsfestigkeit und der statischen Fließgrenze.

nur eine Überbestimmung bedeuten. Die in den folgenden Beispielen für die Ableitung der höchstzulässigen Beanspruchung aus der Wechselfestigkeit angewandten Sicherheitskoeffizienten haben nur die Bedeutung eines allgemeinen Zahlenbeispieles und es dürfen daraus keine weiteren Schlüsse gezogen werden.

Liegt ein durch den Versuch bestimmtes vollständiges Schaubild der Wechselbeanspruchung vor, wie es z. B. in der Abb. 164 durch die Kurve der Wechselfließgrenze gegeben ist, so vermindert man die Schwingungsamplituden, ausgehend von der unter 45° geneigten Geraden, um das Verhältnis der zulässigen Beanspruchung zur Wechselfestigkeit. Den so erhaltenen Kurvenzug bringt man mit einer Parallelen durch die um den Sicherheitsfaktor verminderte statische Fließgrenze zum Schnitt. Der Gegenpunkt zu B auf der unteren Beanspruchungskurve ergibt sich aus dem Schnittpunkt der durch B gehenden Ordinaten mit derselben, so daß das Schaubild der zulässigen Höchstbeanspruchung durch den Kurvenzug ABCDE gegeben ist. Die höchste in dem Konstruktionsteil mögliche Beanspruchung $\sigma_{\max}$ muß, soll keine Bruchgefahr bestehen, innerhalb dieses Kurvenzuges liegen.

In ganz derselben Weise verfährt man, wenn man das vollständige Beanspruchungsschaubild nicht kennt, sondern sich dasselbe aus der Schwingungsfestigkeit und der statischen Fließgrenze ableitet, wie es für den gleichen Stahl in Abb. 165 für zwei verschiedene zulässige Beanspruchungen dargestellt ist. Dieses Abkürzungsverfahren ist nach den bisherigen Erfahrungen ohne weiteres zulässig, da es etwas niedrigere Werte für die Schwingungsfestigkeit gibt.

XVIII. Schlußwort.

Durch die Schwingungsprüfung der Werkstoffe wurde nicht nur eine Reihe wesentlich neuer Begriffe geschaffen, sondern auch neue Eigenschaften derselben aufgedeckt und damit eine empfindliche Lücke in der Festigkeitslehre ausgefüllt. In dem vorliegenden Buch ist der gegenwärtige Stand der Schwingungsprüfung niedergelegt, die Anwendung der Ergebnisse derselben ist für den modernen Konstrukteur eine unbedingte Notwendigkeit. Der Abschnitt über die praktische Anwendung mag vielleicht manchen wegen seiner Kürze enttäuschen, aber bei der Vielseitigkeit und dem hohen Stand der heutigen Technik ist eine Schematisierung und ein Hineinzwängen in einige wenige, allgemein gültige Richtlinien nicht mehr möglich. Es ist vielmehr für jeden einzelnen Fall eine individuelle Behandlung notwendig, wie sie von der wirklichkeitsgetreuen Festigkeitslehre gefordert wird, die sich aber erst im Anfangsstadium der Entwicklung befindet, so daß noch Erfahrungen auf breiter Basis fehlen. Es wird Sache jedes einzelnen Konstrukteurs sein, sich in diese neuen Begriffe und deren Anwendung hineinzudenken und so an dem großen Ziel, dem Ausbau der wirklichkeitsgetreuen Festigkeitslehre, welche sich auf den Boden der absoluten Tatsachen stellt, mitzuarbeiten. Möge Ihnen dieses Buch hierfür ein Leitfaden und Helfer sein.

Literaturverzeichnis.

Adrian W., Zeitfragen mechanischer Schwingungen. Z. ang. Math. u. Mech. 11 (1931), S. 382. — Aitchison L. u. Johnson L. W., Einfluß der Korngröße auf die Ermüdungsfestigkeit des Stahles. J. Iron Steel Inst. 111 (1925), S. 351; s. Ref. St. u. E. 45 (1925), S. 1399. — Albert, (1) Arch. Mineralogie, Geognosie, Bergbau u. Hüttenkunde (1837), S. 215; s. St. u. E. (1886), S. 438 u. 496. — (2) St. u. E. (1896), S. 437. — Ambronn H., Über abnormale Doppelbrechung bei Zelluloid. Ber. d. königl. Sächs. Ges. d. Wiss., Math. Phys. Kl. 63 (1911), S. 63, 249 u. 402. — Aders, Einfluß des Alterns auf das Verhalten des weichen Stahles bei Schwingungsbeanspruchung. Mitt. Forsch. Inst. Vereinigte Stahlwerke, Dortmund 1929. — Arakawa I., (1) On the Determination of Stress Optical Coeffizient of Bakelith with Initial Stress. Proc. Phys. Math. Soc. of Japan, 8. Vol. V (1923), S. 8. — (2) Thome Advantages, obtained from Bakelith in Photoelastic Observation. Proc. Phys. Math. Soc. of Japan (1925), Vol. 7, S. 11. — Armbruster E., Einfluß der Oberflächenbeschaffenheit auf den Spannungsverlauf und die Schwingungsfestigkeit. VDI-Verlag, Berlin 1931. — Arroschenko P., Erhöhung der Lebensdauer von Turbinenschaufeln. Power 68 (1928), S. 590. — Asch E., Untersuchungen der Spannungen des gebogenen Balkens im polarisierten Licht. Z. Tech. Phys. 3 (1922), S. 294. — Austin G. R., Der Einfluß der Oberflächenentkohlung auf die Ermüdungseigenschaften von Stahl. Metals Alloys 2 (1931), S. 117.

Bach u. Baumann, Elastizitäts- und Festigkeitslehre. — Beilby G. T., (1) Proc. Roy. Soc. 79 A (1907). — (2) The Hard and Soft States in Metals. Journ. Brit. Inst. of Metals II (1911). — Bairstow L., (1) The Elastic Limits of Iron and Steel under Cyclical Variations of Stress. Phil. Trans. Roy. Soc. 210 A (1910). — (2) The Elastic Limits of Iron and Steel under Cyclicyl Variations of Stress. Bull. de la Sociétée d'encouragement pour l'industrie nationale I (1920). S. 108. — Bankwitz E., Abhängigkeit der Werkstoffdämpfung von der Größe und Geschwindigkeit der Formänderung. Mitt. Wöhler Inst. Braunschweig. NEM-Verlag, Berlin 1932. — Barner C., Der Einfluß von Bohrungen auf die Dauerzugfestigkeit von Stählen. VDI-Verlag, Berlin 1931. — Barr W. und Bardgett W. E., An Acceleratet Test for Determination of the Limiting Creep Stress of Metals. Eng. 153 (1932), S. 241. — Bartels W. B., Die Dauerfestigkeit geschweißter und ungeschweißter Guß- und Walzwerkstoffe. ZVDI 74 (1930), S. 1423. Gieß. Ztg. 22 (1930), S. 607. 23, S. 637, 23, S. 661. VDI-Verlag, Berlin 1931. — Batson R. G. u. Bradley J., Static and Endurancs Tests of Laminatet Springs, made of Carbon and Alloy Steels. London, His Majesty Stationary Office 1929. Department of Scientific and Industrial Research, Special Rep. Nr. 13. Researches on Springs Nr. 6; s. Ref. St. u. E. 51 (1931), S. 1028. — Baud R. V., Technische Methoden photoelastischer Forschung. Schweizer Bauztg. 100 (1932), S. 1 u. 15. — Bauernfeld F. u. Hornig M., Beiträge zur Entwicklung der Kraftwirkungsfiguren in weichen Flußeisen. Mitt. Vers. Anst. Dortmunder Union 1 (1922), S. 71. — Bauschinger J., Die Veränderung der Elektrizitätsgrenze und des Elastizitätsmoduls verschiedener Metalle. Mitt. Mech. Tech. Lab. Techn. Hochsch. München, Hft. 13; s. a. Dinglers Polyt. Journ. Bd. 224 u. Civilingenieur 1881. Über die Veränderung der Elastizitätsgrenze und Festigkeit des Eisens. Mitt. Mech. Tech. Kab. Kgl. Techn. Hochsch. München 1886. — Becker E. u. Föppl O., Dauerversuche zur Bestimmung der Festigkeitseigenschaften und der Baustoffdämpfung u. Verformungsgeschwindigkeit. VDI-Verlag, Berlin 1928. — Behrens, Das Oberflächendrücken zur Erhöhung der Drehschwingungsfestigkeit. Mitt. d. Wöhlerinst. Braunschweig, Hft. 6; s. a. Metallwirtschaft 10 (1931), S. 431. — Beißner H., Einfluß der Gasschmelzschweißung auf die Biegeschwingungsfestigkeit von Chrom-Molybdän-Stahlrohren. ZVDI 75 (1931), S. 954. — Bengough G. D. u. Rosenhain W., A Study of the Properties of Alloys at High Temperatures. Journ. Brit. Inst. Metals Pf. I (1912). — Bennewitz, Über elastische Nachwirkung, elastische Hysteresis und innere Reibung. Phys. Ztschr. 21 (1920), S. 703, 25 (1924), S. 417. — Benoit, Die Drahtseilfrage, Karlsruhe 1915. — Benoit u. Wöhrnle, Maschinenbau 1924, S. 763. — Bernhardt R., (1) Dauerversuche mit genieteten und geschweißten Brücken ZVDI 73 (1929). — (2) Neuere geschweißte Brücken. ZVDI 74 (1930), S. 1201. — (3) Neuere dynamische Messungen im Brückenbau. Maschinenbau 10 (1931), S. 727. — Berliner, Über das Verhalten des Gußeisens bei langsamen Belastungswechseln. Annalen d. Phys. 20 (1906), S. 527. — Berg S., Zur Frage der Beanspruchung beim Dauerschlagversuch. Forsch. Arb. Ing. Wesen, Nr. 301. VDI-Verlag, Berlin 1930. — Berndt, Die Oberflächenverschiedenheit bei verschiedenen Bearbeitungsmethoden. Z. Feinmechanik und Präzision 34 (1926), S. 11. — Billet P., Versuche über die Ermüdung von Eisenbahnradbandagen. Rév. Mét. 22 (1925), S. 154. — Billet P. u. Wanto H., Ermüdungsversuche an Eisenbahnradeisen. Rev. Met. 22 (1925), S. 207. — Birnbaum W., Optische Untersuchungen des Spannungszustandes in Maschinenteilen mit scharfen und abgerundeten Ecken. Z. Tech. Phys. 5 (1924), S. 143. — Bock E., Über die zulässigen Spannungen der im Maschinenbau verwendeten Werkstoffe. Maschinenbau 9 (1930), S. 637: s. a. Zuschriften zu dem gleichnamigen Aufsatz von E. Bock, zusammengestellt von der Schriftleitung, Maschinenbau 10 (1931), S. 66. — Böttcher, Versuche über die Spannungsverteilung im Zughaken. Forsch. Arb. Ing. Wesen, Nr. 337. VDI-Verlag, Berlin 1930. — Bohuszewicz O. v. u. Späth W., Schnellbestimmung der Dauerwechselfestigkeit. Arch. Eisenhüttenw. 2 (1928/29), Hft. 4, S. 249. — Boudouard O., Ber. 6. Kongr. Mitt. Int. Verb. Mat. Prfg. Techn. New York 1912, 1. Sek. V 3; s. a. St. u. E. 32 (1912), S. 1757. — Brenner P., Dynamische Festigkeit von Flugzeugkonstruktionsteilen. ZVDI 72 (1928), S. 1881. — Brewster D., On the Communication of the Strukture of Doubly Refractin Cristals to Glass, Muriale of Soda, Fluors, Squere and other Substances by Mechanical Compression and Dilatation. Phyl. Trans. Roy. Soc. London, I (1916), S. 156. — Buchholtz H. u. Schultz E. H., Zur Frage der Dauerfestigkeit des hochwertigen Baustahles St. 52, St. u. E. 51 (1931), S. 957. — Bücken, (1) Untersuchungen der Anstrengungen eines gußeisernen T-Stückes unter innerem Überdruck. Diss. Techn. Hochsch. Aachen 1929. — (2) Anstrengungen eines gußeisernen T-Stückes unter innerem Überdruck. ZVDI 74 (1930), S. 924. — Bulleid C. H., Ermüdungsversuche an Gußeisen. Engg. 122 (1926), Nr. 3168, S. 429. — Bulleil C. N. u. Almond A. R., Die Ermüdung von Gußeisen. Engg. 124 (1927), Nr. 3232, S. 827. — Burrows C. W., Some Applications of Magnetic Analysis to the Study of Steel Products. ASTM XVII., Pt. II (1917), S. 88.

— Busemann A., Bestimmung der Dämpfungsfähigkeit von Baustählen. Werkstoffber. d. VDE. Nr. 60, 1925.

Capp J. A. u. Lawson T. R., Thermo Elektric Indication of Strain as a Testing Method. Int. Ass. Test. Mat. (1912), Art. 9. — Clark A. S., Dauerversuche an Metallen bei höheren Temperaturen. Journ. Roy. Tech. Coll. (1926), S. 120. — Clark C. L. u. White A. E., Die Festigkeitseigenschaften von Stählen und Metallen bei hohen Temperaturen. Trans. Am. Soc. Mech. Eng. 53 (1931), Nr. 8, FSP 53, S. 177. — Christensen K. H., Über die Dämpfungsfähigkeit und Schwingungsfestigkeit des Stahles. Mitt. K. W. Inst. Eisenforsch. (1914), Lfg. 11, Düsseldorf. — Coker E. G., (1) The Optical Determination of Stress. Phil. Mag. London, 6. Ser. (1910), S. 740. — (2) Photo-Elasticity for Engeneers. Gen. Electric. Rev. 23 (1920), S. 870, 966, 24 (1921), S. 82. — (3) The Use of Photo-Elastic Methods in the Designe of the Elements of Machines and Structures. Gen. Electric. Rev. 24 (1921), S. 226. — (4) The Stress-Strain Properties of Nitrocellulose and the Law of its Optical Behaniour. Gen. Elektr. Rev. 24 (1921), S. 455. — Coker E. G. u. Filon N. G. L., A Treatise on Photo-Elasticity. Cambridge 1931. — Coker E. G. u. Scoble W. A., The Distribution of Stress, due to a Rivet Hole in a Plate. Trans. Inst. Naval Arch. (1913), S. 207. — Czochralsky J., (1) Moderne Metallkunde. Berlin 1924. — (2) Allgemeines zur Frage des Dauerbruches. Z. Metallkunde 20 (1928), S. 37. — Czochralsky J. u. Henkel E., Welche Veränderungen erleiden die mechanischen Eigenschaften durch Ermüdung? Z. Metallkunde 20 (1928), S. 58.

Dalby W. E., Researches on the Elastic Properties and the Plastic Extension of Metals. Phil. Trans. Roy. Soc. A. Vol. 221 (1921), S. 117, A. Vol. 103 (1922), — Dawidenko N. u. Schewandin E., Über den Ermüdungsanriß. Metallwirtschaft 10 (1931), S. 710. — Dehlinger H., (1) Gefügeveränderungen beim Dauerbruch. Metallwirtschaft 10 (1931), S. 26. — (2) Die Rekristallisation der Metalle. Metallwirtschaft 7 (1928), S. 1172. — Delanghe G., La Photoélastecimétrie, ces Applications et ces Méthodes. Génie Civil 41 (1927), S. 243 u. 271. — Dews C. H., Die neueren Anschauungen über die Ermüdungserscheinungen. Met. Ind. 26 (1925), S. 551. — Dietrich O. u. Lehr E., Das Dehnungslinienverfahren. Ein Mittel zur Bestimmung der für die Bruchsicherheit bei Wechselbeanspruchung maßgebenden Spannungsverteilung. ZVDI 76 (1932), S. 973. — Doring H., Das Drücken der Oberfläche und der Einfluß von Querbohrungen auf die Biegeschwingungsfestigkeit. Mitt. Wöhlerinst. Braunschweig, Hft. 5. — Duckwitz C. A., Dauerprüfungen unter wechselnden Zugbeanspruchungen an Stahldrähten. Dr. Ing. Diss. Techn. Hochsch. Aachen, Verlag Schleißen, Düsseldorf. — Deutsche Versuchsanstalt für Luftfahrt, Vorläufige Belastungsannahmen für die Festigkeitsberechnung von Flugzeugteilen. Entwurf des Deckblattes Nr. 2a. Herausgegeben von der DVL, Berlin-Adlershof.

Eckhardt H., Dauerbeanspruchung von Stahl bei erhöhten Temperaturen. Diss. Aachen 1929. — Eden E. M., Rose W. N. u. Cunnugham F. L., The Endurance of Metals. Engg. 11, II, S. 556; s. Ref. St. u. E. 32 (1912), S. 280. — Engel A., Elektrodynamische Schwingungseinrichtung zur Prüfung von Leitungsseilen. Siemens Ztschr. II (1931), S. 489. — Erk S., Der Einfluß der Oberflächenbeschaffenheit auf die Ermüdungsfestigkeit von Stahl und Aluminium. Forschung II (1931), S. 376. — Esau A., Schwingungstagung, Darmstadt 1928. ZVDI 72 (1928), S. 1132. — Esau A. u. Kortum H., Einfluß der Gleichstrommagnetisierung auf die Werkstoffdämpfung bei Drehschwingungen. Forsch. Arb. Ing. Wesen 2 (1931), S. 429. — Ewing G. A., On Hysteresis, on Relation to Strain and Stress. Brit. Ass. Rep. Sec. G. 1899. — Ewing G. A. u. Humfrey J. C. W., Fraktion of Metals under Repeatet Alternation of Stress. Phil. Trans. Roy. Soc. Bd. 200 A, 1903. — Ewing G. A. u. Rosenhain W., Cristalline Strukturs of Metals. Phil. Trans. Roy. Soc. Bd. 193 A, 1900.

Fahrenhorst W., Matthaes K. u. Schmidt E., Über die Abhängigkeit der Dauerfestigkeit von der Kristallorientierung. ZVDI 76 (1932), S. 797. — Fairbairn W., (1) The Effect of Impact, Vibratory Action and Changes of Load on Wrought Iron Girder. Phil. Trans. Roy. Soc. Bd. 154, 1864. — (2) Phil. Trans. Roy. Soc. M 25, G. 10 (1824), S. 311. — Favre H., (1) Méthode purement optique de détermination des tensions intérieures se produisant dans les constructions. Schweizer Bauztg. 90 (1927), S. 291 u. 307. — (2) Sur une nouvelle méthode optique de détermination des tensions intérieures. Diss. Zürich 1929. — Fettweis F., St. u. E. 39 (1919), S. 1 u. 42 (1922), S. 744. — Feußner u. Ramb, Die Dämpfungserscheinungen einiger Metalle bei Drehschwingungen. Z. Metallkunde 19 (1927), S. 39 u. 115. — Fick, Dauerversuche mit 6-litzigen Drahtseilen von etwa 50 mm Durchmesser. ZVDI 73 (1929), S. 1623. — Filon N. G. L., (1) On Stresses in Multiply-Connectet Plates. Brit. Ass. Adv. Science. 89 (1921), S. 305. — (2) On the Graphical Determination of Stress from Photoelastic Observations, Engg. 116 (1923), S. 511. — Filon N. G. L. u. Coker E. G., Experimental Determination of the Distribution of Stress and Strain in Solids. Rep. Brit. Assoc. 1914. — Filon N. G. L. u. Jessop H. T., On the Stressoptical Effect in Transparent Solids Straines beyond the Elastic Limit. Proc. Roy. Soc. Ser. A, 101 (1922), S. 165 und Phil. Trans. Roy. Soc. Ser. A, 223 (1932), S. 89. — Findeisen, Versuche über die Beanspruchungen in den Laschen eines gestoßenen Flacheisens bei Verwendung zylindrischer Bolzen. Forsch. Arb. Ing. Wesen, Nr. 229. VDI-Verlag, Berlin 1920. — Fischer F. P., Vorschlag zur Festlegung der zulässigen Beanspruchungen im Maschinenbau. ZVDI 76 (1932), S. 449. — Fischer G., Kerbwirkung an Biegestäben. VDI-Verlag, Berlin 1932. — Föppl A. u. L., Drang und Zwang. München und Berlin 1924. — Föppl L., (1) Fortschritte auf dem Gebiete der spannungsoptischen Untersuchungen von Konstruktionen. ZVDI 76 (1932), S. 505. — (2) Singuläre Punkte des ebenen Spannungszustandes. Mitt. Mech. Techn. Lab. Techn. Hochsch. München, Hft. 34 u. 35. — (3) Einfluß von Löchern und Nuten auf die Beanspruchung von Wellen. ZVDI 65 (1921), S. 497. — Föppl O., (1) Die technische Bedeutung der Dämpfungsfähigkeit eines Baustoffes. Werkstoffber. VDE, Nr. 36 (1923). — (2) Grundzüge der technischen Schwingungslehre. Verlag Springer, Berlin 1930. — (3) Die Drehschwingungsmaschine, eine neue Prüfmaschine zur Gütebestimmung von Werkstoffen. ZVDI 68 (1924), S. 203. — (4) Die Gütebestimmung von Werkstoffen für Sonderzwecke mit Hilfe der Drehschwingungsmaschine. Maschinenbau 4 (1925), S. 515. — (5) Die technische Bedeutung der Dämpfungsfähigkeit eines Baustoffes. Schweizer Bauztg. 86 (1925), S. 281. — (6) Die Dämpfung, die bei der Schwingungsbeanspruchung von Metallen auftritt, in Abhängigkeit von der Verformungsgeschwindigkeit. Verh. II. Int. Kongr. Techn. Mechanik, Zürich 1926. — (7) Die Dämpfungsfähigkeit eines Baustahles bei Wechselbeanspruchung. ZVDI 70 (1926), S. 1291. — (8) Z. Flugtechn. u. Motorenbau 19 (1928), S. 2. — (9) Bestimmung der Werkstoffdämpfung mit der Verdrehungs-Ausschwingungsmaschine. ZVDI 72 (1928), S. 1293. — (10) Die Drehschwingungsprüfmaschine und die mit ihr feststellbaren Ergebnisse.

Z. Metallkunde 20 (1928), S. 142. — (11) Statische und dynamische Gütebestimmung von Baustählen. Metallwirtschaft 7 (1928), S. 1223. — (12) Der augenblickliche Stand der Drehschwingungsmaschinen in Deutschland. ZVDI 73 (1929), S. 1004. — (13) Die Steigerung der Dauerhaltbarkeit durch Oberflächendrücken. Maschinenbau 8 (1929), S. 752. — (14) Die Abhängigkeit der Dämpfung von der Verformungsgeschwindigkeit. Arch. Eisenhüttenw. 4 (1930/31), S. 607. St. u. E. 51 (1931), S. 796. — Föppl O., Becker E. u. Heydekampf G. v., Die Dauerprüfung der Werkstoffe hinsichtlich ihrer Schwingungsfestigkeit und Dämpfungsfähigkeit. Verlag J. Springer, Berlin 1929. — Föppl O. u. Mailänder R., Feststellung der Biegefestigkeiten von umlaufenden Stählen. Z. Metallkunde 20 (1928), S. 266. — Föppl O. u. Schaaf G., Die Werkstoffdämpfung bei Dreh- und Biegeschwingungsbeanspruchung. Forsch. Arb. Ing. Wesen, Nr. 335. VDI-Verlag, Berlin. — Forcella P., (1) Dauerversuche. St. u. E. 47 (1927), S. 2125. — (2) Einige wichtige Ergebnisse der wiederholten, heftigen Schlagbeanspruchung mit Drehung bei angeschnittenen Stäben. Proc. World. Engg. Cong. Tokyo. 1929, Bd. 3. Engg. Science, Teil I (1931), S. 583. — France R. D., Dauerprüfung von Stahl. ASTM 31 (1931), II, S. 176. — Fränkel W., Spannungsmesser und Dehnungszeichner für Brückenprüfungen. Deutsche Bauztg. 27 (1893), S. 576. — Freemann J. R., Dowdell R. L. u. Berry W. J., Dauerfestigkeit und andere Eigenschaften von Schienenstahl. Techn. Papers Buro of Standarts 22 (1928), Nr. 363, S. 269. — French H. J., Cross C. C. u. Peterson A. A., Das Kriechen von Stahl bei verschiedenen Temperaturen. Techn. Papers Buro of Standarts 22 (1928), Nr. 362, S. 235. — French H. J., Kahlbaum W. u. Peterson J., Bur. Stand. J. Res. 5 (1930), S. 125. — Fuller T. S., (1) Endurance Properties of Steel in Steam. Am. Inst. Min. Met. Eng. Techn. Publ. nr. 294. — (2) Dauerstandfestigkeit einiger Stähle. Trans. Am. Soc., Steel Treat. 19 (1932), S. 97.

Galibourg G., Essais de traction à chaud sur aciers. Bull. Techn. Bor. Veritas 11 (1929), S. 122. — Ganedic K., Bemerkungen zur Kriechgrenze. Engg. 151 (1931), Nr. 3913, S. 54. — Garlepp B., Zulässige Spannungen und Dauerfestigkeit im Verladebrückenbau. Maschinenbau 19 (1931), S. 86. — Garre B. u. Gerbes O., Die Drehschwingungsfestigkeit von geschweißtem Flußstahl. ZVDI 75 (1931), S. 972. — Geiger J., (1) Feinmeßgerät für Spannungsmessungen an Maschinenteilen. ZVDI, Ergänzungsheft technische Mechanik, 69 (1925), S. 65. — (2) Der Nutzen von Dehnungsmessungen in der Praxis. Maschinenbau 10 (1931), S. 709. — Geller J., Die Eignung dynamischer Werkstoffprüfmaschinen für die Untersuchung bleibender Verformung. Arch. Eisenhüttenwesen 2 (1928), S. 257. — Giessen W., The Special Steels in Theorie and Praxis. Carnegie Scholarship Mem. (1909), S. 1. — Gilchrist J., Wöhlers Theories on Materials under Repeatet Stress. The Engeneer London 90 (1900), S. 203. — Gillet H. W., Was ist Ermüdung? Metals Alloys 2 (1931), S. 71. — Gillet L., Rév. Mét. 6 (1909), S. 885. — Googh H. J., (1) Improvements in Methods of Fatigue Testing. Engg., London 1921, S. 159. — (2) Fatigue of Metals. Foundry Trade Journ. 30 (1924), S. 427. — (3) Fatigue of Metals. Metallurgist 24 (1926), S. 132. — (4) The Fatigue of Metals. London 1926. — (5) Fatigue Phenomena with Relation to Cohesion Problems. Met. Ind. 31 (1927), S. 557. — (6) Ermüdungserscheinungen. Engg. 125 (1928), Nr. 3241, S. 232. — (7) Ermüdungserscheinungen. Engg. 125 (1928), Nr. 3240, S. 200. — (8) Über einige Ermüdungserscheinungen mit besonderer Berücksichtigung der Korrosionsfrage. Trans. Faraday Soc. 24 (1928), II, S. 137. — (9) The Present

State of Knowledge of Fatigue of Metals. Int. Assoc. Test. Mat. Congrès de Zürich (1931), I, S. 107. — Googh H. H. u. Cox H. L., Proc. Roy. Soc. 123 (1929), S. 143. — Googh H. J. u. Hansom D., The Behaviour of Metals, subjectet to Repeatet stress. Proc. Roy. Soc. 104 (1923). — Googh H. J., Hansom D. u. Wright J., Phil. Trans. 226 A (1926). — Googh H. J., Wright J. u. Hansom D., Journ. Inst. Metals 36 (1926), II, S. 173. — Georgieff M. u. Schmidt E., Z. Phys. 36 (1926), S. 759. — Graf O., (1) Dauerfestigkeit der Werkstoffe und Konstruktionselemente. Verlag J. Springer, Berlin 1929. — (2) Dauerfestigkeit von Stäben mit Walzhaut ohne und mit Bohrung von Niet- und Schweißverbindungen. VDI-Verlag, Berlin 1931. — (3) Einige Bemerkungen über die Wahl der zulässigen Anstrengungen der Werkstoffe. Maschinenbau 19 (1931), S. 84. — Grammel, Neuere Versuche über elastische Hysteresis. ZVDI 58 (1914), S. 1600. — Griffith A. A., (1) Phenomena of Rupture and Flow in Solids. Phil. Trans. Roy. Soc. 221 A (1920), S. 163. — (2) Stress Concentration in Theorie and Praxis. Rep. Brit. Assoc. Advanc. Science (1921), S. 316. — Grindley J. H., Ergebnisse von Dauerversuchen. St. u. E. 47 (1927), S. 1267. — Günther, Der Einfluß der Oberflächenbeschaffenheit auf die Biegeschwingungsfestigkeit. Metallwirtschaft 1929. — Guillet A., Int. Congr. angew. Chemie, London (1909), Sekt. III A, S. 110. — Guillet L., Galibuorg J. u. Samsoen H., C. R. Acad. Science Paris 188 (1929), S. 1205; s. Ref. St. u. E. 49 (1929), S. 1055. — Guillet H. W. u. Mach E. L., Bemerkungen über einige Ermüdungsprüfungen von Metallen; s. Ref. St. u. E. 45 (1925), S. 352.

Hahnemann, Das Zustandsschaubild der Fe-C-Legierungen und seine Anwendung. ZVDI 21 (1927), S. 245. — Hahnemann W., Hecht H. u. Wilkens E., Eine neue Materialprüfmaschine für Dauerbeanspruchung. Z. techn. Phys. 6, S. 465. — Haigh B. P., (1) Stress Distribution in Engeneering Materials. Rep. of the Commetee, Appendix B. Engg. (1915), II, S. 379. — (2) Experiment on Fatigue of Brasses. Journ. Inst. Met. 18 (1917), S. 55. — (3) Engg. 114 (1922), S. 309; s. Ref. St. u. E. 44 (1924), S. 686. — (4) Eine Theorie des Ermüdungsbruches. Proc. Firts Int. Congr. Appl. Mech. Delft. (1924), S. 326. — (5) Engg. 125 (1928), S. 295. — (6) Comparison between Fatigue and Tensible Strength. Am. Mach. London 69 (1929), S. 310. — Hankins G. A., Properties of Nickel in Fatigue. Brit. Aerr. Res. Comm. Rep. and Mem. (1921), S. 789. — Hankins G. A. u. Becker, Rep. of the Nat. Phys. Lab. 1930, London 1931. — Hanson D., Die Ermüdung der Metalle. Proc. Staffordshire Iron Steel Inst. 42 (1926/27), S. 13. — Harder O. E., Bruchursachen von Bohrstählen. Iron Age 121 (1928), S. 532. — Harsch J. W., Heat Treatment and the Strength of Steel under Repeatet Stress. Forgg. and Heat Treatm. 9 (1923), S. 57. — Hatfield W. J., (1) Über die Frage der Automobilhinterachsen. Forgg. Stamp. Heat Treat. 11 (1925), S. 133. — (2) Steels for Automobiles and Aeroplanes. London WC. 2, Watergate House, Adelphi, Institution of Automobil Engeneers, 1929. — (3) Steels at Elevatet Temperatures. Iron Age 124 (1929), S. 348. — (4) Journ. Iron Steel Inst. 122 (1930), S. 215; s. Ref. St. u. E. 50 (1930), S. 1684. — Heidebrock E., Maschinenteile und Werkstoffkunde. ZVDI 74 (1930), S. 1259. — Hengstenberg O. u. Mailänder R., Biegeschwingungsfestigkeit von nitrierten Stählen. ZVDI 74 (1930), S. 1126. — Herold W., (1) Die Veränderung des Kleingefüges verschiedener Stähle durch die Wechselbeanspruchung. ZVDI 71 (1927), S. 1029. — (2) Dauerbeanspruchung, Gefüge und Dämpfung. Arch. Eisenhüttenwesen 2 (1928/29), S. 23. — (3) Die Beziehungen der Dauerbiegefestigkeit zu den statischen Festigkeitswerten. ZVDI 73 (1929), S. 1261. — (4) Welche Vorteile bietet die dynamische Materialprüfung? Z. Österr. Ing. u. Arch. Ver. 81 (1929), S. 418. — (5) Die Drehschwingungsfestigkeit verschiedener Stähle bei gleichzeitiger statischer Beanspruchung. Maschinenbau 19 (1931), S. 637. — (6) Die Wechselfestigkeit der im Automobilbau verwendeten Stähle. Automobiltechn. Zeitschr. 36 (1933), S. 4. — Heydekampf G. S. v., Dämpfungsfähigkeit von Werkstoffen. Proc. Am. Soc. Test. Mat. 31 (1931), II, S. 157. — Heymanns P. u. Allis W. P., The Photoelastic Constants of Celluloid, Glass and Fused Quarz. Bull. Massachusets Inst. of Technologie. 59 (1924), S. 216. — Hildorf G., Verbesserungen an Automobilstählen. Werkstattechn. 21 (1927), S. 177. — Hjorto A. P., Dynamische Materialprüfung. Ingenioren 37 (1928), S. 487. — Höcke G., Schwingungsfestigkeit verschiedener Stahlsorten. ZVDI 69 (1925), S. 1173. — Hoffmann W., (1) Dauerfestigkeit geschweißter Stahlverbindungen. ZVDI 74 (1930), S. 1561. — (2) Dauerfestigkeit der mittels Acetilen-Sauerstoff geschweißten Stahlverbindungen. Autog. Metall. Bearb. 24 (1931), S. 99. — Honegger E., Über die Ermüdung von Materialien nach Vorbeanspruchung über ihre Streckgrenze. BBC Mitt. 13 (1926), S. 169. — Hönigsberg O., (1) Über unmittelbare Beobachtung der Spannungsverteilung und Sichtbarmachung der neutralen Schichte in beanspruchten Körpern. Z. Österr. Ing. u. Arch. Ver. (1904), S. 165. — (2) Vereinfachtes Verfahren zur Sichtbarmachung der neutralen Schichte. Z. Österr. Ing. u. Arch. Ver. (1905), S. 578. — (3) Unmittelbare Abbildung der neutralen Schichte durchsichtiger Körper im zirkularpolarisierten Licht. Nichtoffizieller Ber. Int. Verb. Mat. Prüfg. Techn. Brüsseler Kongreß 1906. — (4) Einrichtung für Versuche an beanspruchten durchsichtigen Körpern im polarisierten Licht. Z. Österr. Ing. u. Arch. Ver. (1906), S. 489. — Hottentrott E., Die Korrosionsschwingungsfestigkeit von Stählen und ihre Erhöhung durch Oberflächendrücke und elektrolytischen Schutz. Mitt. Wöhler-Inst. Braunschweig. NEM-Verlag, Berlin 1932. — Hopkinson B., A High Speed Fatigue Tester and the Endurance of Metals under Alternating Stress of High Frequency. Engg. (1912), I, S. 113. — Hopkinson B. u. Trevor G., Elastic Hysteresis of Steel. Engg. (1912), II, S. 827. — Hopkinson B. u. Williams G. T., The Elastic Hysteresis of Steel. Proc. Roy. Soc. 87 A (1912), S. 502. — Horth W., (1) Ermüdungsfestigkeit bei hohen Beanspruchungsfrequenzen. Maschinenbau 3 (1924), S. 1038. — (2) Dauerfestigkeit. St. u. E. 47 (1927), S. 2005. — (3) Dauerbruch als dynamische und schwingungstechnische Erscheinung. Z. Metallkunde 20 (1928), S. 40. — Houdremont E. u. Mailänder R., Dauerbiegeversuche mit Stahl. St. u. E. 49 (1929), S. 833. — Howard J. A., (1) Resistance of Steel to Repeatet Alternatet Stresses. Engg. (1909), II, S. 438. — (2) Internal Service Strains in Steel. Chem. Met. Engg. (1921), II, S. 275. — Huber T., Die spezifische Formänderungsarbeit als Maß der Anstrengungen eines Materiales. Lemberg 1924. — Humphrey H. A., Engg. 151 (1931), Nr. 3930, S. 506.

Ikeda S., Techn. Rep. Tokiyo Univ. 8, Nr. 2 (1929). — Inglis N. P. u. Lake G. F., Korrosionsermüdungsversuche an weichem Stahl und austenitischem Cr-Ni-Stahl in Flußwasser. Trans. Faraday Soc. 27 (1931), S. 803. — Intosh F. F. Mc. u. Cockrell W. L., Einfluß des Phosphors auf die Ermüdungsfestigkeit niedrig gekohlter Stähle. Min. Met. Inv. (1925), Bull. 25. — Irwin P. L., (1) Ermüdungsversuche von Metallen bei direkter Belastung. ASTM 25 (1925), II, S. 53. — (2) Die Dauerfestigkeit von Metallen bei direkter Belastung. ASTM 26 (1926), II, S. 218. — Isemer H., Die Steigerung der Schwingungsfestigkeit von Gewinden durch Oberflächendrücken. Dr. Ing. Diss. Braunschweig. Techn. Hochsch. Druckerei Gutenberg.

Jannin M. L., Zur Frage der elastischen Hysteresis von Legierungen. Rév. Mét. 23 (1926), S. 709. — Jasper T. M., Festigkeitsprüfungen, besonders Ermüdungsuntersuchungen von Eisen und Stahl und Metallen und Legierungen bei Raumtemperatur und in der Wärme. ASTM 25 (1925), II, S. 53. — Jeffries u. Archer, (1) The Science of Metals. — (2) The Slip Inerfierence Theory of Hardening of Metals. Chem. Met. Engg. 24 (1921), S. 1057. — Jenkins C. F., (1) Fatigue Limit of Metals. Iron Coal Trades Rev. (1920), II, S. 265; s. Ref. St. u. E. 42 (1922), S. 306. — (2) Dauerversuche des Ausschusses über Versuche für Luftschiffahrt. Engg. 118 (1924), S. 245; s. Ref. St. u. E. 45 (1925), S. 518. — (3) Proc. Roy. Soc. 59 A (1925). — Jenkin u. Lehmann, Proc. Roy. Soc. 75 A (1929). — Jensch, Der systematische Fehler der Messung mit dem Martensschen Spiegelgerät. Mitt. Mat. Prüf. Amt. Berlin, Lichterfelde-West 38 (1920), S. 1. — Jerkin C. F., Ermüdungsversuche mit hohen Lastwechselzahlen. Rep. and. Mem. Aeronaut. Res. Com. Nr. 182 (1925). — Johnson u. Oberg, ASTM 29, II, S. 339. — Jordan H., Über die elastische Nachwirkung, elastische Hysteresis und innere Reibung. Phys. Z. 25 (1924), S. 579. — Jungbluth H., Werkstoffe für den Dampfkesselbau. Krupp Monatshfte. 11 (1930), S. 177. — Jünger A., (1) Erfahrungen über die Prüfung der Dauerfestigkeit verschiedener Werkstoffe mit der MAN-Biegeschwingungsmaschine. Mitt. Forsch. Arb. GHH-Konzern (1931), S. 8. — (2) Weitere Erfahrungen in der Prüfung der Dauerfestigkeit verschiedener Werkstoffe auf der MAN-Biegeschwingungsmaschine. Mitt. Forsch. Arb. GHH-Konzern (1931), S. 45.

Kändler H. u. Schultz E. H., Ein neuer Weg zur Verminderung der Dauerbruchgefahr. Werkstoffber. VDE Nr. 48 (1924). — Kantner J. J. u. Spring S. J., Werkstoffe für hohe Temperaturen vom Standpunkt der Dauerstandfestigkeit. Metals Alloys 1 (1930), S. 880. — Kaufmann E., Über die Dauerfestigkeit einiger Eisenwerkstoffe und ihre Beeinflussung durch Temperatur und Kerbwirkung. VDI-Verlag, Berlin 1931. — Keßner, Bedeutung der Werkstoffkunde für den Maschinenkonstrukteur. Mitt. Techn. Wiss. Ver. Nordbayerns (1926), Hft. 11. — Kettenacker L., Forsch. Arb. Ing. Wesen 3 (1932), S. 71. — Kimball A. L., Stress Determination of the Coker Photoelastic Method. Gen. Elektr. Rev. 24 (1921), S. 73. — Kniehahn W., Messungen mechanischer Schwingungen. ZVDI 71 (1932), S. 997. — Kommers J. B., Der Einfluß der Belastung unterhalb der Dauerfestigkeit von Gußeisen und Armco-Eisen. ASTM 30 (1931), II, S. 411. — König W., (1) Einige Bemerkungen über die Beziehung künstlicher Doppelbrechung und Elastizität. Boltzmann-Festschrift 1904, S. 832. — (2) Doppelbrechung in Glasplatten bei statischer Biegung. Ann. d. Phys. 11 (1903), S. 842. — Körber F., Ermittlung der Dauerstandfestigkeit von Stahl bei erhöhten Temperaturen. Z. Metallkunde 20 (1928), S. 45. — Körber F. u. Pomp A., Warmstreckgrenze und Dauerstandfestigkeit des Stahles. St. u. E. 52 (1932), S. 553. — Körber F. u. Simson J. M., Die dynamische Prüfung des Stahles bei hohen Temperaturen. Mitt. K. W. Inst. Eisen. Forsch. Düsseldorf 5 (1924), S. 21. — Koref, Z. techn. Phys. 7 (1923), S. 544. — Kortum H., Über die Werkstoffdämpfung bei Dauerbeanspruchung durch Drehschwingungen. ZVDI 74 (1930), S. 1426. — Köster W., Der Einfluß der Wärmebehandlung unterhalb A_1 auf die Eigenschaften des technischen Eisens. Arch. Eisenhüttenwesen 2 (1929). — Kothny E., Über den Einfluß der Wärmebehandlung auf die Qualität des Stahlgusses. Gießerei Ztg. (1919), S. 357. — Kühnel R., (1) Die Gefahren der Schwingungsbeanspruchung für den Werkstoff. ZVDI 71 (1927), S. 557. — (2) Herabsetzung der Schwingungsfestigkeit durch Korrosion. Maschinenbau 10 (1931), S. 700. — (3) Achsbrüche bei Eisenbahnfahrzeugen und ihre Ursachen. St. u. E. 52 (1932), S. 965. — Kulka H., Beitrag zur Ermittlung von dynamischen Beanspruchungen in eisernen Brücken. Bautechnik 9 (1931), S. 387. — Kuntze W., (1) Ber. Werkstoffausschuß VDE 129 (1928). — (2) Statische Grundlagen zum Schwingungsbruch. ZVDI 72 (1928), S. 1488. — (3) Über die Kerbgefahr. ZVDI 74 (1930). — (4) Eine Berechnung der Schwingungsfestigkeit aus der Zerreiß- und Trennfestigkeit. ZVDI 74 (1930). — (5) Zur Problemstellung der Metallermüdung. Metallwirtschaft 10 (1931), S. 895. — Kuntze W., Sachs G. u. Siegerschmidt H., Elastizität, statische Versuche und Dauerversuch. Z. Metallkunde 20 (1928), S. 64. — Kurzhals H., Mitt. Mech. Techn. Lab. Techn. Hochsch. München 35 (1931).

Lasche, Konstruktion und Material im Bau von Dampfturbinen und Turbodynamos. Berlin 1921. — Lasche-Kieser, Konstruktion und Material im Bau von Dampfturbinen und Turbodynamos. 3. Auflage, Berlin 1925. — Làzlo F., Die Kerbe, ZVDI 72 (1928), S. 851. — Laute K., Schwingungsfestigkeit von Metallen. Z. Metallkunde 21 (1929), S. 175. — Laute K. u. Sachs G., Was ist Ermüdung? ZVDI 72 (1928), S. 1188. — Lea F. C., (1) Tensile Tests of Materials at High Temperatures. Engg. 135 (1923), S. 182. S. Ref. St. u. E. 43 (1923), S. 1142. — (2) The Effect of Repeatet Stresses on Materials. Engg. 113 (1923), S. 217. — (3) Einfluß der Temperatur auf die Festigkeit von Metallen. Iron Coal Trades Rev. 109 (1924), S. 2963. — (4) Effect of Low and High Temperatures of Materials. Proc. Brit. Inst. Mech. Engg. (1924), II, S. 1035. Engg. 843 (1924), S. 816. — (5) Einfluß der Wärmebehandlung auf kaltgezogene Stahlrohre. Engg. 123 (1927), S. 297; s. Ref. St. u. E. 48 (1928), S. 771. — (6) Einige Punkte, die mit dem Bruch von Metallen bei Dauerbeanspruchung zusammenhängen. Proc. World Engg. Congr. Tokiyo 1929, Bd. 3, Engg. Science II (1931) S. 541. — Lea F. C. u. Bugden H. P., (1) Kombinierte Torsions- und Dauerbiegeversuche. Engg. 122 (1926), Nr. 3162, S. 242. — (2) The Effect of High Temperature on the Range of Repetition Stresses in Steel. Brit. Assoc. Rep. Sec. G. (1924), S. 415. Engg. 118 (1924), S. 500. — Lea F. C. u. Parker C. F., Der Einfluß der Temperatur auf einige mechanische Eigenschaften von Metallen. Engg. 133 (1932), Nr. 3442, S. 23 u. Nr. 3443, S. 54. — Le Chatelier H., Sur L'essai des méteaux par l'amortissement des mouvements vibratoires. Rév. Mét. (1909), S. 887. — Lehmann G. D., Änderung der Ermüdungsfestigkeit in Anwesenheit verschiedener Flüssigkeiten. Engg. 122 (1926), Nr. 3181, S. 807. — Lehr E., (1) Die Abkürzungsverfahren zur Ermittlung der Schwingungsfestigkeit. Dr. Ing. Diss. Stuttgart 1925. — (2) Die Dauerfestigkeit, ihre Bedeutung für die Praxis, ihre kurzfristige Ermittlung mittels neuer Prüfmaschinen. Glasers Ann. 99 (1926), S. 109, 117, 177 u. 100, S. 339. — (3) Ermüdungserscheinungen und dynamische Festigkeit. Z. Bauwesen 3 (1927), Nr. 8, S. 779 u. Nr. 11, S. 251. — (4) Die Schwingungsfestigkeit und Ermüdungserscheinungen der Werkstoffe unter besonderer Berücksichtigung der für den Maschinenkonstrukteur maßgebenden Gesichtspunkte. Werkzeugmaschine 31 (1927), S. 400. — (5) Oberflächenempfindlichkeit und innere Arbeitsaufnahme der Werkstoffe bei Schwingungsbeanspruchung. Z. Metallkunde 20 (1928), S. 78. — (6) Das Verhalten der Werkstoffe bei schwingender Beanspruchung. Zentralbl. d. Bauverwaltung 48 (1928), S. 260 u. 275. — (7) Einfluß der Oberflächenbeschaffenheit auf die Biegeschwingungsfestigkeit. Maschinenbau 18 (1929), S. 610. — (8) Durch Werkstoffkunde zur Sicherheit der Konstruktion. VDI-Nachr. (1931), Nr. 35, 2. Sept. — (9) Wie lassen sich die bisherigen Ergebnisse der Schwingungsprüfung für den Konstrukteur nutzbar machen? Sparwirtschaft 9 (1931), S. 271 u. 313. — (10) Stoffprüfung. ZVDI 75 (1931), S. 1401. — (11) Meßgeräte für Dehnungsmessungen. Maschinenbau 10 (1931), S. 711. — (12) Unterlagen für eine wirklichkeitsgetreue Festigkeitsrechnung. Verzeichnis des wichtigsten Schrifttums und die Ergebnisse von Versuchen und theoretischen Untersuchungen. VDI-Verlag, Berlin 1932. — (13) Schwingungsmeßtechnik. ZVDI 76 (1932), S. 1065. — Leik A., Über künstliche Doppelbrechung und Elastizität von Gelatineplatten. Diss. Greifswalde 1903. — Leon A., (1) Über die Spannungsverteilung in der Umgebung einer halbkreisförmigen Kerbe und Hohlkehle. Österr. Nachr. Öffentl. Bauwesen 14 (1908), S. 524. — (2) Über die Spannungsstörungen durch Kerben und Tellen und die Spannungsstörungen in Verbundkörpern. Wochenschr. Öffentl. Baudienst (1908), Hft. 29. — (3) Über die Spannungsstörungen, die in elastischen Körpern durch Bohren und Bläschen entstehen. Österr. Wochenschr. Öffentl. Baudienst (1909), Hft. 2. — (4) Kerbgröße und Kerbwirkung. Verlag Lehmann u. Wenzel, Wien 1910. — (5) Über die Ermüdung von Maschinenteilen. ZVDI 60 (1916). — (6) ZVDI 61 (1917), S. 192. — (7) Versuche an gelochten Zugstäben aus Gummi. Der Eisenbau (1921), S. 221. — (8) Über die Spannungsverteilung durch Hohlkehlen bei auf Verdrehung beanspruchten Wellen. Maschinenbau, Gestaltung (1922), S. 83. — (9) Über die Spannungsverteilung in Zugstäben mit symmetrisch angeordneten halbkreisförmigen Kerben. Maschinenbau, Gestaltung (1922), S. 55. — Leon A. u. Willheim F., (1) Über die durch eine Reihe von kreisrunden Löchern in einem elastischen festen Körper auftretenden Spannungs- und Verzerrungsstörungen. Z. Österr. Ing. u. Arch. Ver. 22 (1914), S. 424. — (2) Über die Verteilung von Spannungen im inneren von elastischen Körpern. Mitt. Techn. Vers. Amt. Wien (1914), Hft. 1 u. 2. — (3) Über die Spannungsstörungen, die in elastischen Körpern durch Höhlungen, Inhomongenitäten und eingeschlossene Flüssigkeiten bewirkt werden. Z. Arch. u. Ing. Wesen. Hannover (1915), S. 45. — (4) Über das elastische Gleichgewicht von zylindrischen Ringen und die Spannungsverteilung in einem gelochten Zugstab von endlicher Breite. Z. Math. u. Phys. 63 (1916), Hft. 2. — Leon A. u. Zidlicky R., (1) Ausnutzungsziffern für symmetrisch angeordnete halbkreisförmige Kerben. ZVDI 58 (1914), S. 926. — (2) Über die Ausnutzung des Materiales in gelochten Körpern. ZVDI 59 (1915), S. 11. — Lessels J. M., (1) Die E-Grenze beim Zerreißversuch und ihr Einfluß auf den Ermüdungsbruch. Engg. 118 (1923), Nr. 3076, S. 813. — (2) Endurance Properties of Steel, the Relations to other Physical Properties and to Chemical Composition. ASTM 23 (1923), II. — (3) Static and Dynamic Tests of Steel. Trans. Am. Soc. Steel Treat. 1923. — (4) Proc. Am. Soc. Test. Mat. 1924. — (5) The Elastic Limit in Tension and its Influence on the Breakdown by Fatigue. Proc. Brit. Inst. Mech. Eng. (1924), II, S. 1097. — (6) Beziehungen zwischen der Ermüdungsfestigkeit und der statischen Festigkeit harter Stähle. Trans. Am. Soc. Steel Treat. 11 (1927), S. 424. — (7) Ermüdungsfestigkeit harter Stähle und ihre Beziehungen zur Zugfestigkeit. Am. Mash. 65 (1926), S. 525. Phys. Ber. 8 (1927), S. 171. — Liljebad R., Ermüdung der Metalle infolge örtlich konzentrierter Beanspruchung. Handlingar. d. Ingeniörs Vetenskaps Akademien 47 (1926), S. 1. — Lode W., Z. Phys. 36 (1926), S. 913. — Ludwik P., (1) Elemente der technologischen Mechanik. Verlag J. Springer, Berlin 1909. — (2) Phys. Zeitschr. 10 (1909). — (3) Ursprungsfestigkeit und statische Festigkeit. ZVDI 57 (1913), S. 209. — (4) Über Dauerversuche. Mitt. d. K. K. Techn. Vers.-Amtes

(1918), S. 36. — (5) ZVDI 63 (1919), S. 142. — (6) Z. Metallkunde 15 (1923), S. 68. — (7) Z. Metallkunde 16 (1924), S. 210. Werkstoffber. VDE Nr. 121 (1927). — (8) ZVDI 69 (1925). — (9) ZVDI 70 (1926). — (10) Sitzungsber. Akad. Wiss. Wien, II A, 135 (1926), S. 587. Z. Metallkunde 18 (1926), S. 269. — (11) Die Bedeutung des Gleit- und Reißwiderstandes für die Werkstoffprüfung. ZVDI 71 (1927), S. 1532. — (12) Die Bedeutung räumlicher Spannungszustände für die Werkstoffprüfung. Arch. Eisenhüttenwesen 1 (1927/28), S. 137. — (13) Bruchgefahr und Materialprüfung. Schweizer Verb. Mat. Prüf. Techn. Ber. 13, Zürich 1928. — (14) Schwingungsfestigkeit. Z. Österr. Ing. u. Arch.-Ver. (1929), S. 403. — (15) Dauerversuche an Werkstoffen. ZVDI 73 (1929), S. 1801. — (16) Kerb- und Korrosionsdauerfestigkeit. Metallwirtschaft 10 (1931), S. 705. — (17) Ermüdung. Internat. Verb. Mat. Prüf. Züricher Kongreß. Gruppe A, S. 190. Zürich 1931. — Ludwik P. u. Scheu R., (1) Z. Metallkunde 15 (1923), S. 68. — (2) Das Verhalten der Metalle bei wiederholter Beanspruchung. ZVDI 67 (1923), S. 122. — (3) St. u. E. 43 (1923), S. 999. — (4) Werkstoffber. VDE 70 (1925). — (5) Dauerversuche mit Metallen. Metallwirtschaft 8 (1929), S. 1. — (6) Die Veränderlichkeit der Werkstoffdämpfung. ZVDI 76 (1932), S. 683). — Lundgren A., (1) Utmattningsprof pa järn och stal. I. Roterande Utmattning Fatique Tests in Iron and Steel. Tests with Rotating Specimen. Upsala, Almquist & Wiksells Boktricheri A. B. Medelande Statens Provnungsanstalt. — (2) Ermüdungsversuche an Eisen und Stahl. Jernks Ann. 115 (1931), S. 1.

Mc Adam Jr. D. C., (1) Influence of Stress on Corrosion. Am. Inst. Min. Met. Eng. Techn. Publ. 417. — (2) Endurance Properties of Steel. Their Relation to other Physical Properties and to Chemical Composition. ASTM 23 (1923), S. 56. — (3) Acceleratet Fatigue Tests and some Endurance Properties of Metals. ASTM. 24 (1924), II, S. 454. — (4) Effect of Cold Working on Endurance and other Properties of Metals. Trans. Am. Soc. Steel Treat. 8 (1925), S. 782. — (5) Die Ermüdungsfestigkeit von Metallen. Mech. Engg. 47 (1925), S. 566. — (6) Endurance and Impact. Tests of Metals. ASTM. 16 (1916) II, S. 293. — (7) Stress Strain Cycle. Relationship on Corrosion Fatigue of Metals. ASTM 26 (1926), II, S. 224. — (8) Fatigue and Corrosion Fatigue of Metals. Proc. Int. Congr. Test. Mat. XXVII. II (1927), S. 102. — (9) Die Korrosionsermüdung von Metallen, ihre Abhängigkeit von der chemischen Zusammensetzung, der Wärmebehandlung und der Kaltbearbeitung. Am. Soc. Steel. Treat. (1927), II. S. 355. — (10) Beziehung zwischen Beanspruchung und Zahl der Lastwechsel. S. Ref. St. u. E. 47 (1927), S. 1338. — (11) Some Factors Involves in Corrosion and Corrosion-Fatigue of Metals. ASTM 28 (1928), II, S. 117. — (12) Corrosion of Metals, as effectet by Time and by Ciclic Stress. Trans. Am. Soc. Mining and Met. Eng. Inst. Metals Div. (1928), S. 571. — (13) Corrosion of Metals under Ciclic Stress. ASTM 29 (1929), II, S. 250. — (14) Corrosion of Metals, as effectet by Stress, Time and Number of Cycles. Trans. Am. Inst. Min. Met. Eng. Inst. Met. Div. (1929), S. 56. — (15) Fatigue and Corrosions-Fatigue of Spring Material. Trans. Am. Soc. Mech. Eng. (1929), APM 51, 45. — (16) Schwingungsfestigkeit von Metallen. S. Ref. Z. Metallkunde 21 (1929), S. 174. — (17) Fatigue und Corrosion Fatigue of Spring Materials. Am. Mash. London 69 (1929), Nr. 25. — (18) Stress and Corrosion. Int. Congr. Appl. Mechanics. Stockholm 1930. — (19) The Influence of Stress Range and Cycle Frequency on Corrosion. ASTM 30 (1930), II, S. 411. — (20) Influence of Ciclic Stress on Corrosion. Trans. Am. Soc. Min. Met. Eng. (1930), Inst. Met. Div., S. 329. — (21) Einfluß der Wasserzusammensetzung auf die Korrosionsschwingungsfestigkeit. ASTM

31 (1931), II, S. 259. — (22) Stress Corrosion of Metals. Int. Ver. Mat. Prüfg. Tech. Züricher Congr. Gruppe A., S. 228. Zürich 1931. — Mailänder R., (1) Ermüdungserscheinungen und Dauerversuche. Werkstoffbericht VDE Nr. 28, S. 24. — (2) Z. Metallkunde 20 (1928). — (3) Einige Beobachtungen bei Dauerstandversuchen. Kruppsche Monatshefte 12 (1931), S. 242. — (4) Dauerbrüche und Dauerfestigkeit. Kruppsche Monatshefte 13 (1932), S. 56. — Mantel G., Zwei Instrumente zur Messung von Formänderungen und Spannungen an Brücken. Schweizer Bauztg. 35 (1900), S. 48, 58 u. 66. — Martens A., Dauerbiegeversuche mit Flußeisen. Mitt. Mat. Prüf. Amt. Groß-Lichterfelde bei Berlin (1914), S. 51. — Martens A. u. M. Guth. Das Materialprüfungsamt der technischen Hochschule. Berlin 1914. — Masing, Arch. Eisenhüttenwesen (1928/29), S. 195. Mason W., (1) The Hysteresis of Mild Steel under Repeatet Torsion. Brit. Assoc. Sect. G. 167, S. 285. Engg. (1916), II, S. 269. — (2) The Mechanics of the Wöhler Rotating Bar Fatigue Test. Engg. (1923), I, S. 689. — Mathar J., Über die Spannungsverteilung in Stangenköpfen. Forsch.-Arb. Ing.-Wesen 306. VDI-Verlag, Berlin 1928. — Matthaes K., Ermüdungseigenschaften von Kurbelwellenstahl. Maschinenbau 9 (1930), S. 117. — Maxwell, On the Equilibrum of Elastic Solids. Trans. Roy. Soc. Edinbourgh 1850. — Melchior P., (1) Zusammenfassender Bericht über die von der deutschen Gesellschaft für Metallkunde am 21. April veranstaltete Dauerbruchtagung. ZVDI 72 (1928), S. 537. — (2) Zur Mechanik des Zugversuches. Die Zugfestigkeit, eine Labilitätserscheinung. 3. Kongr. Techn. Mech. Stockholm 1930, II, S. 224. — Memmler K. u. Laute K., Dauerversuche mit der Hochfrequenz-Zug-Druckmaschine. Forch. Arb. Ing. Wesen. Nr. 329, VDI-Verlag, Berlin 1930. — Memmler K. u. Schob A., Versuche über die Schwingungsfestigkeit im Staatlichen Materialprüfungsamt in Berlin-Dahlem. ZVDI 69 (1925), Sonderheft Techn. Mechanik, S. 516. — Merrils F. S. Ermüdung von Metallen. Carnegie Shool Mem. 13 (1924), S. 83. — Mesmer, Vergleichende spannungsoptische Untersuchungen und Fließversuche unter konzentriertem Druck. Diss. Göttingen 1929. — Mesnager M., (1) Contribution à l'étude de la Déformation Elastique des solides. Annales des Ponts et des Chaussées. 4 (1901), S. 128. — (2) Deux apparails nouveaux pour la mésure des déformations élastiques. Annales des Ponts et des Chaussées. 1. Partie, 8. Série. 3. Trimestre (1903), S. 212. — (2) Détermination compléte au modéle reduit des tensions, qui se produiront sans un ouvrage. Utilisation de la double réfraction accidentelle du verre, à l'étude des efforts intérieures dans les solides. — Annales des Ponts et des Chaussées 16 Partie IV (1913), S. 135. — Mayer E., Dauerversuche und Abnützungsverfahren an einsatzgehärteten Werkstoffen. Werkstoffbericht VDE 74 (1925). — Michel A., Zugfestigkeitseigenschaften der Stähle und Legierungen in der Wärme. Science et Ind. 12 (1928), Nr. 175, S. 29. Chem. Zentralbl. 99 (1929), II, Nr. 16, S. 711. — Millinton W. E. M. u. Thomson F. C., Untersuchungen eines Ermüdungsbruches von Messingrohren in einem Wasservorwärmer mit einer Überlegung über die Natur der Ermüdung. Journ. Inst. Met. 31 (1924), S. 1. — Mochel N. L., Einige Bemerkungen zur Ermüdungsprüfung von stickstoffgehärtetem Stahl. ASTM 30 (1930), II, S. 406. — Modersohn F., Anforderungen und Probleme des Schnellaufens bei Kolbenmaschinen. Maschinenbau 18 (1930), S. 456. — Moore H. F., (1) Der Ermüdungsvorgang bei Metallen. Journ. Franklin Inst. 202 (1926), S. 547. — (2) Effekt of Grooves, Threads and Corrosion upon the Fatigue of Metals. ASTM 26 (1926), II, S. 255. — (3) Vorgänge bei Ermüdungsbrüchen. Trans. Am. Soc. Steel Treat, 9 (1926), S. 339. —

(4) Fatigue of Welds. Power Mai 1927. — (5) Manual of Endurance 1927). — (6) Engg. News, Rec. 102 (1927), S. 975. — (7) Gleitung, Bruch und Ermüdung von Metallen. Metallwirtschaft 7 (1928), S. 1272. — Moore H. F. u. Allemann N. J., (1) Ermüdungsversuche mit zementiertem Stahl. Trans. Am. Soc. Steel Treat. 13 (1928), S. 405. — (2) Bericht über die Fortschritte der Dauerfestigkeitsprüfung von C-armem Stahl bei höheren Temperaturen. ASTM. 31 (1931), I, S. 114. — Moore H. F. u. Jasper T. M., (1) Recent Developpements in Fatigue of Metals. Iron Age 110 (1922), S. 779. — (2) Die Ermüdungsfestigkeit von Metallen. Engeneering Foundation (1923), S. 57. — (3) An Investigation of the Fatigue of Metals. Univ. Illinois Eng. Exp. Stat. Bullt. Series of 1922. — (4) An Investigation of the Fatigue of Metals. Univ. Illinois Eng. Exp. Stat. Bullt. 136, 1923. — (5) An Investigation of the Fatigue of Metals. Univ. Illinois. Eng. Exp. Stat. Bullt. 142, 1924. — (6) An Investigation of the Fatigue of Metals. Univ. Illinois Eng. Exp. Stat. Bullt. 152, 1925. — Moore H. F., u. Kommers J. B. (1), Ann. Investigation of the Fatigue of Metals. Univ. Illinois Eng. Exp. Stat. Bullt. Nr. 124, 1921. — (2) The Fatigue of Metals. Mc. Graw Hill Book Comp. Inc. London 1927. — Moore H. F., Kommers J. B. u. Jasper T. M., Fatigue, or Progressive Failure of Metals under Repeatet Stress. Chem. Met. Engg. 27 (1922), S. 14. — Moore H. F. u. Konzo, Univ. Illinois Eng. Exp. Stat. Bullt. 205. — Moore H. F. u. Lyon S. W., Ermüdungsversuche an Gußeisen. Trans. Am. Foundrymens Assoc. 35 (1927), S. 410.; s. Ref. St. u. E., 47 (1927), S. 1829. — Moore H. F., Lyon S. W. u. Allemann N. J., Die Ermüdungsfestigkeit von Dampfturbinenschaufeln. Univ. Illinois Eng. Exp. Stat. Bullt. 26 (1928), S. 5. — Moore H. F. u. Seely F. B., (1) Constantes et Diagrammes pour les éssais des fatigues. Soc. Test. Mat. (1916), II, S. 471. Rév. Mét. (1916), Extr., S. 26. — (2) The Failure of Metals under Repeatet Stress. ASTM (1915), II, S. 438; s. Ref. St. u. E. 34 (1914), S. 1033. — Moore R. R., (1) Resistance of Metals to Repeatet Static and Impact Stresses. ASTM 24 (1924), II, S. 547. — (2) Effect of Grooves. Threads and Corrosion upon the Fatigue of Metals. ASTM 25 (1925), II, S. 66. — Moser M., (1) Werkstoffbericht VDE 96 (1926). — (2) Forschungsarb. Ing.-Wesen. Nr. 295. VDI-Verlag, Berlin 1927. — Mösseif L. S., Eine Untersuchung kaltgezogenen Stahldrahtes für Brückenseile. ASTM 30 (1930), II, S. 313. — Müller W., (1) Über die Dauerschlagbiegefestigkeit und die Schlaghärte der legierten Konstruktionsstähle. Forschungsarbeiten Ing.-Wesen. Nr. 247. VDI-Verlag, Berlin 1922. — (2) Werkstoffermüdung und Biegebeanspruchung bei Transmissionswellen. Maschinenbau 18 (1930), S. 640. — Müller W. u. Leber H., (1) Über die Ermüdung geglühter und vergüteter C-Stähle. ZVDI 65 (1921), S. 1098. — (2) Über die Ermüdung geglühter und vergüteter C-Stähle. ZVDI 66 (1922), S. 543. — (3) ZVDI 67 (1923), S. 557. — Mundt R., Ermüdungsbruch und zulässige Beanspruchung von Wälzlagern. ZVDI 73 (1929), S. 53.

Nadai A., Werkstoffbericht VDE Nr. 56 (1925). — Nekritij S. S. u. Bokoff J. J., Die Ermüdung von Aluminium-Sandgußlegierungen bei Dauerbiegebeanspruchung. Westnik Inscheneroff Hft. 5 u. 6, Moskau 1928; s. Ref. Metallkunde 22 (1930), S. 247.

Ogava T. u. Suzuki S., A New Index to Control Cable Endurance. Rep. Aer. Res. Inst. Tokiyo Imp. Univ. 4 (1929), S. 243. — Ölschläger J., Prüfung von Metallen auf Drehschwingungen. Z. Feinmech. u. Präc. 36 (1928), S. 1. — Ono A., (1) Experiment on the Fatigue of Steel. Mem. Coll. Eng. Kyushu Imp. Univ. 3, Nr. 12, S. 1924. — (2) Ermüdung von Metallen unter wiederholter Beanspruchung. Proc. World. Eng. Congr. Tokiyo 1929,

Bd. 3. Eng. Science I (1931), S. 477. — Osmond F. u. C. H. Fremont, Les modes de déformation et de rupture de fer et des aciers doux. Rév. Mét. (1904), S. 11.

Pabst W., (1) Aufzeichnung schneller Schwingungen nach dem Ritzverfahren. ZVDI 73 (1929), S. 1629. — (2) Theorie des Landungsstoßes von Seeflugzeugen. DVL-Ber. ZFM (1930), S. 217 u. 248. — (3) Über den Landestoß von Seeflugzeugen. 102 DVL Ber. ZFM (1931), S. 1. — Pape H. M., Beanspruchung schwingender Drahtseile unter besonderer Berücksichtigung der Beanspruchung von Drahtklemmen an den Freileitungen. Dr. Ing. Diss. Techn. Hochsch. Braunschweig. Verlag Gutenberg 1931. — Peinecke W., Allgemeines über Schwingungsbrüche an elektrischen Antrieben. Maschinenbau 11 (1932), S. 272. — Percy, Über den Einfluß fortgesetzter Stoßwirkung auf die Struktur des Eisens. St. u. E. (1885), S. 397. — Pertz E., Die Bestimmung der Baustoffdämpfung nach dem Verdrehausschwingeverfahren. Samml. Viehweg Tagesfragen aus dem Gebiet der Naturwissenschaften und Technik. Hft. 91. Verlag Viehweg u. S. A. G. Braunschweig 1928. — Peterson R. E., (1) Mech. Engg. 48 (1926), S. 1449. — (2) Ermüdungsprüfung an Rotormodellen. Mech. Engg. 53 (1931), S. 211. — (3) Ermüdungsprüfungen an kleinen Proben mit besonderer Berücksichtigung des Einflusses der Probengröße. Trans. Am. Soc. Steel. Treat. 18 (1930), S. 1041. — Peterson R. E. u. Jennings H. C., Dauerprüfungen von Kehlschweißungen. ASTM 30 (1930), II, S. 384. — Pickard S., Innere Rißbildung von Schienen mit ovalem Fleck. Génie Civil 90 (1927), S. 118. — Pohl E., Scholz W. u. Juretzek H., Ergebnisse von Dauerbelastungsversuchen mit verschiedenen Baustählen bei hohen Temperaturen. Arch. Eisenhüttenwesen 4 (1930), S. 105. — Polanyi u. Schmidt E., Z. Phys. 32 (1925), S. 684. — Pomp A., Das Verhalten des Stahles gegenüber Dauerbelastung bei erhöhten Temperaturen. Chem. Fabr. 28, S. 53. — Pomp A. u. Dahmen A., Entwicklung eines abgekürzten Prüfverfahrens zur Bestimmung der Dauerstandfestigkeit bei erhöhten Temperaturen. Mitt. K. W. Inst. Eisenforsch. 9 (1927), S. 1034 u. 1497. — Pomp A. u. Duckwitz C. H., Dauerprüfung unter wechselnder Zugbeanspruchung an Stahldrähten. Mitt. K. W. Inst. Eisenforsch. 13 (1931), S. 79. — Pomp A. u. Enders W., Zur Bestimmung der Dauerstandfestigkeit im Abkürzungsverfahren. Mitt. K. W. Inst. Eisenforsch. 12 (1930), S. 127. — Pomp A. u. Höger H., Dauerstandfestigkeitsuntersuchungen an Kohlenstoff und legierten Stählen nach dem Abkürzungsverfahren. Mitt. K. W. Inst. Eisenforsch. 14 (1932), S. 37. — Popplewell W. C., (1) The Connection between the Elastic Phenomenal Exhibitet during Slow Reverals of Stress and the Ultimate Endurance of Steel. Proc. Inst. Civ. Eng. (1913/14), III, S. 264. — (2) The Influence of Speed on Endurance Tests, Engg. (1916), II, S. 339. — Preuß, (1) Zur Geschichte der Dauerversuche mit Metallen. Baumaterialienkunde (1906), S. 245. — (2) Ergebnisse neuerer Dauerversuche an Metallen. Dinglers Polytech. Journ. (1907), S. 100. — (3) Versuche über die Spannungsverminderung durch Ausrundung scharfer Ecken. Forschungsarb. Ing.-Wesen, Nr. 126. VDI-Verlag, Berlin 1913. — (4) Spannungsverteilung in gekerbten Stäben. Forschungsarbeiten Ing.-Wesen, Nr. 134. VDI-Verlag, Berlin 1913. — Prever V. u. Bahna E., (1) Sicherheitsbelastung und Dauerfestigkeit bei wiederholter Beanspruchung. Ingeneria 4 (1925), S. 90. — (2) Laboratorio ricerche e controlli Fiat. Carichidi sicurezza et durata delli acciai al urto ripetuto di flessione. Milano 1925. — Putnam u. Harsh, Rise of Temperature Method of Determining Endurance Limit. Univ. Illinois Eng. Exp. Stat. Bullt. 124, S. 119.

Quack W., Kesselexplosion im Westen Deutschlands infolge Ermüdungsbruches. Wärme 48 (1925), S. 369.

Ramspeck A., Anomalien der akzidentellen Doppelbrechung beim Zelluloid. Ann. Phys. 74 (1924), S. 722. — Rasch E., Method for Determining Elastic and Critical Stresses in Materials by Means of Elastic Measurements. Proc. Int. Ass. Test. Mat. (1909), Art. 7. — Reynold u. Smith, Dingler. Polyt. Journ. 1, (1905), S. 481. — Richards A. W. u. Stead J. E., Overheatet Steel. Journ. Iron. Steel. Inst. (1900), II, S. 84. — Rittershausen F. u. Fischer F. P., (1) Dauerbrüche an Konstruktionsstählen und die Kruppsche Dauerschlagprobe. Kruppsche Monatshfte. (1920), I, S. 93. — (2) St. u. E. 40 (1920), S. 1681. — Robin F., Compt. Rend. 153 (1911), S. 665. — Robson T., Determination of the Fatigue Resisting Capacity of Steel under Alternating Stress. Engg. (1923), S. 67. — Rogers F., (1) Heat Treatement and Fatigue of Steel. Journ. Iron Steel. Inst. (1900), I, S. 484. — (2) Erwiderung an Stanton u. Bairstow. Rév. Mét. (1906), S. 533. — (3) Sur quelques éffets macroscopiques sur les méteaux par l'action des éfforts. Rév. Mét. (1906), S. 518; s. a. Engg. (1906), S. 842. — Rohn W., Die Bestimmung der Kriechgrenze. Festschrift z. 70. Geburtstag v. W. Heraeus. S. 80. — Ros M. u. Eichinger A., Versuche zur Klärung der Frage der Bruchgefahr. EMPA-Diskussionsbericht Nr. 28 (1928) u. Nr. 34 (1929), Zürich. — Rosbaud P. u. Schmidt E., Z. Phys. 32 (1925), S. 197. — Rosenhain W., (1) Deformation and Fracture in Iron and Steel. Journ. Brit. Steel. Inst. (1906), II, S. 189. — (2) The Effect of Strain on the Structure of Metals. 2. Aufl. 1919. — Rosenhain W. u. Ewen D., (1) Intercristalline Cohesion in Metals. Journ. Brit. Inst. Metals (1912), II, S. 149. — (2) Journ. Brit. Inst. Metals (1913), S. 119. — Rosenhain W. u. Hansom H., Das Verhalten von weichem Stahl unter Dauerbelastung bei 300°. Journ. Iron. Steel. Inst. 116 (1927), II, S. 117. s. Ref. St. u. E. 48 (1928), S. 87. — Rosenhain W. u. Humfrey J. C. H., The Tenacity, Deformation and Fracture of soft Steel at High Temperatures. Journ. Iron Steel. Inst. 87 (1913), S. 219. — Rossi P., Rend. R. Acad, Napoli 1910. — Rötscher F., Sicherheit und Beanspruchung bei Berechnung von Maschinenteilen, Maschinenbau 18 (1930), S. 225. — Rowe F. W., Ermüdungsbrüche in Stahl. Met. Ind. 28 (1926), S. 133, 157 u. 185. — Rowett F. E., Elastic Hysteresis of Steel. Proc. Roy. Soc. 89 A (1914), S. 528. — Rudeloff M., Der heutige Stand der Dauerversuche mit Metallen. Verh. Gewerbefl. (1916), S. 342. Die Werkzeugmaschine (1916), S. 512 u. 537; s. a. St. u. E. 37 (1917), S. 334. — Rühl, Experimentelle Ermittlung ebener Verschiebungs- und Spannungszustände auf neuem Wege und Anwendung auf eine durch zwei Nietbolzen gespannte Platte. Forsch. Arb. Ing.-Wesen. Nr. 221. VDI-Verlag, Berlin 1920. — Russel H. W. u. Welcker W. A., Vorrichtung zur Bestimmung der Dauerfestigkeit bei tiefen Temperaturen. ASTM. 31 (1931), I, S. 122.

Sabouret, Les ruptures accidentelles des rails. Rév. Gén. Chem. de Fer. 45 (1926), II, S. 846. — Sachenberg E. u. Osenberg W., Neuere Meßverfahren für Werkzeugmaschinen. ZVDI 76 (1932), S. 262. — Sachs G., Zur Ableitung einer Fließbedingung. ZVDI 72 (1928), S. 734. — Sachs G. u. Shojy H., Z. Phys. 45 (1927), S. 766. — Saran W., Dauerfestigkeit von Leichtmetall-Sandgußlegierungen. VDI-Verlag, Berlin 1931. — Sauerwald F. u. Eisner G., Z. Phys. 44 (1927), S. 36. — Scheu R., (1) Statische und dynamische Prüfung von Stahl. ZVDI 69 (1925), S. 8. — (2) Beziehungen zwischen der Schwingungsfestigkeit bei Biegung und Verdrehung. Mitt.

Akad. Wiss. Wien. Abt. II A, 139 (1930), Hft. 9 u. 10. — Schlink F. J., Study of Mechanical Hysteresis. Engg. News. Rec. (1918), I, S. 1035. — Schmidt E., (1) Z. Metallkunde 19 (1927), S. 154. — (2) Proc. Int. Kongr. Appl. Mechanik. Delft (1924), S. 342. — (3) Z. Phys. 32 (1925) u. 36 (1926). — (4) Die Ermüdung vom Standpunkt der Vorgänge im Einkristall. Z. Metallkunde 20 (1928), S. 69. — Schmidt J., Die Dämpfungsfähigkeit von Eisen- und Nichteisenmetallen. Mittl. Wöhler Inst. Braunschweig, Hft. 9, NEM-Verlag. — Schmidt W., Vergleichende Untersuchungen über die Dauerfestigkeit von Leichtmetallen. Techn. Blätter. Wochenschr. zur deutschen Bergwerksztg. 41 (1926). — Schmidt W., Die Bedeutung des Kristallaufbaues für die Beurteilung der Elastizität und Dauerfestigkeit. Z. Metallkunde 43 (1931), S. 54. — Schneider W., Beitrag zur Frage der Schwingungsfestigkeit. St. u. E. 51 (1931), S. 285. — Schottky H., Schmelzschweißungen und Dauerversuch. Kruppsche Monatshefte. 7 (1926), S. 213. — Schultz E. H. u. Buchholtz H., Hochwertige Baustähle für den Großstahlbau. ZVDI 73 (1929), S. 44. — Schultz E. H. u. Püngel W., (1) Beitrag zur Ermüdung von Stählen auf dem Kruppschen Dauerschlagwerk. Mitt. Vers.-Anst. Dortmunder Union 1 Ste. 43. — (2) Erholungspausen, Temperatur und Korngröße und Kraftwirkungslinien bei der Dauerschlagprobe. Werkstoffber. VDE Nr. 40 (1924). — Schulze A. u. Zickner G., Selbsttätiges Aufzeichnen von Arbeitsgrößen. ZVDI 74 (1930), S. 1359. — Schraivogel K., Dauerbiegeversuche mit Schraubenbolzen. St. u. E. 52 (1932), S. 1189. — Schwarz M. v., (1) Untersuchungsbericht über Dampfturbinenschaufeln mit Dauerbruch. Elektrizitätswirtsch. 25 (1926), S. 268. — (2) Fehler und Brüche von Kraftfahrzeugteilen und ihre metallurgische Beurteilung. Z. Bayr. Revisorenverein. 31 (1927), S. 45 u. 62. — Schwinning W. u. Dorgerloh E., Neue Prüfmaschine zur Bestimmung der Wechselfestigkeit für umlaufende Biegung. Z. Metallkunde 23 (1931), S. 186. — Scoble W. A., Proc. Inst. Mech. Eng. (1924), II, S. 1193 u. (1929), I, S. 353; s. Ref. St. u. E. 48 (1928), S. 1717. — Seaton A. E. u. Judge A., Impact Tests on the Wrought Steels of Commerce. Iron Steel. Mag. (1905), S. 135. Dingler Politechn. Journ. (1906 (B), S. 138; s. Ref. St. u. E. 260 (1906), S. 1217. — Seebeck A., Schweigers Journ. (1913), VII, (1914), XI u. XII. — Seewald F. Über die Messung der Kräfte an Luftfahrzeugen. DVL-Ber. 113, ZFM (1928), S. 474. — (2) Messungen mit dem Glasritzdehnungsschreiber der deutschen Versuchsanstalt für Luftfahrt. Maschinenbau 10 (1931), S. 725. — Shaper F., Untersuchungsergebnisse an Si-Stahl. Bautechnik 4 (1926), S. 237. — Shelton S. M., Dauerprüfung von Draht. ASTM 31 (1931), II, S. 204. — Siebel E., Festigkeitseigenschaften und zulässige Spannungen. Werkstoffber. VDE Nr. 176 (1931), St. u. E. 51 (1931), S. 785. — Siebel E. u. Ulrich M., Die Bestimmung von Zeit-Dehngrenzen im Dauerstandsversuch. ZVDI 76 (1923), S. 659. — Siedentopf H., Über direkte Sichtbarmachung der neutralen Schichten an beanspruchten Körpern. Z. Österr. Ing. u. Arch. Ver. 33 (1906), S. 469. — Simon L., VDI-Nachr. (1927), S. 13. — Smekal A., (1) Z. Tech. Phys. 7 (1926). — (2) Die molekulartheoretischen Grundlagen der Festigkeitseigenschaften der Werkstoffe. ZVDI 72 (1928), S. 667. — Smith J. H., Experiments on Fatigue of Metals. Journ. Brit. Iron Steel Inst. (1910), II, S. 246. Science Abstr. (1911), S. 568. — Smith J. H., Conner C. A. u. Armstrong F. H., The Correlation of Fatigue and Overstress. Engg. (1929), S. 605. — Smith J. H. u. Wanok F. V., Eine Maschine für Dauerversuche und Versuchsergebnisse an Lowmooreeisen, Journ. Iron Steel Inst. 116 (1927), II, S. 323; s. Ref. St. u. E. 48 (1928), S. 110. — Smith J. H. u. Wedgewood G. A., Stress Strain Loops for

Steel in the Cyclic State. Journ. Brit. Iron Steel Inst. (1915), I, S. 365. s. Ref. St. u. E. 35 (1915), S. 837. — Sonntag R., Zur Torsion von runden Wellen mit veränderlichem Durchmesser. Z. Ang. Meth. Mech. 9 (1929), S. 497. — Späth W., (1) Z. Ang. Meth. Phys. 7 (1927), S. 360. — (2) Neuere Schwingungsprüfmaschinen. ZVDI 75 (1931), S. 83. — Spangenberg L., Über das Verhalten der Metalle bei wiederholter Beanspruchung. Z. Bauwesen 24 (1874), S. 473 u. 25 (1875), S. 78. — Speller, McCorkle u. Mumma, Influence of Corrosion Accelerators and Inhibitors on Fatigue of Ferous Metals. ASTM (1928). — Stanton T. E. u. Bairstow L., (1) On the Resisting of Iron and Steel to Reversals of Stress. Proc. Brit. Inst. Civil Eng. 166 (1906), S. 78. — (2) The Resistence of Metals to Impact. Engg. (1908), II, S. 731. — Stanton T. E. u. R. G. Batson, On the Fatigue Resistence of Mild Steel under Various Conditions of Stress Distribution. Engg. (1916), I, S. 64 u. II, S. 269; (1917), I, S. 599. — Stenger E. B. u. B. H., Effect of Heat Treatment on the Fatigue Strength of Steel. Trans. Am. Soc. Steel Treat. (1920), S. 617. — Steudµng H., Messung mechanischer Schwingungen. ZVDI 71 (1927), S. 667. — Strauß J., Dauerfestigkeitsprüfungen an Aluminiumverbindungen. Foundry 54 (1926), S. 426. — Stribeck R., Die Dauerfestigkeit von Stahl und Eisen bei wechselnder Biegung, verglichen mit den Ergebnissen des Zugversuches. ZVDI 67 (1923), S. 631. — Strohmeyer C. E., (1) Mem. Chief Engeneer Manchester England. Steam Users Assoc. 1913. — (2) Repeatet Stresses. Engg. (1914), II, S. 420. ; s. Ref. St. u. E. 25 (1915), S. 272. — (3) A Method of Determining Fatigue by Calorometry. Engg. 118 (1914), II, S. 281. — (4) The Elasticity and Endurance of Steam Pipes. Engg. 97 (1914), S. 281. — (5) A Machine for Determining Fatigue Limits by Calorometry. Engg. (1915), II, S. 259. — (6) The Determination of Fatigue Limits under Alternating Stress. Proc. Roy. Soc. 40 (1924), S. 411.

Tailor G. I. u. Elam C. F., The Torsion of an Aluminium Cristal During a Tensile Test. Proc. Roy. Soc. 102 A (1923), S. 643; 108 (1925), S. 28. — Tapsel H. J., (1) Das Kriechen der Metalle bei hohen Temperaturen. Engg. 125 (1928), S. 672. — (2) Die Dauerfestigkeit von Stahl mit 0,17% C für verschieden hohe Temperaturen. Journ. Iron Steel Inst. 117 (1928), I, S. 275. s. Ref. St. u. E. 48 (1928), S. 1015. — (3) Creep of Metals. London, Oxford University Press, Humphrey Milford 1931. — Tobusch H., Über elastische und mechanische Hysteresis. Ann. Phys. 26 (1908), S. 439. — Thoma H., (1) Untersuchung der Maschinenanlage des Luftschiffes Graf Zeppelin. ZVDI 73 (1929), S. 1283. — (2) Aufzeichnung schneller Schwingungen. ZVDI 73 (1929), S. 639. — (3) Die Torsionsermüdung der Metalle. ZVDI 74 (1930), S. 719. — Thomas W. N., The Effect of Scratches and Various Workshop Furnishes upon the Fatigue Strength of Steel. Engg. 116 (1923), S. 449 u. 483. Brit. Aer. Res. Comm. Rep. and Mem. 860 (1923/24), S. 23. — Thum A., (1) Dauerfestigkeit, Kerbwirkung und Konstruktion. Automobiltechnische Zeitschr. 33 (1930), S. 853 u. 880. — (2) Zur Frage der Sicherheit in der Konstruktionslehre. ZVDI 75 (1931), S. 705. — (3) Zur Steigerung der Dauerfestigkeit gekerbter Konstruktionen. ZVDI 75 (1931), S. 1328. — Thum A. u. Berg S., (1) Zur Frage der Beanspruchung beim Dauerschlagversuch. ZVDI 74 (1930), S. 210. — (2) Die Entlastungskerbe. Forschung 2, (1931), S. 345. — Thum A. u. Buchmann W., Dauerfestigkeit und Konstruktion. VDI-Verlag, Berlin 1932. — Thum A. u. Ochs H., Die Bekämpfung der Korrosionsermüdung durch Druckvorspannung. ZVDI 76 (1932), S. 915. — Thum A. u. Städel W., Über die Dauerfestigkeit von Schrauben und über ihre Beeinflußung durch die Formgebung, Herstellungsart und Werkstoff.

Masch nenbau 11 (1932), S. 230. — Thum A. u. Ude, (1) Die Elastizität und Schwingungsfestigkeit des Gußeisens. Die Gießerei 1929. — (2) Kritische Betrachtungen zur Frage der Bruchdurchbiegungsmessung beim Gußeisenbiegeversuch. Die Gießerei 1930. — Tuchermann L. B. u. Aitchison C. S., Probestababmessungen für kurzzeitige Ermüdungsprüfungen. Techn. Papers Bur. Standarts. 19 (1924), Nr. 275. — Turner C. A. P., The Thermoelectric Determination of Stress. Trans. Am. Soc. Engg. 48 (1902), S. 140. — Tutzi Z., A New Material for Study of Photo Elasticity. Scient Papers Inst. Phs. Chem. Res. Tokyo 7 (1927), S. 79.

Ulrich M., Werkstoffragen des heutigen Dampfkesselbaues. Berlin 1930.

Voigt E., Eine neue Methode zur Bestimmung der inneren Arbeitsaufnahmefähigkeit von Werkstoffen bei dynamischer Beanspruchung. Z. Techn. Phys. 9 (1928), S. 321. — Vries de M. A. C., Ein Beitrag zum Studium der longitudinalen und transversalen Schwingungen der Förderseile. Dr. Ing. Diss. Aachen. Techn. Hochsch.

Wächtler M., (1) Über die Beziehung zwischen Doppelbrechung und Deformation in einigen Gelen. Kolloidchemie, Beihefte 20 (1924), S. 158. — (2) Über die Anwendung der akzidentellen Doppelbrechung zum Studium der Spannungsverteilung in beanspruchten Körpern. Phys. Zeitschr. 29 (1928), S. 497. — Wagner R., Die Bestimmung der Dauerfestigkeit von knetbaren und veredelbaren Leichtmetallegierungen. Verlag J. Springer, Berlin 1928. — Wawerka A., (1) Die Kerbwirkung. Maschinenbau 8 (1929), S. 33. — (2) Dauerbruch an Ventilspindeln. Maschinenbau 8 (1929), S. 42. — Weining F., Die Korrosionsermüdung der Metalle. ZVDI 74 (1930), S. 1773. — Weintraud, Neue Meßgeräte auf der Leipziger Frühjahrsmesse 1931. Maschinenbau 10 (1931), S. 500. — Welter G., (1) Dynamisch-statische Messungen an der Torsionsmaschine. Z. Metallkunde 17 (1925), S. 385. — (2) Statische Dauerfestigkeiten von Metallen und Legierungen. Z. Metallkunde 18 (1926), S. 75 u. 117. — (3) Dauerfestigkeits- und dynamische Elastizitätsgrenze. ZVDI 70 (1926), S. 649 u. 722. — (4) Z. Flugtechn. u. Motorluftschiff (1927), Hft. 18. — (5) Ermüdung durch kritische statische Dauerbelastung. Z. Metallkunde 20 (1928), S. 51. — (6) Die statische und dynamische Elastizitätsgrenze im Materialprüfungs- und Konstruktionswesen. ZVDI (1929). — Whitley J. H., s. Ref. St. u. E. 48 (1928), S. 87. — Widdern C. v., Polarisationsoptische Spannungsmessungen an Stabecken. Mitt. Mech. Techn. Lab. Techn. Hochsch. München. Hft. 34. — Wiederkehr R., Ein Feinmeßgerät für Spannungsmessungen. Schweizer Techn. Ztschr. 24 (1927), S. 97. — Wilson E. F. u. Haigh P. B., The Influence of Rivet Holes on Steel Structures. Engg. 112 (1922), S. 309; s. Ref. St. u. E. 43 (1923), S. 889. — Wöhler A., (1) Versuche zur Ermittlung der auf Eisenbahnachsen wirkenden Kraft und die Widerstandsfähigkeit der Achsen. Z. Bauwesen 10 (1860), S. 583. — (2) Über die Versuche zur Ermittlung der Festigkeit der Achsen. Z. Bauwesen 13 (1863), S. 233. — (3) Resultate der in der Zentralwerkstätte der niedersächsisch-märkischen Eisenbahn zu Frankfurt a. d. O. angestellten Versuche über die relative Festigkeit von Eisen, Stahl und Kupfer. Z. Bauwesen 16 (1866), S. 67. — (4) Über die Festigkeitsversuche von Eisen und Stahl. Z. Bauwesen 20 (1870), S. 73. — Woodwine J. G. R., Irin Steel Inst. Carnegie Scolarship Mem. 13 (1924), S. 197.

Zander W., Der Einfluß der Oberflächenbeschädigung auf die Biegeschwingungsfestigkeit. NEM-Verlag, Berlin 1929.

Namenverzeichnis.

* Berichtigung: Es ist sowohl im Text als auch hier richtig „Gough“ statt „Googh“ zu lesen.

Sachverzeichnis.

Manzsche Buchdruckerei, Wien IX

***Über die Dauerbiegefestigkeit einiger Eisenwerkstoffe und ihre Beeinflussung durch Temperatur und Kerbwirkung.** Von Dr.-Ing. **Egon Kaufmann.** Mit 71 Textabbildungen. IV, 89 Seiten. 1931. RM 9.—

***Handbuch der Materialienkunde für den Maschinenbau.** Von Geh. Oberregierungsrat Professor Dr.-Ing. **A. Martens** †, Direktor des Materialprüfungsamtes in Groß-Lichterfelde. In 2 Teilen. Zweiter Teil: Die technisch wichtigen Eigenschaften der Metalle und Legierungen. Von Prof. **E. Heyn** †. Hälfte A: Die wissenschaftlichen Grundlagen für das Studium der Metalle und Legierungen. Metallographie. Mit 489 Abbildungen im Text und 19 Tafeln. XXXII, 506 Seiten. 1912. Unveränderter Neudruck 1926. Gebunden RM 45.—

***Werkstoff-Fragen des heutigen Dampfkesselbaues.** Von **Max Ulrich,** Leiter der Abteilung für Maschinenbau einschließlich Metallographie an der Materialprüfungsanstalt an der Technischen Hochschule Stuttgart. Mit 163 Textabbildungen. XII, 180 Seiten. 1930. RM 22.50; gebunden RM 24.—

***O. Lasche, Konstruktion und Material im Bau von Dampfturbinen und Turbodynamos.** Dritte, umgearbeitete Auflage von **W. Kieser,** Abteilungs-Direktor der AEG-Turbinenfabrik, Berlin. Mit 377 Textabbildungen. VIII, 190 Seiten. 1925. Gebunden RM 18.75

***Die Konstruktionsstähle und ihre Wärmebehandlung.** Von Dr.-Ing. **Rudolf Schäfer.** Mit 205 Textabbildungen und einer Tafel. VIII, 370 Seiten. 1923. Gebunden RM 15.—

***Die Werkzeugstähle und ihre Wärmebehandlung.** Berechtigte deutsche Bearbeitung der Schrift: „The Heat Treatment of Tool Steel“ von Harry Brearley, Sheffield, von Dr.-Ing. **Rudolf Schäfer.** Dritte, verbesserte Auflage. Mit 266 Textabbildungen. X, 324 Seiten. 1922. RM 6.—

***Die Bestimmung der Dauerfestigkeit der knetbaren, veredelbaren Leichtmetallegierungen.** Von Dr.-Ing. **Richard Wagner.** (Berichte aus dem Institut für Mechanische Technologie und Materialkunde der Technischen Hochschule zu Berlin, Heft 1.) Mit 56 Textabbildungen. IV, 64 Seiten. 1928. RM 12.—

***Die Brinellsche Kugeldruckprobe** und ihre praktische Anwendung bei der Werkstoffprüfung in Industriebetrieben. Von Ingenieur **P. Wilh. Döhmer,** Schweinfurt. Mit 147 Abbildungen im Text und 42 Zahlentafeln. VI, 186 Seiten. 1925. Gebunden RM 18.—

* *Auf die Preise der vor dem 1. Juli 1931 erschienenen Bücher wird ein Notnachlaß von 10 % gewährt*

***Die Dauerprüfung der Werkstoffe** hinsichtlich ihrer Schwingungsfestigkeit und Dämpfungsfähigkeit. Von Professor Dr.-Ing. **O. Föppl**, Vorstand des Wöhler-Institutes Technische Hochschule Braunschweig, Dr.-Ing. **E. Becker**, Ludwigshafen, Dipl.-Ing. **G. v. Heydekampf**, Braunschweig. Mit 103 Abbildungen im Text. V, 124 Seiten. 1929. RM 9.50; gebunden RM 10.75

***Die Dauerfestigkeit der Werkstoffe und der Konstruktionselemente.** Elastizität und Festigkeit von Stahl, Stahlguß, Gußeisen, Nichteisenmetall, Stein, Beton, Holz und Glas bei oftmaliger Belastung und Entlastung sowie bei ruhender Belastung. Von **Otto Graf.** Mit 166 Abbildungen im Text. VIII, 131 Seiten. 1929. RM 14.—; gebunden RM 15.50

***Festigkeitseigenschaften und Gefügebilder der Konstruktionsmaterialien.** Von Professor Dr.-Ing. **C. Bach** und Professor **R. Baumann**, Stuttgart. Zweite, stark vermehrte Auflage. Mit 936 Figuren. IV, 190 Seiten. 1921. Gebunden RM 18.—

***Der bildsame Zustand der Werkstoffe.** Von Professor Dr.-Ing. **A. Nádai,** Göttingen. Mit 298 Textabbildungen. VIII, 171 Seiten. 1927. RM 15.—; gebunden RM 16.50

***Elastizität und Festigkeit.** Die für die Technik wichtigsten Sätze und deren erfahrungsmäßige Grundlage. Von **C. Bach** und **R. Baumann,** Professoren an der Technischen Hochschule Stuttgart. Neunte, vermehrte Auflage. Mit in den Text gedruckten Abbildungen, 2 Buchdrucktafeln und 25 Tafeln in Lichtdruck. XXVIII, 687 Seiten. 1924. Gebunden RM 24.—

***Schwingungstechnik.** Ein Handbuch für Ingenieure. Von Dr.-Ing. **Ernst Lehr,** Oberingenieur in Darmstadt.

Erster Band: **Grundlagen. Die Eigenschwingungen eingliedriger Systeme.** Mit 187 Textabbildungen. XXIII, 295 Seiten. 1930. RM 24.—; gebunden RM 25.50

***Werkstoffprüfung für Maschinen- und Eisenbau.** Von Dr. **G. Schulze,** Materialprüfungsamt Berlin-Dahlem, und Studienrat Dipl.-Ing. **E. Vollhart.** Mit 213 Textabbildungen. VIII, 185 Seiten. 1923. RM 7.—; gebunden RM 8.50

***Handbuch des Materialprüfungswesens für Maschinen- und Bauingenieure.** Von Professor Dipl.-Ing. **Otto Wawrziniok,** Dresden. Zweite, vermehrte und vollständig umgearbeitete Auflage. Mit 641 Textabbildungen. XX, 700 Seiten. 1923. Gebunden RM 26.—

* *Auf die Preise der vor dem 1. Juli 1931 erschienenen Bücher wird ein Notnachlaß von 10 % gewährt.*

GPSR Compliance

The European Union's (EU) General Product Safety Regulation (GPSR) is a set of rules that requires consumer products to be safe and our obligations to ensure this.

If you have any concerns about our products, you can contact us on ProductSafety@springernature.com

In case Publisher is established outside the EU, the EU authorized representative is:

Springer Nature Customer Service Center GmbH
Europaplatz 3
69115 Heidelberg, Germany

Batch number: 10577878

Printed by Printforce, the Netherlands